2026 GUIDE
Craftsman Excavating Machine Operator

굴착기 운전기능사

- 시험안내
- 출제 비율
- 출제 기준
- 필기응시절차
- CBT 응시요령 안내
- 실기 코스 운전 및 작업

출제 비율

안전관리 = 12 건설기계관리법 및 도로교통법 = 9 **21문항**	점검 = 3 주행 및 작업 = 7 구조 및 기능 = 5 **15문항**	장비구조 **24문항**

본 문제집으로 공부하는
수험생만의 특혜!!

도서 구매 인증시

1. CBT 셀프테스팅 제공
   (시험장과 동일한 모의고사 1회)
   ※ 인증한 날로부터 1년간 CBT 이용 가능

2. 실기시험장 지정 교육기관 특별 안내

※ 오른쪽 서명란에 이름을 기입하여
   골든벨 카페로 사진 찍어 도서 인증해주세요.
   (자세한 방법은 카페 참조)

NAVER 카페 [도서출판 골든벨]
도서인증 게시판

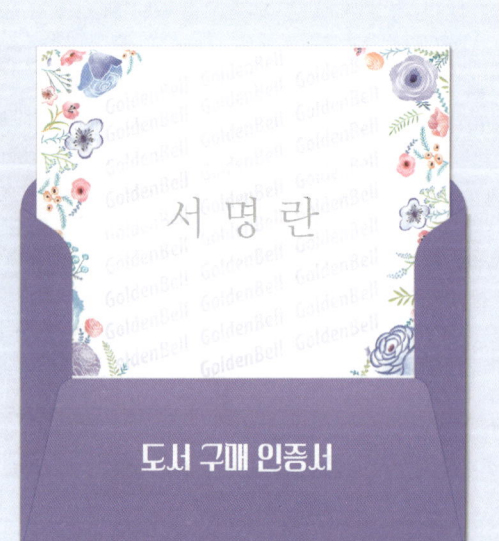

출제 기준

▶ 적용기간 : 2025. 1. 1 ~ 2027. 12. 31
▶ 직무내용 : 건설 현장의 토목 공사 등을 위하여 장비를 조종하여 터파기, 깎기, 상차, 쌓기, 메우기 등의 작업을 수행하는 직무
▶ 검정방법 : 필기 : 전과목 혼합, 객관식 60문항(60분) / 실기 : 작업형(6분 정도)
▶ 합격기준 : 필기 · 실기 100점 만점 60점 이상 합격

주요항목	세부항목	세세항목
1. 점검	1. 운전 전·후 점검	1. 작업 환경 점검 2. 오일·냉각수 점검 3. 구동계통 점검
	2. 장비 시운전	1. 엔진 시운전 2. 구동부 시운전
	3. 작업상황 파악	1. 작업공정 파악 2. 작업간섭사항 파악 3. 작업관계자간 의사소통
2. 주행 및 작업	1. 주행	1. 주행성능 장치 확인 2. 작업현장 내·외 주행
	2. 작업	1. 깎기 2. 쌓기 3. 메우기 4. 선택장치 연결
	3. 전·후진 주행장치	1. 조향장치 및 현가장치 구조와 기능 2. 변속장치 구조와 기능 3. 동력전달장치 구조와 기능 4. 제동장치 구조와 기능 5. 주행장치 구조와 기능 6. 타이어
3. 구조 및 기능	1. 일반사항	1. 개요 및 구조 2. 종류 및 용도
	2. 작업장치	1. 암, 붐 구조 및 작동 2. 버켓 종류 및 기능
	3. 작업용 연결장치	1. 연결장치 구조 및 기능
	4. 상부회전체	1. 선회장치 2. 선회 고정장치 3. 카운터웨이트
	5. 하부회전체	1. 센터조인트 2. 주행모터 3. 주행감속기어
4. 안전관리	1. 안전보호구 착용 및 안전장치 확인	1. 산업안전보건법 준수 2. 안전보호구 및 안전장치
	2. 위험요소 확인	1. 안전표시 2. 안전수칙 3. 위험요소
	3. 안전운반 작업	1. 장비사용설명서 2. 안전운반 3. 작업안전 및 기타 안전 사항
	4. 장비 안전관리	1. 장비안전관리 2. 일상 점검표 3. 작업요청서 4. 장비안전관리교육 5. 기계·기구 및 공구에 관한 사항
	5. 가스 및 전기 안전관리	1. 가스안전관련 및 가스배관 2. 손상방지, 작업시 주의사항(가스배관) 3. 전기안전관련 및 전기시설 4. 손상방지, 작업시 주의사항(전기시설물)
5. 건설기계관리법 및 도로교통법	1. 건설기계관리법	1. 건설기계 등록 및 검사 2. 면허·사업·벌칙
	2. 도로교통법	1. 도로통행방법에 관한 사항 2. 도로표지판(신호, 교통표지) 3. 도로교통법 관련 벌칙
6. 장비구조	1. 엔진구조	1. 엔진본체 구조와 기능 2. 윤활장치 구조와 기능 3. 연료장치 구조와 기능 4. 흡배기장치 구조와 기능 5. 냉각장치 구조와 기능
	2. 전기장치	1. 시동장치 구조와 기능 2. 충전장치 구조와 기능 3. 등화 및 계기장치 구조와 기능 4. 퓨즈 및 계기장치 구조와 기능
	3. 유압일반	1. 유압유 2. 유압펌프, 유압모터 및 유압실린더 3. 제어밸브 4. 유압기호 및 회로 5. 기타 부속장치

필기응시절차

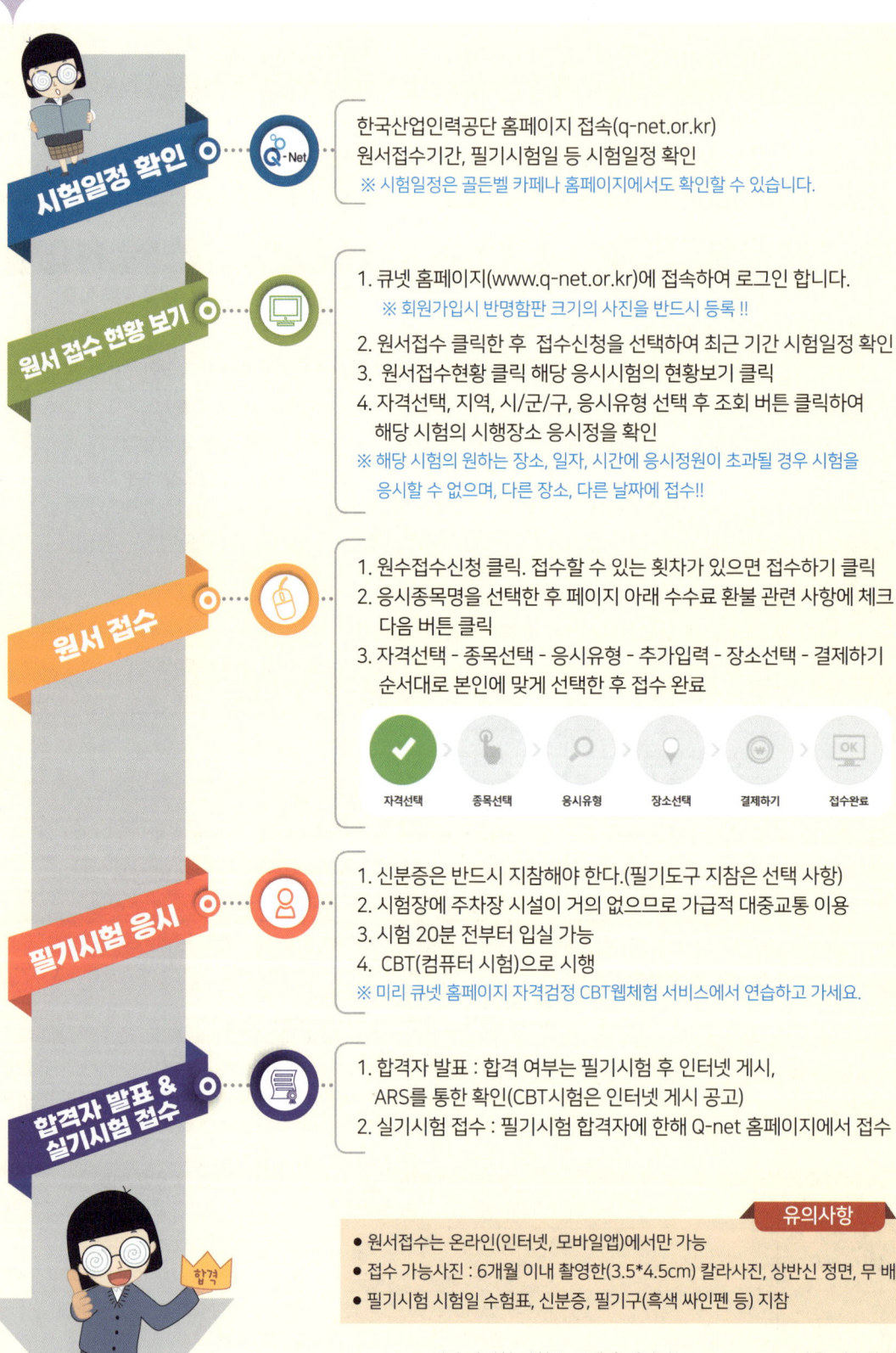

시험일정 확인
- 한국산업인력공단 홈페이지 접속(q-net.or.kr)
- 원서접수기간, 필기시험일 등 시험일정 확인
- ※ 시험일정은 골든벨 카페나 홈페이지에서도 확인할 수 있습니다.

원서 접수 현황 보기
1. 큐넷 홈페이지(www.q-net.or.kr)에 접속하여 로그인 합니다.
   ※ 회원가입시 반명함판 크기의 사진을 반드시 등록 !!
2. 원서접수 클릭한 후 접수신청을 선택하여 최근 기간 시험일정 확인
3. 원서접수현황 클릭 해당 응시시험의 현황보기 클릭
4. 자격선택, 지역, 시/군/구, 응시유형 선택 후 조회 버튼 클릭하여 해당 시험의 시행장소 응시정을 확인
※ 해당 시험의 원하는 장소, 일자, 시간에 응시정원이 초과될 경우 시험을 응시할 수 없으며, 다른 장소, 다른 날짜에 접수!!

원서 접수
1. 원수접수신청 클릭. 접수할 수 있는 횟차가 있으면 접수하기 클릭
2. 응시종목명을 선택한 후 페이지 아래 수수료 환불 관련 사항에 체크 다음 버튼 클릭
3. 자격선택 - 종목선택 - 응시유형 - 추가입력 - 장소선택 - 결제하기 순서대로 본인에 맞게 선택한 후 접수 완료

자격선택 > 종목선택 > 응시유형 > 장소선택 > 결제하기 > 접수완료

필기시험 응시
1. 신분증은 반드시 지참해야 한다.(필기도구 지참은 선택 사항)
2. 시험장에 주차장 시설이 거의 없으므로 가급적 대중교통 이용
3. 시험 20분 전부터 입실 가능
4. CBT(컴퓨터 시험)으로 시행
※ 미리 큐넷 홈페이지 자격검정 CBT웹체험 서비스에서 연습하고 가세요.

합격자 발표 & 실기시험 접수
1. 합격자 발표 : 합격 여부는 필기시험 후 인터넷 게시, ARS를 통한 확인(CBT시험은 인터넷 게시 공고)
2. 실기시험 접수 : 필기시험 합격자에 한해 Q-net 홈페이지에서 접수

유의사항
- 원서접수는 온라인(인터넷, 모바일앱)에서만 가능
- 접수 가능사진 : 6개월 이내 촬영한(3.5*4.5cm) 칼라사진, 상반신 정면, 무 배경
- 필기시험 시험일 수험표, 신분증, 필기구(흑색 싸인펜 등) 지참

※ 기타 자세한 사항은 큐넷 홈페이지(www.q-net.or.kr)를 접속하거나 Tel. 644-8000에 문의하세요.

CBT 응시요령 안내

자격검정 CBT웹체험 서비스 안내
https://www.q-net.or.kr/cbt/index.html

❶ 수험자 정보 확인

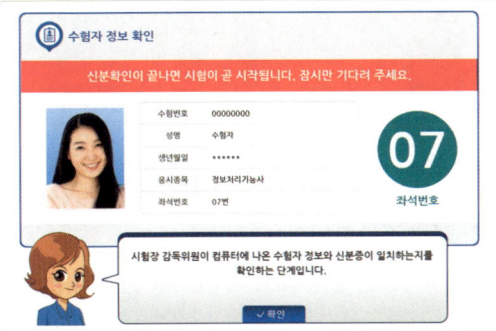

❷ 유의사항 확인

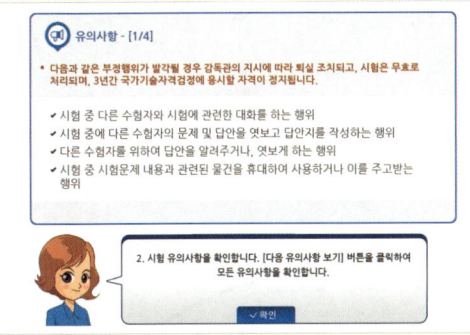

❸ 문제풀이 메뉴 설명

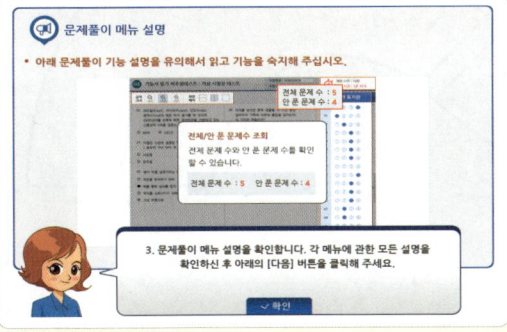

❹ 문제풀이 연습

골든벨 CBT셀프 테스팅 바로가기
도서 구매 인증 시 시험장과 동일한 모의고사 1회를 CBT 셀프 테스트할 수 있습니다.

❺ 시험 준비 완료

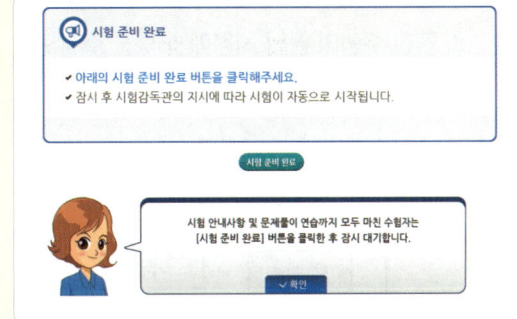

❻ 문제 풀이

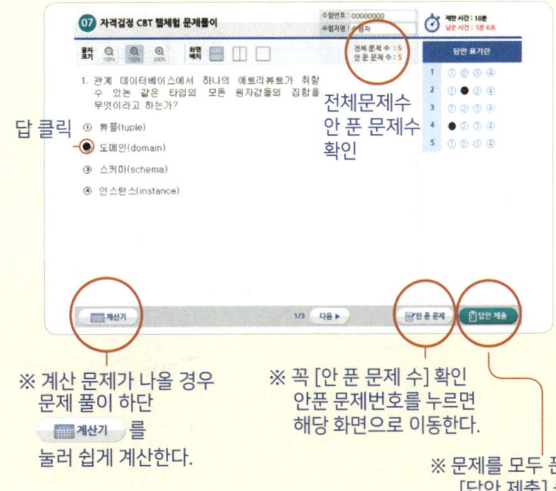

답 클릭
전체문제수
안 푼 문제수 확인

※ 계산 문제가 나올 경우 문제 풀이 하단 계산기 를 눌러 쉽게 계산한다.

※ 꼭 [안 푼 문제 수] 확인 안푼 문제번호를 누르면 해당 화면으로 이동한다.

※ 문제를 모두 푼 후 [답안 제출] 클릭 이상없으면 [예] 버튼 클릭

❼ 답안제출 및 확인

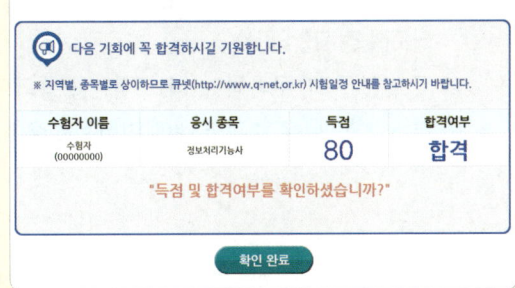

실기 코스운전 및 굴착작업

1. 요구 사항

가. 코스운전(2분)

1) 주어진 장비(타이어식)를 운전하여 운전석쪽 앞바퀴가 중간지점의 정지선 사이에 위치하면 일시정지한 후, 뒷바퀴가 (나)도착선을 통과할 때 까지 전진 주행합니다.
2) 전진 주행이 끝난 지점에서 후진 주행으로 앞바퀴가 (가) 종료선을 통과할 때 까지 운전하여 출발 전 장비 위치에 주차합니다.

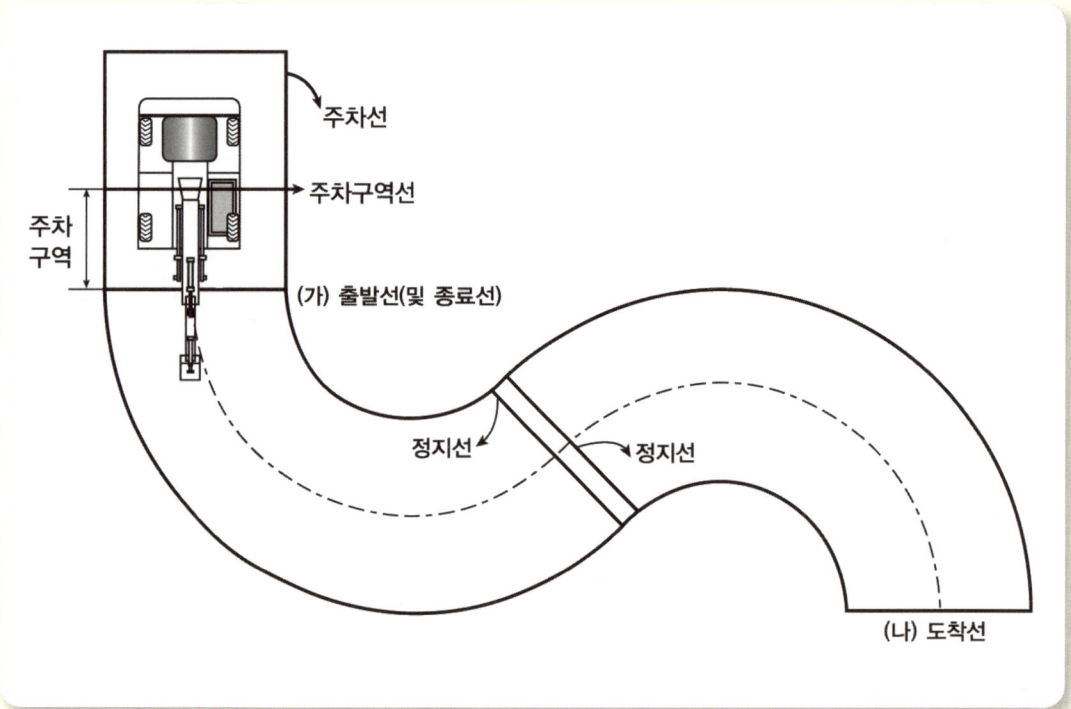

○ 주행 시에는 상부회전체를 고정시켜야 합니다.
○ 코스 중간지점의 정지선(앞, 뒤) 내에 운전석쪽(좌측) 앞바퀴가 들어 있거나 정지선에 물린 상태가 되도록 정지합니다.
○ 코스 전진 시, 뒷바퀴가 (나)도착선을 통과한 후 정차합니다.
○ 코스 후진 시, 주차구역 내에 앞바퀴를 위치시키도록 주차한 후 코스 운전을 종료합니다.

□ 표준시간 : 6분
(코스운전 : 2분, 굴착 작업 : 4분)

나. 굴착작업(4분)

1) 주어진 장비로 A(C)지점을 굴착한 후, B지점에 설치된 폴(pole)의 버킷 통과구역 사이에 버킷이 통과하도록 선회합니다. 그리고 C(A)지점의 구덩이를 메운 다음 평탄작업을 마친 후, 버킷을 완전히 펼친 상태로 지면에 내려놓고 작업을 끝냅니다.
2) 굴착작업 회수는 4회 이상(단, 굴착작업 시간이 초과될 경우 실격)

※ A지점 굴착작업 규격과 C지점 크기 : 가로(버킷 가로 폭)×세로(버킷 세로 폭의 2.5배)

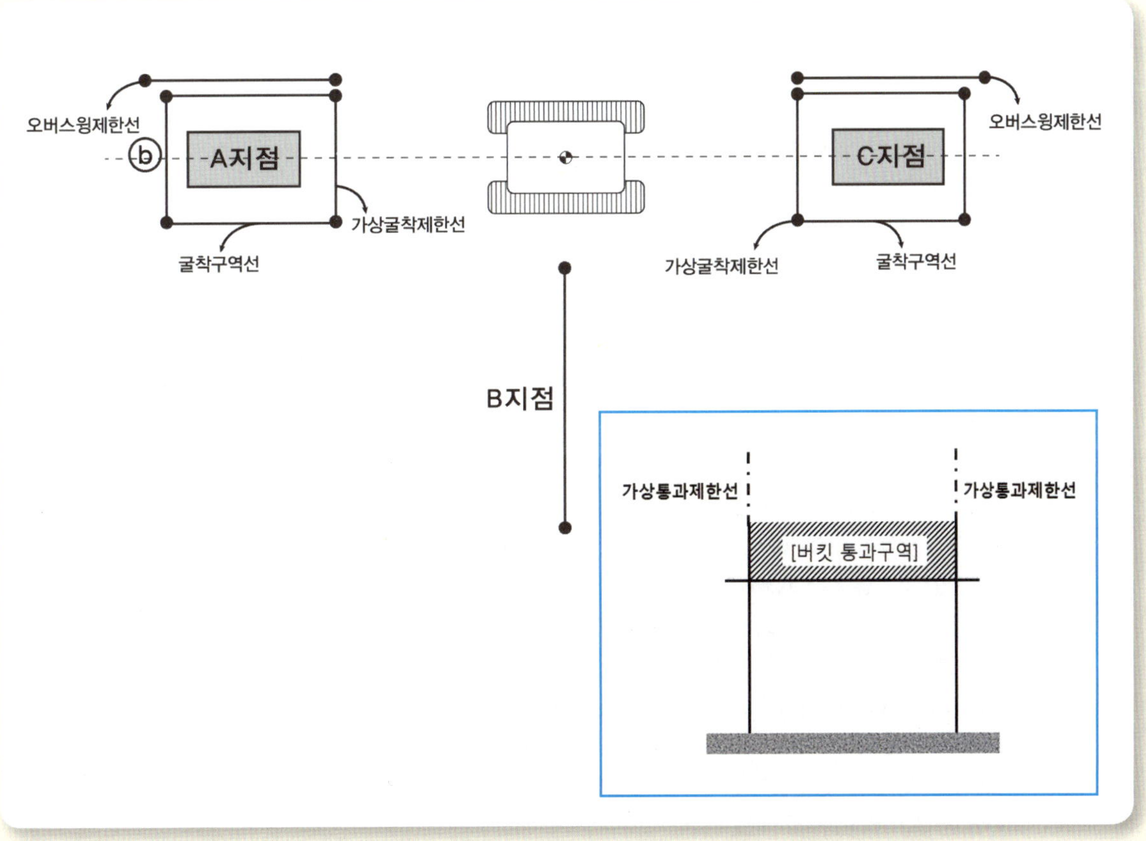

○ 굴착, 선회, 덤프, 평탄 작업 시 설치되어 있는 폴(pole), 선 등을 건드리지 않아야 합니다.
○ 선회 시 폴(pole)을 건드리거나 가상통과제한선을 넘어가지 않도록 주의하여, B지점의 버킷통과구역 사이를 버킷이 통과해야 합니다.
○ 덤프 지점의 흙을 고르게 평탄작업을 해야 합니다.

■ 수검자 유의사항

1) 음주상태 측정은 시험 시작 전에 실시하며, 음주상태이거나 음주 측정을 거부하는 경우 실기시험에 응시할 수 없습니다. (도로교통법에서 정한 혈중 알코올 농도 0.03% 이상 적용)
2) 항목별 배점은 코스운전(25점), 굴착작업(75점)입니다.
3) 시험감독위원의 지시에 따라 시험장소에 출입 및 장비운전을 하여야 합니다.
4) 휴대폰 및 시계류(손목시계, 스톱워치 등)는 시험시작 전 시험감독위원에게 제출합니다.
5) 규정된 작업복장의 착용여부는 채점사항에 포함됩니다.(복장:수험자 지참공구 목록 참고)
6) 안전벨트 및 안전레버 체결, 각종레버 및 rpm 조절 등의 조작 상태는 채점사항에 포함됩니다.
7) 코스운전 후 굴착작업을 합니다.(단, 시험장 사정에 따라 순서가 바뀔 수 있습니다.)
8) 굴착 작업 시 버킷 가로폭의 중심 위치는 앞쪽 터치라인(ⓑ선)을 기준으로 하여 안쪽으로 30cm 들어온 지점에서 굴착합니다.
9) 굴착 및 덤프 작업 시 구분동작이 아닌 연결동작으로 작업합니다.
10) 굴착 시 흙량은 버킷의 평적 이상으로 합니다.
11) 장비운전 중 이상 소음이 발생되거나 위험사항이 발생되면 즉시 운전을 중지하고, 시험위원에게 보고하여야 합니다.
12) 굴착지역의 흙이 기준면과 부합하지 않다고 판단될 경우 시험위원에게 흙량의 보정을 요구할 수 있습니다. (단, 굴착지역의 기준면은 지면에서 하향 50cm)
13) 장비 조작 및 운전 중 안전수칙을 준수하여 안전사고가 발생되지 않도록 유의합니다.
14) 과제 시작과 종료
 - 코스 : 앞바퀴 기준으로 출발선(및 종료선)을 통과하는 시점으로 시작(및 종료) 됩니다.
 - 작업 : 수험자가 준비된 상태에서 시험감독위원의 호각신호에 의해 시작하고, 작업을 완료하여 버킷을 완전히 펼쳐 지면에 내려놓았을 때 종료됩니다. (단, 과제 시작 전, 수험자가 운행 준비를 완료한 후 시험감독위원에게 의사표현을 하고, 이를 확인한 시험감독위원이 호각신호를 주었을 때 과제를 시작합니다.)
15) 다음 사항은 실격에 해당하여 채점 대상에서 제외됩니다.
    가) 기 권: 수험자 본인이 수험 도중 시험에 대한 포기 의사를 표기하는 경우
    나) 실 격
       (1) 시험시간을 초과하거나 시험 전 과정(코스, 작업)을 응시하지 않은 경우
       (2) 운전조작이 극히 미숙하여 안전사고 발생 및 장비손상이 우려되는 경우
       (3) 요구사항 및 도면대로 코스를 운전하지 않은 경우
       (4) 코스운전, 굴착작업 중 어느 한 과정 전체가 0점일 경우
       (5) 출발신호 후 1분 내에 장비의 앞바퀴가 출발선을 통과하지 못하는 경우
       (6) 주차브레이크를 해제하지 않고 앞바퀴가 출발선을 통과하는 경우
       (7) 코스 중간지점의 정지선 내에 일시정지하지 않은 경우
       (8) 뒷바퀴가 도착선을 통과하지 않고 후진 주행하여 돌아가는 경우
       (9) 주행 중 코스 라인을 터치하는 경우
          (단, 출발선(및 종료선) □ 정지선 □ 도착선 □ 주차구역선 □ 주차선은 제외)
       (10) 수험자의 조작미숙으로 엔진이 1회 정지된 경우
       (11) 버킷, 암, 붐 등이 폴(pole), 줄을 건드리거나 오버스윙제한선을 넘어가는 경우
       (12) 굴착, 덤프, 평탄 작업 시 버킷 일부가 굴착구역선 및 가상굴착제한선을 초과하여 작업한 경우
       (13) 선회 시 버킷 일부가 가상통과제한선을 건드리거나, B지점의 버킷통과구역 사이를 통과하지 않은 경우
       (14) 굴착작업 회수가 4회 미만인 경우
       (15) 평탄작업을 하지 않고 작업을 종료하는 경우

전국중장비교육생 지정 수험서

굴착기 운전기능사

전국중장비교사협의회 편

★ 불법복사는 지적재산을 훔치는 범죄행위입니다.
　저작권법 제97조의 5(권리의 침해죄)에 따라 위반자는 5년 이하의 징역 또는 5천만원 이하의 벌금에 처하거나 이를 병과할 수 있습니다.

머리말

"보았는가?
*　　제때 변경된 문제집을…!"*

　시중에 관련된 문제집은 다종다양하다. 그런데 시험 출제 기준이 변경되자마자 제 때 문제집을 펴낸 곳을 쉽게 볼 수 있을까?

　2022.1.1 시험출제기준이 대폭 변경되어 기출문제와 CBT로 시행된 이후 여러 수검자들로부터 어렵게 귀동냥한 기출문제를 수집하고 분석한 문제집이 이것이다.

- 기존의 **건설기계 작동원리**(기관, 전기, 섀시)의 24문항에서 **10문항**으로 대체하였고
- **건설기계 구조**(굴착기, 지게차, 불도저, 로더, 기중기, 모터그레이더) 12문항에서 **굴착기 구조 및 작업** 관련 문제만 **24문항**으로 확대 편성하였다.

이 책의 특징

1. 최근 상시시험(CBT)을 직접 응시한 **수검자들의 의견을 분석한** 유사 **기출문제** 결과물이다.
2. 과목별 출제기준의 순서에 따라 **짝수 페이지에 핵심 요점정리, 홀수 페이지에 예상문제**를 편성하여 한 눈에 파악할 수 있도록 하였다.
3. 출제 빈도에 따라 요점의 내용 및 출제예상문제의 분량을 적절히 배분하였다.
4. 도로명판 및 도로표지판의 출제예측문제까지도 편성하였다.
5. 권말에 필기시험의 출제문항과 동일한 수준으로 **모의고사와 복원문제**를 편성하여 응시자가 **셀프 테스트할** 수 있도록 배려하였다.

　끝으로 수험생 여러분들의 앞날에 합격의 영광과 발전이 있기를 기원하며, 이 책의 부족한 점은 여러분들의 조언으로 계속 수정과 보완할 것을 약속드린다. 또한 이 책이 세상에 나오기 까지 물심양면으로 도와주신 직원 여러분께 깊은 감사의 말씀을 전한다.

지은이

차례

01 건설기계 기관장치
1 기관 본체   6
2 연료 장치   11
3 냉각 장치   21
4 윤활 장치   23
5 흡·배기장치   28

02 건설기계 전기장치
1 시동장치   32
2 충전장치   39
3 조명장치   41
4 계기장치   45
5 예열장치   48

03 건설기계 섀시장치
1 동력전달장치   52
2 제동 장치   61
3 조향 장치   64
4 주행 장치   68

04 굴착기 작업장치
1 굴착기 구조   72
2 작업장치 기능   82
3 작업방법   86

05 유압일반
1 유압유   96
2 유압 기기   106

06 건설기계 관리법
1 건설기계 등록   134
2 건설기계 검사   143
3 건설기계 조종사의 면허 및 건설기계 사업   148
4 건설기계 관리법규의 벌칙   158
5 건설기계의 도로교통법   161

07 안전관리
1 안전관리   174
2 작업 안전   189

08 굴착기운전 복원문제
1 [2019년 시행] 굴착기 운전 기능사   208
2 [2022년 시행] 굴착기 운전 기능사   242
3 [2023년 시행] 굴착기 운전 기능사   262
4 [2024년 시행] 굴착기 운전 기능사   280

01 건설기계 기관장치

기관본체
연료장치
냉각장치
윤활장치
흡·배기장치

section 01 기관 본체

01 열기관과 총배기량

① **열기관**(Engine) : 열에너지를 기계적 에너지로 변환시키는 장치
② **rpm**(revolution per minute): 분당 엔진 회전수를 나타내는 단위
③ **기관의 총배기량** : 각 실린더 행정 체적(배기량)의 합
④ **디젤기관의 압축비가 높은 이유**: 공기의 압축열로 자기 착화시키기 위함

02 디젤 기관의 장점

① 열효율이 높고 연료 소비율(량)이 적다.
② 전기 점화장치가 없어 고장률이 적다.
③ 인화점이 높은 경유를 사용하므로 취급이 용이하다(화재의 위험이 적다).
④ 유해 배기가스 배출량이 적다.
⑤ 흡입행정에서 펌핑 손실을 줄일 수 있다.

03 4행정 & 2행정 사이클 기관

① **4행정 사이클 기관** : 피스톤이 흡입, 압축, 폭발, 배기의 4개 행정을 크랭크축이 2회전하여 1사이클을 완성하는 기관.
② **2행정 사이클 기관** : 크랭크축이 1회전할 때 피스톤이 흡입, 소기, 압축, 폭발, 배기의 과정을 피스톤이 2행정 하여 1사이클을 완성하는 기관.

04 4행정 사이클 디젤기관의 작동

1 흡입 행정
① 흡입 밸브를 통하여 공기를 흡입한다.
② 실린더 내의 부압(負壓)이 발생
③ 흡입 밸브는 상사점 전에 열린다.
④ 흡입 계통에는 벤투리, 초크 밸브가 없다.

2 압축 행정
① 압축행정의 중간부분에서는 단열압축의 과정을 거친다.
② **흡입한 공기의 압축온도** : 약 400~700℃
③ 압축행정의 끝에서 연료가 분사된다.
④ 연료가 분사되었을 때 고온의 공기는 와류 운동을 한다.

3 동력(폭발) 행정
① 연료가 급격히 연소하여 동력을 얻는다.
② 흡입 및 배기 밸브가 모두 닫혀 있다.
③ 폭발 압력에 의해 크랭크축이 회전한다.

05 2행정 사이클 디젤기관의 작동

① 피스톤이 하강하여 소기 포트가 열리면 공기가 실린더 내로 유입된다.
② 실린더 내는 와류를 동반한 새로운 공기로 가득 차게 된다.
③ 배기 행정 초기에 배기 밸브가 열려 연소가스 자체의 압력으로 배출된다.
④ 연소가스가 자체의 압력에 의해 배출되는 것을 **블로다운**이라고 한다.

적중기출문제

1 열기관이란 어떤 에너지를 어떤 에너지로 바꾸어 유효한 일을 할 수 있도록 한 기계인가?
① 열에너지를 기계적 에너지로
② 전기적 에너지를 기계적 에너지로
③ 위치 에너지를 기계적 에너지로
④ 기계적 에너지를 열에너지로

2 디젤기관의 압축비가 높은 이유는?
① 연료의 무화를 양호하게 하기 위하여
② 공기의 압축열로 착화시키기 위하여
③ 기관 과열과 진동을 적게 하기 위하여
④ 연료의 분사를 높게 하기 위하여

3 고속 디젤기관이 가솔린 기관보다 좋은 점은?
① 열효율이 높고 연료 소비율이 적다.
② 운전 중 소음이 비교적 적다.
③ 엔진의 출력당 무게가 가볍다.
④ 엔진의 압축비가 낮다.

4 고속 디젤기관의 장점으로 틀린 것은?
① 열효율이 가솔린 기관보다 높다.
② 가솔린 기관보다 최고 회전수가 빠르다.
③ 연료 소비량이 가솔린 기관보다 적다.
④ 인화점이 높은 경유를 사용하므로 취급이 용이하다.

5 4행정으로 1사이클을 완성하는 기관에서 각 행정의 순서는?
① 압축→흡입→폭발→배기
② 흡입→압축→폭발→배기
③ 흡입→압축→배기→폭발
④ 흡입→폭발→압축→배기

6 기관에서 피스톤의 행정이란?
① 피스톤의 길이
② 실린더 벽의 상하 길이
③ 상사점과 하사점과의 총면적
④ 상사점과 하사점과의 거리

> 피스톤 행정이란 상사점과 하사점과의 거리이다.

7 2행정 사이클 기관에만 해당되는 과정(행정)은?
① 소기 ② 압축 ③ 흡입 ④ 동력

8 4행정 디젤엔진에서 흡입 행정 시 실린더 내에 흡입되는 것은?
① 혼합기   ② 연료
③ 공기   ④ 스파크

9 4행정 사이클 디젤기관의 압축 행정에 관한 설명으로 틀린 것은?
① 흡입한 공기의 압축온도는 약 400~700℃가 된다.
② 압축 행정의 끝에서 연료가 분사된다.
③ 압축 행정의 중간부분에서는 단열 압축의 과정을 거친다.
④ 연료가 분사되었을 때 고온의 공기는 와류 운동을 하면 안 된다.

10 디젤기관에서 흡입 밸브와 배기 밸브가 모두 닫혀있을 때는?
① 소기 행정   ② 배기 행정
③ 흡입 행정   ④ 동력 행정

11 배기행정 초기에 배기밸브가 열려 실린더 내의 연소가스가 스스로 배출되는 현상은?
① 피스톤 슬랩   ② 블로 바이
③ 블로다운   ④ 피스톤 행정

정답
1.① 2.② 3.① 4.② 5.② 6.④
7.① 8.③ 9.④ 10.④ 11.③

06 디젤기관 연소 4단계

① 착화 지연기간(연소 준비기간)
② 화염 전파기간(폭발 연소시간)
③ 직접 연소기간(제어 연소시간)
④ 후기 연소기간(후 연소시간)

07 실린더 헤드(cylinder head)

1 연소실

① 공기와 연료의 연소 및 연소가스의 팽창이 시작되는 부분이다.
② 단실식인 직접분사실식과 복실식인 예연소실식, 와류실식, 공기실식이 있다.

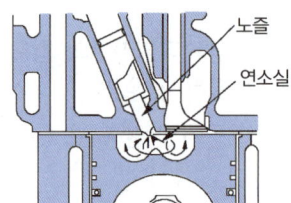
▲ 직접분사실식

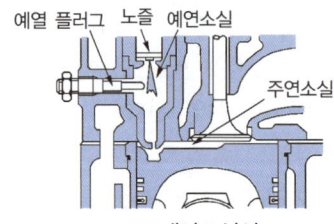
▲ 예연소실식

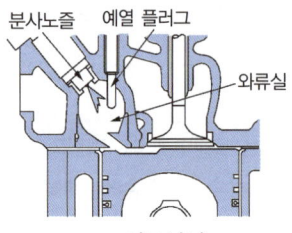
▲ 와류실식

2 연소실의 구비조건

① 압축 행정 끝에서 강한 와류를 일으키게 할 것.
② 진동이나 소음이 적을 것.
③ 평균 유효 압력이 높으며, 연료 소비량이 적을 것.
④ 기동이 쉬우며, 노킹이 발생되지 않을 것.
⑤ 고속 회전에서도 연소 상태가 양호할 것.
⑥ 분사된 연료를 가능한 짧은 시간에 완전 연소시킬 것.

3 직접분사실식의 장점

① 연료 소비량(율)이 다른 형식보다 적다.
② 연소실 체적이 작아 냉각 손실이 적다.
③ 연소실이 간단하고 열효율이 높다.
④ 실린더 헤드의 구조가 간단하여 열 변형이 적다.
⑤ 시동이 쉽게 이루어져 예열 플러그가 필요 없다.

4 예연소실식 연소실의 특징

① 예열 플러그가 필요하다.
② 예연소실은 주연소실보다 작다.
③ 분사 압력이 가장 낮다.
④ 사용 연료의 변화에 둔감하다.

08 실린더 습식 라이너

① 라이너 바깥 둘레가 물 재킷으로 되어 냉각수와 직접 접촉된다.
② 상부의 플랜지에 의해서 실린더 블록에 설치된다.
③ 실린더 하부에는 2~3 개의 실링이 설치되어 있다.
④ 교환할 때는 실린더 외주에 진한 비눗물을 바르고 삽입한다.

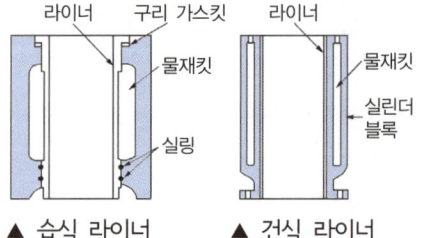
▲ 습식 라이너   ▲ 건식 라이너

적중기출문제

1 디젤기관 연소과정에서 연소 4단계와 거리가 먼 것은?
① 전기연소기간(전 연소기간)
② 화염전파기간(폭발연소시간)
③ 직접연소기간(제어연소시간)
④ 후기연소기간(후 연소시간)

2 보기에 나타낸 것은 어느 구성품을 형태에 따라 구분한 것인가?

[보기]
직접분사식, 예연소식, 와류실식, 공기실식

① 연료 분사장치 ② 연소실
③ 기관 구성 ④ 동력전달장치

3 다음 중 연소실과 연소의 구비조건이 아닌 것은?
① 분사된 연료를 가능한 한 긴 시간 동안 완전 연소시킬 것
② 평균 유효 압력이 높을 것
③ 고속 회전에서 연소 상태가 좋을 것
④ 노크 발생이 적을 것

4 디젤기관에서 직접분사실식 장점이 아닌 것은?
① 연료 소비량이 적다.
② 냉각 손실이 적다.
③ 연료 계통의 연료누출 염려가 적다.
④ 구조가 간단하여 열효율이 높다.

5 직접분사식 엔진의 장점 중 틀린 것은?
① 구조가 간단하므로 열효율이 높다.
② 연료의 분사 압력이 낮다.
③ 실린더 헤드의 구조가 간단하다.
④ 냉각에 의한 열 손실이 적다.

6 예연소실식 연소실에 대한 설명으로 가장 거리가 먼 것은?
① 예열 플러그가 필요하다.
② 사용 연료의 변화에 민감하다.
③ 예연소실은 주연소실보다 작다.
④ 분사 압력이 낮다.

7 건설기계 기관에 사용되는 습식 라이너의 단점은?
① 냉각효과가 좋다.
② 냉각수가 크랭크 실로 누출될 우려가 있다.
③ 직접 냉각수와 접촉하므로 누출될 우려가 있다.
④ 라이너의 압입 압력이 높다.

8 냉각수가 라이너 바깥둘레에 직접 접촉하고, 정비시 라이너 교환이 쉬우며, 냉각효과가 좋으나, 크랭크 케이스에 냉각수가 들어갈 수 있는 단점을 가진 것은?
① 진공식 라이너 ② 건식 라이너
③ 유압 라이너 ④ 습식 라이너

9 실린더 라이너(cylinder liner)에 대한 설명으로 틀린 것은?
① 종류는 습식과 건식이 있다.
② 일명 슬리브(sleeve)라고도 한다.
③ 냉각효과는 습식보다 건식이 더 좋다.
④ 습식은 냉각수가 실린더 안으로 들어갈 염려가 있다.

정답
1.① 2.② 3.① 4.③ 5.② 6.② 7.②
8.④ 9.③

09 피스톤 (piston)

1 피스톤의 구비조건
① 고온에서 강도가 저하되지 않을 것.
② 온도 변화에도 가스 및 오일의 누출이 없을 것.
③ 열팽창 및 기계적 마찰 손실이 적을 것.
④ 열전도가 양호하고 열부하가 적을 것.
⑤ 관성력의 증대를 방지하기 위해 가벼울 것.

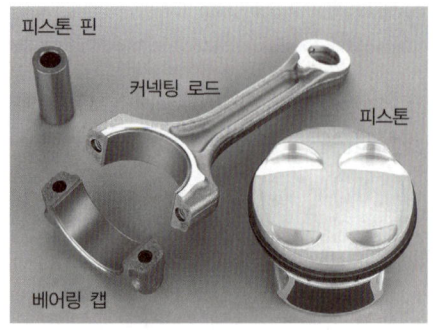

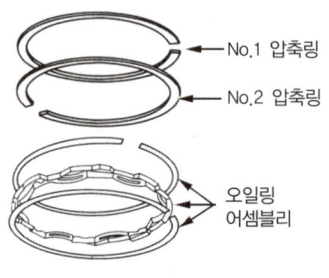

▲ 피스톤 링

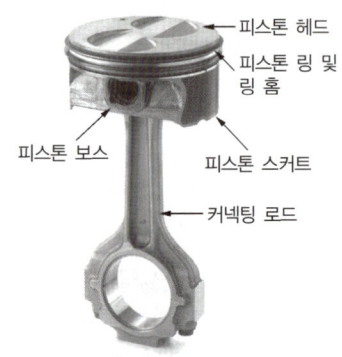

2 피스톤 간극이 클 때 미치는 영향
① 블로바이 현상이 발생된다.
② 압축 압력이 저하된다.
③ 엔진의 출력이 저하된다.
④ 오일이 희석되거나 카본에 오염된다.
⑤ 연료 소비량이 증대된다.
⑥ 피스톤 슬랩 현상이 발생된다.

3 엔진의 압축압력이 낮은 원인
① 실린더 벽이 과다하게 마모되었다.
② 피스톤 링이 파손 또는 과다 마모되었다.
③ 피스톤 링의 탄력이 부족하다.
④ 헤드 개스킷에서 압축가스가 누설된다.

4 피스톤 링의 3대 작용
① 기밀 유지 작용(밀봉작용)
② 오일 제어 작용(실린더 벽의 오일 긁어내리기 작용)
③ 열전도 작용(냉각 작용)

10 크랭크축 (crank shaft)

1 기능
① 피스톤의 직선운동을 회전운동으로 변환시킨다.
② 엔진의 출력으로 외부에 전달하는 역할을 한다.
③ 흡입, 압축, 배기 행정은 작용력이 크랭크축에서 피스톤에 전달된다.
④ **구성 부품** : 메인저널, 크랭크 핀, 크랭크 암, 평형추(밸런스 웨이트).

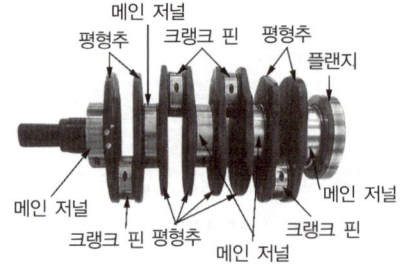

2 6기통 연료 분사 순서
① **우수식** : 1-5-3-6-2-4
② **좌수식** : 1-4-2-6-3-5

적중기출문제

1 피스톤의 구비조건으로 틀린 것은?
① 고온고압에 견딜 것
② 열전도가 잘될 것
③ 열팽창율이 적을 것
④ 피스톤 중량이 클 것

2 다음 보기에서 피스톤과 실린더 벽 사이의 간극이 클 때 미치는 영향을 모두 나타낸 것은?

[보기]
a. 마찰열에 의해 소결되기 쉽다.
b. 블로바이에 의해 압축압력이 낮아진다.
c. 피스톤 링의 기능 저하로 인하여 오일이 연소실에 유입되어 오일소비가 많아진다.
d. 피스톤 슬랩 현상이 발생되며, 기관 출력이 저하된다.

① a, b, c
② c, d
③ b, c, d
④ a, b, c, d

3 피스톤과 실린더 사이의 간극이 너무 클 때 일어나는 현상은?
① 실린더의 소결
② 압축압력 증가
③ 기관 출력향상
④ 윤활유 소비량 증가

4 디젤기관에서 압축압력이 저하되는 가장 큰 원인은?
① 냉각수 부족
② 엔진오일 과다
③ 기어오일의 열화
④ 피스톤 링의 마모

5 엔진 압축압력이 낮을 경우의 원인으로 가장 적당한 것은?
① 압축 링이 파손 또는 과다 마모되었다.
② 배터리의 출력이 높다.
③ 연료펌프가 손상되었다.
④ 연료 세탄가가 높다.

6 디젤엔진에서 피스톤 링의 3대 작용과 거리가 먼 것은?
① 응력 분산 작용
② 기밀 작용
③ 오일 제어 작용
④ 열전도 작용

7 실린더와 피스톤 사이에 유막을 형성하여 압축 및 연소가스가 누설되지 않도록 기밀을 유지하는 작용으로 옳은 것은?
① 밀봉 작용
② 감마 작용
③ 냉각 작용
④ 방청 작용

8 기관주요 부품 중 밀봉작용과 냉각작용을 하는 것은?
① 베어링
② 피스톤 핀
③ 피스톤 링
④ 크랭크축

9 기관에서 크랭크축의 역할은?
① 원활한 직선운동을 하는 장치이다.
② 기관의 진동을 줄이는 장치이다.
③ 직선운동을 회전운동으로 변환시키는 장치이다.
④ 원운동을 직선운동으로 변환시키는 장치이다.

10 건설기계 기관에서 크랭크축(crank shaft)의 구성 부품이 아닌 것은?
① 크랭크 암(crank arm)
② 크랭크 핀(crank pin)
③ 저널(journal)
④ 플라이 휠(fly wheel)

정답
1.④ 2.③ 3.④ 4.④ 5.① 6.①
7.① 8.③ 9.③ 10.④

11 밸브 주요 부분의 기능

① **밸브 시트** : 밸브 페이스와 접촉되어 연소실의 기밀 작용을 한다.
② **밸브 페이스** : 시트에 밀착되어 연소실 내의 기밀유지 작용을 한다.
③ **밸브 스템** : 밸브 가이드 내부를 상하 왕복운동 하며, 밸브 헤드가 받는 열을 가이드를 통해 방출하고, 밸브의 개폐를 돕는다.
④ **밸브 스템 엔드** : 밸브에 캠의 운동을 전달하는 로커 암과 충격적으로 접촉하는 부분이며, 스템 엔드와 로커 암 사이에 열팽창을 고려한 밸브 간극이 설정된다.
⑤ **밸브 스프링** : 밸브가 닫혀있는 동안 밸브 시트와 밸브 페이스를 밀착시켜 기밀이 유지되도록 한다.

12 밸브 간극

1 너무 클 때 미치는 영향
① 밸브가 늦게 열리고 일찍 닫힌다.
② 흡입량의 부족을 초래한다.
③ 배기의 불충분으로 엔진이 과열된다.
④ 심한 소음이 나고 밸브기구에 충격을 준다.

2 너무 적을 때 미치는 영향
① 밸브가 일찍 열리고 늦게 닫힌다.
② 엔진의 출력이 감소한다.
③ 역화 및 실화가 발생한다.
④ 후화가 일어나기 쉽다.

적중기출문제

1 엔진의 밸브가 닫혀있는 동안 밸브 시트와 밸브 페이스를 밀착시켜 기밀이 유지되도록 하는 것은?
① 밸브 리테이너
② 밸브 가이드
③ 밸브 스템
④ 밸브 스프링

2 엔진의 밸브장치 중 밸브 가이드 내부를 상하 왕복운동 하며 밸브 헤드가 받는 열을 가이드를 통해 방출하고, 밸브의 개폐를 돕는 부품의 명칭은?
① 밸브 시트
② 밸브 스템
③ 밸브 페이스
④ 밸브 스템 엔드

3 기관의 밸브 간극이 너무 클 때 발생하는 현상에 관한 설명으로 올바른 것은?
① 정상 온도에서 밸브가 확실하게 닫히지 않는다.
② 밸브 스프링의 장력이 약해진다.
③ 푸시로드가 변형된다.
④ 정상 온도에서 밸브가 완전히 개방되지 않는다.

4 밸브 간극이 작을 때 일어나는 현상으로 가장 적당한 것은?
① 기관이 과열된다.
② 밸브 시트의 마모가 심하다.
③ 밸브가 적게 열리고 닫히기는 꽉 닫힌다.
④ 실화가 일어날 수 있다.

정답
1.④ 2.② 3.④ 4.④

section 02 연료 장치

01 디젤 기관의 연료의 구비조건

① 발열량이 클 것
② 카본의 발생이 적을 것
③ 연소 속도가 빠를 것
④ 착화가 용이할 것
⑤ 매연 발생이 적을 것
⑥ 세탄가가 높고 착화점이 낮을 것

02 디젤 기관의 연료 공급 장치

1 연료 공급 펌프의 작용

① 공급 펌프는 연료 분사 펌프 캠축에 의해 작동된다.
② 캠축의 캠이 하강하면 흡입 밸브가 열려 연료가 유입된다.
③ 캠축의 캠이 상승하면 배출 밸브가 열려 연료가 배출된다.
④ 플런저 스프링 장력과 유압이 같으면 펌프 작용이 정지된다.
⑤ 연료 탱크의 연료를 분사펌프 저압부분까지 공급한다.

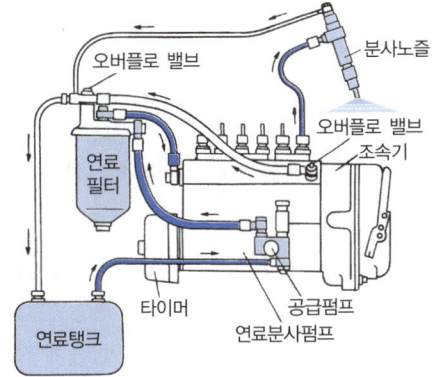

적중기출문제

1 디젤기관 연료의 구비조건에 속하지 않는 것은?
① 카본의 발생이 적을 것
② 발열량이 클 것
③ 착화가 용이할 것
④ 연소 속도가 느릴 것

2 분사 펌프에 붙어 있는 공급 펌프의 작용에 대한 설명 중 틀린 것은?
① 플런저 스프링 장력과 유압이 같으면 펌핑 작용은 중지된다.
② 캠이 상승하면 연료가 배출된다.
③ 분사 펌프 캠축에 의하여 작동된다.
④ 캠이 내려오면 배출 밸브가 열린다.

3 연료 탱크의 연료를 분사 펌프 저압부분까지 공급하는 것은?
① 연료 공급 펌프
② 연료 분사펌프
③ 인젝션 펌프
④ 로터리 펌프

정 답

1.④ 2.④ 3.①

2 프라이밍 펌프
① 엔진이 정지되었을 때 수동으로 연료를 공급한다.
② 연료 장치 내에 공기 빼기 작업을 한다.
③ 공기 빼기 순서 : 연료 공급 펌프 → 연료 여과기 → 연료 분사 펌프

3 공기빼기 작업을 하여야 하는 경우
① 연료 탱크 내의 연료가 결핍되어 보충한 경우
② 연료 호스나 파이프 등을 교환한 경우
③ 연료 필터의 교환
④ 분사 펌프를 탈·부착한 경우

03 분사 펌프(injection pump)

① 연료 압력을 높이며, 조속기와 타이머가 부착되어 있다.
② 펌프는 파이프를 통하여 분사 노즐에 연결되어 있다.
③ 분사 순서에 따라 분사 노즐에 연료가 공급된다.
④ 구조와 조정이 어려운 단점이 있다.
⑤ 다기통 엔진 및 고속 회전용 엔진에 적합하다.

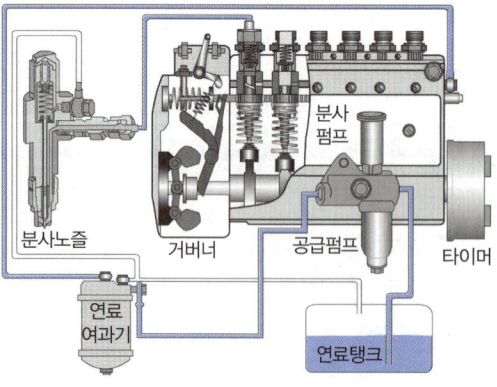

04 분사 노즐(injection nozzle)

1 노즐의 기능 및 종류
① 연료의 자체 압력으로 니들 밸브가 열려 연료를 분사시킨다.
② 고압의 연료를 안개 모양으로 연소실에 분사시키는 역할을 한다.
③ 종류 : 구멍(홀)형, 핀틀형, 스로틀형 노즐

2 조속기(거버너)
① 엔진의 회전속도에 따라 연료의 분사량을 조정한다.
② 엔진의 부하 변동에 따라 연료의 분사량을 조정한다.
② 엔진의 최고 회전속도를 제어하고 저속운전을 안정시킨다.

3 타이머(분사시기 조정기)
① 엔진의 회전 속도에 따라 연료의 분사시기를 조절한다.
② 엔진의 부하 변동에 따라 연료의 분사시기를 조절한다.

05 오버플로 밸브의 기능

① 연료 여과기 내의 압력이 규정 이상으로 상승되는 것을 방지한다.
② 연료 여과기에서 분사 펌프까지의 연결부에서 연료가 누출되는 것을 방지한다.
③ 엘리먼트에 가해지는 부하를 방지하여 보호 작용을 한다.
④ 연료 탱크 내에서 발생된 기포를 자동적으로 배출시키는 작용을 한다.
⑤ 연료의 송출 압력이 규정 이상으로 되어 소음이 발생되는 것을 방지한다.

적중기출문제 — 연료장치

1 프라이밍 펌프는 어느 때 사용하는가?
① 연료 계통의 공기 배출을 할 때
② 연료의 분사 압력을 측정할 때
③ 출력을 증가시키고자 할 때
④ 연료의 양을 가감할 때

2 디젤기관에서 연료 장치의 공기 빼기 순서가 바른 것은?
① 공급 펌프 → 연료 여과기 → 분사 펌프
② 공급 펌프 → 분사 펌프 → 연료 여과기
③ 연료 여과기 → 공급 펌프 → 분사 펌프
④ 연료 여과기 → 분사 펌프 → 공급 펌프

3 디젤기관 연료 라인에 공기 빼기를 하여야 하는 경우가 아닌 것은?
① 예열이 안 되어 예열 플러그를 교환한 경우
② 연료 호스나 파이프 등을 교환한 경우
③ 연료 탱크 내의 연료가 결핍되어 보충한 경우
④ 연료 필터의 교환, 분사 펌프를 탈·부착한 경우

4 디젤기관에 공급하는 연료의 압력을 높이는 것으로 조속기와 분사시기를 조절하는 장치가 설치되어 있는 것은?
① 유압 펌프   ② 프라이밍 펌프
③ 연료 분사 펌프 ④ 플런저 펌프

5 기관에서 연료를 압축하여 분사순서에 맞게 노즐로 압송시키는 장치는?
① 연료 분사 펌프
② 연료 공급 펌프
③ 프라이밍 펌프
④ 유압 펌프

6 기관에서 연료 펌프로부터 보내진 고압의 연료를 미세한 안개 모양으로 연소실에 분사하는 부품은?
① 분사 노즐   ② 커먼레일
③ 분사 펌프   ④ 공급 펌프

7 디젤기관에 사용하는 분사노즐의 종류에 속하지 않는 것은?
① 핀틀(pintle)형
② 스로틀(throttle)형
③ 홀(hole)형
④ 싱글 포인트(single point)형

8 디젤기관에서 조속기의 기능으로 맞는 것은?
① 연료 분사량 조정
② 연료 분사시기 조정
③ 엔진 부하량 조정
④ 엔진 부하시기 조정

9 기관의 부하에 따라 자동적으로 분사량을 가감하여 최고 회전속도를 제어하는 것은?
① 플런저 펌프   ② 캠축
③ 거버너   ④ 타이머

10 디젤기관에서 타이머의 역할로 가장 적당한 것은?
① 분사량 조절   ② 자동 변속 조절
③ 분사시기 조절 ④ 기관 속도 조절

11 기관의 속도에 따라 자동적으로 분사시기를 조정하여 운전을 안정되게 하는 것은?
① 노즐   ② 과급기
③ 타이머 ④ 디콤프

정답
1.① 2.① 3.① 4.③ 5.① 6.① 7.④
8.① 9.③ 10.③ 11.③

06 디젤 기관 노크

1 디젤 노크
디젤 노크는 착화 지연기간이 길어져 실린더 내의 연소 및 압력상승이 급격하게 일어나는 현상이다.

2 디젤기관의 노킹 발생원인
① 연료의 세탄가가 낮다.
② 연료의 분사 압력이 낮다.
③ 연소실의 온도가 낮다.
④ 착화지연 시간이 길다.
⑤ 분사노즐의 분무상태가 불량하다.
⑥ 기관이 과냉 되었다.
⑦ 착화 지연기간 중 연료 분사량이 많다.
⑧ 연소실에 누적된 연료가 많아 일시에 연소할 때

3 노킹이 기관에 미치는 영향
① 기관 회전수(rpm)가 낮아진다.
② 기관 출력이 저하한다.
③ 기관이 과열한다.
④ 흡기효율이 저하한다.

4 디젤 기관 노크 방지방법
① 연료의 착화점이 낮은 것을 사용한다.
② 흡기 압력과 온도를 높인다.
③ 실린더(연소실) 벽의 온도를 높인다.
④ 압축비 및 압축압력과 온도를 높인다.
⑤ 착화지연 기간을 짧게 한다.
⑥ 세탄가가 높은 연료를 사용한다.

07 기관 가동 중 시동이 꺼지는 원인

① 연료가 공급 펌프의 고장일 경우
② 연료탱크 내에 오물이 연료장치에 유입된 경우
③ 연료 파이프에서 누설이 있는 경우
④ 연료 필터가 막힌 경우
⑤ 분사 파이프 내에 기포가 있는 경우

08 커먼레일 연료 시스템

1 디젤기관의 커먼레일 시스템의 장점
① 각 운전 점에서 회전력의 향상이 가능하고 동력성능이 향상된다.
② 배출가스 규제수준을 충족시킬 수 있다.
③ 분사펌프의 설치공간이 절약된다.
④ 더 많은 영향변수의 고려가 가능하다.
⑤ 분사시기 보정장치 등 부가장치가 필요 없다.
⑥ 기관 소음을 감소시켜 최적화된 정숙운전이 가능하다.

2 디젤 연료장치의 커먼레일
① 고압 펌프로부터 발생된 연료를 저장하는 부분이다.
② 실제적으로 연료의 압력을 지닌 부분이다.
③ 연료 압력은 항상 일정하게 유지한다.
④ 연료는 연료 압력 조절기에 의해 압력이 조절된다.
⑤ 고압의 연료를 저장하고 인젝터에 분배한다.

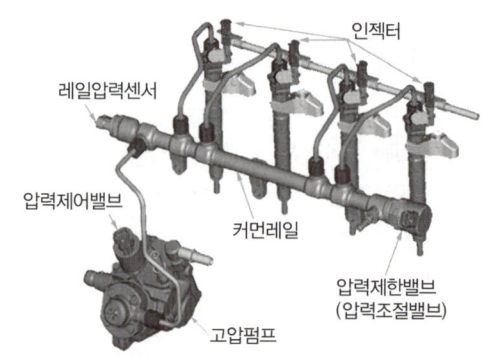

▲ 커먼레일의 고압부분의 구성

적중기출문제 — 연료장치

1 착화 지연기간이 길어져 실린더 내에 연소 및 압력 상승이 급격하게 일어나는 현상은?
① 디젤 노크 ② 조기 점화
③ 가솔린 노크 ④ 정상 연소

2 디젤기관에서 노킹을 일으키는 원인으로 맞는 것은?
① 흡입 공기의 온도가 너무 높을 때
② 착화지연 기간이 짧을 때
③ 연료에 공기가 혼입되었을 때
④ 연소실에 누적된 연료가 많아 일시에 연소할 때

3 디젤기관의 노킹발생 원인과 가장 거리가 먼 것은?
① 착화기간 중 분사량이 많다.
② 노즐의 분무상태가 불량하다.
③ 고세탄가 연료를 사용하였다.
④ 기관이 과냉 되어있다.

4 노킹이 발생하였을 때 기관에 미치는 영향은?
① 압축비가 커진다.
② 제동마력이 커진다.
③ 기관이 과열될 수 있다.
④ 기관의 출력이 향상된다.

5 디젤기관의 노킹 방지책으로 틀린 것은?
① 연료의 착화점이 낮은 것을 사용한다.
② 흡기 압력을 높게 한다.
③ 실린더 벽의 온도를 낮춘다.
④ 흡기 온도를 높인다.

6 디젤기관에서 주행 중 시동이 꺼지는 경우로 틀린 것은?
① 연료 필터가 막혔을 때
② 분사 파이프 내에 기포가 있을 때
③ 연료 파이프에 누설이 있을 때
④ 프라이밍 펌프가 작동하지 않을 때

7 작업 중 기관의 시동이 꺼지는 원인에 해당되는 것은?
① 연료 공급 펌프의 고장
② 발전기 고장
③ 물 펌프의 고장
④ 기동 모터 고장

8 운전 중 운전석 계기판에서 확인해야 하는 것이 아닌 것은?
① 실린더 압력계
② 연료량 게이지
③ 냉각수 온도 게이지
④ 충전 경고등

9 전자제어 디젤 분사장치의 장점이 아닌 것은?
① 배출가스 규제수준 충족
② 기관 소음의 감소
③ 연료소비율 증대
④ 최적화된 정숙운전

10 디젤 연료장치의 커먼레일에 대한 설명 중 맞지 않는 것은?
① 고압 펌프로부터 발생된 연료를 저장하는 부분이다.
② 실제적으로 연료의 압력을 지닌 부분이다.
③ 연료 압력은 항상 일정하게 유지한다.
④ 연료는 유량 제한기에 의해 커먼레일로 들어간다.

정답
1.① 2.④ 3.③ 4.③ 5.③ 6.④ 7.①
8.① 9.③ 10.④

3 커먼레일 연료장치 구성부품
① **저압 계통** : 연료 탱크, 연료 필터, 저압 펌프
② **고압 계통** : 고압 펌프, 커먼레일, 인젝터, 연료 압력 조정기
③ **연료 공급 순서** : 연료 탱크 → 연료 필터 → 저압 펌프 → 고압 펌프 → 커먼 레일 → 인젝터

4 압력 제어 밸브와 압력 제한 밸브
① **압력 제어 밸브** : 고압 펌프에 부착되어 연료 압력이 과도하게 상승되는 것을 방지 한다.
② **압력 제한 밸브** : 커먼레일에 설치되어 커먼레일 내의 연료 압력이 규정 값보다 높으면 열려 연료의 일부를 연료탱크로 복귀시킨다.

09 커먼레일 디젤 엔진 센서의 기능

1 공기 유량 센서
① 열막 방식을 사용한다.
② 배기가스 재순환(EGR) 피드백 제어 기능을 한다.
③ 스모그 제한 부스터 압력 제어용으로 사용한다.

2 TPS(스로틀 포지션 센서)
① 운전자가 가속페달을 얼마나 밟았는지 감지한다.
② 가변 저항식 센서이다.
③ 급가속을 감지하면 컴퓨터가 연료분사시간을 늘려 실행시키도록 한다.

3 가속페달 포지션 센서
① 운전자의 의지를 컴퓨터로 전달하는 센서이다.
② 센서 1의 신호는 연료 분사량과 분사시기를 결정한다.
③ 센서 2의 신호는 센서 1을 감시하는 센서이다.
④ 센서 2의 신호는 차량의 급출발을 방지하기 위한 것이다.

4 연료 압력 센서(RPS)
① 반도체 피에조 소자 방식이다.
② 센서의 신호는 연료 분사량 조정신호로 사용한다.
③ 센서의 신호는 연료 분사시기 조정신호로 사용한다.
④ 고장이 발생하면 림프 홈 모드(페일 세이프)로 진입하여 연료압력을 400bar로 고정시킨다.

5 크랭크축 센서(CPS, CKP)
① 크랭크축과 일체로 된 센서 휠의 돌기를 검출한다.
② 크랭크각 및 피스톤의 위치, 엔진의 회전을 검출한다.
③ 연료의 분사시기와 분사순서를 결정한다.

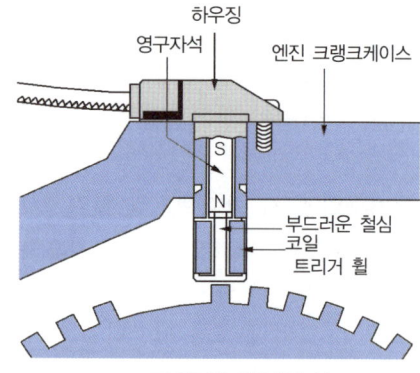

▲ 크랭크각 센서의 구조

적중기출문제 — 연료장치

1 커먼레일 디젤 엔진의 연료장치 구성부품이 아닌 것은?
① 인젝터　② 커먼레일
③ 분사펌프　④ 연료 압력 조정기

2 다음 중 커먼레일 연료 분사장치의 저압계통이 아닌 것은?
① 커먼레일　② 1차 연료 공급 펌프
③ 연료 필터　④ 연료 스트레이너

3 다음 중 커먼레일 연료 분사장치의 고압 연료펌프에 부착된 것은?
① 압력 제어 밸브　② 커먼레일 압력 센서
③ 압력 제한 밸브　④ 유량 제한기

4 커먼레일 디젤기관의 압력 제한 밸브에 대한 설명 중 틀린 것은?
① 커먼레일의 압력을 제어한다.
② 커먼레일에 설치되어 있다.
③ 연료압력이 높으면 연료의 일부분이 연료 탱크로 되돌아간다.
④ 컴퓨터가 듀티 제어한다.

5 다음 중 커먼레일 디젤기관의 공기 유량 센서(AFS)에 대한 설명 중 맞지 않는 것은?
① EGR 피드백 제어기능을 주로 한다.
② 열막 방식을 사용한다.
③ 연료량 제어기능을 주로 한다.
④ 스모그 제한 부스터 압력 제어용으로 사용한다.

6 커먼레일 디젤기관의 공기 유량 센서(AFS)로 많이 사용되는 방식은?
① 베인 방식　② 칼만 와류 방식
③ 피토관 방식　④ 열막 방식

7 TPS(스로틀 포지션 센서)에 대한 설명으로 틀린 것은?
① 가변 저항식이다.
② 운전자가 가속페달을 얼마나 밟았는지 감지한다.
③ 급가속을 감지하면 컴퓨터가 연료분사시간을 늘려 실행시킨다.
④ 분사시기를 결정해 주는 가장 중요한 센서이다.

8 커먼레일 디젤기관의 가속페달 포지션 센서에 대한 설명 중 맞지 않는 것은?
① 가속페달 포지션 센서는 운전자의 의지를 전달하는 센서이다.
② 가속페달 포지션 센서2는 센서1을 검사하는 센서이다.
③ 가속페달 포지션 센서3은 연료 온도에 따른 연료량 보정 신호를 한다.
④ 가속페달 포지션 센서1은 연료량과 분사시기를 결정한다.

9 커먼레일 디젤기관의 연료 압력 센서(RPS)에 대한 설명 중 맞지 않는 것은?
① RPS의 신호를 받아 연료 분사량을 조정하는 신호로 사용한다.
② RPS의 신호를 받아 연료 분사시기를 조정하는 신호로 사용한다.
③ 반도체 피에조 소자방식이다.
④ 이 센서가 고장이면 시동이 꺼진다.

10 전자제어 디젤 엔진의 회전을 감지하여 분사 순서와 분사시기를 결정하는 센서는?
① 가속 페달 센서　② 냉각수 온도 센서
③ 크랭크축 센서　④ 엔진 오일 온도 센서

정답
1.③　2.①　3.①　4.④　5.③　6.④　7.④
8.③　9.④　10.③

6 냉각수 온도 센서와 연료 온도 센서

① 부특성 서미스터를 사용한다.
② 냉각수 온도에 따른 연료량의 보정 및 냉각팬 제어 신호로 이용된다.
③ 연료 온도에 따른 연료량의 보정 신호로 이용된다.

적중기출문제

1 커먼레일 디젤 기관의 센서에 대한 설명 중 맞지 않는 것은?

① 연료 온도 센서는 연료 온도에 따른 연료량 보정 신호를 한다.
② 수온 센서는 기관의 온도에 따른 연료량을 증감하는 보정 신호로 사용한다.
③ 수온 센서는 기관의 온도에 따른 냉각 팬 제어 신호로 사용한다.
④ 크랭크 포지션 센서는 밸브 개폐시기를 감지한다.

2 전자제어 연료분사 장치에서 컴퓨터는 무엇에 근거하여 기본 연료 분사량을 결정하는가?

① 엔진회전 신호와 차량속도
② 흡입 공기량과 엔진 회전수
③ 냉각수 온도와 흡입 공기량
④ 차량 속도와 흡입공기량

> 전자제어 연료분사 장치에서 컴퓨터는 흡입 공기량과 엔진 회전수를 근거하여 기본 연료 분사량을 결정한다.

3 다음 중 커먼레일 디젤엔진 차량의 계기판에서 경고등 및 지시등의 종류가 아닌 것은?

① 예열플러그 작동 지시등
② DPF 경고등
③ 연료 수분 감지 경고등
④ 연료 차단 지시등

> 연료의 차단은 컴퓨터의 제어에 의해 이루어지며, 지시등은 설치되어 있지 않다.

4 전자제어 디젤 분사장치에서 연료를 제어하기 위해 각종 센서로부터 정보(가속 페달 위치, 기관속도, 분사시기, 흡기, 냉각수, 연료 온도 등)를 입력 받아 전기적 출력 신호로 변환하는 것은?

① 컨트롤 로드 액추에이터
② 전자제어 유닛(ECU)
③ 컨트롤 슬리브 액추에이터
④ 자기 진단(self diagnosis)

> 전자제어 디젤 엔진은 각종 센서 및 스위치로부터 운전 상태 및 조건 등의 정보를 ECU(전자제어 유닛)에 입력하면 ECU는 내부에 내장된 기본 정보와 연산 비교하여 액추에이터(작동기)를 작동 시킨다.

5 굴착기에 장착된 전자제어장치(ECU)의 주된 기능으로 가장 옳은 것은?

① 운전 상황에 맞는 엔진 속도제어 및 고장진단 등을 하는 장치이다.
② 운전자가 편리하도록 작업 장치를 자동적으로 조작시켜 주는 장치이다.
③ 조이스틱의 작동을 전자화 한 장치이다.
④ 컨트롤 밸브의 조작을 용이하게 하기 위해 전자화 한 장치이다.

> ECU의 기능은 운전 상황에 맞는 엔진 속도제어, 고장진단 등을 하는 장치이다.

6 커먼레일 방식 디젤 기관에서 크랭킹은 되는데 기관이 시동되지 않는다. 점검 부위로 틀린 것은?

① 인젝터
② 레일 압력
③ 연료 탱크 유량
④ 분사펌프 딜리버리 밸브

> 분사펌프의 딜리버리 밸브는 연료의 역류와 후적을 방지하고 고압 파이프에 잔압을 유지시키는 작용을 한다.

정답

1.④　2.②　3.④　4.②　5.①　6.④

section 03 냉각 장치

01 목 적

① 정상적인 작동 온도 75~95℃로 유지시키는 역할을 한다.
② 기관의 작동 온도는 실린더 헤드 물 재킷부의 냉각수 온도로 표시한다.
③ 부품의 과열 및 손상을 방지한다.

02 냉각 방식의 종류

① **공랭식** : 자연 통풍식, 강제 통풍식
② **수냉식** : 자연 순환식, 강제 순환식, 압력 순환식, 밀봉 압력식

03 냉각 장치의 구성 부품

① **워터 재킷** : 기관의 냉각수 통로
② **워터 펌프** : 기관의 냉각수를 순환시킨다.
③ **구동 벨트** : 발전기와 물 펌프를 구동시킨다.
④ **냉각 팬** : 라디에이터의 냉각 효과를 향상시킨다.
⑤ **라디에이터** : 냉각수를 저장하고 흡수한 열을 방출한다.
⑥ **라디에이터 캡** : 냉각 계통을 밀폐시켜 온도 및 압력을 조정한다.
⑦ **수온 조절기** : 냉각수의 온도를 알맞게 조절한다.

적중기출문제 — 냉각장치

1 기관의 정상적인 냉각수 온도는?
① 30~45℃ ② 110~120℃
③ 75~95℃ ④ 45~65℃

2 기관 냉각수의 수온을 측정하는 곳으로 다음 중 가장 적당한 것은?
① 수온 조절기 내부
② 실린더 헤드 물 재킷부
③ 라디에이터 하부
④ 라디에이터 상부

3 기관의 냉각장치 방식이 아닌 것은?
① 강제 순환식 ② 압력 순환식
③ 진공 순환식 ④ 자연 순환식

4 기관의 냉각장치에 해당되지 않는 부품은?
① 수온 조절기 ② 릴리프 밸브
③ 방열기 ④ 팬 및 벨트

5 냉각수 순환용 물 펌프가 고장이 났을 때 기관에 나타날 수 있는 현상으로 가장 중요한 것은?
① 시동 불능
② 축전지의 비중 저하
③ 발전기 작동 불능
④ 기관 과열

정답
1.③ 2.② 3.③ 4.② 5.④

04 가압식 라디에이터의 장점

① 방열기를 작게 할 수 있다.
② 냉각수의 비등점을 높일 수 있다.
③ 기관의 열효율이 향상된다.
④ 냉각수 손실이 적다.

05 압력식 라디에이터 캡

① 냉각 계통을 밀폐시켜 내부의 온도 및 압력을 조정한다.
② 냉각장치 내의 압력을 $0.2 \sim 1.05 kg/cm^2$ 정도로 유지하여 비점을 112℃로 상승시킨다.
③ 압력 밸브 : 냉각 장치 내의 압력을 항상 일정하게 유지한다.
④ 진공 밸브 : 냉각수 온도가 저하되면 열려 라디에이터 내의 압력을 대기압과 동일하게 유지시킨다.

06 수온 조절기

① 실린더 헤드 냉각수 통로에 설치되어 냉각수의 온도를 알맞게 조절한다.
② 65℃에서 서서히 열리기 시작하여 85℃가 되면 완전히 열린다.
③ 종류는 벨로즈형과 펠릿형 수온 조절기로 분류한다.

적중기출문제   냉각장치

1 가압식 라디에이터의 장점으로 틀린 것은?
① 방열기를 작게 할 수 있다.
② 냉각수의 비등점을 높일 수 있다.
③ 냉각수의 순환속도가 빠르다.
④ 냉각수 손실이 적다.

2 냉각장치에서 냉각수의 비등점을 올리기 위한 것으로 맞는 것은?
① 진공식 캡   ② 압력식 캡
③ 라디에이터   ④ 물재킷

3 라디에이터 캡의 스프링이 파손되었을 때 가장 먼저 나타나는 현상은?
① 냉각수 비등점이 높아진다.
② 냉각수 비등점이 낮아진다.
③ 냉각수 순환이 빨라진다.
④ 냉각수 순환이 불량해진다.

4 냉각장치의 수온 조절기는 냉각수 수온이 약 몇 도(℃)일 때 처음 열려 몇 도(℃)에서 완전히 열리는가?
① 35~55℃   ② 65~85℃
③ 45~65℃   ④ 95~112℃

5 냉각장치의 수온 조절기가 완전히 열리는 온도가 낮을 경우 가장 적절한 것은?
① 엔진의 회전속도가 빨라진다.
② 엔진이 과열되기 쉽다.
③ 워밍업 시간이 길어지기 쉽다.
④ 물 펌프에 부하가 걸리기 쉽다.

6 디젤기관이 작동될 때 과열되는 원인이 아닌 것은?
① 냉각수 양이 적다.
② 물 재킷 내의 물때가 많다.
③ 온도 조절기가 열려 있다.
④ 물 펌프의 회전이 느리다.

온도 조절기가 닫힌 상태로 고장이 난 경우이다.

정답
1.③ 2.② 3.② 4.② 5.③ 6.③

section 04 윤활 장치

01 윤활유의 기능

① **마찰 및 마멸 방지 작용** : 유막을 형성하여 마찰 및 마멸을 방지하는 작용.
② **기밀(밀봉) 작용** : 고온·고압의 가스가 누출되는 것을 방지하는 작용.
③ **냉각 작용** : 마찰열을 흡수하여 방열하고 소결을 방지하는 작용.
④ **세척 작용** : 먼지와 연소 생성물의 카본, 금속 분말 등을 흡수하는 작용.
⑤ **응력 분산 작용** : 국부적인 압력을 오일 전체에 분산시켜 평균화시키는 작용.
⑥ **방청 작용** : 수분 및 부식성 가스가 침투하는 것을 방지하는 작용.

02 오일의 종류(SAE 분류)

① **봄, 가을철용 오일** : SAE 30 사용
② **여름철용 오일** : SAE 40 사용
③ **겨울철용 오일** : SAE 20 사용
④ **다급용 오일** : 가솔린 기관은 10W − 30, 디젤 기관은 20W − 40 을 사용한다.
⑤ **점도** : 유체를 이동시킬 때 나타나는 내부 저항을 말한다.
⑥ **점도지수** : 오일이 온도 변화에 따라 점도가 변화하는 정도를 표시하는 것으로 점도지수가 높을수록 온도에 의한 점도 변화가 적다.

적중기출문제 — 윤활장치

1 건설기계 기관에서 사용하는 윤활유의 주요 기능이 아닌 것은?
① 기밀 작용　② 방청 작용
③ 냉각 작용　④ 산화 작용

2 윤활유 사용 방법으로 옳은 것은?
① SAE 번호는 일정하다.
② 여름은 겨울보다 SAE 번호가 큰 윤활유를 사용한다.
③ 계절과 윤활유 SAE 번호는 관계가 없다.
④ 겨울은 여름보다 SAE 번호가 큰 윤활유를 사용한다.

3 윤활유 점도가 기준보다 높은 것을 사용했을 때 일어나는 현상은?
① 동절기에 사용하면 기관 시동이 용이하다.
② 점차 묽어지므로 경제적이다.
③ 윤활유가 좁은 공간에 잘 스며들어 충분한 주유가 된다.
④ 윤활유 공급이 원활하지 못하다.

4 점도지수가 큰 오일의 온도변화에 따른 점도 변화는?
① 적다.　② 크다.
③ 온도와 점도 관계는 무관하다.
④ 불변이다.

정답
1.④　2.②　3.④　4.①

03 윤활 방식

① **비산식** : 커넥팅 로드 대단부에 설치된 디퍼를 이용하여 윤활한다.
② **압송식** : 오일펌프를 이용하여 윤활부에 공급한다.
③ **비산 압송식** : 압송식과 비산식으로 급유한다.
④ **전압송식** : 압송식으로 급유한다.
⑤ **혼합 급유식** : 윤활유에 가솔린을 혼합하여 급유한다.

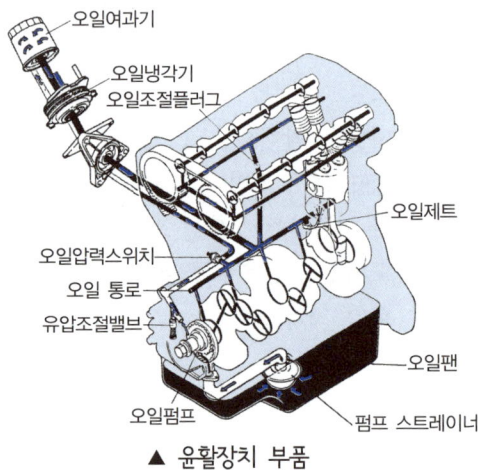

▲ 윤활장치 부품

04 오일펌프

① 오일 팬 내의 오일을 흡입 가압하여 각 윤활부에 공급한다.
② **종류** : 기어 펌프, 로터리 펌프, 베인 펌프, 플런저 펌프

05 여과 방식

① **전류식** : 오일펌프에서 공급된 오일을 모두 여과하여 윤활부에 공급한다. 엘리먼트가 막혔을 경우에는 바이패스 밸브를 통하여 공급된다.
② **샨트식** : 오일펌프에서 공급된 오일의 일부는 여과되지 않은 상태에서 윤활부에 공급한다. 나머지 오일도 여과기의 엘리먼트를 통하여 여과시킨 후 윤활부에 공급한다.
③ **분류식** : 오일펌프에서 공급되는 오일의 일부는 여과하지 않은 상태에서 윤활부에 공급된다. 나머지 오일은 여과기의 엘리먼트를 통하여 여과시킨 후 오일 팬으로 되돌려 보낸다.

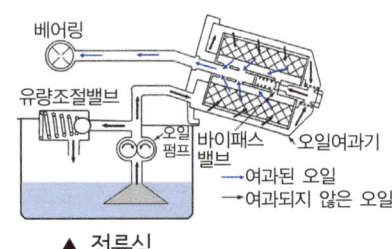

▲ 전류식

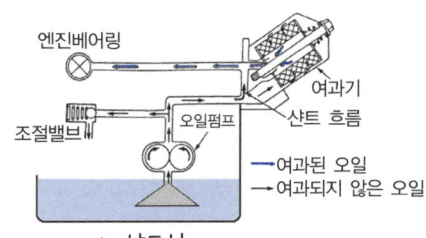

▲ 샨트식

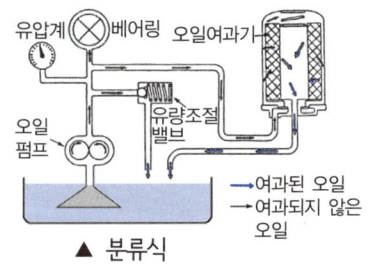

▲ 분류식

06 유압계와 유압 경고등

① 오일 펌프에서 윤활 회로에 공급되는 유압을 표시한다.
② **유압 경고등** : 오일 라인에 유압이 작용하지 않으면 점등된다.

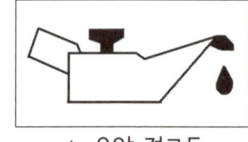

▲ 유압 경고등

적중기출문제 — 윤활장치

1 윤활 방식 중 오일펌프로 급유하는 방식은?
① 비산식 ② 압송식
③ 분사식 ④ 비산분무식

2 윤활장치에 사용되고 있는 오일펌프로 적합하지 않은 것은?
① 기어 펌프 ② 로터리 펌프
③ 베인 펌프 ④ 나사 펌프

3 기관의 윤활장치에서 엔진 오일의 여과방식이 아닌 것은?
① 전류식 ② 샨트식
③ 합류식 ④ 분류식

4 윤활유 공급 펌프에서 공급된 윤활유 전부가 엔진 오일 필터를 거쳐 윤활 부분으로 가는 방식은?
① 분류식 ② 자력식
③ 전류식 ④ 샨트식

5 기관의 엔진오일 여과기가 막히는 것을 대비해서 설치하는 것은?
① 체크 밸브(check valve)
② 바이패스 밸브(bypass valve)
③ 오일 디퍼(oil dipper)
④ 오일 팬(oil pan)

6 운전석 계기판에 아래 그림과 같은 경고등이 점등되었다면 가장 관련이 있는 경고등은?

① 엔진 오일 압력 경고등
② 엔진 오일 온도 경고등
③ 냉각수 배출 경고등
④ 냉각수 온도 경고등

7 엔진오일 압력 경고등이 켜지는 경우가 아닌 것은?
① 오일이 부족할 때
② 오일 필터가 막혔을 때
③ 가속을 하였을 때
④ 오일회로가 막혔을 때

8 건설기계 장비 작업시 계기판에서 오일 경고등이 점등되었을 때 우선 조치사항으로 적합한 것은?
① 엔진을 분해한다.
② 즉시 시동을 끄고 오일계통을 점검한다.
③ 엔진 오일을 교환하고 운전한다.
④ 냉각수를 보충하고 운전한다.

9 오일 여과기의 역할은?
① 오일의 순환작용
② 오일의 압송 작용
③ 오일 불순물 제거작용
④ 연료와 오일 정유 작용

> 오일 여과기는 오일 속에 금속 분말, 연소 생성물, 수분, 등의 불순물을 제거(세정 작용)하는 작용을 한다.

10 기관의 엔진오일 여과기가 막히는 것을 대비해서 설치하는 것은?
① 체크 밸브(check valve)
② 바이패스 밸브(bypass valve)
③ 오일 디퍼(oil dipper)
④ 오일 팬(oil pan)

> 엔진 오일 여과기가 막혔을 때 엔진의 내부 손상을 방지하기 위해 여과되지 않은 오일을 윤활부로 공급하기 위한 바이패스 밸브를 설치한다.

정답
1.② 2.④ 3.③ 4.③ 5.② 6.① 7.③
8.② 9.③ 10.②

07 유압이 높아지는 원인

① 유압 조절 밸브가 고착된 경우
② 유압 조절 밸브 스프링의 장력이 클 경우
③ 오일의 점도가 높은 경우
④ 각 마찰부의 베어링 간극이 적은 경우
⑤ 오일 회로가 막힌 경우

08 유압이 낮아지는 원인

① 오일이 희석되어 점도가 낮은 경우
② 유압 조절 밸브의 접촉이 불량한 경우
③ 유압 조절 밸브 스프링의 장력이 작은 경우
④ 오일 통로에 공기가 유입된 경우
⑤ 오일펌프 설치 볼트의 조임이 불량한 경우
⑥ 오일펌프의 마멸이 과대한 경우
⑦ 오일 통로의 파손 및 오일이 누출되는 경우
⑧ 오일 팬 내의 오일이 부족한 경우
⑨ 각 마찰부의 베어링 간극이 큰 경우

09 오일 냉각기

① 오일의 높은 온도를 낮추어 70 ~ 80℃로 유지시키는 역할을 한다.
② 오일의 온도가 125 ~ 130℃ 이상이 되면 오일의 성능이 급격히 저하된다.
③ 오일 냉각기는 오일의 온도를 항상 일정하게 유지한다.
④ 오일 냉각기는 공랭식과 수냉식으로 분류된다.

10 오일의 소비가 많아지는 원인

① 오일 팬 내의 오일이 규정량 보다 높은 경우
② 오일의 열화 또는 점도가 불량한 경우
③ 피스톤과 실린더와의 간극이 과대한 경우
④ 피스톤 링의 마모가 심한 경우
⑤ 밸브 스템과 가이드 사이의 간극이 과대한 경우
⑥ 밸브 가이드 오일 시일이 불량한 경우

11 기관 오일의 온도가 상승되는 원인

① 오일량이 부족하다.
② 오일의 점도가 높다.
③ 고속 및 과부하로 연속작업을 하였다.
④ 오일 냉각기가 불량하다.

12 기관 오일의 구비조건

① 점도지수가 커 온도와 점도와의 관계가 적당할 것
② 인화점 및 자연 발화점이 높을 것
③ 강인한 유막을 형성할 것
④ 응고점이 낮고 비중과 점도가 적당할 것
⑥ 기포발생 및 카본생성에 대한 저항력이 클 것

13 유면 표시기

① 오일 팬에 저장되어 있는 오일량 및 오염도를 점검한다.
② 끝부분에 MAX 와 MIN 의 눈금이 있다.
③ 오일량은 MAX 선 가까이에 있어야 정상이다.
④ 오일이 검은색에 가까우면 심하게 불분물이 오염되어 있는 경우이다.
⑤ 오일이 유유색에 가까우면 냉각수가 유입되어 있은 경우이다.

적중기출문제 — 윤활장치

1 기관오일 압력이 상승하는 원인에 해당될 수 있는 것은?
① 오일펌프가 마모되었을 때
② 오일 점도가 높을 때
③ 윤활유가 너무 적을 때
④ 유압 조절 밸브 스프링이 약할 때

2 기관의 윤활유 압력이 규정보다 높게 표시될 수 있는 원인으로 맞는 것은?
① 엔진 오일 실(seal) 파손
② 오일 게이지 힘
③ 압력 조절 밸브 불량
④ 윤활유 부족

3 기관의 오일 압력계 수치가 낮은 경우와 관계없는 것은?
① 오일 릴리프 밸브가 막혔다.
② 크랭크축 오일 틈새가 크다.
③ 크랭크 케이스에 오일이 적다.
④ 오일펌프가 불량하다.

4 디젤기관의 윤활유 압력이 낮은 원인과 관계가 먼 것은?
① 윤활유의 양이 부족하다.
② 오일펌프가 과대 마모되었다.
③ 윤활유의 점도가 높다.
④ 윤활유 압력 릴리프 밸브가 열린 채 고착되어 있다.

5 오일 냉각기의 기능은?
① 오일 온도를 125~130℃ 이상 유지
② 오일 온도를 정상 온도로 일정하게 유지
③ 유압을 일정하게 유지
④ 수분·슬러지(sludge) 등을 제거

6 엔진 오일이 많이 소비되는 원인이 아닌 것은?
① 피스톤 링의 마모가 심할 때
② 실린더의 마모가 심할 때
③ 기관의 압축 압력이 높을 때
④ 밸브 가이드의 마모가 심할 때

7 윤활유의 소비가 증대될 수 있는 두 가지 원인은?
① 연소와 누설   ② 비산과 압력
③ 비산과 희석   ④ 희석과 혼합

> 윤활유의 소비가 증대되는 2가지 원인은 "연소와 누설"이다.

8 엔진 오일의 온도가 상승되는 원인이 아닌 것은?
① 유량의 과다
② 오일의 점도가 부적당할 때
③ 고속 및 과부하로의 연속작업
④ 오일 냉각기의 불량

9 엔진 윤활유에 대하여 설명한 것 중 틀린 것은?
① 인화점이 낮은 것이 좋다.
② 유막이 끊어지지 않아야 한다.
③ 응고점이 낮은 것이 좋다.
④ 온도에 의하여 점도가 변하지 않아야 한다.

10 엔진 오일이 우유 색을 띄고 있을 때의 원인은?
① 경유가 유입되었다.
② 연소가스가 섞여있다.
③ 냉각수가 섞여있다.
④ 가솔린이 유입되었다.

정답
1.② 2.③ 3.① 4.③ 5.② 6.③ 7.①
8.① 9.① 10.③

section 05 흡 · 배기 장치

01 흡기 장치의 요구조건

① 전 회전영역에 걸쳐서 흡입효율이 좋아야 한다.
② 연소속도를 빠르게 해야 한다.
③ 흡입부에 와류를 일으키도록 하여야 한다.
④ 균일한 분배성을 가져야 한다.

02 건식 공기 청정기(air cleaner)

1 기능 및 청소

① **기능** : 흡입 공기의 먼지 등의 여과와 흡기 소음을 감소시키는 작용을 한다.
② **청소** : 엘리먼트는 압축공기로 안에서 밖으로 불어내어 청소한다.
③ 에어클리너가 막히면 배기 색은 검은색이며, 출력은 저하된다.

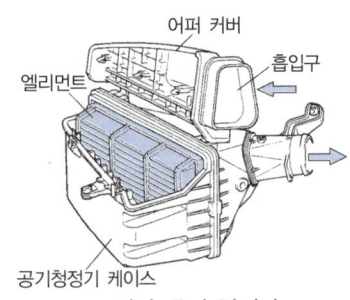

▲ 건식 공기 청정기

2 건식 공기 청정기의 장점

① 설치 또는 분해조립이 간단하다.
② 작은 입자의 먼지나 오물을 여과할 수 있다.
③ 구조가 간단하고 여과망(엘리먼트)은 압축공기로 청소하여 사용할 수 있다.

④ 엔진의 회전속도 변동에도 안정된 공기 청정 효율을 얻을 수 있다.

03 습식 공기 청정기(여과기)

① 공기를 여과시키는 엘리먼트는 스틸 울이나 천으로 오일이 묻어 있다.
② 엘리먼트가 케이스 내면의 일정 높이로 설치되어 아래쪽에 오일이 담겨 있다.
③ 엔진이 작동할 때 케이스와 커버 사이를 통하여 공기가 유입된다.
④ 유입된 공기는 유면을 통하여 급격히 위로 상승되어 에어 혼에 유입된다.
⑤ 무거운 먼지는 유면에 떨어지고 가벼운 먼지는 스틸 울에 부착되어 여과된다.
⑥ 청정 효율은 엔진의 회전속도가 **빠를수록** 향상된다.

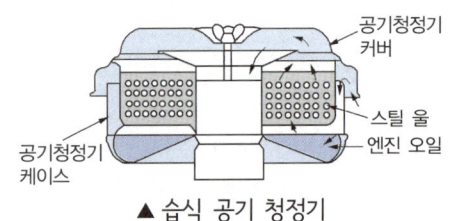

▲ 습식 공기 청정기

04 원심식 공기 청정기(여과기)

① 흡입공기를 선회시켜 엘리먼트 이전에서 이물질을 제거한다.
② 원심력을 이용하여 흡입공기와 함께 유입되는 먼지나 이물질이 여과장치에서 분리되고 정화된 공기만이 실린더로 공급되는 방식.

적중기출문제

흡·배기장치

1 다음 중 흡기장치의 요구조건으로 틀린 것은?
① 전 회전영역에 걸쳐서 흡입효율이 좋아야 한다.
② 연소속도를 빠르게 해야 한다.
③ 흡입부에 와류가 발생할 수 있는 돌출부를 설치해야 한다.
④ 균일한 분배성을 가져야 한다.

2 기관에서 공기 청정기의 설치 목적으로 맞는 것은?
① 연료의 여과와 가압작용
② 공기의 가압작용
③ 공기의 여과와 소음방지
④ 연료의 여과와 소음방지

3 연소에 필요한 공기를 실린더로 흡입할 때, 먼지 등의 불순물을 여과하여 피스톤 등의 마모를 방지하는 역할을 하는 장치는?
① 과급기(super charger)
② 에어 클리너(air cleaner)
③ 냉각장치(cooling system)
④ 플라이 휠(fly wheel)

4 건식 공기 여과기 세척방법으로 가장 적합한 것은?
① 압축공기로 안에서 밖으로 불어낸다.
② 압축공기로 밖에서 안으로 불어낸다.
③ 압축오일로 안에서 밖으로 불어낸다.
④ 압축오일로 밖에서 안으로 불어낸다.

5 건식 공기 청정기의 장점이 아닌 것은?
① 설치 또는 분해조립이 간단하다.
② 작은 입자의 먼지나 오물을 여과할 수 있다.
③ 구조가 간단하고 여과망을 세척하여 사용할 수 있다.
④ 기관 회전속도의 변동에도 안정된 공기청정 효율을 얻을 수 있다.

6 습식 공기 청정기에 대한 설명이 아닌 것은?
① 청정효율은 공기량이 증가할수록 높아지며, 회전속도가 빠르면 효율이 좋아진다.
② 흡입 공기는 오일로 적셔진 여과망을 통과시켜 여과시킨다.
③ 공기 청정기 케이스 밑에는 일정한 양의 오일이 들어 있다.
④ 공기 청정기는 일정기간 사용 후 무조건 신품으로 교환해야 한다.

7 여과기 종류 중 원심력을 이용하여 이물질을 분리시키는 형식은?
① 건식 여과기   ② 오일 여과기
③ 습식 여과기   ④ 원심식 여과기

8 공기 청정기에 대한 설명으로 틀린 것은?
① 공기 청정기는 실린더 마멸과 관계없다.
② 공기 청정기가 막히면 배기 색은 흑색이 된다.
③ 공기 청정기가 막히면 출력이 감소한다.
④ 공기 청정기가 막히면 연소가 나빠진다.

> 공기 청정기가 막히면 실린더 내의 공기 공급 부족으로 불완전 연소가 일어나 실린더 마멸을 촉진한다.

9 흡입 공기를 선회시켜 엘리먼트 이전에서 이물질이 제거되게 하는 에어 클리너 방식은?
① 습식   ② 건식
③ 원심 분리식   ④ 비스키 무수식

정답
1.③ 2.③ 3.② 4.① 5.③ 6.④ 7.④
8.① 9.③

05 과급기

1 특징
① 엔진의 출력이 35 ~ 45% 증가된다.
② 평균 유효압력이 높아진다.
③ 엔진의 회전력이 증대된다.
④ 고지대에서도 출력의 감소가 적다.
⑤ 착화지연 기간이 짧다.
⑥ 체적 효율이 증대된다.
⑦ 세탄가가 낮은 연료의 사용이 가능하다.
⑧ 냉각 손실이 적고 연료 소비율이 향상된다.
⑨ 과급기를 설치하면 기관의 중량이 증가한다.

2 터보 차저(배기 터빈 과급기)
① 1개의 축 양끝에 각도가 서로 다른 터빈이 설치되어 있다.
② 한쪽은 흡기 다기관에 연결하고 다른 한쪽은 배기 다기관에 연결되어 있다.
③ 배기가스의 압력으로 회전되어 공기는 원심력을 받아 디퓨저에 유입된다.
④ **디퓨저***에 공급된 공기의 압력 에너지에 의해 실린더에 공급되어 체적 효율이 향상된다.
⑤ 배기 터빈이 회전하므로 배기 효율이 향상된다.

> **디퓨저**(diffuser) : 확산 한다는 뜻으로 유체의 유로를 넓혀서 흐름을 느리게 함으로써 유체의 속도 에너지를 압력 에너지로 바꾸는 장치이다.

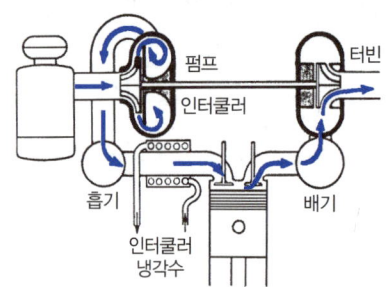

적중기출문제

1 디젤기관에 과급기를 부착하는 주된 목적은?
① 출력의 증대　② 냉각효율의 증대
③ 배기의 정화　④ 윤활성의 증대

2 과급기를 부착하였을 때의 이점으로 틀린 것은?
① 고지대에서도 출력의 감소가 적다.
② 회전력이 증가한다.
③ 기관 출력이 향상된다.
④ 압축 온도의 상승으로 착화지연시간이 길어진다.

3 터보차저에 대한 설명 중 틀린 것은?
① 배기가스 배출을 위한 일종의 블로워(blower)이다.
② 과급기라고도 한다.
③ 배기관에 설치된다.
④ 기관 출력을 증가시킨다.

4 다음은 터보식 과급기의 작동상태이다. 관계없는 것은?
① 디퓨저에서 공기의 압력 에너지가 속도 에너지로 바뀌게 된다.
② 배기가스가 임펠러를 회전시키면 공기가 흡입되어 디퓨저에 들어간다.
③ 디퓨저에서는 공기의 속도 에너지가 압력 에너지로 바뀌게 된다.
④ 압축 공기가 각 실린더의 밸브가 열릴 때마다 들어가 충전효율이 증대된다.

5 다음 중 터보차저를 구동하는 것으로 가장 적합한 것은?
① 엔진의 열　　② 엔진의 배기가스
③ 엔진의 흡입가스　④ 엔진의 여유동력

정답
1.① 2.④ 3.① 4.① 5.②

02 건설기계 전기장치

시동장치
충전장치
조명장치
계기류
예열장치

section 01 시동장치

01 기초 전기

1 정전기와 동전기
① **정전기** : 전기가 이동하지 않고 물질에 정지하고 있는 전기이다.
② **직류 전기** : 전압 및 전류가 일정값을 유지하고 흐름의 방향도 일정한 전기.
③ **교류 전기** : 전압 및 전류가 시시각각으로 변화하고 흐름의 방향도 정방향과 역방향으로 차례로 반복되어 흐르는 전기.

2 전류
① 도선을 통하여 전자가 이동하는 것을 전류라 한다.
② **1A란** : 도체 단면에 임의의 한 점을 매초 1쿨롱의 전하가 이동할 때의 전류
③ **전류의 3대 작용** : 발열 작용, 화학 작용, 자기 작용

3 저항
① 전류가 물질 속을 흐를 때 그 흐름을 방해하는 것을 저항이라 한다.
② **1Ω 이란** : 도체에 1 A 의 전류를 흐르게 할 때 1V 의 전압을 필요로 하는 도체의 저항.
③ **물질의 고유 저항** : 온도, 단면적, 재질, 형상에 따라 변화된다.
④ **접촉 저항** : 접촉면에서 발생되는 저항을 접촉 저항이라 한다.

4 직렬접속
① 합성 저항의 값은 각 저항의 합과 같다.
② 각 저항에 흐르는 전류는 일정하다.
③ 각 저항에 가해지는 전압의 합은 전원의 전압과 같다.
④ 동일 전압의 축전지를 직렬연결하면 전압은 개수 배가되고 용량은 1 개 때와 같다.

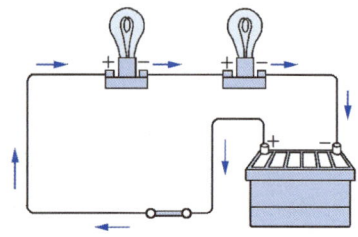

5 플레밍의 왼손 법칙
① 자계 내의 도체에 전류를 흐르게 하였을 때 도체에 작용하는 힘의 방향을 나타내는 법칙이다.
② 자계의 방향, 전류의 방향 및 도체가 움직이는 방향에는 일정한 관계가 있다.
③ 기동 전동기, 전류계, 전압계 등에 이용한다.

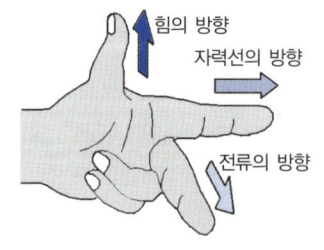

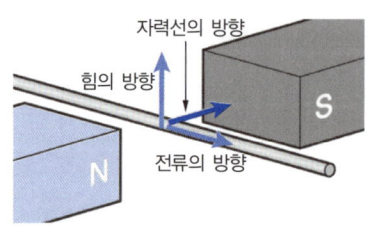

적중기출문제 — 시동 장치

1 전기가 이동하지 않고 물질에 정지하고 있는 전기는?
① 동전기 ② 정전기
③ 직류전기 ④ 교류 전기

2 전류의 3대 작용이 아닌 것은?
① 발열작용 ② 자정작용
③ 자기작용 ④ 화학작용

3 전기 단위 환산으로 맞는 것은?
① 1KV = 1000V ② 1A = 10mA
③ 1KV = 100V ④ 1A = 100mA

4 도체에도 물질 내부의 원자와 충돌하는 고유 저항이 있다. 고유 저항과 관련이 없는 것은?
① 물질의 모양
② 자유전자의 수
③ 원자핵의 구조 또는 온도
④ 물질의 색깔

5 그림과 같이 12V용 축전지 2개를 사용하여 24V용 건설기계를 시동하고자 한다. 연결 방법으로 옳은 것은?

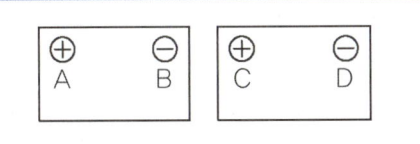

① B - D ② A - C
③ B - C ④ A - B

6 건설기계에 사용되는 12볼트(V) 80암페어(A) 축전지 2개를 직렬 연결하면 전압과 전류는?
① 24볼트(V) 160암페어(A)가 된다.
② 12볼트(V) 160암페어(A)가 된다.
③ 24볼트(V) 80암페어(A)가 된다.
④ 12볼트(V) 80암페어(A)가 된다.

7 건설기계에 사용되는 전기장치 중 플레밍의 왼손법칙이 적용된 부품은?
① 발전기 ② 점화코일
③ 릴레이 ④ 시동 전동기

8 전기장치에서 접촉저항이 발생하는 개소 중 틀린 것은?
① 배선 중간 지점 ② 스위치 접점
③ 축전지 터미널 ④ 배선 커넥터

> 접촉저항이 발생하는 개소는 스위치 접점, 축전지 터미널, 배선 커넥터 등이다.

9 옴의 법칙에 관한 공식으로 맞는 것은? (단, 전류 = I, 저항 = R, 전압 = V)
① $I = V \times R$ ② $V = \dfrac{R}{I}$
③ $R = \dfrac{V}{I}$ ④ $I = \dfrac{R}{V}$

> $I = \dfrac{V}{R}$, $V = IR$, $R = \dfrac{V}{I}$

10 건설기계에서 사용하는 축전지 2개를 직렬로 연결하였을 때 변화되는 것은?
① 전압이 증가된다.
② 사용전류가 증가된다.
③ 비중이 증가된다.
④ 전압 및 이용전류가 증가된다.

11 같은 축전지 2개를 직렬로 접속하면 어떻게 되는가?
① 전압은 2배가 되고, 용량은 같다.
② 전압은 같고, 용량은 2배가 된다.
③ 전압과 용량은 변화가 없다.
④ 전압과 용량 모두 2배가 된다.

정답
1.② 2.② 3.① 4.④ 5.③ 6.③ 7.④
8.① 9.③ 10.① 11.①

6 플레밍의 오른손 법칙

① 자계 내에서 도체를 움직였을 때 도체에 발생하는 유도 기전력을 나타내는 법칙이다.
② 플레밍의 오른손 법칙은 발전기에 이용된다.

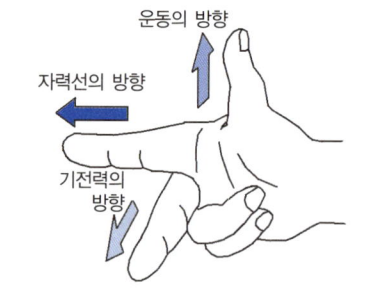

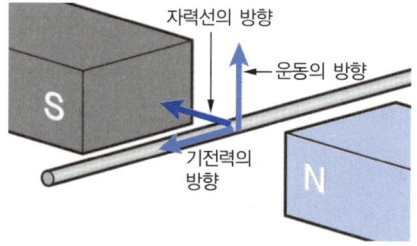

02 축전지(battery)

1 축전지의 역할
① 기동 장치의 전기적 부하를 부담한다.
② 발전기 고장시 주행을 확보하기 위한 전원으로 작동한다.
③ 발전기 출력과 부하와의 언밸런스를 조정한다.

2 방전 중 화학 작용
① **양극판** : 과산화납(PbO_2)→황산납($PbSO_4$)
② **음극판** : 해면상납(Pb) → 황산납($PbSO_4$)
③ **전해액** : 묽은황산(H_2SO_4) → 물($2H_2O$)
④ 과산화납 + 해면상납 + 묽은황산
　= PbO_2 + Pb + H_2SO_4

3 축전지 셀과 단자 기둥
① 몇 장의 극판을 접속편에 용접하여 터미널 포스트와 일체가 되도록 한 것.

② 완전 충전시 셀당 기전력은 2.1 V 이다.
③ 단전지 6개를 직렬로 연결하면 12 V의 축전지가 된다.

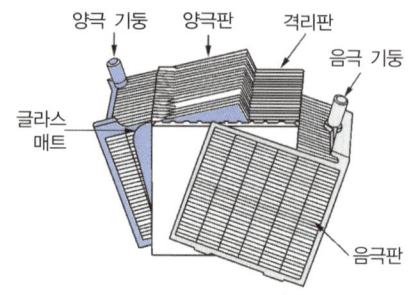

4 전해액을 만드는 순서
① 질그릇 등의 절연체인 용기를 준비한다.
② 증류수에 황산을 부어 혼합한다.
③ 조금씩 혼합하며 잘 저어서 냉각시킨다.
④ 전해액의 온도가 20℃일 때 1.280 되게 비중을 측정하면서 작업을 끝낸다.

5 방전 종지 전압
① 어떤 전압 이하로 방전하여서는 안되는 방전 한계 전압을 말한다.
② 셀당 방전 종지 전압은 1.7 ~ 1.8 V 이다.
③ 20 시간율의 전류로 방전하였을 경우의 방전 종지 전압은 한 셀당 1.75 V이다.

6 축전지 용량
① 완전 충전된 축전지를 일정의 전류로 연속 방전하여 방전 종지 전압까지 사용할 수 있는 전기량.
② 전해액의 온도가 높으면 용량은 증가한다.
③ 용량은 극판의 크기, 극판의 형상 및 극판의 수에 의해 좌우된다.
④ 용량은 전해액의 비중, 전해액의 온도 및 전해액의 양에 의해 좌우된다.
⑤ 용량은 격리판의 재질, 격리판의 형상 및 크기에 의해 좌우된다.
⑥ **용량**(Ah) = 방전 전류(A) × 방전 시간(h)

적중기출문제

1 건설기계에 사용되는 전기장치 중 플레밍의 오른손 법칙이 적용되어 사용되는 부품은?
① 발전기　② 기동 전동기
③ 점화코일　④ 릴레이

2 건설기계 기관에 사용되는 축전지의 가장 중요한 역할은?
① 주행 중 점화장치에 전류를 공급한다.
② 주행 중 등화장치에 전류를 공급한다.
③ 주행 중 발생하는 전기부하를 담당한다.
④ 기동장치의 전기적 부하를 담당한다.

3 건설기계 기관에서 축전지를 사용하는 주된 목적은?
① 기동 전동기의 작동
② 연료펌프의 작동
③ 워터펌프의 작동
④ 오일펌프의 작동

4 축전지에서 방전 중일 때의 화학작용을 설명하였다
틀린 것은?
① 음극판 : 해면상납 → 황산납
② 전해액 : 묽은황산 → 물
③ 격리판 : 황산납 → 물
④ 양극판 : 과산화납 → 황산납

5 12V의 납축전지 셀에 대한 설명으로 맞는 것은?
① 6개의 셀이 직렬로 접속되어 있다.
② 6개의 셀이 병렬로 접속되어 있다.
③ 6개의 셀이 직렬과 병렬로 혼용하여 접속되어 있다.
④ 3개의 셀이 직렬과 병렬로 혼용하여 접속되어 있다.

6 황산과 증류수를 사용하여 전해액을 만들 때의 설명으로 옳은 것은?
① 황산을 증류수에 부어야 한다.
② 증류수를 황산에 부어야 한다.
③ 황산과 증류수를 동시에 부어야 한다.
④ 철재 용기를 사용한다.

7 축전지의 방전은 어느 한도 내에서 단자 전압이 급격히 저하하며 그 이후는 방전능력이 없어지게 된다. 이때의 전압을 (　)이라고 한다. (　)에 들어갈 용어로 옳은 것은?
① 충전 전압　② 누전 전압
③ 방전 전압　④ 방전 종지 전압

8 축전지의 용량을 결정짓는 인자가 아닌 것은?
① 셀 당 극판 수　② 극판의 크기
③ 단자의 크기　④ 전해액의 양

9 축전지의 역할을 설명한 것으로 틀린 것은?
① 기동장치의 전기적 부하를 담당한다.
② 발전기 출력과 부하와의 언밸런스를 조정한다.
③ 기관 시동시 전기적 에너지를 화학적 에너지로 바꾼다.
④ 발전기 고장시 주행을 확보하기 위한 전원으로 작동한다.

10 축전지의 구조와 기능에 관련하여 중요하지 않은 것은?
① 축전지 제조회사
② 단자기둥의 [+], [−] 구분
③ 축전지의 용량
④ 축전지 단자의 접촉상태

정답
1.①　2.④　3.①　4.③　5.①　6.①　7.④
8.③　9.③　10.①

7 배터리 자기방전의 원인
① 극판의 작용물질이 화학작용으로 황산납이 되기 때문에(구조상 부득이 한 경우)
② 전해액에 포함된 불순물이 국부전지를 구성하기 때문에
③ 탈락한 극판 작용물질이 축전지 내부에 퇴적되기 때문에
④ 축전지 커버와 케이스의 표면에서 전기 누설 때문에

03 시동 장치

1 기동 전동기의 기능
① 기관을 구동시킬 때 사용한다.
② 플라이휠의 링 기어에 기동 전동기의 피니언을 맞물려 크랭크축을 회전시킨다.
③ 링 기어와 피니언 기어비는 10~15 : 1 정도이다.
④ 기관의 시동이 완료되면 피니언을 링 기어로부터 분리시킨다.

2 기동 전동기의 종류
① **직권 전동기** : 전기자 코일과 계자 코일이 직렬로 접속되어 있으며, 기동 전동기에 사용한다.
② **분권 전동기** : 전기자 코일과 계자 코일이 병렬로 접속되어 있으며, 전동 팬 모터에 사용한다.
③ **복권 전동기** : 전기자 코일과 계자 코일이 직병렬로 접속되어 있으며, 와이퍼 모터에 사용된다.

3 전동기의 구조
① **전기자** : 전기자 철심, 전기자 코일, 축 및 정류자로 구성되어 있으며, 축 양끝은 베어링으로 지지되어 계자 철심 내를 회전한다.

② **전기자 철심** : 전기자 코일을 지지하고 계자 철심에서 발생한 자력선을 통과시키는 자기 회로 역할을 한다.
③ **전기자 코일** : 전자력에 의해 전기자를 회전시키는 역할을 한다.
④ **정류자** : 브러시에서 공급되는 전류를 일정한 방향으로 흐르도록 하는 역할을 한다.
⑤ **계자 철심** : 계자 코일에 전류가 흐르면 강력한 전자석이 된다.
⑥ **계자 코일** : 전류가 흐르면 계자 철심을 자화시켜 토크를 발생한다.
⑦ **브러시** : 정류자와 접촉되어 전기자 코일에 전류를 유출입시키며, 본래 길이의 $\frac{1}{3}$ 이상 마멸되면 교환한다.

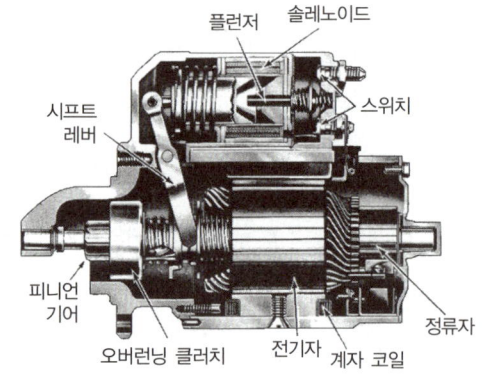

▲ 피니언 섭동식 기동 전동기

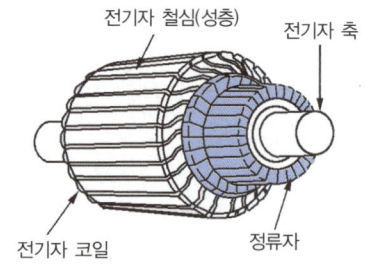

▲ 전기자 코일과 전기자 철심

적중기출문제 — 시동 장치

1 배터리의 자기방전 원인에 대한 설명으로 틀린 것은?
① 전해액 중에 불순물이 혼입되어 있다.
② 배터리 케이스의 표면에서는 전기 누설이 없다.
③ 이탈된 작용물질이 극판의 아래 부분에 퇴적되어 있다.
④ 배터리의 구조상 부득이하다.

2 축전지를 교환 및 장착할 때의 연결순서로 맞는 것은?
① ⊕ 나 ⊖ 선 중 편리한 것부터 연결하면 된다.
② 축전지의 ⊖ 선을 먼저 부착하고, ⊕ 선을 나중에 부착한다.
③ 축전지의 ⊕, ⊖ 선을 동시에 부착한다.
④ 축전지의 ⊕ 선을 먼저 부착하고, ⊖ 선을 나중에 부착한다.

> 축전지를 장착할 때에는 ⊕ 선을 먼저 부착하고, ⊖ 선을 나중에 부착한다.

3 기동 전동기의 기능으로 틀린 것은?
① 링 기어와 피니언 기어비는 15~20 : 1 정도이다.
② 플라이휠의 링 기어에 기동 전동기의 피니언을 맞물려 크랭크축을 회전시킨다.
③ 기관을 구동시킬 때 사용한다.
④ 기관의 시동이 완료되면 피니언을 링 기어로부터 분리시킨다.

4 기관 시동장치에서 링 기어를 회전시키는 구동 피니언은 어느 곳에 부착되어 있는가?
① 변속기   ② 기동 전동기
③ 뒤 차축   ④ 클러치

5 건설기계에 주로 사용되는 기동 전동기로 맞는 것은?
① 직류 복권전동기
② 직류 직권전동기
③ 직류 분권전동기
④ 교류 전동기

6 직권식 기동 전동기의 전기자 코일과 계자 코일의 연결이 맞는 것은?
① 병렬로 연결되어 있다.
② 직렬로 연결되어 있다.
③ 직렬·병렬로 연결되어 있다.
④ 계자 코일은 직렬, 전기자 코일은 병렬로 연결되어 있다.

7 기동 전동기 전기자는 (A), 전기자 코일, 축 및 (B)로 구성되어 있고, 축 양끝은 축받이(bearing)로 지지되어 자극사이를 회전한다. (A), (B) 안에 알맞은 말은?
① A : 솔레노이드, B : 스테이터 코일
② A : 전기자 철심, B : 정류자
③ A : 솔레노이드, B : 정류자
④ A : 전기자 철심, B : 계철

8 기동 전동기의 브러시는 본래 길이의 얼마정도 마모되면 교환하는가?
① $\frac{1}{2}$ 이상 마모되면 교환
② $\frac{1}{3}$ 이상 마모되면 교환
③ $\frac{2}{3}$ 이상 마모되면 교환
④ $\frac{3}{4}$ 이상 마모되면 교환

> **정답**
> 1.② 2.④ 3.① 4.② 5.② 6.② 7.②
> 8.②

4 기동 전동기 동력전달 방식
① **벤딕스 방식** : 피니언의 관성과 전동기의 고속 회전을 이용한다.
② **피니언 섭동 방식** : 솔레노이드의 전자력을 이용한다.
③ **전기자 섭동 방식** : 자력선이 가까운 거리를 통과하려는 성질을 이용한다.

5 기동 전동기의 시험 항목
① **무부하 시험** : 전류와 회전수를 점검한다.
② **회전력 시험** : 기동 전동기의 정지 회전력을 측정하는 시험이다.
③ **저항 시험** : 정지 회전력의 부하 상태에서 측정한다.

적중기출문제
건설기계 기관

1 기동 전동기의 동력전달 기구를 동력전달 방식으로 구분한 것이 아닌 것은?
① 벤딕스식 ② 피니언 섭동식
③ 계자 섭동식 ④ 전기자 섭동식

2 기동 전동기의 피니언을 기관의 링 기어에 물리게 하는 방법이 아닌 것은?
① 피니언 섭동식 ② 벤딕스식
③ 전기자 섭동식 ④ 오버런링 클러치식

3 기동 전동기의 피니언과 기관의 플라이휠 링 기어가 치합되는 방식 중 피니언의 관성과 직류 직권전동기가 무부하에서 고속 회전하는 특성을 이용한 방식은?
① 피니언 섭동식 ② 벤딕스식
③ 전기자 섭동식 ④ 전자식

4 기관 시동 시 전류의 흐름으로 옳은 것은?
① 축전지→전기자 코일→정류자→브러시→계자코일
② 축전지→계자코일→브러시→정류자→전기자 코일
③ 축전지→전기자 코일→브러시→정류자→계자코일
④ 축전지→계자코일→정류자→브러시→전기자 코일

> 기관을 시동할 때 기동전동기에 전류가 흐르는 순서는 축전지→계자코일→브러시→정류자→전기자 코일이다.

5 건설기계에서 기동 전동기가 회전하지 않을 경우 점검할 사항으로 틀린 것은?
① 축전지의 방전여부
② 배터리 단자의 접촉여부
③ 팬벨트의 이완여부
④ 배선의 단선여부

> 팬벨트 이완여부는 기관이 과열되거나 발전기 출력이 약할 때 점검한다.

6 기동 전동기의 시험과 관계없는 것은?
① 부하시험 ② 무부하 시험
③ 관성시험 ④ 저항시험

7 기동 전동기의 전기자 코일을 시험하는데 사용되는 시험기는?
① 전류계 시험기 ② 전압계 시험기
③ 그로울러 시험기 ④ 저항시험기

> 기동 전동기 전기자 코일을 시험할 때에는 그로울러 시험기를 사용한다.

정 답
1.③ 2.④ 3.② 4.② 5.③ 6.③ 7.③

section 02 충전장치

01 충전장치의 역할

① 발전기와 발전 조정기로 구성된 전원 공급 장치이다.
② 방전된 축전지를 신속하게 충전하여 기능을 회복시키는 역할을 한다.
③ 각 전장품에 전기를 공급하는 역할을 한다.

02 AC(교류) 발전기의 특징

① 3상 교류 발전기로 저속에서 충전 성능이 우수하다.
② 정류자가 없기 때문에 브러시의 수명이 길다.
③ 정류자를 두지 않아 풀리비를 크게 할 수 있다.
④ 실리콘 다이오드를 사용하기 때문에 정류 특성이 우수하다.
⑤ 발전 조정기는 전압 조정기 뿐이다.
⑥ 경량이고 소형이며, 출력이 크다.

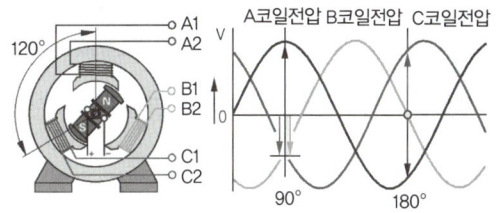

적중기출문제 — 충전 장치

1 충전장치의 역할로 틀린 것은?
① 램프류에 전력을 공급한다.
② 에어컨 장치에 전력을 공급한다.
③ 축전지에 전력을 공급한다.
④ 기동장치에 전력을 공급한다.

2 건설기계 장비의 충전장치에서 가장 많이 사용하고 있는 발전기는?
① 직류 발전기   ② 3상 교류 발전기
③ 와전류 발전기 ④ 단상 교류 발전기

3 교류(AC) 발전기의 장점이 아닌 것은?
① 소형 경량이다.
② 저속 시 충전특성이 양호하다.
③ 정류자를 두지 않아 풀리비를 작게 할 수 있다.
④ 반도체 정류기를 사용하므로 전기적 용량이 크다.

4 교류 발전기의 설명으로 틀린 것은?
① 타려자 방식의 발전기다.
② 고정된 스테이터에서 전류가 생성된다.
③ 정류자와 브러시가 정류작용을 한다.
④ 발전기 조정기는 전압조정기만 필요하다.

정답
1.④ 2.② 3.③ 4.③

03 교류 발전기의 구조

① **스테이터** : 고정 부분으로 스테이터 코어 및 스테이터 코일로 구성되어 3상 교류가 유기된다.
② **로터** : 로터 코어, 로터 코일 및 슬립링으로 구성되어 있으며, 회전하여 자속을 형성한다.
③ **슬립 링** : 브러시와 접촉되어 축전지의 여자 전류를 로터 코일에 공급한다.
④ **브러시** : 로터 코일에 축전지 전류를 공급하는 역할을 한다.
⑤ **실리콘 다이오드** : 스테이터 코일에 유기된 교류를 직류로 변환시키는 정류 작용과 역류를 방지한다.

04 축전지가 충전되지 않는 원인

① 레귤레이터(전압조정기)가 고장
② 축전지 극판이 손상되었거나 노후
③ 축전지 접지 케이블의 접속이 이완
④ 축전지 본선(B+) 연결부분의 접속이 이완
⑤ 발전기가 고장
⑥ 전장부품에서 전기 사용량이 많다.

적중기출문제

충전 장치

1 교류 발전기(AC)의 주요부품이 아닌 것은?
① 로터   ② 브러시
③ 스테이터 코일   ④ 솔레노이드 조정기

2 교류 발전기에서 회전체에 해당하는 것은?
① 스테이터   ② 브러시
③ 엔드 프레임   ④ 로터

3 AC발전기에서 전류가 발생되는 곳은?
① 여자 코일   ② 레귤레이터
③ 스테이터 코일   ④ 계자 코일

4 교류발전기의 유도 전류는 어디에서 발생하는가?
① 로터   ② 전기자
③ 계자코일   ④ 스테이터

5 교류 발전기의 구성품으로 교류를 직류로 변환하는 구성품은 어느 것인가?
① 스테이터   ② 로터
③ 정류기   ④ 콘덴서

6 충전장치에서 교류 발전기는 무엇을 변화시켜 충전 출력을 조정하는가?
① 회전속도   ② 로터 코일 전류
③ 브러시 위치   ④ 스테이터 전류

> 교류 발전기의 출력은 로터 코일의 전류를 변화시켜 조정한다.

7 축전지가 낮은 충전율로 충전되는 이유가 아닌 것은?
① 축전지의 노후   ② 레귤레이터의 고장
③ 발전기의 고장   ④ 전해액 비중의 과다

8 굴착기의 발전기가 충전작용을 하지 못하는 경우에 점검해야 할 사항이 아닌 것은?
① 레귤레이터   ② 발전기 구동벨트
③ 충전회로   ④ 솔레노이드 스위치

> 발전기가 충전작용을 하지 못하는 경우에는 발전기 구동 벨트 장력, 레귤레이터, 충전회로 등을 점검한다.

정답

1.④ 2.④ 3.③ 4.④ 5.③ 6.② 7.④
8.④

section 03 조명장치

01 등화 장치의 종류

① **조명용** : 전조등, 후진등, 안개등, 실내등
② **신호용** : 제동등, 방향지시등, 비상등
③ **외부 표시용** : 차폭등, 차고등, 후미등, 번호판등, 주차등

02 전조등의 회로

① 하이 빔과 로우 빔이 각각 병렬로 연결되어 있다.
② 퓨즈, 전조등 릴레이, 전조등 스위치, 디머 스위치 등으로 구성되어 있다.
③ 전조등 스위치 1단에서 미등, 차폭등, 번호등이 점등된다.
④ 전조등 스위치 2단에서 미등, 차폭등, 번호등, 전조등, 보조 전조등(안개등)이 모두 점등된다.
⑤ 교행시 전조등은 디머 스위치에 의해 조명하는 방향과 거리가 변화된다.
⑥ 전류가 많이 흐르기 때문에 복선식 배선을 사용한다.

적중기출문제 — 조명 장치

1 건설기계의 등화장치 종류 중에서 조명용 등화가 아닌 것은?
① 전조등 　② 안개등
③ 번호등 　④ 후진등

2 전조등 회로의 구성품으로 틀린 것은?
① 전조등 릴레이
② 전조등 스위치
③ 디머 스위치
④ 플래셔 유닛

3 좌·우측 전조등 회로의 연결 방법으로 옳은 것은?
① 직렬 연결 　② 단식 배선
③ 병렬 연결 　④ 직·병렬 연결

4 배선 회로도에서 표시된 0.85RW의 "R"은 무엇을 나타내는가?
① 단면적 　② 바탕색
③ 줄 색 　④ 전선의 재료

> 0.85 : 전선의 단면적, R : 바탕색, W : 줄 색

5 다음의 조명에 관련된 용어의 설명으로 틀린 것은?
① 조도의 단위는 루멘이다.
② 피조면의 밝기는 조도로 나타낸다.
③ 광도의 단위는 cd이다.
④ 빛의 밝기를 광도라 한다.

> 조도의 단위는 룩스(Lux)이다.

정답
1.③　2.④　3.③　4.②　5.①

03 전조등

1 실드빔 전조등

① 반사경에 필라멘트를 붙이고 렌즈를 녹여 붙인 전조등이다.
② 내부에 불활성 가스를 넣어 그 자체가 1개의 전구가 되도록 한 것이다.
③ 밀봉되어 있기 때문에 광도의 변화가 적다.
④ 대기의 조건에 따라 반사경이 흐려지지 않는다.
⑤ 필라멘트가 끊어지면 전체를 교환하여야 한다.

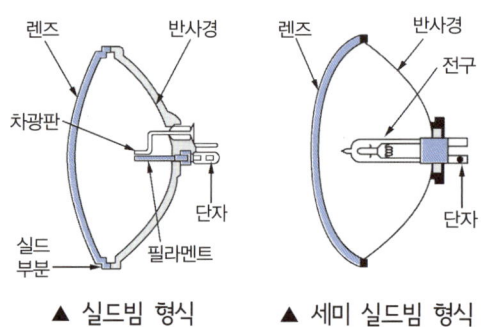

▲ 실드빔 형식   ▲ 세미 실드빔 형식

2 세미 실드빔 전조등

① 렌즈와 반사경이 일체로 되어 있는 전조등이다.
② 전구는 별개로 설치한다.
③ 공기가 유통되기 때문에 반사경이 흐려진다.
④ 필라멘트가 끊어지면 전구만 교환한다.

3 할로겐 전조등

① 할로겐 전구를 사용한 세미 실드빔 형식이다.
② 필라멘트에서 증발한 텅스텐 원자와 휘발성의 할로겐 원자가 결합하여 휘발성 할로겐 텅스텐을 형성한다.
③ 할로겐 사이클로 흑화 현상이 없어 수명이 다할 때까지 밝기가 변하지 않는다.
④ 색 온도가 높아 밝은 백색의 빛을 얻을 수 있다.
⑤ 교행용의 필라멘트 아래에 차광판이 있어 눈부심이 적다.
⑥ 전구의 효율이 높아 밝기가 밝다.

04 방향지시등

① 전류를 일정한 주기로 단속하여 점멸시키거나 광도를 증감시킨다.
② 전자열선 방식 플래셔 유닛은 열에 의한 열선의 신축작용을 이용하여 단속한다.
③ 플래셔 유닛을 사용하여 램프에 흐르는 전류를 일정한 주기로 단속 점멸한다.
④ 중앙에 있는 전자석과 이 전자석에 의해 끌어 당겨지는 2조의 가동 접점으로 구성되어 있다.

05 좌우 방향 지시등의 점멸 회수가 다른 원인

① 전구의 용량이 규정과 다르다.
② 전구의 접지가 불량하다.
③ 하나의 전구가 단선되었다.

06 배선의 종류

1 단선식 배선

① 입력 쪽에만 전선을 이용하여 배선한다.
② 접지쪽은 고정 부분에 의해서 자체적으로 접지된다.
③ 적은 전류가 흐르는 회로에 이용한다.

2 복선식 배선

① 입력 및 접지 쪽에도 모두 전선을 이용하여 배선한다.
② 전조등과 같이 큰 전류가 흐르는 회로에 이용한다.
③ 접지 불량에 의한 전압 강하가 없다.

적중기출문제 — 조명 장치

1 실드빔식 전조등에 대한 설명으로 맞지 않는 것은?
① 대기조건에 따라 반사경이 흐려지지 않는다.
② 내부에 불활성 가스가 들어있다.
③ 사용에 따른 광도의 변화가 적다.
④ 필라멘트를 갈아 끼울 수 있다.

2 세미 실드빔 형식을 사용하는 건설기계 장비에서 전조등이 점등되지 않을 때 가장 올바른 조치 방법은?
① 렌즈를 교환
② 반사경을 교환
③ 전구를 교환
④ 전조등을 교환

3 현재 널리 사용되고 있는 할로겐 램프에 대하여 운전사 두 사람(A, B)이 아래와 같이 서로 주장하고 있다. 어느 운전사의 말이 옳은가?

> 운전사 A : 실드빔 형이다.
> 운전사 B : 세미실드빔 형이다.

① A가 맞다.
② B가 맞다.
③ A, B 모두 맞다.
④ A, B 모두 틀리다.

4 방향지시등에 대한 설명으로 틀린 것은?
① 램프를 점멸시키거나 광도를 증감시킨다.
② 전자 열선식 플래셔 유닛은 전압에 의한 열선의 차단 작용을 이용한 것이다.
③ 점멸은 플래셔 유닛을 사용하여 램프에 흐르는 전류를 일정한 주기로 단속 점멸한다.
④ 중앙에 있는 전자석과 이 전자석에 의해 끌어 당겨지는 2조의 가동 접점으로 구성되어 있다.

5 방향지시등의 한쪽 등이 빠르게 점멸하고 있을 때 운전자가 가장 먼저 점검하여야 할 곳은?
① 전구(램프)
② 플래셔 유닛
③ 배터리
④ 콤비네이션 스위치

6 한쪽의 방향지시등만 점멸속도가 빠른 원인으로 옳은 것은?
① 전조등 배선접촉 불량
② 플래셔 유닛 고장
③ 한쪽 램프의 단선
④ 비상등 스위치 고장

7 방향지시등 스위치를 작동할 때 한쪽은 정상이고, 다른 한쪽은 점멸작용이 정상과 다르게(빠르게 또는 느리게) 작용한다. 고장 원인이 아닌 것은?
① 전구 1개가 단선 되었을 때
② 전구를 교체하면서 규정 용량의 전구를 사용하지 않았을 때
③ 플래셔 유닛이 고장 났을 때
④ 한쪽 전구 소켓에 녹이 발생하여 전압강하가 있을 때

8 다음의 등화장치 설명 중 내용이 잘못된 것은?
① 후진등은 변속기 시프트 레버를 후진 위치로 넣으면 점등된다.
② 방향지시등은 방향지시등의 신호가 운전석에서 확인되지 않아도 된다.
③ 번호등은 단독으로 점멸되는 회로가 있어서는 안 된다.
④ 제동등은 브레이크 페달을 밟았을 때 점등된다.

> 방향지시등의 신호를 운전석에서 확인할 수 있는 파일럿램프가 설치되어 있다.

정답
1.④ 2.③ 3.② 4.② 5.① 6.③ 7.③
8.②

06 에탁스(전자제어시간경보장치)의 제어 기능

① 와셔연동 와이퍼 제어
② 간헐와이퍼 및 차속감응 와이퍼 제어
③ 시동키 구멍 조명제어
④ 파워윈도 타이머 제어
⑤ 안전띠 경고등 타이머 제어
⑥ 뒤 유리 열선 타이머 제어(사이드 미러 열선 포함)
⑦ 시동키 회수 제어
⑧ 미등 자동소등 제어
⑨ 감광방식 실내등 제어

07 에어컨의 구조

① **압축기** : 증발기에서 기화된 냉매를 고온·고압가스로 변환시켜 응축기로 보낸다.
② **응축기** : 고온·고압의 기체냉매를 냉각에 의해 액체냉매 상태로 변환시킨다.
③ **리시버 드라이어** : 응축기에서 보내온 냉매를 일시 저장하고 항상 액체상태의 냉매를 팽창밸브로 보낸다.
④ **팽창밸브** : 고온·고압의 액체냉매를 급격히 팽창시켜 저온·저압의 무상(기체)냉매로 변화시킨다.
⑤ **증발기** : 주위의 공기로부터 열을 흡수하여 기체 상태의 냉매로 변환시킨다.
⑥ **송풍기** : 직류직권 전동기에 의해 구동되며 공기를 증발기에 순환시킨다.

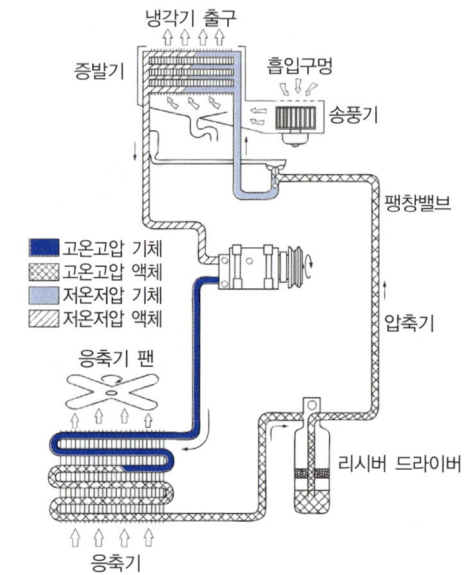

적중기출문제

1 종합경보장치인 에탁스(ETACS)의 기능으로 가장 거리가 먼 것은?
① 간헐 와이퍼 제어 기능
② 뒤 유리 열선 타이머
③ 감광 룸 램프 제어 기능
④ 메모리 파워시트 제어 기능

2 에어컨 시스템에서 기화된 냉매를 액화하는 장치는?
① 건조기 ② 응축기
③ 팽창밸브 ④ 컴프레서

3 에어컨 장치에서 환경보존을 위한 대체물질로 신 냉매가스에 해당되는 것은?
① R-12 ② R-22
③ R-12a ④ R-134a

> 에어컨 장치에서 사용하는 신 냉매 가스는 R-134a 이다.

정답
1.④ 2.② 3.④

section 04 계기류

01 계기의 장점

① 구조가 간단할 것
② 내구성 및 내진성이 있을 것
③ 소형·경량일 것.
④ 지침을 읽기가 쉬울 것
⑤ 지시가 안정되어 있고 확실할 것.
⑥ 장식적인 면도 고려되어 있을 것.
⑦ 가격이 쌀 것

02 경음기

① 진동판을 진동시킬 때 공기의 진동에 의해 음을 발생시킨다.
② **전기식 경음기** : 전자석을 이용하여 진동판을 진동시켜 음을 발생한다.
③ **공기식 경음기** : 압축 공기를 이용하여 진동판을 진동시켜 음을 발생한다.
④ **경음기 릴레이** : 경음기 스위치의 소손을 방지하는 역할을 한다.

03 윈드 실드 와이퍼

① 비나 눈에 의한 악천후에서 운전자의 시계를 확보시키는 역할을 한다.
② 와이퍼 모터, 링크 로드, 와이퍼 암, 와이퍼 블레이드로 구성되어 있다.

적중기출문제

1 차량에 사용되는 계기의 장점으로 틀린 것은?
① 구조가 복잡할 것
② 소형이고 경량일 것
③ 지침을 읽기가 쉬울 것
④ 가격이 쌀 것

2 경음기 스위치를 작동하지 않았는데 경음기가 계속 울리는 고장이 발생하였다면 그 원인에 해당될 수 있는 것은?
① 경음기 릴레이의 접점이 융착
② 배터리의 과충전
③ 경음기 접지선이 단선
④ 경음기 전원 공급선이 단선

3 건설기계에서 윈드 실드 와이퍼를 작동시키는 형식으로 가장 일반적으로 사용하는 것은?
① 압축 공기식 ② 기계식
③ 진공식   ④ 전기식

정답
1.① 2.① 3.④

04 경고등

① **유압 경고등** : 엔진이 작동되는 도중 유압이 규정값 이하로 떨어지면 경고등이 점등된다.
② **충전 경고등** : 충전장치에 이상이 발생된 경우에 경고등이 점등된다.
③ **냉각수 경고등** : 엔진의 냉각수가 부족한 경우에 경고등이 점등된다.

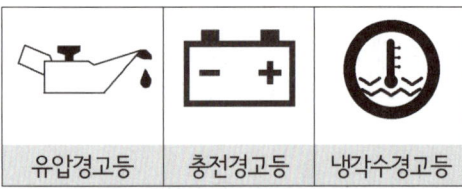

유압경고등 　충전경고등 　냉각수경고등

05 유압계

① 엔진의 오일펌프에서 윤활 회로에 공급되는 유압을 표시한다.
② **종류** : 부르동 튜브 방식, 평형 코일 방식, 바이메탈 방식
③ 보통 **고속시**에는 6~8kg/cm² 정도이고 **저속시**에는 3~4kg/cm² 정도이다.

06 냉각수 온도계(수온계)

① 수온계는 실린더 헤드 물재킷 부분의 냉각수 온도를 나타낸다.
② 75~95℃ 정도면 정상이다.

07 전류계

① 전류계는 충전·방전되는 전류량을 나타낸다.
② 발전기에서 축전지로 충전되는 경우는 지침이 (+) 방향을 지시한다.
③ 축전지에서 부하로 방전되는 경우는 지침이 (−) 방향을 지시한다.

08 연료계

① 연료계는 연료의 잔량을 나타낸다.
② **종류** : 밸런싱 코일식, 바이메탈 저항식, 서모스탯 바이메탈식

적중기출문제

1 운전석 계기판에 아래 그림과 같은 경고등이 점등되었다면 가장 관련이 있는 경고등은?

① 엔진 오일 압력 경고등
② 엔진 오일 온도 경고등
③ 냉각수 배출 경고등
④ 냉각수 온도 경고등

2 건설기계 장비 작업시 계기판에서 오일 경고등이 점등되었을 때 우선 조치사항으로 적합한 것은?

① 엔진을 분해한다.
② 즉시 시동을 끄고 오일계통을 점검한다.
③ 엔진 오일을 교환하고 운전한다.
④ 냉각수를 보충하고 운전한다.

> 계기판의 오일 경고등이 점등되면 즉시 엔진의 시동을 끄고 오일계통을 점검한다.

정답

1.①　2.②

3 엔진 오일 압력 경고등이 켜지는 경우가 아닌 것은?
① 오일이 부족할 때
② 오일필터가 막혔을 때
③ 가속을 하였을 때
④ 오일회로가 막혔을 때

4 건설기계 장비 운전 시 계기판에서 냉각수량 경고등이 점등되었다
그 원인으로 가장 거리가 먼 것은?
① 냉각수량이 부족할 때
② 냉각계통의 물 호스가 파손되었을 때
③ 라디에이터 캡이 열린 채 운행하였을 때
④ 냉각수 통로에 스케일(물때)이 많이 퇴적되었을 때

5 건설기계 장비 운전시 계기판에서 냉각수 경고등이 점등되었을 때 운전자로서 가장 적절한 조치는?
① 라디에이터를 교환한다.
② 냉각수를 보충하고 운전한다.
③ 오일량을 점검한다.
④ 시동을 끄고 정비를 받는다.

> 장비 운전시 계기판에서 냉각수 경고등이 점등되면 시동을 끄고 정비를 받아야 한다.

6 운전 중 운전석 계기판에 그림과 같은 등이 갑자기 점등되었다. 무슨 표시인가?

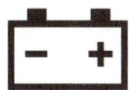

① 배터리 완전충전 표시등
② 전원차단 경고등
③ 전기 계통 작동 표시등
④ 충전 경고등

7 계기판을 통하여 엔진 오일의 순환상태를 알 수 있는 것은?
① 연료 잔량계 ② 오일 압력계
③ 전류계   ④ 진공계

8 기관 온도계가 표시하는 온도는 무엇인가?
① 연소실 내의 온도
② 작동유 온도
③ 기관 오일 온도
④ 냉각수 온도

9 작업 중 냉각계통의 순환여부를 확인하는 방법은?
① 유압계의 작동상태를 수시로 확인한다.
② 엔진의 소음으로 판단한다.
③ 전류계의 작동상태를 수시로 확인한다.
④ 온도계의 작동상태를 수시로 확인한다.

10 엔진 정지 상태에서 계기판 전류계의 지침이 정상에서 (−)방향을 지시하고 있다. 그 원인이 아닌 것은?
① 전조등 스위치가 점등위치에서 방전되고 있다.
② 배선에서 누전되고 있다.
③ 엔진 예열장치를 동작시키고 있다.
④ 발전기에서 축전지로 충전되고 있다.

11 전기식 연료계의 종류에 속하지 않는 것은?
① 밸런싱 코일식
② 플래셔 유닛식
③ 바이메탈 저항식
④ 서모스탯 바이메탈식

정답
3.③ 4.④ 5.④ 6.④ 7.② 8.④ 9.④
10.④ 11.②

section 05 예열 장치

01 예열 장치의 설치 목적

① 흡기다기관이나 연소실 내의 공기를 미리 가열한다.
② 냉간시 시동을 쉽도록 하는 장치이다.

02 흡기 가열식

① 흡입되는 공기를 예열하여 실린더에 공급한다.
② 직접 분사실식에 사용된다.
③ 연소열을 이용하는 흡기 히터와 가열 코일을 이용하는 히트 레인지가 있다.

03 예열 플러그식

① 연소실에 흡입된 공기를 직접 가열하는 방식
② 예연소실식과 와류실식 엔진에 사용된다.

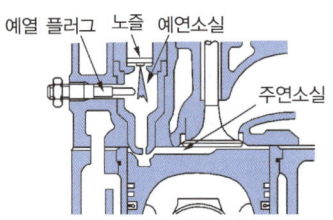

▲ 예연소실식

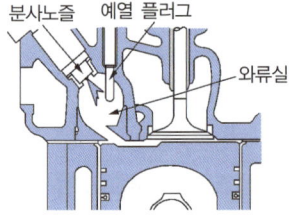

▲ 와류실식

1 코일형 예열 플러그

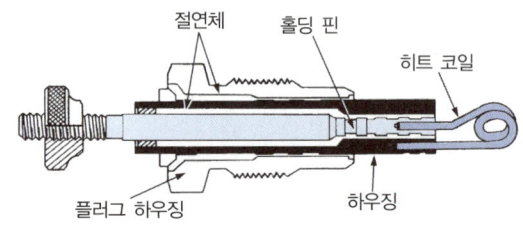

▲ 코일형 예열 플러그

① 흡입 공기 속에 히트 코일이 노출되어 있기 때문에 예열 시간이 짧다.
② 히트 코일은 굵은 열선으로 되어 있으며, 직렬로 연결되어 있다.
③ 전체 저항값이 작기 때문에 회로 내에 예열 플러그 저항이 설치되어 있다.
④ 예열 플러그 저항은 과대 전류의 흐름을 방지하여 예열 플러그의 소손을 방지한다.
⑤ 내진성 및 연소 가스에 의한 부식에 약하다.

2 실드형 예열 플러그

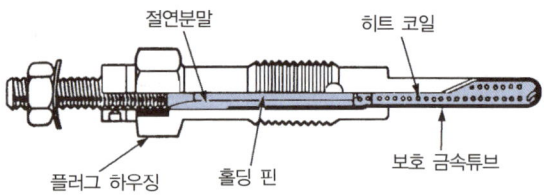

▲ 시일드형 예열 플러그

① 히트 코일이 가는 열선으로 되어 예열 플러그 자체의 저항이 크다.
② 예열 플러그 저항이 필요 없으며, 병렬로 연결되어 있다.
③ 발열량 및 열용량이 크다.
④ 히트 코일이 보호 금속 튜브 내에 설치되

어 적열되는 시간이 길다.
⑤ 히트 코일이 연소열의 영향을 적게 받으므로 내구성이 향상된다.
⑥ 열용량이나 발열량이 커 시동성이 향상된다.

3 예열 플러그 파일럿
① 예열 플러그의 적열 상태를 운전석에서 확인할 수 있는 장치이다.
② 예열 플러그와 동시에 가열된다.
③ 표시등은 예열 플러그의 가열이 완료됨과 동시에 소등된다.

적중기출문제 — 예열 장치

1 다음 중 예열장치의 설치 목적으로 옳은 것은?
① 연료를 압축하여 분무성을 향상시키기 위함이다.
② 냉간 시동 시 시동을 원활히 하기 위함이다.
③ 연료 분사량을 조절하기 위함이다.
④ 냉각수의 온도를 조절하기 위함이다.

2 예열플러그의 사용시기로 가장 알맞은 것은?
① 냉각수의 양이 많을 때
② 기온이 영하로 떨어졌을 때
③ 축전지가 방전되었을 때
④ 축전지가 과충전되었을 때

3 디젤기관의 연소실 방식에서 흡기 가열식 예열장치를 사용하는 것은?
① 직접분사식   ② 예연소실식
③ 와류실식   ④ 공기실식

4 디젤기관에서 시동을 돕기 위해 설치된 부품으로 맞는 것은?
① 과급장치   ② 발전기
③ 디퓨저   ④ 히트 레인지

5 디젤엔진의 예열장치에서 연소실 내의 압축공기를 직접 예열하는 형식은?
① 히트 릴레이식   ② 예열 플러그식
③ 흡기 히터식   ④ 히트 레인지식

6 실드형 예열플러그에 대한 설명으로 맞는 것은?
① 히트 코일이 노출되어 있다.
② 발열량은 많으나 열용량은 적다.
③ 열선이 병렬로 결선되어 있다.
④ 축전지의 전압을 강하시키기 위하여 직렬 접속 한다.

7 디젤기관에서만 볼 수 있는 회로는?
① 예열 플러그 회로
② 시동회로
③ 충전회로
④ 등화회로

8 글로우 플러그가 설치되는 연소실이 아닌 것은?(단 전자제어 커먼레일은 제외)
① 직접분사실식
② 예연소실식
③ 공기실식
④ 와류실식

정답
1.② 2.② 3.① 4.④ 5.② 6.③ 7.①
8.①

04 예열 플러그의 단선 원인

① 예열시간이 너무 길 때
② 기관이 과열된 상태에서 빈번한 예열
③ 예열 플러그를 규정 토크로 조이지 않았을 때(접지 불량)
④ 정격이 아닌 예열 플러그를 사용했을 때
⑤ 규정 이상의 과대전류가 흐를 때

적중기출문제 — 예열 장치

1 예열플러그의 고장이 발생하는 경우로 거리가 먼 것은?
① 엔진이 과열되었을 때
② 발전기의 발전 전압이 낮을 때
③ 예열시간이 길었을 때
④ 정격이 아닌 예열플러그를 사용했을 때

2 예열장치의 고장원인이 아닌 것은?
① 가열시간이 너무 길면 자체 발열에 의해 단선된다.
② 접지가 불량하면 전류의 흐름이 적어 발열이 충분하지 못하다.
③ 규정 이상의 전류가 흐르면 단선되는 고장의 원인이 된다.
④ 예열 릴레이가 회로를 차단하면 예열플러그가 단선된다.

3 디젤기관에서 예열플러그가 단선되는 원인으로 틀린 것은?
① 너무 짧은 예열시간
② 규정 이상의 과대 전류 흐름
③ 기관의 과열 상태에서 잦은 예열
④ 예열플러그 설치할 때 조임 불량

4 6기통 디젤 기관의 병렬로 연결된 예열플러그 중 3번 기통의 예열플러그가 단선 되었을 때 나타나는 현상에 대한 설명으로 옳은 것은?
① 2번과 4번의 예열플러그도 작동이 안 된다.
② 예열플러그 전체가 작동이 안 된다.
③ 3번 실린더 예열플러그만 작동이 안 된다.
④ 축전지 용량의 배가 방전된다.

5 예열플러그가 스위치 ON 후 15~20초에서 완전히 가열되었을 경우의 설명으로 옳은 것은?
① 정상 상태이다.
② 접지 되었다.
④ 단락 되었다.
⑤ 다른 플러그가 모두 단선 되었다.

> 예열 플러그가 15~20초에서 완전히 가열된 경우는 정상상태이다.

6 예열 플러그를 빼서 보았더니 심하게 오염되어 있다. 그 원인은?
① 불완전 연소 또는 노킹
② 엔진 과열
③ 플러그의 용량 과다.
④ 냉각수 부족

> 예열 플러그가 심하게 오염되는 경우는 불완전 연소 또는 노킹이 발생하였기 때문이다.

7 예열플러그의 사용시기로 가장 알맞은 것은?
① 냉각수의 양이 많을 때
② 기온이 영하로 떨어졌을 때
③ 축전지가 방전되었을 때
④ 축전지가 과충전 되었을 때

> 예열플러그는 한랭한 상태에서 기관을 시동할 때 시동을 원활히 하기 위해 사용한다.

정답
1.② 2.④ 3.① 4.③ 5.① 6.① 7.②

03 건설기계 섀시장치

동력전달장치
제동장치
조향장치
주행장치

section 01 동력 전달 장치

01 클러치

1 클러치의 기능
① 클러치는 기관과 변속기 사이에 설치되어 있다.
② 엔진의 동력을 변속기에 전달하거나 차단하는 역할을 한다.

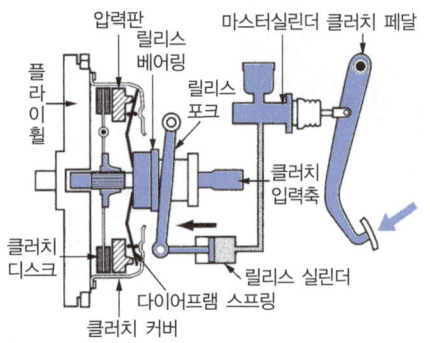

▲ 동력을 차단할 때

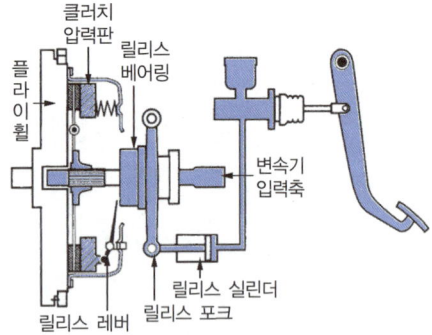

▲ 동력을 전달할 때

2 클러치의 필요성
① 시동시 엔진을 무부하 상태로 유지한다.
② 변속시 기어 변속이 원활하게 이루어지도록 한다.
③ 자동차의 관성 주행이 되도록 한다.

3 클러치 판(clutch disc)
① 플라이휠과 압력판 사이에 설치되어 마찰력으로 변속기에 동력을 전달한다.
② 중앙부의 허브 스플라인은 변속기 입력축 스플라인과 결합되어 있다.
③ 비틀림 코일(댐퍼) 스프링은 클러치판이 플라이휠에 접속될 때 회전충격을 흡수한다.
④ 쿠션 스프링은 클러치판의 변형, 편마모, 파손을 방지한다.

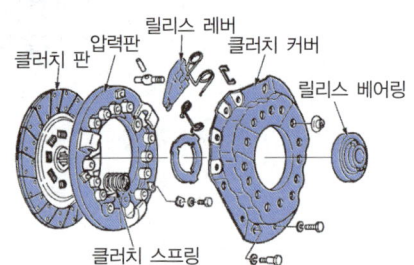

4 압력 판
① 압력 판은 플라이휠과 항상 같이 회전한다.
② 클러치 스프링은 압력판에 강력한 힘이 발생되도록 한다.
③ 스프링의 장력이 약하면 급가속시 엔진의 회전수는 상승해도 차속이 증속되지 않는다.

5 릴리스 레버
① 릴리스 베어링에서 압력을 받아 압력판을 클러치판으로부터 분리시키는 역할을 한다.
② 릴리스 레버 높이 차이가 있으면 출발시 진동을 발생한다.
③ 클러치가 연결되어 있을 때 릴리스 베어링과 릴리스 레버가 분리되어 있다.

적중기출문제 — 동력 전달 장치

1 기관과 변속기 사이에 설치되어 동력의 차단 및 전달의 기능을 하는 것은?
① 변속기　② 클러치
③ 추진축　④ 차축

2 클러치의 필요성으로 틀린 것은?
① 전·후진을 위해
② 관성 운동을 하기 위해
③ 기어 변속 시 기관의 동력을 차단하기 위해
④ 기관 시동 시 기관을 무부하 상태로 하기 위해

3 플라이휠과 압력판 사이에 설치되고 클러치축을 통하여 변속기로 동력을 전달하는 것은?
① 클러치 스프링
② 릴리스 베어링
③ 클러치 판
④ 클러치 커버

4 기계식 변속기가 설치된 건설기계에서 클러치판의 비틀림 코일 스프링의 역할은?
① 클러치판이 더욱 세게 부착되도록 한다.
② 클러치 작동시 충격을 흡수한다.
③ 클러치의 회전력을 증가시킨다.
④ 클러치 압력판의 마멸을 방지한다.

5 클러치 디스크의 편 마멸, 변형, 파손 등의 방지를 위해 설치하는 스프링은?
① 쿠션 스프링　② 댐퍼 스프링
③ 편심 스프링　④ 압력 스프링

6 수동변속기가 장착된 건설기계의 동력전달 장치에서 클러치판은 어떤 축의 스플라인에 끼어져 있는가?
① 추진축
② 차동기어 장치
③ 크랭크축
④ 변속기 입력축

> 클러치판은 변속기 입력축의 스플라인에 끼어져 있다.

7 기관의 플라이휠과 항상 같이 회전하는 부품은?
① 압력 판　② 릴리스 베어링
③ 클러치 축　④ 디스크

8 클러치에서 압력 판의 역할로 맞는 것은?
① 클러치판을 밀어서 플라이휠에 압착시키는 역할을 한다.
② 제동역할을 위해 설치한다.
③ 릴리스 베어링의 회전을 용이하게 한다.
④ 엔진의 동력을 받아 속도를 조절한다.

9 기계식 변속기가 설치된 건설기계 장비에서 출발 시 진동을 일으키는 원인으로 가장 적합한 것은?
① 릴리스 레버가 마멸되었다.
② 릴리스 레버의 높이가 같지 않다.
③ 페달 리턴스프링이 강하다.
④ 클러치 스프링이 강하다.

10 기계식 변속기의 클러치에서 릴리스 베어링과 릴리스 레버가 분리되어 있을 때로 맞는 것은?
① 클러치가 연결되어 있을 때
② 접촉하면 안 되는 것으로 분리되어 있을 때
③ 클러치가 분리되어 있을 때
④ 클러치가 연결, 분리되어 있을 때

> **정답**
> 1.② 2.① 3.③ 4.② 5.① 6.④ 7.①
> 8.① 9.② 10.①

6 클러치 페달의 자유간극
① 클러치 페달을 놓았을 때 릴리스 베어링과 릴리스 레버 사이의 간극.
② 자유간극은 클러치의 미끄럼을 방지하기 위함이다.
③ 페달 자유유격은 일반적으로 20~30mm 정도로 조정한다.
④ 자유간극이 작으면 ; 릴리스 베어링이 마멸되고 슬립이 발생되어 클러치판이 소손된다.
⑤ 자유간극이 크면 : 클러치 페달을 밟았을 때 동력의 차단이 불량하게 된다.
⑥ 클러치 페달의 자유간극은 클러치 링키지 로드로 조정한다.

7 클러치가 미끄러지는 원인
① 클러치 페달의 유격이 작다.
② 클러치판에 오일이 묻었다.
③ 클러치 스프링의 장력이 작다.
④ 클러치 스프링의 자유고가 감소되었다.
⑤ 클러치 판 또는 압력 판이 마멸되었다.

02 수동변속기

1 변속기의 필요성 및 역할
① 회전력을 증대시키기 위하여 필요하다.
② 엔진을 시동할 때 무부하 상태로 있게 하기 위하여 필요하다.
③ 자동차의 후진을 위하여 필요하다.
④ 주행 조건에 알맞은 회전력으로 바꾸는 역할을 한다.

2 변속기의 구비조건
① 단계 없이 연속적으로 변속될 것.
② 조작이 쉽고, 민속, 확실, 정숙하게 행해질 것.
③ 전달 효율이 좋을 것.
④ 소형 경량이고 고장이 없으며, 다루기 쉬울 것.

3 변속기 조작기구
① 로킹 볼과 스프링 : 주행 중 물려 있는 기어가 빠지는 것을 방지한다.
② 인터록 : 기어의 이중 물림을 방지한다.

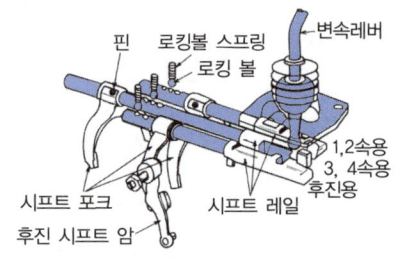
▲ 로킹 볼

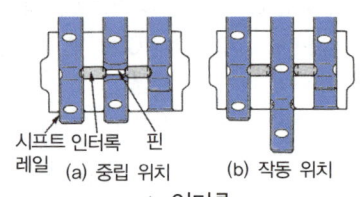
▲ 인터록

적중기출문제

1 수동식 변속기가 장착된 장비에서 클러치 페달에 유격을 두는 이유는?
① 클러치 용량을 크게 하기 위해
② 클러치의 미끄럼을 방지하기 위해
③ 엔진 출력을 증가시키기 위해
④ 제동성능을 증가시키기 위해

2 클러치 페달의 자유간극 조정방법은?
① 클러치 링키지 로드로 조정
② 클러치 베어링을 움직여서 조정
③ 클러치 스프링 장력으로 조정
④ 클러치 페달 리턴스프링 장력으로 조정

3 마찰 클러치에서 클러치가 미끄러지는 원인과 관계없는 것은?
① 클러치 면에 오일이 묻었다.
② 플라이휠 면이 마모되었다.
③ 클러치 페달의 유격이 없다.
④ 클러치 페달의 유격이 크다.

4 기계식변속기가 장착된 건설기계 장비에서 클러치가 미끄러지는 원인으로 맞는 것은?
① 클러치달의 유격이 크다.
② 릴리스 레버가 마멸되었다.
③ 클러치 압력판 스프링이 약해졌다.
④ 파일럿 베어링이 마멸되었다.

5 클러치의 미끄러짐은 언제 가장 현저하게 나타나는가?
① 공전   ② 저속   ③ 가속   ④ 고속

> 클러치의 미끄러짐은 가속할 때 가장 현저하게 나타난다.

6 클러치 페달에 대한 설명으로 틀린 것은?
① 펜턴트식과 플로어식이 있다.
② 페달 자유유격은 일반적으로 20~30mm 정도로 조정한다.
③ 클러치판이 마모될수록 자유유격이 커져서 미끄러지는 현상이 발생한다.
④ 클러치가 완전히 끊긴 상태에서도 발판과 페달과의 간격은 20mm 이상 확보해야 한다.

> 클러치판이 마모되면 페달의 자유유격이 작아지며 미끄러지는 현상이 발생한다.

7 동력 전달 장치에서 클러치의 고장과 관계없는 것은?
① 클러치 압력판 스프링 손상
② 클러치 면의 마멸
③ 플라이휠 링 기어의 마멸
④ 릴리스 레버의 조정불량

> 플라이휠 링 기어의 마멸은 엔진의 시동이 안 되는 원인이 된다.

8 변속기의 필요조건이 아닌 것은?
① 회전력을 증대시킨다.
② 기관을 무부하 상태로 한다.
③ 회전수를 증가시킨다.
④ 역전이 가능하다.

9 건설기계에서 변속기의 구비조건으로 가장 적합한 것은?
① 대형이고, 고장이 없어야 한다.
② 조작이 쉬우므로 신속할 필요는 없다.
③ 연속적 변속에는 단계가 있어야 한다.
④ 전달효율이 좋아야 한다.

10 수동변속기가 장착된 건설기계 장비에서 주행 중 기어가 빠지는 원인이 아닌 것은?
① 기어의 물림이 덜 물렸을 때
② 기어의 마모가 심할 때
③ 클러치의 마모가 심할 때
④ 변속기 록 장치가 불량할 때

11 수동변속기가 장착된 건설기계에서 기어의 이중 물림을 방지하는 장치는?
① 인젝션 장치   ② 인터 쿨러 장치
③ 인터록 장치   ④ 인터널 기어장치

12 타이어식 건설기계에서 전·후 주행이 되지 않을 때 점검하여야 할 곳으로 틀린 것은?
① 타이로드 엔드를 점검한다.
② 변속장치를 점검한다.
③ 유니버설 조인트를 점검한다.
④ 주차 브레이크 잠김 여부를 점검한다.

> 전후 주행이 되지 않는 경우에는 동력 전달 장치와 주차 브레이크를 점검하여야 한다.

정답
1.② 2.① 3.④ 4.③ 5.③ 6.③ 7.③
8.③ 9.④ 10.③ 11.③ 12.①

03 토크 컨버터

1 유체 클러치의 구조
① **펌프** : 크랭크축에 연결되어 엔진이 회전하면 유체 에너지를 발생한다.
② **터빈** : 변속기 입력축 스플라인에 접속되어 유체 에너지에 의해 회전한다.
③ **가이드 링** : 유체의 와류를 감소시키는 역할을 한다.
④ 펌프와 터빈의 날개는 방사선상(레이디얼)으로 배열되어 있다.
⑤ 펌프와 터빈의 회전속도가 같을 때 토크 변환율은 1 : 1 이다.

2 토크 컨버터의 구조
① **펌프** : 크랭크축에 연결되어 엔진이 회전하면 유체 에너지를 발생한다.
② **터빈** : 입력축 스플라인에 접속되어 유체 에너지에 의해 회전한다.
③ **스테이터** : 오일의 흐름 방향을 바꾸어 회전력을 증대시킨다.
④ 날개는 어떤 각도를 두고 와류형으로 배열되어 있다.
⑤ 토크 변환율은 2~3 : 1 이며, 동력 전달 효율은 97~98% 이다.

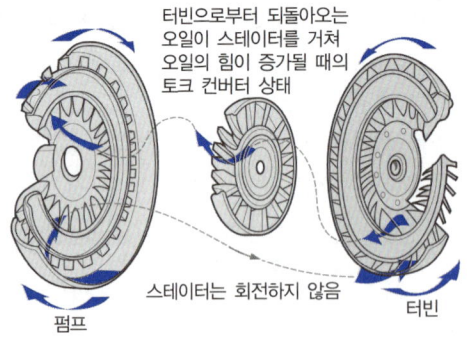

터빈으로부터 되돌아오는 오일이 스테이터를 거쳐 오일의 힘이 증가될 때의 토크 컨버터 상태
펌프 스테이터는 회전하지 않음 터빈

3 토크 컨버터 오일의 구비조건
① 점도가 낮을 것.
② 비중이 클 것.
③ 착화점이 높을 것.
④ 내산성이 클 것.
⑤ 유성이 좋을 것.   ⑥ 비점이 높을 것.
⑦ 융점이 낮을 것.   ⑧ 윤활성이 클 것.

04 자동변속기

1 개요
① 토크 컨버터, 유성 기어 유닛, 유압 제어 장치로 구성되어 있다.
② 각 요소의 제어에 의해 변속시기, 변속의 조작이 자동적으로 이루어진다.
③ 토크 컨버터는 연비를 향상시키기 위하여 토크비가 작게 설정되어 있다.
④ 토크 컨버터 내에 댐퍼 클러치가 설치되어 있다.

2 유성기어 유닛의 필요성
① 큰 구동력을 얻기 위하여 필요하다.
② 엔진을 무부하 상태로 유지하기 위하여 필요하다.
③ 후진시에 구동 바퀴를 역회전시키기 위하여 필요하다.
④ 유성기어 유닛은 선 기어, 유성기어, 유성기어 캐리어, 링 기어로 구성되어 있다.

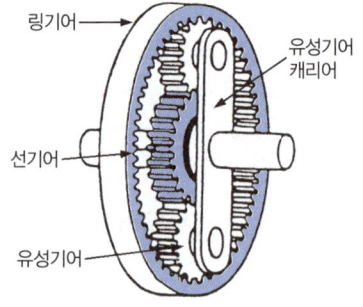

링기어 / 유성기어 캐리어 / 선기어 / 유성기어

3 자동변속기의 메인 압력이 떨어지는 이유
① 오일펌프 내 공기가 생성되고 있는 경우
② 오일 필터가 막힌 경우
③ 오일이 규정보다 부족한 경우

적중기출문제 — 동력 전달 장치

1 토크 컨버터의 3대 구성요소가 아닌 것은?
① 오버런링 클러치 ② 스테이터
③ 펌프 ④ 터빈

2 토크 컨버터가 유체 클러치와 구조상 다른 점은?
① 임펠러 ② 터빈
③ 스테이터 ④ 펌프

3 토크 컨버터의 오일의 흐름 방향을 바꾸어 주는 것은?
① 펌프 ② 터빈
③ 변속기축 ④ 스테이터

4 토크 컨버터 구성품 중 스테이터의 기능으로 옳은 것은?
① 오일의 방향을 바꾸어 회전력을 증대시킨다.
② 토크 컨버터의 동력을 전달 또는 차단시킨다.
③ 오일의 회전속도를 감속하여 견인력을 증대시킨다.
④ 클러치판의 마찰력을 감소시킨다.

5 토크 컨버터에 대한 설명으로 맞는 것은?
① 구성품 중 펌프(임펠러)는 변속기 입력축과 기계적으로 연결되어 있다.
② 펌프, 터빈, 스테이터 등이 상호운동 하여 회전력을 변환시킨다.
③ 엔진 속도가 일정한 상태에서 장비의 속도가 줄어들면 토크는 감소한다.
④ 구성품 중 터빈은 기관의 크랭크축과 기계적으로 연결되어 구동된다.

6 토크 컨버터 오일의 구비조건이 아닌 것은?
① 점도가 높을 것 ② 착화점이 높을 것
③ 빙점이 낮을 것 ④ 비점이 높을 것

7 토크 컨버터가 설치된 지게차의 출발 방법은?
① 저·고속 레버를 저속위치로 하고 클러치 페달을 밟는다.
② 클러치 페달을 조작할 필요 없이 가속페달을 서서히 밟는다.
③ 저·고속 레버를 저속위치로 하고 브레이크 페달을 밟는다.
④ 클러치 페달에서 서서히 발을 떼면서 가속페달을 밟는다.

> 토크 컨버터가 설치된 건설기계는 클러치 페달이 없다.

8 자동변속기의 구성품이 아닌 것은?
① 토크변환기
② 유압 제어장치
③ 싱크로메시 기구
④ 유성기어 유닛

9 유성기어 장치의 주요 부품은?
① 유성기어, 베벨기어, 선기어
② 선기어, 클러치기어, 헬리컬기어
③ 유성기어, 베벨기어, 클러치기어
④ 선기어, 유성기어, 링기어, 유성캐리어

10 자동변속기의 메인압력이 떨어지는 이유가 아닌 것은?
① 클러치판 마모
② 오일펌프 내 공기 생성
③ 오일필터 막힘
④ 오일 부족

정답
1.① 2.③ 3.④ 4.① 5.② 6.① 7.②
8.③ 9.④ 10.①

4 자동변속기의 과열 원인
① 메인 압력이 규정보다 높은 경우
② 과부하 운전을 계속하는 경우
③ 오일이 규정량보다 적은 경우
④ 변속기 오일 쿨러가 막힌 경우

05 드라이브 라인

1 드라이브 라인의 구성과 기능
① 자재 이음, 추진축, 슬립 이음으로 구성되어 있다.
② 변속기에서 전달되는 회전력을 종감속 기어장치에 전달하는 역할을 한다.

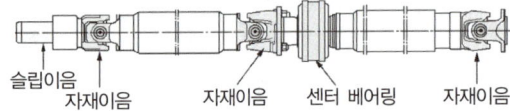

2 자재 이음(universal joint)
① 2개의 축이 동일 평면상에 있지 않은 축에 동력을 전달할 때 사용한다.
② 각도 변화에 대응하여 피동축에 원활한 회전력을 전달하는 역할을 한다.
③ 추진축 앞뒤에 십자축 자재이음을 설치하여 회전 각속도의 변화를 상쇄시킨다.
④ 십자축 자재이음은 구조가 간단하고 동력 전달이 확실하다.
④ 훅형(십자축) 조인트에는 그리스를 급유하여야 한다.

3 슬립 이음(slip joint)
① 변속기 출력축 스플라인에 설치되어 추진축의 길이 방향에 변화를 주기 위함이다.
② 액슬축의 상하 운동에 의해 축 방향으로 길이가 변화되어 동력이 전달된다.

4 추진축이 진동하는 원인
① 니들 롤러 베어링의 파손 또는 마모되었다.
② 추진축이 휘었거나 밸런스 웨이트가 떨어졌다.
③ 슬립 조인트의 스플라인이 마모되었다.
④ 구동축과 피동축의 요크 방향이 틀리다.
⑤ 체결 볼트의 조임이 헐겁다.

5 출발 및 타행시 소음이 발생되는 원인
① 구동축과 피동축의 요크의 방향이 다르다.
② 추진축의 밸런스 웨이트가 떨어졌다.
③ 추진축의 센터 베어링이 마모되었다.
④ 니들 롤러 베어링이 파손 또는 마모되었다.
⑤ 슬립 조인트의 스플라인이 마모되었다.
⑥ 체결 볼트의 조임이 헐겁다.

06 종감속 기어 장치

1 종감속 기어(final drive gear)의 역할
① 회전력을 직각 또는 직각에 가까운 각도로 바꾸어 차축에 전달한다.
② 최종적으로 속도를 감속하여 구동력을 증대시킨다.

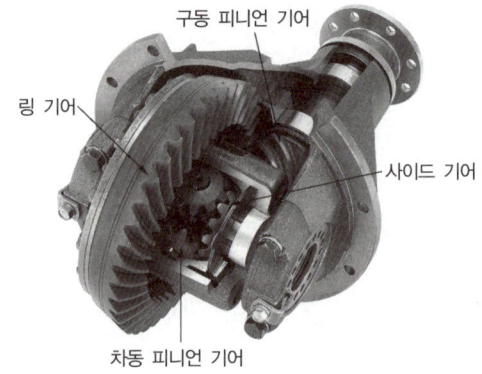

적중기출문제 — 동력 전달 장치

1 자동변속기의 과열 원인이 아닌 것은?
① 메인압력이 높다.
② 과부하 운전을 계속하였다.
③ 오일이 규정량보다 많다.
④ 변속기 오일 쿨러가 막혔다.

2 건설기계 장비에서 자동변속기가 동력전달을 하지 못한다면 그 원인으로 가장 적합한 것은?
① 연속하여 덤프트럭에 토사 상차작업을 하였다.
② 다판 클러치가 마모되었다.
③ 오일의 압력이 과대하다.
④ 오일이 규정량 이상이다.

> 다판 클러치가 마모되면 자동변속기가 동력전달을 하지 못한다.

3 변속기와 종감속 기어 사이의 구동 각도에 변화를 줄 수 있는 동력전달 기구로 옳은 것은?
① 슬립이음 ② 자재이음
③ 스태빌라이저 ④ 크로스 멤버

4 십자축 자재이음을 추진축 앞뒤에 둔 이유를 가장 적합하게 설명한 것은?
① 추진축의 진동을 방지하기 위하여
② 회전 각속도의 변화를 상쇄하기 위하여
③ 추진축의 굽음을 방지하기 위하여
④ 길이의 변화를 다소 가능케 하기 위하여

5 유니버설조인트 중에서 훅형(십자형)조인트가 가장 많이 사용되는 이유가 아닌 것은?
① 구조가 간단하다.
② 급유가 불필요하다.
③ 큰 동력의 전달이 가능하다.
④ 작동이 확실하다.

6 드라이브 라인에 슬립이음을 사용하는 이유는?
① 회전력을 직각으로 전달하기 위해
② 출발을 원활하게 하기 위해
③ 추진축의 길이 방향에 변화를 주기 위해
④ 추진축의 각도 변화에 대응하기 위해

7 타이어식 건설기계의 동력전달장치에서 추진축의 밸런스 웨이트에 대한 설명으로 맞는 것은?
① 추진축의 비틀림을 방지한다.
② 추진축의 회전수를 높인다.
③ 변속 조작 시 변속을 용이하게 한다.
④ 추진축의 회전 시 진동을 방지한다.

8 타이어식 건설장비에서 추진축의 스플라인부가 마모되면 어떤 현상이 발생하는가?
① 차동기어의 물림이 불량하다.
② 클러치 페달의 유격이 크다.
③ 가속 시 미끄럼 현상이 발생한다.
④ 주행 중 소음이 나고 차체에 진동이 있다.

9 굴착기 동력전달 계통에서 최종적으로 구동력 증가시키는 것은?
① 트랙 모터 ② 종감속 기어
③ 스프로켓 ④ 변속기

10 엔진에서 발생한 회전동력을 바퀴까지 전달할 때 마지막으로 감속작용을 하는 것은?
① 클러치
② 트랜스미션
③ 프로펠러 샤프트
④ 파이널 드라이브기어

정답
1.③ 2.② 3.② 4.② 5.② 6.③ 7.④
8.④ 9.② 10.④

2 종감속비

① 종감속비는 중량, 등판 성능, 엔진의 출력, 가속 성능 등에 따라 결정된다.
② 종감속비가 크면 등판 성능 및 가속 성능은 향상된다.
③ 종감속비가 적으면 가속 성능 및 등판 성능은 저하된다.
④ 종감속비는 나누어지지 않는 값으로 정하여 이의 마멸을 고르게 한다.

07 차동기어 장치

① 래크와 피니언 기어의 원리를 이용하여 좌우 바퀴의 회전수를 변화시킨다.
② 선회시에 양쪽 바퀴가 미끄러지지 않고 원활하게 선회할 수 있도록 한다.
③ 회전할 때 바깥쪽 바퀴의 회전수를 빠르게 한다.
④ 요철 노면을 주행할 경우 양쪽 바퀴의 회전수를 변화시킨다.

08 차축(액슬축)

① 액슬축은 종감속기어 및 차동기어 장치에서 전달된 동력을 구동바퀴에 전달하는 역할을 한다.
② 안쪽 끝 부분의 스플라인은 사이드 기어 스플라인에 결합되어 있다.
③ 바깥쪽 끝 부분은 구동 바퀴와 결합되어 있다.
④ 액슬축을 지지하는 방식은 반부동식, 3/4 부동식, 전부동식으로 분류된다.

적중기출문제 — 동력 전달 장치

1 종감속비에 대한 설명으로 맞지 않는 것은?
① 종감속비는 링 기어 잇수를 구동피니언 잇수로 나눈 값이다.
② 종감속비가 크면 가속성능이 향상된다.
③ 종감속비가 적으면 등판능력이 향상된다.
④ 종감속비는 나누어서 떨어지지 않는 값으로 한다.

2 동력전달장치에 사용되는 차동기어장치에 대한 설명으로 틀린 것은?
① 선회할 때 좌·우 구동 바퀴의 회전속도를 다르게 한다.
② 선회할 때 바깥쪽 바퀴의 회전속도를 증대시킨다.
③ 보통 차동기어 장치는 노면의 저항을 작게 받는 구동 바퀴가 더 많이 회전하도록 한다.
④ 기관의 회전력을 크게 하여 구동 바퀴에 전달한다.

3 하부 추진체가 휠로 되어 있는 건설기계 장비로 커브를 돌 때 선회를 원활하게 해주는 장치는?
① 변속기
② 차동장치
③ 최종 구동장치
④ 트랜스퍼케이스

4 액슬축과 액슬 하우징의 조합 방법에서 액슬축의 지지방식이 아닌 것은?
① 전부동식
② 반부동식
③ 3/4부동식
④ 1/4부동식

5 타이어식 장비에서 커브를 돌 때 장비의 회전을 원활히 하기 위한 장치로 맞는 것은?
① 차동장치
② 최종 감속기어
③ 유니버설 조인트
④ 변속기

정답
1.③ 2.④ 3.② 4.④ 5.①

section 02 제동 장치

01 개요

① 주행 중인 건설기계를 감속 또는 정지시키는 역할을 한다.
② 건설기계의 주차 상태를 유지시키는 역할을 한다.
③ 건설기계의 운동에너지를 열에너지로 바꾸어 제동 작용을 한다.

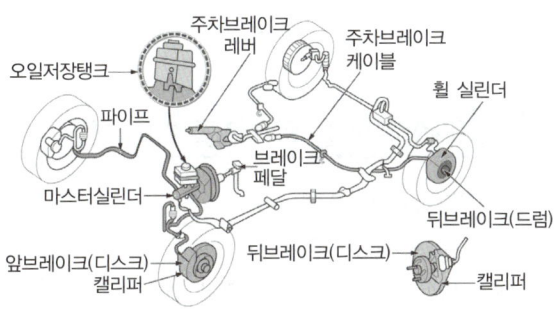

02 구비 조건

① 최고 속도와 차량 중량에 대하여 항상 충분한 제동 작용을 할 것.
② 작동이 확실하고 효과가 클 것.
③ 신뢰성이 높고 내구성이 우수할 것.
④ 점검이나 조정하기가 쉬울 것.

1 제동장치의 구비조건 중 틀린 것은?
① 작동이 확실하고 잘되어야 한다.
② 신뢰성과 내구성이 뛰어나야 한다.
③ 점검 및 조정이 용이해야 한다.
④ 마찰력이 작아야 한다.

정답 ④

03 마스터 실린더의 구조

① **피스톤** : 브레이크 페달의 조작력을 유압으로 변환시킨다.
② **1차 컵** : 유압 발생실의 유밀을 유지하는 역할을 한다.
③ **2차 컵** : 오일이 실린더 외부로 누출되는 것을 방지하는 역할을 한다.
④ **체크 밸브** : 오일 라인에 $0.6 \sim 0.8 \text{kg/cm}^2$의 잔압을 유지시키는 역할을 한다.
⑤ **실린더 보디** : 아래 부분은 실린더, 윗부분은 오일 탱크로 되어 있다.

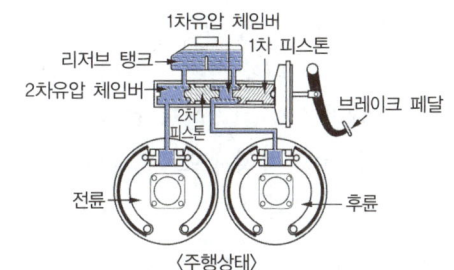

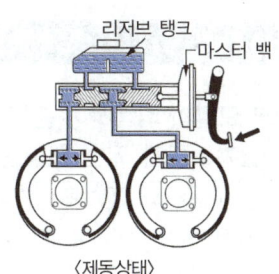

1 유압 브레이크 장치에서 잔압을 유지시켜 주는 부품으로 옳은 것은?
① 피스톤 ② 피스톤 컵
③ 체크 밸브 ④ 실린더 보디

정답 ③

04 베이퍼 록

브레이크 회로 내의 오일이 비등·기화하여 오일의 압력전달 작용을 방해하는 현상이며 그 원인은 다음과 같다.
① 긴 내리막길에서 과도한 브레이크를 사용하는 경우
② 브레이크 드럼과 라이닝의 끌림에 의해 가열되는 경우
③ 마스터 실린더, 브레이크슈 리턴 스프링 쇠손에 의한 잔압이 저하된 경우
④ 브레이크 오일 변질에 의한 비점의 저하 및 불량한 오일을 사용하는 경우

05 페이드 현상

브레이크를 연속하여 자주 사용하면 브레이크 드럼이 과열되어 마찰계수가 떨어지며, 브레이크가 잘 듣지 않는 것으로서 짧은 시간 내에 반복 조작이나 내리막길을 내려갈 때 브레이크 효과가 나빠지는 현상이며, 방지책으로는 다음과 같다.
① 드럼의 냉각성능을 크게 한다.
② 드럼은 열팽창률이 적은 재질을 사용한다.
③ 온도 상승에 따른 마찰계수 변화가 작은 라이닝을 사용한다.
④ 드럼의 열팽창률이 적은 형상으로 한다.

06 브레이크가 풀리지 않는 원인

① 마스터 실린더 리턴 구멍의 막힘
② 마스터 실린더 컵이 부풀었을 때
③ 브레이크 페달 자유 간극이 적을 때
④ 브레이크 페달 리턴 스프링이 불량할 때
⑤ 마스터 실린더 리턴 스프링이 불량할 때
⑥ 라이닝이 드럼에 소결되었을 때
⑦ 푸시로드를 길게 조정하였을 때

07 브레이크가 잘 듣지 않을 때의 원인

① 휠 실린더 오일 누출
② 라이닝에 오일이 묻었을 때
③ 브레이크 드럼의 간극이 클 때
④ 브레이크 페달 자유 간극이 클 때

적중기출문제

제동 장치

1 브레이크 오일이 비등하여 송유 압력의 전달 작용이 불가능하게 되는 현상은?
① 페이드 현상   ② 베이퍼록 현상
③ 사이클링 현상 ④ 브레이크 록 현상

2 유압식 브레이크에서 베이퍼 록의 원인과 관계 없는 것은?
① 비점이 높은 브레이크 오일 사용
② 브레이크 간극이 작아 끌림 현상 발생
③ 드럼의 과열
④ 과도한 브레이크 사용

3 타이어식 굴착기의 브레이크 파이프 내에 베이퍼 록이 생기는 원인이다 관계없는 것은?
① 드럼의 과열
② 지나친 브레이크 조작
③ 잔압의 저하
④ 라이닝과 드럼의 간극 과대

4 긴 내리막길을 내려갈 때 베이퍼 록을 방지하려고 하는 좋은 운전방법은?
① 변속 레버를 중립으로 놓고 브레이크 페달을 밟고 내려간다.
② 시동을 끄고 브레이크 페달을 밟고 내려간다.
③ 엔진 브레이크를 사용한다.
④ 클러치를 끊고 브레이크 페달을 계속 밟고 속도를 조정하면서 내려간다.

> 경사진 내리막길을 내려갈 때 베이퍼 록을 방지하려면 엔진 브레이크를 사용하여야 한다.

5 제동장치의 페이드 현상 방지책으로 틀린 것은?
① 드럼의 냉각 성능을 크게 한다.
② 드럼은 열팽창률이 적은 재질을 사용한다.
③ 온도 상승에 따른 마찰계수 변화가 큰 라이닝을 사용한다.
④ 드럼의 열팽창률이 적은 형상으로 한다.

6 운행 중 브레이크에 페이드 현상이 발생했을 때 조치방법은?
① 브레이크 페달을 자주 밟아 열을 발생시킨다.
② 운행속도를 조금 올려준다.
③ 운행을 멈추고 열이 식도록 한다.
④ 주차 브레이크를 대신 사용한다.

> 브레이크에 페이드 현상이 발생하면 정차하여 열이 식도록 하여야 한다.

7 진공식 제동 배력장치의 설명 중에서 옳은 것은?
① 진공 밸브가 새면 브레이크가 전혀 작동되지 않는다.
② 릴레이 밸브의 다이어프램이 파손되면 브레이크가 작동되지 않는다.
③ 릴레이 밸브 피스톤 컵이 파손되어도 브레이크는 작동된다.
④ 하이드로릭 피스톤의 체크 볼이 밀착 불량이면 브레이크가 작동되지 않는다.

> 진공 제동 배력장치(하이드로 백)는 흡기다기관의 진공과 대기압과의 차이를 이용한 것이므로 배력장치에 고장이 발생하여도 일반적인 유압 브레이크로 작동할 수 있도록 하고 있다.

8 유압식 브레이크 장치에서 제동 페달이 리턴되지 않는 원인에 해당되는 것은?
① 진공 체크 밸브 불량
② 파이프 내의 공기의 침입
③ 브레이크 오일 점도가 낮기 때문
④ 마스터 실린더의 리턴 구멍 막힘

9 유압식 브레이크 장치에서 제동이 잘 풀리지 않는 원인에 해당되는 것은?
① 브레이크 오일 점도가 낮기 때문
② 파이프 내의 공기의 침입
③ 체크 밸브의 접촉 불량
④ 마스터 실린더의 리턴구멍 막힘

10 브레이크가 잘 작동되지 않을 때의 원인으로 가장 거리가 먼 것은?
① 라이닝에 오일이 묻었을 때
② 휠 실린더 오일이 누출되었을 때
③ 브레이크 페달 자유간극이 작을 때
④ 브레이크 드럼의 간극이 클 때

11 브레이크가 잘 듣지 않을 때의 원인으로 가장 거리가 먼 것은?
① 휠 실린더 오일 누출
② 라이닝에 오일이 묻었을 때
③ 브레이크 드럼 간극이 클 때
④ 브레이크 페달 자유간극이 적을 때

정답
1.② 2.① 3.④ 4.③ 5.③ 6.③ 7.③
8.④ 9.④ 10.③ 11.④

section 03 조향장치

01 조향 장치의 개요

① 건설기계의 주행 방향을 임의로 변환시키는 장치
② 조향 휠을 조작하면 앞바퀴가 향하는 위치가 변환되는 구조로 되어있다.
③ 조향 핸들, 조향 기어 박스, 링크 기구로 구성되어 있다.
④ **조향 조작력의 전달 순서** : 조향 핸들 → 조향 축 → 조향 기어 → 피트먼 암 → 드래그 링크 → 타이로드 → 조향 암 → 바퀴

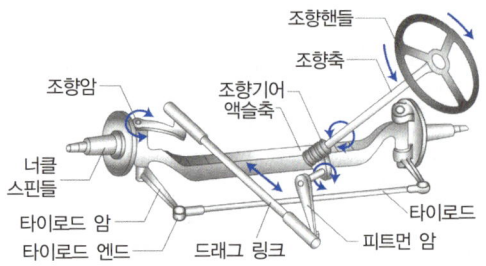

02 조향 장치의 원리

① 조향장치는 애커먼 장토식의 원리를 이용한 것이다.
② 직진 상태에서 좌우 타이로드 엔드의 중심 연장선이 뒤차축 중심점에서 만난다.
③ 조향 핸들을 회전시키면 좌우 바퀴의 너클 스핀들 중심 연장선이 뒤차축 중심 연장선에서 만난다.
④ 앞바퀴는 어떤 선회 상태에서도 동심원을 그리며 선회한다.

03 조향 핸들의 유격이 크게 되는 원인

① 조향 기어의 백래시가 크다.
② 조향 기어가 마모되었다.
③ 조향 기어 링키지 조정이 불량하다.
④ 조향 바퀴 베어링 마모
⑤ 피트먼 암이 헐겁다.
⑥ 조향 너클 암이 헐겁다.
⑦ 아이들 암 부시의 마모
⑧ 타이로드의 볼 조인트 마모
⑨ 조향(스티어링) 기어 박스 장착부의 풀림

04 조향 핸들이 한쪽으로 쏠리는 원인

① 타이어 공기압이 불균일하다.
② 브레이크 라이닝 간극이 불균일하다.
③ 휠 얼라인먼트 조정이 불량하다.
④ 한쪽의 허브 베어링이 마모되었다.

05 동력 조향장치의 장점

① 작은 힘으로 조향 조작을 할 수 있다.
② 조향 기어비를 조작력에 관계없이 선정할 수 있다.
③ 굴곡 노면에서 충격을 흡수하여 핸들에 전달되는 것을 방지한다.
④ 조향 핸들의 시미 현상을 줄일 수 있다.
⑤ 노면에서 발생되는 충격을 흡수하기 때문에 킥 백을 방지할 수 있다.

적중기출문제

조향 장치

1 지게차 조향 핸들에서 바퀴까지의 조작력 전달 순서로 다음 중 가장 적합한 것은?
① 핸들 → 피트먼 암 → 드래그 링크 → 조향 기어 → 타이로드 → 조향암 → 바퀴
② 핸들 → 드래그 링크 → 조향기어 → 피트먼 암 → 타이로드 → 조향암 → 바퀴
③ 핸들 → 조향암 → 조향기어 → 드래그 링크 → 피트먼 암 → 타이로드 → 바퀴
④ 핸들 → 조향기어 → 피트먼 암 → 드래그 링크 → 타이로드 → 조향암 → 바퀴

2 건설기계 장비의 조향장치 원리는 무슨 형식인가?
① 애커먼 장토식 ② 포토래스형
③ 전부동식 ④ 빌드업형

3 조향기구 장치에서 앞 액슬과 너클 스핀들을 연결하는 것은?
① 타이로드 ② 스티어링 암
③ 드래그 링크 ④ 킹핀

> 조향 너클은 킹핀에 의해서 앞 액슬에 결합된다.

4 타이어식 장비에서 핸들 유격이 클 경우가 아닌 것은?
① 타이로드의 볼 조인트 마모
② 스티어링 기어박스 장착부의 풀림
③ 스태빌라이저 마모
④ 아이들러 암 부싱의 마모

5 조향기어 백래시가 클 경우 발생될 수 있는 현상은?
① 핸들의 유격이 커진다.
② 조향 핸들의 축 방향 유격이 커진다.
③ 조향 각도가 커진다.
④ 핸들이 한쪽으로 쏠린다.

6 조향 핸들의 유격이 커지는 원인과 관계없는 것은?
① 피트먼 암의 헐거움
② 타이어 공기압 과대
③ 조향 기어, 링키지 조정불량
④ 앞바퀴 베어링 과대 마모

7 조향 핸들의 유격이 커지는 원인이 아닌 것은?
① 피트먼 암의 헐거움
② 타이로드 엔드 볼 조인트 마모
③ 조향 바퀴 베어링 마모
④ 타이어 마모

8 타이어식 건설기계에서 주행 중 조향 핸들이 한쪽으로 쏠리는 원인이 아닌 것은?
① 타이어 공기압 불균일
② 브레이크 라이닝 간극 조정 불량
③ 베이퍼록 현상 발생
④ 휠 얼라인먼트 조정 불량

9 동력조향장치의 장점으로 적합하지 않은 것은?
① 작은 조작력으로 조향조작을 할 수 있다.
② 조향 기어비는 조작력에 관계없이 선정할 수 있다.
③ 굴곡 노면에서의 충격을 흡수하여 조향 핸들에 전달되는 것을 방지한다.
④ 조작이 미숙하면 엔진이 자동으로 정지된다.

> **정답**
> 1.④ 2.① 3.④ 4.③ 5.① 6.② 7.④
> 8.③ 9.④

06 조향 핸들의 조작이 무거운 원인

① 유압계통 내에 공기가 유입되었다.
② 타이어의 공기 압력이 너무 낮다.
③ 오일이 부족하거나 유압이 낮다.
④ 조향 펌프(오일펌프)의 회전속도가 느리다.
⑤ 오일 펌프의 벨트가 파손되었다.
⑥ 오일 호스가 파손되었다.

07 앞바퀴 정렬(휠 얼라인먼트)

1 앞바퀴 정렬의 필요성

① 조향 핸들의 조작을 작은 힘으로 쉽게 할 수 있도록 한다.
② 조향 핸들의 조작을 확실하게 하고 안전성을 준다.
③ 진행 방향을 변환시키면 조향 핸들에 복원성을 준다.
④ 선회시 사이드슬립을 방지하여 타이어의 마멸을 최소로 한다.
⑤ 얼라인먼트의 요소 : 캠버, 캐스터, 토인, 킹핀 경사각

2 캠버(camber)

앞바퀴를 앞에서 보았을 때 타이어 중심선이 수선에 대해 어떤 각도를 두고 설치되어 있는 상태를 말한다.

필요성은 다음과 같다.
① 조향 핸들의 조작을 가볍게 한다.
② 수직 방향의 하중에 의한 앞 차축의 휨을 방지한다.
③ 하중을 받았을 때 바퀴의 아래쪽이 바깥쪽으로 벌어지는 것을 방지한다.
④ 토(Toe)와 관련성이 있다.

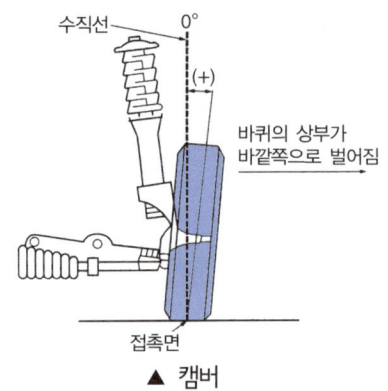

▲ 캠버

3 토인(toe-in)

앞바퀴를 위에서 보았을 때 좌우 타이어 중심선간의 거리가 앞쪽이 뒤쪽보다 좁은 것으로 보통 2 ~ 6 mm 정도가 좁다.

1) 토인의 필요성
① 앞바퀴를 평행하게 회전시킨다.
② 앞바퀴가 옆 방향으로 미끄러지는 것을 방지한다.
③ 타이어의 이상 마멸을 방지한다.
④ 조향 링키지의 마멸에 의해 토 아웃됨을 방지한다.
⑤ 토인은 반드시 직진상태에서 측정해야 한다.
⑥ 토인은 타이로드 길이로 조정한다.

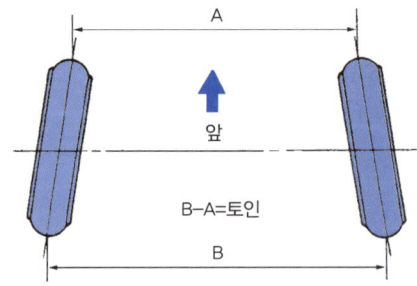

4 캐스터(caster)

① 앞바퀴를 옆에서 보았을 때 킹핀의 중심선이 수선에 대해 어떤 각도를 두고 설치되어 있는 상태
② 캐스터의 효과는 정의 캐스터에서만 얻을 수 있다.

적중기출문제 — 조향 장치

1. 조향 핸들의 조작이 무거운 원인으로 틀린 것은?
① 유압유 부족 시
② 타이어 공기압 과다주입 시
③ 앞바퀴 휠 얼라인먼트 조정불량 시
④ 유압 계통 내에 공기혼입 시

2. 로더 주행 중 동력 조향 핸들의 조작이 무거운 이유가 아닌 것은?
① 유압이 낮다.
② 호스나 부품 속에 공기가 침입했다.
③ 오일 펌프의 회전이 빠르다.
④ 오일이 부족하다.

3. 타이어식 건설기계에서 앞바퀴 정렬의 역할과 거리가 먼 것은?
① 브레이크의 수명을 길게 한다.
② 타이어 마모를 최소로 한다.
③ 방향 안정성을 준다.
④ 조향 핸들의 조작을 작은 힘으로 쉽게 할 수 있다.

4. 앞바퀴 정렬 중 캠버의 필요성에서 가장 거리가 먼 것은?
① 앞차축의 휨을 적게 한다.
② 조향 휠의 조작을 가볍게 한다.
③ 조향시 바퀴의 복원력이 발생한다.
④ 토(Toe)와 관련성이 있다.

5. 타이어식 건설기계의 휠 얼라인먼트에서 토인의 필요성이 아닌 것은?
① 조향 바퀴의 방향성을 준다.
② 타이어 이상 마멸을 방지한다.
③ 조향 바퀴를 평행하게 회전시킨다.
④ 바퀴가 옆 방향으로 미끄러지는 것을 방지한다.

6. 타이어식 건설기계에서 조향 바퀴의 토인을 조정하는 것은?
① 핸들   ② 타이로드
③ 웜 기어   ④ 드래그 링크

7. 타이어식 건설장비에서 조향바퀴의 얼라인먼트 요소와 관련 없는 것은?
① 캠버   ② 캐스터
③ 토인   ④ 부스터

8. 타이어식 건설기계 장비에서 토인에 대한 설명으로 틀린 것은?
① 토인은 반드시 직진상태에서 측정해야 한다.
② 토인은 직진성을 좋게 하고 조향을 가볍도록 한다.
③ 토인은 좌·우 앞바퀴의 간격이 앞보다 뒤가 좁은 것이다.
④ 토인 조정이 잘못되면 타이어가 편 마모된다.

9. 타이어식 장비에서 캠버가 틀어졌을 때 가장 거리가 먼 것은?
① 핸들의 쏠림 발생
② 로어 암 휨 발생
③ 타이어 트레드의 편마모 발생
④ 휠 얼라인먼트 점검 필요

10. 조향핸들의 조작을 가볍게 하는 방법으로 틀린 것은?
① 저속으로 주행한다.
② 바퀴의 정렬을 정확히 한다.
③ 동력조향을 사용한다.
④ 타이어의 공기압을 높인다.

정답
1.② 2.③ 3.① 4.③ 5.① 6.② 7.④
8.③ 9.② 10.①

section 04 주행 장치

01 타이어의 개요

① 타이어는 휠의 림에 설치되어 일체로 회전한다.
② 노면으로부터의 충격을 흡수하여 승차감을 향상시킨다.
③ 노면과 접촉하여 건설기계의 구동이나 제동을 가능하게 한다.

02 타이어의 사용 압력에 의한 분류

① 고압 타이어, 저압 타이어, 초저압 타이어로 분류한다.
② 타이어식 굴착기에는 고압 타이어를 사용한다.

03 타이어의 구조

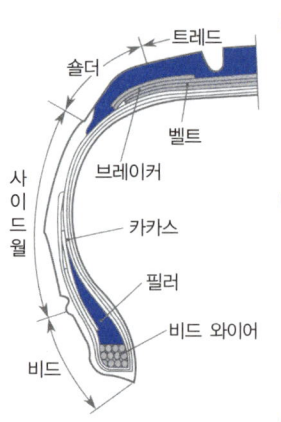

① **트레드** : 노면과 접촉되어 마모에 견디고 적은 슬립으로 견인력을 증대시킨다.
② **카커스** : 고무로 피복된 코드를 여러 겹 겹친 층에 해당되며, 타이어 골격을 이루는 부분이다.
③ **브레이커** : 노면에서의 충격을 완화하고 트레드의 손상이 카커스에 전달되는 것을 방지한다.
④ **비드** : 타이어가 림과 접촉하는 부분이며, 비드부가 늘어나는 것을 방지하고 타이어가 림에서 빠지는 것을 방지한다.

04 트레드 패턴의 필요성

① 타이어 내부의 열을 발산한다.
② 트레드에 생긴 절상 등의 확대를 방지한다.
③ 전진 방향의 미끄러짐이 방지되어 구동력을 향상시킨다.
④ 타이어의 옆 방향 미끄러짐이 방지되어 선회 성능이 향상된다.
⑤ **패턴과 관련 요소** : 제동력·구동력 및 견인력, 타이어의 배수 효과, 조향성·안정성 등이다.

05 타이어 호칭치수

① **저압 타이어** : 타이어 폭(inch) − 타이어 내경(inch) − 플라이 수
② **고압 타이어** : 타이어 외경(inch) × 타이어 폭(inch) − 플라이 수
③ 11.00 − 20 − 12PR
  • 11.00 : 타이어 폭(inch)
  • 20 : 타이어 내경(inch)
  • 12 : 플라이 수

적중기출문제 — 주행 장치

1 사용 압력에 따른 타이어의 분류에 속하지 않는 것은?
① 고압 타이어 ② 초고압 타이어
③ 저압 타이어 ④ 초저압 타이어

2 굴착기에 주로 사용되는 타이어는?
① 고압 타이어 ② 저압 타이어
③ 초저압 타이어 ④ 강성 타이어

3 타이어의 구조에서 직접 노면과 접촉되어 마모에 견디고 적은 슬립으로 견인력을 증대시키는 것의 명칭은?
① 비드(bead) ② 트레드(tread)
③ 카커스(carcass) ④ 브레이커(breaker)

4 타이어에서 고무로 피복 된 코드를 여러 겹으로 겹친 층에 해당되며 타이어 골격을 이루는 부분은?
① 카커스(carcass)부
② 트레드(tread)부
③ 숄더(should)부
④ 비드(bead)부

5 타이어에서 트레드 패턴과 관련 없는 것은?
① 제동력, 구동력 및 견인력
② 타이어의 배수효과
③ 편평율
④ 조향성, 안정성

6 타이어식 건설기계의 타이어에서 저압 타이어의 안지름이 20인치, 바깥지름이 32인치, 폭이 12인치, 플라이 수가 18인 경우 표시방법은?
① 20.00 - 32 - 18PR
② 20.00 - 12 - 18PR
③ 12.00 - 20 - 18PR
④ 32.00 - 12 - 18PR

7 건설기계에 사용되는 저압 타이어 호칭치수 표시는?
① 타이어의 외경 - 타이어의 폭 - 플라이 수
② 타이어의 폭 - 타이어의 내경 - 플라이 수
③ 타이어의 폭 - 림의 지름
④ 타이어 내경 - 타이어의 폭 - 플라이 수

8 타이어에 11.00 - 20 - 12PR 이란 표시 중 "11.00"이 나타내는 것은?
① 타이어 외경을 인치로 표시한 것
② 타이어 폭을 센티미터로 표시한 것
③ 타이어 내경을 인치로 표시한 것
④ 타이어 폭을 인치로 표시한 것

9 타이어식 건설기계의 앞 타이어를 손쉽게 교환할 수 있는 방법은?
① 뒤 타이어를 빼고 장비를 기울여서 교환한다.
② 버킷을 들고 작업을 한다.
③ 잭으로만 고인다.
④ 버킷을 이용하여 차체를 들고 잭을 고인다.

> 앞 타이어를 교환할 때에는 버킷을 이용하여 차체를 들고 잭을 고인 후 작업한다.

10 휠형 건설기계 타이어의 정비점검 중 틀린 것은?
① 휠 너트를 풀기 전에 차체에 고임목을 고인다.
② 림 부속품의 균열이 있는 것은 재가공, 용접, 땜질, 열처리하여 사용한다.
③ 적절한 공구를 이용하여 절차에 맞춰 수행한다.
④ 타이어와 림의 정비 및 교환 작업은 위험하므로 반드시 숙련공이 한다.

> 림 부속품에 균열이 있는 것은 교환한다.

정답
1.② 2.① 3.② 4.① 5.③ 6.③ 7.②
8.④ 9.④ 10.②

적중기출문제

도로명 표지 관련 예상문제

1 다음 도로 명판에 대한 설명으로 알맞은 것은?

① 강남대로는 도로 이름을 나타낸다.
② "1→" 이 위치는 도로 끝나는 지점이다.
③ 강남대로는 699m이다.
④ 왼쪽과 오른쪽 양 방향용 도로 명판이다.

> 오른쪽 한 방향용 도로 명판으로 강남대로의 넓은 길 시작점을 의미하며 "1→" 위치는 도로의 시작점, 699는 6.99km를 의미한다.

2 다음 중 관공서용 건물 번호판으로 알맞은 것은?

①  ②

③  ④

> 2번과 4번은 일반용 건물 번호판이고, 3번은 문화재 및 관광용 건물 번호판, 1번은 관공서용 건물 번호판이다.

3 다음 중 건물 번호판을 설명한 것으로 알맞은 것은?

① 중앙로는 도로 시작점, 243은 건물 주소이다.
② 중앙로는 주 출입구, 243은 기초 번호이다.
③ 중앙로는 도로명, 243은 건물 번호이다.
④ 중앙로는 도로별 구분기준, 243은 상세 주소이다.

> 중앙로는 도로명이고 243은 왼쪽 건물 번호이다.

4 다음 3방향 도로명 예고표지에 대한 설명으로 맞는 것은?

① 좌회전하면 300m 전방에 시청이 나온다.
② 직진하면 300m 전방에 관평로가 나온다.
③ 우회전하면 300m 전방에 평촌역이 나온다.
④ 관평로는 북에서 남으로 도로 구간이 설정되어 있다.

> 도로 구간은 서쪽 방향은 시청, 동쪽 방향은 평촌역, 북쪽 방향은 만안구청, 300은 직진하면 300m 전방에 관평로가 나온다는 의미이다. 도로의 시작지점에서 끝 지점으로 갈수록 건물 번호가 커진다.

5 차량이 남쪽에서부터 북쪽 방향으로 진행 중일 때, 그림의 「2방향 도로명 예고표지」에 대한 설명으로 틀린 것은?

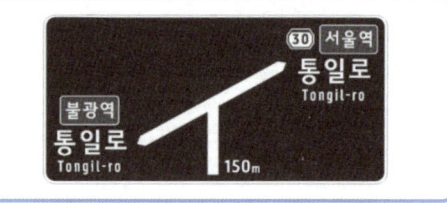

① 차량을 좌회전하는 경우 '통일로'의 건물번호가 커진다.
② 차량을 좌회전하는 경우 '통일로'로 진입할 수 있다.
③ 차량을 좌회전하는 경우 '통일로'의 건물번호가 작아진다.
④ 차량을 우회전하는 경우 '통일로'로 진입할 수 있다.

정답

1.① 2.① 3.③ 4.② 5.①

04 굴착기 작업장치

굴착기 구조
작업장치 기능
작업 방법

section 01 굴착기 구조

01 굴착기의 용도

굴착기는 택지 조성 작업, 건물 기초 작업, 토사 적재, 화물 적재, 말뚝 박기, 고철적재, 통나무 적재, 구덩이 파기, 암반 및 건축물 파괴 작업, 도로 및 상하수도 공사 등 다양한 작업을 한다.

02 무한궤도식(크롤러형 ; crawler type)

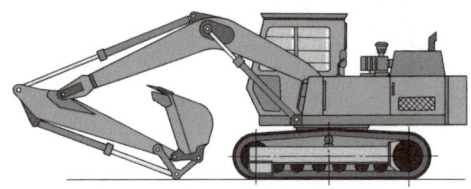

1 무한 궤도식의 장점
① 접지압이 낮고, 견인력이 크다.
② 습지(濕地), 사지(沙地)에서 작업이 가능하다.
③ 암석지에서 작업이 가능하다.

2 무한 궤도식의 단점
① 주행 저항이 크다.
② 포장도로를 주행할 때 도로 파손의 우려가 있다.
③ 기동성이 나쁘다.
④ 장거리 이동이 곤란하다.

03 타이어식(휠형 ; wheel type)

1 타이어식의 장점
① 기동성이 좋다.
② 주행저항이 적다.
③ 자력으로 이동한다.
④ 도심지 등 근거리 작업에 효과적이다.

2 타이어식의 단점
① 평탄하지 않은 작업장소나 진흙땅 작업이 어렵다.
② 암석·암반지대에서 작업할 때 타이어가 손상된다.
③ 견인력이 약하다.

04 굴착기의 3주요부

① **하부 주행체** : 굴착기의 하중 지지하고 이동시키는 장치이다.
② **상부 회전체** : 기관, 조종석, 유압 조정장치가 설치되어 있으며, 하부 주행체의 프레임에 스윙 베어링으로 결합되어 360° 선회할 수 있다.
③ **작업 장치** : 붐, 암, 버킷 등으로 구성되어 유압 실린더에 의해 작동된다.

적중기출문제 굴착기 구조

1 일반적으로 굴착기가 할 수 없는 작업은?
① 건물 기초 작업　② 차량 토사 적재
③ 택지 조성 작업　④ 리핑 작업

2 작업 장치로 토사 굴토 작업이 가능한 건설기계는?
① 로더와 기중기
② 불도저와 굴착기
③ 천공기와 굴착기
④ 지게차와 모터그레이더

3 트랙식 건설기계와 비교하여 타이어식의 장점에 해당되는 것은?
① 기동성이 좋다.
② 등판능력이 크다.
③ 수명이 길다.
④ 접지압이 낮아 습지 작업에 유리하다.

4 무한궤도식 굴착기와 타이어식 굴착기의 운전 특성에 대한 설명으로 가장 거리가 먼 것은?
① 타이어식은 장거리 이동이 쉽고 기동성이 양호하다.
② 무한궤도식(crawler)은 기복이 심한 곳에서나 좁은 장소에서는 작업이 불리하다.
③ 타이어식(wheel)은 변속 및 주행 속도가 빠르다.
④ 무한궤도식은 습지, 사지에서 작업이 유리하다.

5 굴착기의 3대 주요 구성부품으로 가장 적당한 것은?
① 상부 회전체, 하부 추진체, 중간 선회체
② 작업장치, 하부 추진체, 중간 선회체
③ 작업장치, 상부 선회체, 하부 추진체
④ 상부 조정장치, 하부 추진체, 중간 동력장치

6 굴착기의 상부회전체는 몇 도까지 회전이 가능한가?
① 90°　② 180°
③ 270°　④ 360°

7 굴착기의 3대 주요부 구분으로 옳은 것은?
① 트랙 주행체, 하부 추진체, 중간 선회체
② 동력주행체, 하부 추진체, 중간 선회체
③ 작업(전부)장치, 상부 선회체, 하부 추진체
④ 상부 조정장치, 하부 추진체, 중간 동력장치

8 일반적으로 굴착기가 할 수 없는 작업은?
① 땅고르기 작업　② 차량 토사 적재
③ 경사면 굴토　　④ 리핑 작업

9 굴착기 동력전달 계통에서 최종적으로 구동력 증가시키는 것은?
① 트랙 모터　② 종감속 기어
③ 스프로켓　④ 변속기

> 종감속 기어는 동력전달 계통에서 최종적으로 구동력 증가시킨다.

10 굴착기 추진축의 스플라인부가 마모되었을 때 두드러지게 나타나는 현상은?
① 신축 작용 시 추진축이 구부러진다.
② 주행 중 소음을 내고 추진축이 진동한다.
③ 차동기어의 물림이 불량하게 된다.
④ 미끄럼 현상이 일어난다.

> 굴착기 추진축의 스플라인부가 마모되면 주행 중 소음을 내고 추진축이 진동한다.

정답
1.④　2.②　3.①　4.②　5.③　6.④　7.③
8.④　9.②　10.②

05 하부 주행체(under carriage)

① 하중을 지지하고 이동시키는 장치이다.
② 무한궤도형은 유압에 의하여 동력이 전달된다.
③ **구성** : 하부 롤러(트랙 롤러), 상부 롤러(캐리어 롤러), 트랙 프레임, 트랙 장력 조정기구, 프런트 아이들러(전부 유동륜), 리코일 스프링, 스프로킷 및 트랙, 주행 모터, 평형 스프링 등으로 구성되어 있다.

1 트랙 프레임
① 트랙 프레임은 하부 주행체의 몸체이다.
② 건설기계의 중량을 지탱하고 완충작용을 하며, 대각지주가 설치되어 있다.
② 상부 롤러, 하부 롤러, 프런트 아이들러, 스프로킷, 주행 모터 등으로 구성 되어 있다.

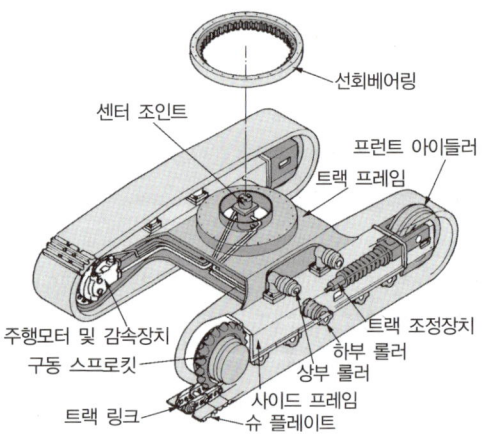

2 상부 롤러(캐리어 롤러)
① 전부 유동륜(아이들러)과 기동륜(스프로킷) 사이에 1~2개가 설치된다.
② 트랙을 지지하여 밑으로 처지는 것을 방지한다.
③ 트랙의 회전위치를 유지하는 역할을 한다.

④ 상부 롤러는 싱글 플랜지형(바깥쪽으로 플랜지가 있는 형식)을 사용한다.

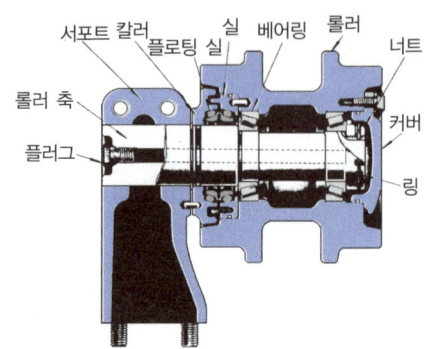

3 하부 롤러(트랙 롤러)
① 롤러, 부싱, 플로팅 실, 축, 칼라 등으로 구성되어 있다.
② 트랙 프레임 아래에 좌·우 각각 3~7개 설치되어 있다.
③ 중량을 균등하게 트랙 위에 분배하면서 트랙의 회전위치를 유지한다.
④ 프런트 아이들러와 스프로킷 쪽에는 싱글 플랜지형 롤러를 설치하여야 한다.

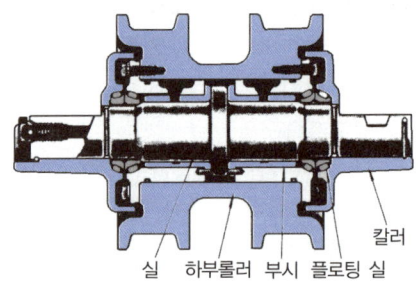

4 균형 스프링
① 균형 스프링의 종류는 평형 스프링 형식, 스프링 형식, 빔 형식이 있다.
② 모두 양쪽 끝 부분은 트랙 프레임 위에 얹혀 있고 가운데에는 메인 프레임의 앞부분을 받쳐주고 있다.
③ 요철의 지면을 주행할 때 지면에서 오는 충격을 흡수한다.
④ 굴착기의 충격을 완충하여 앞쪽의 균형을 잡아준다.

적중기출문제 — 굴착기 구조

1 무한궤도식 굴착기의 하부 주행체를 구성하는 요소가 아닌 것은?
① 스프로킷 ② 주행 모터
③ 트랙   ④ 리어 액슬

2 무한궤도식 굴착기의 동력 전달 계통과 관계가 없는 것은?
① 주행 모터 ② 최종감속기어
③ 유압 펌프 ④ 추진축

> 추진축은 타이어식 굴착기의 동력 전달 계통으로 변속기의 동력을 종감속 기어에 전달하는 역할을 한다.

3 무한궤도에 의해 트랙터를 주행시키는 언더 캐리지 장치에 속하지 않는 것은?
① 제동 리서브 ② 평형 스프링
③ 트랙 프레임 ④ 트랙 롤러

4 하부 구동체(under carriage)에서 장비의 중량을 지탱하고 완충작용을 하며, 대각지주가 설치된 것은?
① 트랙   ② 상부 롤러
③ 하부 롤러 ④ 트랙 프레임

5 무한궤도식 건설기계에서 균형 스프링의 형식으로 틀린 것은?
① 플랜지 형 ② 빔 형
③ 스프링 형 ④ 평 형

> 균형 스프링은 강판을 겹친 판스프링(leaf spring)으로 그 양쪽 끝은 트랙 프레임에 얹혀 있고 그 중앙에 트랙터 앞부분의 중량을 받는다. 형식에는 스프링 형식과 빔 형식, 평형 스프링 형식이 있다.

6 무한궤도식 장비에서 캐리어 롤러에 대한 내용으로 맞는 것은?
① 트랙을 지지한다.
② 트랙의 장력을 조정한다.
③ 장비의 전체중량을 지지한다.
④ 캐리어 롤러는 좌·우 10개로 구성되어 있다.

7 트랙 프레임 상부 롤러에 대한 설명으로 틀린 것은?
① 더블 플랜지형을 주로 사용한다.
② 트랙의 회전을 바르게 유지한다.
③ 트랙이 밑으로 처지는 것을 방지한다.
④ 전부 유동륜과 기동륜 사이에 1~2개가 설치된다.

8 무한궤도식 장비에서 캐리어 롤러에 대한 내용으로 맞는 것은?
① 캐리어 롤러는 좌우 10개로 구성되어 있다.
② 트랙의 장력을 조정한다.
③ 장비의 전체 중량을 지지한다.
④ 트랙을 지지한다.

9 트랙 프레임 위에 한쪽만 지지하거나 양쪽을 지지하는 브래킷에 1~2개가 설치되어 트랙 아이들러와 스프로킷 사이에서 트랙이 처지는 것을 방지하는 동시에 트랙의 회전위치를 정확하게 유지하는 역할을 하는 것은?
① 브레이스   ② 아우터 스프링
③ 스프로킷   ④ 캐리어 롤러

10 트랙에 있는 롤러에 대한 설명으로 틀린 것은?
① 상부롤러는 보통 1~2개가 설치되어 있다.
② 하부롤러는 트랙프레임의 한쪽 아래에 3~7개 설치되어 있다.
③ 상부롤러는 스프로킷과 아이들러 사이에 트랙이 처지는 것을 방지한다.
④ 하부롤러는 트랙의 마모를 방지해 준다.

정답
1.④ 2.④ 3.① 4.④ 5.① 6.① 7.①
8.④ 9.④ 10.④

5 프런트 아이들러(전부 유동륜)

① 앞뒤로 미끄럼 운동할 수 있는 요크에 설치된다.
② 트랙의 진로를 조정하면서 주행방향으로 트랙을 유도한다.
③ 요크 축 끝에 조정 실린더가 연결되어 트랙 유격을 조정한다.

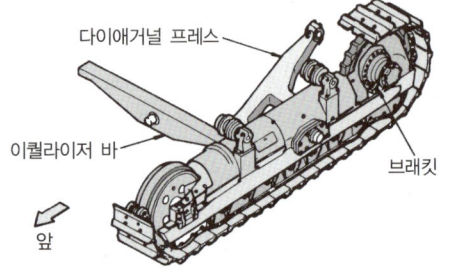

6 리코일 스프링

① 주행 중 트랙 전면에서 오는 충격을 완화시킨다.
② 차체의 파손을 방지하고 운전을 원활하게 해주는 역할을 한다.
③ 이너 스프링과 아우터 스프링으로 되어 있다.

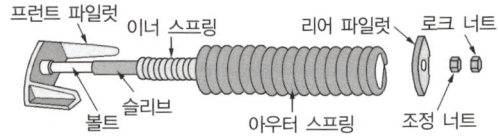

7 스프로킷(기동륜)

① 유압 모터의 동력을 트랙에 전달해 주는 역할을 한다.
② 일체식과 분할식, 분해식이 있다.
③ 트랙이 장력이 이완되면 스프로킷의 이상 마모 원인이 된다.

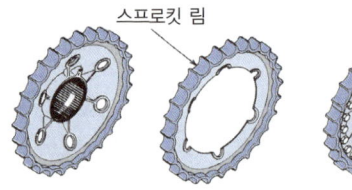

④ 스프로킷 및 아이들러가 직선으로 배열되지 않으면 한쪽만 마모된다.

8 트랙의 구성

① 트랙은 트랙 슈, 링크, 핀, 부싱, 슈 볼트 등으로 구성되어 있다.
② **링크**(link) : 링크는 2개가 1조 되어 있으며, 핀과 부싱에 의하여 연결되어 상·하부 롤러 등이 굴러 갈 수 있는 레일(rail)을 구성해 주는 부분으로 마멸되었을 때 용접하여 재사용할 수 있다.
③ **부싱**(bushing) : 부싱은 링크의 큰 구멍에 끼워지며, 스프로킷 이빨이 부싱을 물고 회전하도록 되어 있다. 부싱은 마멸되면 용접하여 재사용할 수 없으며, 구멍이 나기 전에 1회 180° 돌려서 재사용할 수 있다.
④ **핀**(pin) : 핀은 부싱 속을 통과하여 링크의 적은 구멍에 끼워진다. 핀과 부싱을 교환할 때는 유압 프레스로 작업하며 약 100ton 정도의 힘이 필요하다. 그리고 무한궤도의 분리를 쉽게 하기 위하여 마스터 핀(master pin)을 두고 있다.
⑤ **슈**(shoe) : 슈는 링크에 4개의 볼트로 고정되며, 전체 하중을 지지하고 견인하면서 회전한다. 슈에는 지면과 접촉하는 부분에 돌기(그로우저 ; grouser)가 설치되며, 이 돌기가 견인력을 증대시켜 준다. 돌기의 길이가 2cm 정도 남았을 때 용접하여 재사용할 수 있다.

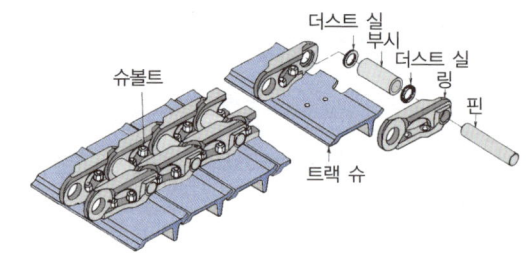

적중기출문제

1 무한궤도식 장비에서 프런트 아이들러의 작용에 대한 설명으로 가장 적당한 것은?
① 회전력을 발생하여 트랙에 전달한다.
② 트랙의 진로를 조정하면서 주행방향으로 트랙을 유도한다.
③ 구동력을 트랙으로 전달한다.
④ 파손을 방지하고 원활한 운전을 할 수 있도록 하여 준다.

2 트랙 장력을 조절하면서 트랙의 진행방향을 유도하는 언더캐리지 부품은?
① 하부 롤러   ② 상부 롤러
③ 장력 실린더   ④ 전부 유동륜

3 무한궤도식 건설기계에서 프런트 아이들러의 주된 역할은?
① 동력을 전달시켜 준다.
② 공회전을 방지하여 준다.
③ 트랙의 진로 방향을 유도시켜 준다.
④ 트랙의 회전을 조정해 준다.

4 트랙장치에서 주행 중에 트랙과 아이들러의 충격을 완화시키기 위해 설치한 것은?
① 스프로킷   ② 리코일 스프링
③ 상부 롤러   ④ 하부 롤러

5 주행 중 트랙 전면에서 오는 충격을 완화하여 차체 파손을 방지하고 운전을 원활하게 해주는 장치는?
① 트랙 롤러   ② 리프트 실린더
③ 리코일 스프링   ④ 댐퍼 스프링

6 무한궤도식 굴착기에서 스프로킷이 한쪽으로만 마모되는 원인으로 가장 적합한 것은?
① 트랙 장력이 늘어났다.
② 트랙 링크가 마모되었다.
③ 상부 롤러가 과다하게 마모되었다.
④ 스프로킷 및 아이들러가 직선 배열이 아니다.

7 트랙식 건설장비에서 트랙의 스프로킷이 이상 마모되는 원인으로 가장 적절한 것은?
① 트랙의 이완
② 유압유의 부족
③ 댐퍼 스프링의 장력 약화
④ 유압이 높음

8 무한궤도식 주행 장치에서 스프로킷의 이상 마모를 방지하기 위해서 조정하여야 하는 것은?
① 슈의 간격   ② 트랙의 장력
③ 롤러의 간격   ④ 아이들러의 위치

9 무한궤도식 건설기계에서 트랙의 구성부품으로 맞는 것은?
① 슈, 조인트, 스프로킷, 핀, 슈 볼트
② 스프로킷, 트랙 롤러, 상부 롤러, 아이들러
③ 슈, 스프로킷, 하부 롤러, 상부 롤러, 감속기
④ 슈, 슈 볼트, 링크, 부싱, 핀

10 트랙 장치의 구성품 중 트랙 슈와 슈를 연결하는 부품은?
① 부싱과 캐리어 롤러
② 트랙 링크와 핀
③ 아이들러와 스프로켓
④ 하부 롤러와 상부 롤러

11 트랙 링크의 수가 38조라면 트랙 핀의 부싱은 몇 조인가?
① 37조   ② 38조
③ 39조   ④ 40조

정답
1.② 2.④ 3.③ 4.② 5.③ 6.④ 7.①
8.② 9.④ 10.② 11.②

9 트랙 슈의 종류

① **단일 돌기 슈** : 돌기가 1개인 것으로 견인력이 크며, 중 하중용 슈이다.
② **2중 돌기 슈** : 돌기가 2개인 것으로, 중 하중에 의한 슈의 굽음을 방지할 수 있으며, 선회 성능이 우수하다.
③ **3중 돌기 슈** : 돌기가 3개인 것으로 조향할 때 회전 저항이 적어 선회 성능이 양호하며 견고한 지반의 작업장에 알맞다. 굴착기에서 많이 사용되고 있다.
④ **습지용 슈** : 슈의 단면이 삼각형이며 접지 면적이 넓어 접지 압력이 작다.
⑤ **기타 슈** : 고무 슈, 암반용 슈, 평활 슈 등이 있다.

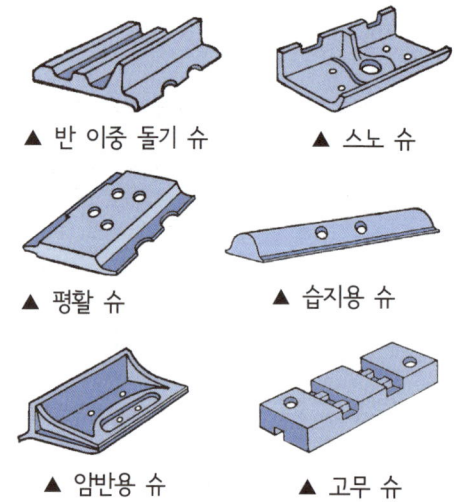

▲ 반 이중 돌기 슈   ▲ 스노 슈
▲ 평활 슈   ▲ 습지용 슈
▲ 암반용 슈   ▲ 고무 슈

10 센터 조인트의 기능

① 센터 조인트(스위블 조인트)는 상부 회전체의 중심부에 설치되어 있다.
② 상부 회전체의 오일을 주행 모터로 공급하는 역할을 한다.
③ 상부 회전체가 회전하더라도 호스, 파이프 등이 꼬이지 않고 원활히 송유한다.

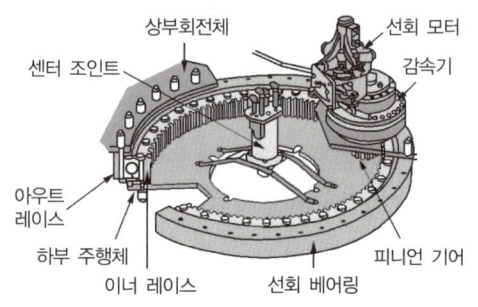

11 주행 모터

① 센터 조인트로부터 유압을 받아 최종 감속기어, 스프로킷을 회전시킨다.
② 주행 모터는 좌우 트랙에 1개씩 설치하여 주행과 조향 기능을 한다.
③ 유압식 굴착기의 주행 동력으로 이용되는 것은 유압 모터이다.
④ **동력 전달 순서** : 기관→유압 펌프→컨트롤 밸브→센터 조인트→주행 모터→트랙이다.

적중기출문제   굴착기 구조

1 트랙 슈의 종류가 아닌 것은?
① 고무 슈
② 4중 돌기 슈
③ 3중 돌기 슈
④ 반이중 돌기 슈

2 도로를 주행할 때 포장 노면의 파손을 방지하기 위해 주로 사용하는 트랙 슈는?
① 평활 슈   ② 단일 돌기 슈
③ 습지용 슈   ④ 스노 슈

3 트랙 슈의 종류로 틀린 것은?
① 단일 돌기 슈   ② 습지용 슈
③ 이중 돌기 슈   ④ 변하중 돌기 슈

4 유압식 굴착기에서 센터 조인트의 기능은?
① 스티어링 링키지의 하나로 차체의 중앙 고정축 주위에 움직이는 암이다.
② 상부 회전체의 오일을 하부 주행 모터에 공급한다.
③ 전·후륜의 중앙에 있는 디퍼렌셜을 가리키는 것이다.
④ 물체가 원운동을 하고 있을 때 그 물체에 작용하는 원심력으로서 원의 중심에서 멀어지는 기능을 하는 것이다.

5 크롤러식 굴착기에서 상부 회전체의 회전에는 영향을 주지 않고 주행 모터에 작동유를 공급할 수 있는 부품은?
① 컨트롤 밸브   ② 사축형 유압모터
③ 센터조인트   ④ 언로더 밸브

6 굴착기의 센터 조인트(선회 이음)의 기능으로 맞는 것은?
① 상부 회전체가 회전시에도 오일 관로가 꼬이지 않고 오일을 하부 주행체로 원활히 공급한다.
② 주행 모터가 상부 회전체에 오일을 전달한다.
③ 하부 주행체에서 공급되는 오일을 상부 회전체로 공급한다.
④ 자동변속장치에 의하여 스윙 모터를 회전시킨다.

7 유압식 굴착기의 주행 동력으로 이용되는 것은?
① 유압 모터   ② 전기 모터
③ 변속기 동력   ④ 차동 장치

8 무한궤도식 굴착기의 유압식 하부 추진체 동력 전달 순서로 맞는 것은?
① 기관 → 컨트롤 밸브 → 센터 조인트 → 유압 펌프 → 주행 모터 → 트랙
② 기관 → 컨트롤 밸브 → 센터 조인트 → 주행 모터 → 유압 펌프 → 트랙
③ 기관 → 센터 조인트 → 유압 펌프 → 컨트롤 밸브 → 주행 모터 → 트랙
④ 기관 → 유압 펌프 → 컨트롤 밸브 → 센터 조인트 → 주행 모터 → 트랙

9 무한궤도식 굴착기에서 하부주행체 동력전달 순서로 맞는 것은?
① 유압 펌프 → 제어 밸브 → 센터 조인트 → 주행 모터
② 유압 펌프 → 제어 밸브 → 주행 모터 → 자재이음
③ 유압 펌프 → 센터 조인트 → 제어 밸브 → 주행 모터
④ 유압 펌프 → 센터 조인트 → 주행 모터 → 자재이음

10 무한궤도식 굴착기의 환향은 무엇에 의하여 작동되는가?
① 주행 펌프
② 스티어링 휠
③ 스로틀 레버
④ 주행 모터

> 무한궤도식 굴착기의 환향(조향)작용은 유압(주행) 모터로 한다.

정답
1.② 2.① 3.④ 4.② 5.③ 6.① 7.①
8.④ 9.① 10.④

12 트랙이 벗겨지는 원인
① 트랙의 유격(긴도)이 너무 클 경우
② 프런트 아이들러와 스프로킷의 중심이 맞지 않을 경우
③ 트랙이 너무 이완된 경우
④ 고속 주행 중 급선회를 하였을 경우
⑤ 프런트 아이들러, 상·하부 롤러 및 스프로킷의 마멸이 클 경우
⑥ 리코일 스프링의 장력이 부족할 경우
⑦ 경사지에서 작업 할 경우

13 트랙의 장력을 조정하여야 하는 이유
① 트랙의 이탈 방지
② 구성부품의 수명 연장
③ 스프로킷의 마모방지
④ 슈의 마모 방지

14 트랙의 장력을 조정하는 방법
① 건설기계를 평탄한 지면에 주차시킨다.
② 브레이크가 있는 경우에는 브레이크를 사용해서는 안 된다.
③ 전진하다가 정지시켜야 한다.(후진하다가 세우면 트랙이 팽팽해진다.)
④ 2~3회 반복 조정하여 양쪽 트랙의 유격을 똑같이 조정하여야 한다.
⑤ 트랙을 들고 늘어지는 양을 점검하기도 한다.
⑥ 그리스 실린더에 그리스를 주입하여 조정한다.

15 트랙의 장력이 너무 팽팽한 조정된 경우
① 굳은 지반 또는 암반을 통과할 때 작업 조건이 효과적이다.
② 상부롤러, 하부롤러, 트랙 링크의 조기 마모 원인이 된다.
③ 프런트 아이들러, 구동 스프로킷의 조기 마모 원인이 된다.

적중기출문제   굴착기 구조

1 무한궤도식 건설기계에서 트랙이 벗겨지는 원인은?
① 트랙의 서행 회전
② 트랙이 너무 이완되었을 때
③ 파이널 드라이브의 마모
④ 보조 스프링이 파손되었을 때

2 트랙장치의 트랙유격이 너무 커졌을 때 발생하는 현상으로 가장 적합한 것은?
① 주행속도가 빨라진다.
② 슈판 마모가 급격해진다.
③ 주행속도가 아주 느려진다.
④ 트랙이 벗겨지기 쉽다.

3 무한궤도식 건설기계에서 트랙의 탈선 원인과 가장 거리가 먼 것은?
① 트랙의 유격이 너무 클 때
② 하부 롤러에 주유를 하지 않았을 때
③ 스프로킷이 많이 마모되었을 때
④ 프런트 아이들러와 스프로킷의 중심이 맞지 않을 때

4 트랙이 주행 중 벗겨지는 원인이 아닌 것은?
① 트랙 장력이 너무 느슨할 때
② 상부 롤러가 마모 및 파손되었을 때
③ 고속 주행 시 급히 선회할 때
④ 타이어 트레드가 마모되었을 때

5 트랙 장력을 조정하는 이유가 아닌 것은?
① 구성부품 수명 연장
② 트랙의 이탈방지
③ 스윙 모터의 과부하 방지
④ 스프로킷 마모방지

6 굴착기 트랙의 장력 조정 방법으로 맞는 것은?
① 하부 롤러의 조정방식으로 한다.
② 트랙 조정용 심(shim)을 끼워서 한다.
③ 트랙 조정용 실린더에 그리스를 주입한다.
④ 캐리어 롤러의 조정방식으로 한다.

7 무한궤도식 건설기계에서 트랙의 장력 조정(유압식)은 어느 것으로 하는가?
① 상부 롤러의 이동으로
② 하부 롤러의 이동으로
③ 스프로킷의 이동으로
④ 아이들러의 이동으로

> 트랙의 장력 조정 실린더에 그리스를 주입하면 아이들러가 앞쪽으로 밀려나가 장력이 조정된다.

8 무한궤도식 장비에서 트랙 장력이 느슨해졌을 때 무엇을 주입 하면서 조정하는가?
① 기어 오일   ② 그리스
③ 엔진 오일   ④ 브레이크 오일

9 무한궤도식 굴착기의 트랙 유격을 조정할 때 유의사항으로 잘못된 방법은?
① 브레이크가 있는 장비는 브레이크를 사용한다.
② 트랙을 들고 늘어지는 것을 점검한다.
③ 장비를 평지에 주차시킨다.
④ 2~3회 나누어 조정한다.

10 무한궤도식 건설기계에서 트랙 장력이 약간 팽팽하게 되었을 때 작업조건이 오히려 효과적일 경우는?
① 수풀이 있는 땅   ② 진흙땅
③ 바위가 깔린 땅   ④ 모래땅

11 무한궤도식 건설기계에서 트랙의 장력을 너무 팽팽하게 조정했을 때 미치는 영향으로 틀린 것은?
① 트랙 링크의 마모
② 프런트 아이들러의 마모
③ 트랙의 이탈
④ 구동 스프로킷의 마모

12 무한궤도식 건설기계에서 트랙 장력이 너무 팽팽하게 조정되었을 때 보기와 같은 부분에서 마모가 촉진되는 부분(기호)을 모두 나열한 항은?

[보기]
a. 트랙 핀의 마모   b. 부싱의 마모
c. 스프로킷 마모   d. 블레이드 마모

① a, b, c, d   ② a, b, c
③ a, b, d   ④ a, c

13 무한궤도식 건설기계에서 트랙을 쉽게 분리하기 위해 설치한 것은?
① 슈   ② 링크
③ 마스터 핀   ④ 부싱

> 마스터 핀은 트랙의 분리를 쉽게 하기 위하여 둔 것이며, 부싱의 길이가 다른 핀에 비해 짧게 되어있다.

정 답

1.② 2.④ 3.② 4.④ 5.③ 6.③ 7.④
8.② 9.① 10.③ 11.③ 12.② 13.③

section 02 작업장치 기능

01 상부 회전체

1 상부 회전체의 구조
① 하부 주행체의 프레임에 스윙 베어링으로 결합되어 360° 선회할 수 있다.
② 메인 프레임 뒤쪽에 기관 및 유압 조정장치 등이 설치되어 있다.
③ 안전성을 유지하기 위해 평형추(밸런스 웨이트)가 프레임에 고정되어 있다.
④ **밸런스 웨이트(카운터 웨이트)** : 버킷 등에 중량물이 실릴 때 장비의 뒷부분이 들리는 것을 방지하는 역할을 한다.

2 선회 장치
① **선회 감속 장치** : 선 기어, 유성기어, 캐리어, 선회 피니언, 링 기어로 구성되어 있다. 링 기어는 하부 주행체에 고정되어 있고 스윙 피니언과 맞물려 있다. 스윙 피니언이 회전하면 상부 회전체가 회전한다.
② **선회 고정 장치** : 트레일러에 의하여 운반될 때 상부 회전체와 하부 주행체를 고정시키는 역할을 한다. 작업 중 차체가 기울어져 상부 회전체가 자연히 회전하는 것을 방지하는 장치이다.

02 작업 장치

① 굴착기의 작업 장치는 **붐**(boom), **암**(Arm), **버킷** 등으로 구성되어 있다.
② 작업 장치는 유압을 이용한 유압 실린더에 의해 작동된다.

1 붐(boom)
① 붐은 강판을 사용한 용접 구조물로서 원 붐(one boom)이라고도 한다.
② 상부 회전체에 푸트 핀에 의해 설치되어 있다.
③ 2개 또는 1개의 유압 실린더에 의하여 붐이 상·하로 움직인다.
④ 붐의 길이는 푸트 핀 중심에서 붐 포인트 핀까지의 직선거리이다.

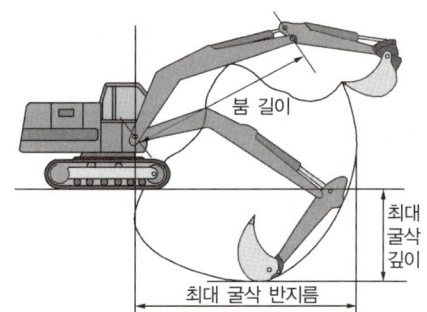

2 암(arm)
① 붐과 버킷 사이의 연결 암으로 디퍼스틱(dipper stick)이라고도 한다.
② 붐과 암의 각도가 80~110° 정도가 가장 굴삭력이 크다.
③ 쿠션장치는 붐 상승, 암(스틱) 오므림, 암(스틱) 펼침 등에 설치되어 있다.

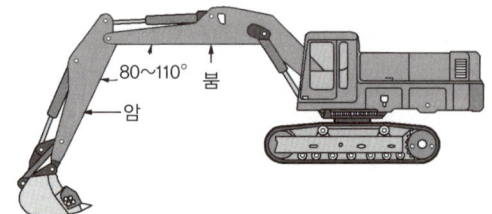

적중기출문제

1 굴착기의 밸런스 웨이트(balance weight)에 대한 설명으로 가장 적합한 것은?
① 작업을 할 때 장비의 뒷부분이 들리는 것을 방지한다.
② 굴삭량에 따라 중량물을 들 수 있도록 운전자가 조절하는 장치이다.
③ 접지 압을 높여주는 장치이다.
④ 접지면적을 높여주는 장치이다.

2 굴착기 작업시 안정성을 주고 장비의 밸런스를 잡아 주기 위하여 설치한 것은?
① 붐　　　　② 스틱
③ 버킷　　　④ 카운터 웨이트

3 다음 중 굴착기의 선회 장치의 구성품에 해당되지 않는 것은?
① 스윙 모터　② 링 기어
③ 피니언　　　④ 레이디얼 펌프

4 굴착기의 상부 회전체는 어느 것에 의해 하부 주행체에 연결되어 있는가?
① 푸트 핀　　② 스윙 볼 레이스
③ 스윙 모터　④ 주행 모터

> 굴착기의 상부 회전체는 스윙 볼 레이스에 의해 하부 주행체와 연결되어 있다.

5 굴착기의 회전 로크 장치에 대한 설명으로 알맞은 것은?
① 선회 클러치의 제동장치이다.
② 드럼 축의 회전 제동장치이다.
③ 굴착할 때 반력으로 차체가 후진하는 것을 방지하는 장치이다.
④ 작업 중 차체가 기울어져 상부 회전체가 자연히 회전하는 것을 방지하는 장치이다.

6 다음 중 굴착기 작업 장치의 구성 요소에 속하지 않는 것은?
① 붐　　　　② 디퍼스틱
③ 버킷　　　④ 롤러

> 롤러는 도로 포장용 건설기계로 지면을 다짐할 때 이용한다.

7 다음 중 굴착기의 붐은 무엇에 의하여 상부 회전체에 연결되는가?
① 테이퍼 핀　② 푸트 핀
③ 킹 핀　　　④ 코터 핀

8 다음 중 굴착기 붐의 길이를 설명한 것으로 알맞은 것은?
① 붐의 최상단에서 푸트 핀까지의 거리
② 붐의 최상단에서 붐의 최하단까지의 거리
③ 선회 중심에서 포인트 핀까지의 거리
④ 푸트 핀 중심에서 붐 포인트 핀까지의 직선 거리

9 다음 중 굴착기의 굴삭력이 가장 클 경우는?
① 암과 붐이 일직선상에 있을 때
② 암과 붐이 45° 선상을 이루고 있을 때
③ 버킷을 최소 작업 반경 위치로 놓았을 때
④ 암과 붐이 직각 위치에 있을 때

10 굴착기 작업장치의 유압 실린더에 충격을 방지하기 위한 실린더 쿠션 장치가 연결되지 않는 것은?
① 붐 상승
② 암(스틱) 오므림
③ 암(스틱) 펼침
④ 버킷 펼침(덤프)

정답
1.① 2.④ 3.④ 4.② 5.④ 6.④ 7.②
8.④ 9.④ 10.④

3 버킷(또는 디퍼 ; bucket or dipper)
① 버킷은 직접 작업을 하는 부분으로 고장력의 강철판으로 제작되어 있다.
② 버킷의 용량은 1회 담을 수 있는 용량을 m^3(루베)로 표시한다.
③ 버킷의 굴착력을 높이기 위해 투스(tooth ; 포인트 또는 팁이라고도 함)를 부착한다.

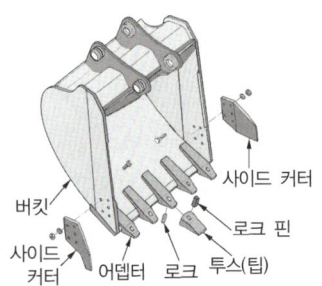

4 작업 장치의 종류

1) 셔블(shovel)
① 장비의 위치보다 높은 곳을 굴착하는데 적합하다.
② 산지에서의 토사, 암반, 점토질까지 트럭에 싣기가 편리하다.
③ 일반적으로 백호 버킷을 뒤집어 사용하기도 한다.

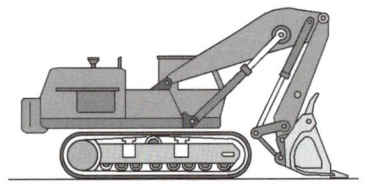

2) 백호(back hoe)
① 장비가 위치한 지면보다 낮은 곳의 땅을 굴착하는데 적합하다.
② 수중 굴착도 가능하다.

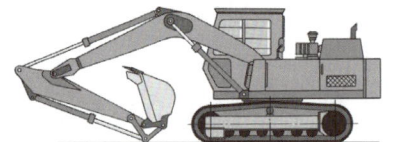

3) 브레이커(breaker)
① 브레이커는 암석, 콘크리트, 아스팔트 파괴 등에 사용한다.
② 유압식과 압축 공기식이 있다.

4) 파일 드라이브 및 어스 오거(pile drive and earth auger)
① 파일 드라이브 장치를 붐 암에 설치한다.
② 항타 및 항발 작업에 사용된다. 유압식과 공기식이 있다.

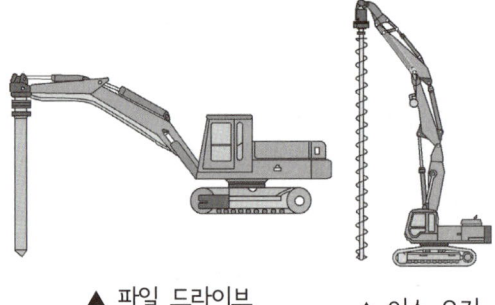

▲ 파일 드라이브　　▲ 어스 오거

5) 크러셔
① 굴착기 암에 버킷 대신 크러셔를 부착하여 파쇄 작업을 한다.
② 유압 펌프에서 공급되는 유압을 이용하여 파쇄 작업을 한다.
③ 구조물 등을 해체 및 파쇄 작업에 이용한다.

적중기출문제

1 굴착기의 버킷 용량 표시로 옳은 것은?
① in² ② yd²
③ m³ ④ m²

2 버킷의 굴삭력을 증가시키기 위해 부착하는 것은?
① 보강판 ② 사이드판
③ 노즈 ④ 포인트(투스)

3 장비의 위치보다 높은 곳을 굴착하는데 알맞은 것으로 토사 및 암석을 트럭에 적재하기 쉽게 디퍼 덮개를 개폐하도록 제작된 장비는?
① 파워 셔블 ② 기중기
③ 굴착기 ④ 스크레이퍼

4 굴착기의 작업 장치 중 콘크리트 등을 깰 때 사용되는 것으로 가장 적합한 것은?
① 마그넷 ② 브레이커
③ 파일 드라이버 ④ 드롭 해머

5 굴착기의 작업 장치에 해당되지 않는 것은?
① 브레이커
② 파일 드라이브
③ 힌지 버킷
④ 백호(back hoe)

> 힌지 버킷은 지게차에서 주로 사용되는 작업 장치로 석탄, 소금, 모래 등 흘러내리기 쉬운 화물의 하역 작업에 사용하는 장치이다.

6 진흙 등의 굴착 작업을 할 때 용이한 버킷은?
① 폴립 버킷 ② 이젝터 버킷
③ 포크 버킷 ④ 리퍼 버킷

> 이젝터 버킷은 진흙 등의 굴착 작업을 할 때 용이하다.

7 굴착기 작업 장치로 가장 적절하지 않은 것은?
① 브레이커 ② 파일드라이브
③ 힌지 버킷 ④ 크러셔

---

1. 굴착기 등판 능력
① 100분의 25(무한궤도식은 100분의 30) 구배의 견고한 건조 지면을 올라갈 수 있어야 한다.
② 정지 상태를 유지할 수 있는 제동장치 및 제동 장금장치를 갖추어야 한다.

2. 굴삭 잠금장치
① 굴삭 잠금장치는 굴삭 작업 중 차체 이동을 방지할 수 있어야 한다.
② 굴삭 반발력에 대응할 수 있는 잠금장치 또는 브레이크의 기능을 가진 구조이어야 한다.
③ 주행 제동장치로서 이를 겸용할 수 있다.

3. 굴착기의 붐과 암
① 굴착기의 붐은 상부선회체의 앞쪽에 연결 핀으로 설치된다.
② 붐은 암 및 버킷 등을 지지하고 굴삭시의 충격에 견딜 수 있도록 균열, 만곡 및 절단된 곳이 없어야 한다.
③ 굴착기의 암은 버킷과 붐을 연결하는 구조로 굴삭시의 충격에 견딜 수 있어야 한다.

4. 좌우의 안정도
① 타이어식 굴착기는 견고한 땅 위에서 자체 중량 상태로 좌우로 25°까지 기울여도 넘어지지 않는 구조이어야 한다.
② 이 경우 굴착기의 자세는 주행자세로 한다.

5. 선회 주차 브레이크
① 굴착기는 선회할 때 작업의 안전을 위해 선회 주차 브레이크를 설치하여야 한다.
② 선회 주차 브레이크는 선회 조작이 중립에 위치할 때 자동으로 제동되어야 한다.
③ 엔진이 가동되는 상태나 정지된 상태에서도 제동 기능을 유지하여야 한다.

6. 센터 조인트
① 굴착기의 센터 조인트는 회전부 중심에 설치한다.
② 상부 및 하부의 유압기기가 선회 중에도 송유가 가능한 구조이어야 한다.
③ 굴삭 작업을 할 때 발생하는 하중 및 유압의 변동에 대하여 견딜 수 있는 구조이어야 한다.

정답
1.③ 2.④ 3.① 4.② 5.③ 6.② 7.③

section 03 작업 방법

01 무한궤도형 굴착기 조향의 종류

① **피벗 회전**(pivot turn, 완회전) : 좌·우측의 한쪽 주행 레버만 밀거나, 당겨서 한쪽 트랙만 전·후진시켜 조향하는 방법을 **피벗 턴**이라 한다.

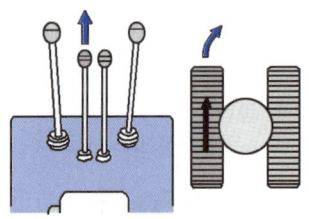

(a) 피벗 턴

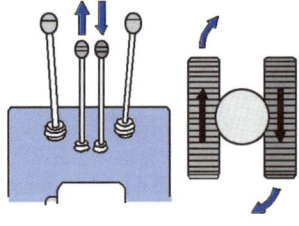

(b) 스핀 턴

▲ 조향의 종류

② **스핀 회전**(spin turn, 급회전) : 좌·우측 주행 레버를 동시에 한쪽 레버는 앞으로 밀고, 다른 한쪽 레버는 조종자 앞으로 당기면 차체 중심을 기점으로 급회전이 이루어진다.

02 굴착기의 굴착 작업 방법

1 굴착 작업
① 암과 버킷을 동시에 크라우드(오므리기)하면서 붐을 서서히 상승시킨다.
② 암과 버킷은 90°, 암과 붐도 90°의 범위를 유지할 때 버킷에 가득 담겨져야 한다.
③ 붐의 각도는 35~65°가 효과적이며, 정지 작업에서의 붐의 각도는 35~40°가 가장 적합하다.

2 선회 작동
① 굴착이 완료된 후에 붐을 올리면서 암과 버킷을 약간씩 오므려 토사가 흘러내리지 않게 한다.
② 조종자의 시야가 양호한 쪽으로 선회를 하여야 한다.
③ 장애물이 없는가를 확인한 후에 선회를 하여야 안전하다.
④ 굴착 적재 작업에서 가능한 선회 거리를 짧게 해야 한다.

3 굴착기 스윙(선회) 동작이 원활하게 안 되는 원인
① 컨트롤 밸브 스풀 불량
② 릴리프 밸브 설정 압력의 부족
③ 스윙(선회) 모터 내부 손상

4 적재 방법
암을 뻗으면서 붐을 하강시켜 덤프 위치에 근접하면 버킷을 펴면서 토사 등의 골재를 쏟아(적재)준다.

적중기출문제

작업 방법

1 트랙식 굴착기의 한쪽 주행 레버만 조작하여 회전하는 것을 무엇이라 하는가?
① 피벗 회전
② 급회전
③ 스핀 회전
④ 원웨이 회전

2 굴착기의 기본 작업 사이클 과정으로 알맞은 것은?
① 선회 → 굴착 → 적재 → 선회 → 굴착 → 붐 상승
② 굴착 → 적재 → 붐 상승 → 선회 → 굴착 → 선회
③ 선회 → 적재 → 굴착 → 적재 → 붐 상승 → 선회
④ 굴착 → 붐 상승 → 스윙 → 적재 → 스윙 → 굴착

> 굴착기의 기본 작업 사이클 과정 : 굴착 → 붐 상승 → 스윙 → 적재 → 스윙 → 굴착이다.

3 굴착기의 굴삭 작업은 주로 어느 것을 사용하면 좋은가?
① 버킷 실린더
② 디퍼스틱 실린더
③ 붐 실린더
④ 주행 모터

> 굴삭 작업은 주로 디퍼스틱(암) 실린더를 사용하여 굴삭을 한다.

4 굴착기의 조종 레버 중 굴삭 작업과 직접 관계가 없는 것은?
① 버킷 제어 레버
② 붐 제어 레버
③ 암(스틱) 제어 레버
④ 스윙 제어레버

> 굴삭 작업과 직접 관계되는 것으로는 암(스틱) 제어 레버, 붐 제어 레버, 버킷 제어 레버 등이다.

5 굴착기 스윙(선회) 동작이 원활하게 안 되는 원인으로 틀린 것은?
① 컨트롤 밸브 스풀 불량
② 릴리프 밸브 설정압력 부족
③ 터닝 조인트(Turning joint)불량
④ 스윙(선회)모터 내부 손상

> 터닝 조인트는 센터 조인트라고도 부르며 무한궤도형 굴착기에서 상부 회전체의 회전에는 영향을 주지 않고 주행 모터에 작동유를 공급할 수 있는 부품이다.

6 굴착기의 붐 제어 레버를 계속하여 상승 위치로 당기고 있으면 다음 중 어느 곳에 가장 큰 손상이 발생하는가?
① 엔진
② 유압 펌프
③ 릴리프 밸브 및 시트
④ 유압 모터

> 굴착기의 붐 제어 레버를 계속하여 상승 위치로 당기고 있으면 릴리프 밸브 및 시트에 손상이 발생한다.

7 굴착기의 붐의 작동이 느린 이유가 아닌 것은?
① 기름에 이물질 혼입
② 기름의 압력 저하
③ 기름의 압력 과다
④ 기름의 압력 부족

정답
1.① 2.④ 3.② 4.④ 5.③ 6.③ 7.③

03 굴착기 작업 안전 사항

① 연료, 오일, 그리스 주유나 점검, 정비를 할 때에는 기관 시동을 끄고 버킷을 지면에 내린 다음 각 조작레버를 작동하여 유압회로 내의 압력을 개방(해제)하여야 한다.
② 엔진 과열시 냉각수를 보충할 때는 냉각수가 분출될 우려가 있으므로 주의하여야 한다.
③ 기관을 시동하고자 할 때는 각 조작 레버가 중립에 있는지 확인하여야 한다.
④ 각 조작 레버를 작동시키기 전에 주변에 장애물이 없는가를 확인하여야 한다.
⑤ 작업 장치로 차체를 잭업(jack up)한 후 차체 밑으로 들어가지 말아야 한다.
⑥ 굴착기 전부 장치에서 가장 큰 굴삭력을 발휘할 수 있는 암의 각도는 전방 50°~후방 15°까지 사이의 각도이다.
⑦ 경사지에서 기관의 시동이 정지할 때는 버킷을 땅에 속히 내리고 모든 조작레버는 중립으로 해야 한다.
⑧ 경사지 작업에서 측면 절삭(병진 채굴)은 피해야 한다.

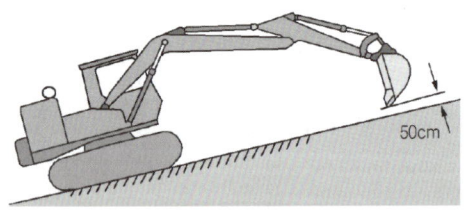

▲ 경사지 주행

⑨ 유압 실린더의 행정 끝까지 사용해서는 안 된다. 유압 실린더 및 실린더 설치 브래킷의 파손이 올 수 있기 때문에 피스톤 행정 양단 50~80mm 여유를 두고 작업을 해야 한다.

⑩ 흙을 파면서 또는 버킷으로 비질하듯이 스윙 동작으로 정지작업을 해서는 안 된다.
⑪ 버킷을 이용하여 낙하력으로 굴착 및 선회 동작과 토사 등을 버킷의 측면으로 타격을 가하는 일이 없도록 해야 한다.
⑫ 경사지 작업에서는 차체의 밸런스(평형)에 유의해야 한다.
⑬ 굴착 장소에 고압선, 수도 배관, 가스 송유관 등이 매설되어 있지 않는지 확인해야 한다.
⑭ 작업 조종(PCU) 레버를 급격하게 조작하지 않는다.
⑮ 한쪽 트랙을 들 때는 암과 붐 사이의 90~110° 범위로 해서 들어주어야 한다.

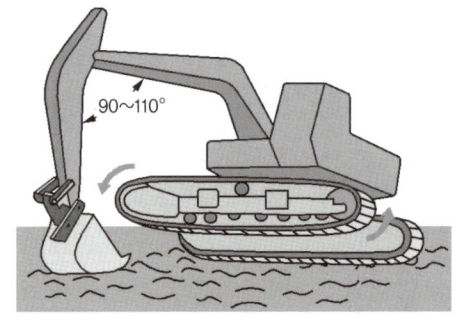

▲ 흙 털기 운전

⑯ 작업이 끝나고 조종석을 떠날 경우에는 반드시 버킷을 지면에 내려놓아야 한다.
⑰ 장비를 다른 곳으로 이동할 때에는 반드시 선회 브레이크를 잠가 놓고 장비로부터 내려와야 한다.
⑱ 버킷이나 하중을 달아 올린 채로 브레이크를 걸어두어서는 안 된다.
⑲ 무거운 하중은 5~10cm 들어 올려 브레이크나 기계의 안전을 확인한 후 작업에 임하도록 한다.

적중기출문제

작업 방법

1 굴착기 등 건설기계 운전 작업장에서 이동 및 선회시 안전을 위해서 행하는 적절한 조치로 맞는 것은?

① 경적을 울려서 작업장 주변 사람에게 알린다.
② 버켓을 내려서 점검하고 작업한다.
③ 급방향 전환을 위하여 위험시간을 최대한 줄인다.
④ 굴착작업으로 안전을 확보한다.

> 작업장에서 이동 및 선회시 안전을 위해서 경적을 울려서 작업장 주변 사람에게 알려야 한다.

2 굴착기 운전시 작업 안전 사항으로 적합하지 않은 것은?

① 스윙하면서 버킷으로 암석을 부딪쳐 파쇄하는 작업을 하지 않는다.
② 안전한 작업 반경을 초과해서 하중을 이동시킨다.
③ 굴삭하면서 주행하지 않는다.
④ 작업을 중지할 때는 파낸 모서리로부터 장비를 이동시킨다.

> 작업 반경을 초과해서 하중을 이동시켜서는 안 된다.

3 굴착기 작업시 작업 안전사항으로 틀린 것은?

① 기중 작업은 가능한 피하는 것이 좋다.
② 경사지 작업시 측면 절삭을 행하는 것이 좋다.
③ 타이어형 굴착기로 작업시 안전을 위하여 아웃트리거를 받치고 작업한다.
④ 한쪽 트랙을 들 때에는 암과 붐 사이의 각도는 90~110°범위로 해서 들어주는 것이 좋다.

> 경사지에서 작업할 때 측면 절삭을 해서는 안 된다.

4 굴착 작업 시 안전 준수사항으로 틀린 것은?

① 굴착 면 및 흙막이 상태를 주의하여 작업을 진행하여야 한다.
② 지반의 종류에 따라 정해진 굴착 면의 높이와 기울기로 진행하여야 한다.
③ 굴착 면 및 굴착 심도 기준을 준수하여 작업 중에 붕괴를 예방하여야 한다.
④ 굴착 토사나 자재 등을 경사면 및 토류 벽 전단부 주변에 견고하게 쌓아두어 작업하여야 한다.

5 건설기계의 안전수칙에 대한 설명으로 틀린 것은?

① 운전석을 떠날 때 기관을 정지시켜야 한다.
② 버킷이나 하중을 달아 올린 채로 브레이크를 걸어두어서는 안 된다.
③ 장비를 다른 곳으로 이동할 때에는 반드시 선회 브레이크를 풀어 놓고 장비로부터 내려와야 한다.
④ 무거운 하중은 5~10cm 들어 올려 브레이크나 기계의 안전을 확인한 후 작업에 임하도록 한다.

6 타이어 타입 건설기계를 조종하여 작업을 할 때 주의하여야 할 사항으로 틀린 것은?

① 노견의 붕괴방지 여부
② 지반의 침하방지 여부
③ 작업 범위 내에 물품과 사람을 배치
④ 낙석의 우려가 있으면 운전실에 헤드 가이드를 부착

> 건설기계의 작업 범위 내에는 물품이나 사람이 있어서는 안 된다.

정 답

1.① 2.② 3.② 4.④ 5.③ 6.③

7 굴착기로 작업할 때 주의사항으로 틀린 것은?

① 땅을 깊이 팔 때는 붐의 호스나 버킷 실린더의 호스가 지면에 닿지 않도록 한다.
② 암석, 토사 등을 평탄하게 고를 때는 선회 관성을 이용하면 능률적이다.
③ 암 레버의 조작시 잠깐 멈췄다가 움직이는 것은 펌프의 토출량이 부족하기 때문이다.
④ 작업시는 실린더의 행정 끝에서 약간 여유를 남기도록 운전한다.

> 흙을 파면서 또는 버킷으로 비질하듯이 스윙 동작으로 정지작업을 해서는 안 된다.

8 절토 작업 시 안전준수 사항으로 잘못된 것은?

① 상부에서 붕괴 낙하 위험이 있는 장소에서 작업은 금지한다.
② 상·하부 동시 작업으로 작업 능률을 높인다.
③ 굴착 면이 높은 경우에는 계단식으로 굴착한다.
④ 부석이나 붕괴되기 쉬운 지반은 적절한 보강을 한다.

> 절토 작업 시 상·하부 동시 작업을 해서는 안 된다.

9 건설기계 작업시 주의사항으로 틀린 것은?

① 주행시 작업장치는 진행방향으로 한다.
② 주행시는 가능한 평탄한 지면으로 주행한다.
③ 운전석을 떠날 경우에는 기관을 정지시킨다.
④ 후진시는 후진 후 사람 및 장애물 등을 확인한다.

> 후진하려는 경우에는 먼저 사람 및 장애물 등을 확인하여야 한다.

10 굴착기 작업 중 운전자가 하차시 주의사항으로 틀린 것은?

① 버켓을 땅에 완전히 내린다.
② 엔진을 정지시킨다.
③ 타이어식인 경우 경사지에서 정차시 고임목을 설치한다.
④ 엔진 정지 후 가속 레버를 최대로 당겨 놓는다.

> 엔진 정지시킨 후에는 가속 레버를 정지 위치에 놓고 하차하여야 한다.

11 크롤러형의 굴착기를 주행 운전할 때 적합하지 않은 것은?

① 주행시 버킷의 높이는 30~50cm가 좋다.
② 가능하면 평탄 지면을 택하고, 엔진은 중속이 적합하다.
③ 암반 통과시 엔진 속도는 고속이어야 한다.
④ 주행할 때 전부장치는 전방을 향해야 좋다.

> 엔진의 속도를 중속으로 하고 암반을 통과하여야 한다.

12 크롤러형 굴착기가 진흙에 빠져서 자력으로는 탈출이 거의 불가능하게 된 상태의 경우 견인 방법으로 가장 적당한 것은?

① 버킷으로 지면을 걸고 나온다.
② 두 대의 굴착기 버킷을 서로 걸고 견인한다.
③ 전부장치로 잭업시킨 후 후진으로 밀면서 나온다.
④ 하부기구 본체에 와이어로프를 걸고 크레인으로 당길 때 굴착기는 주행 레버를 견인 방향으로 밀면서 나온다.

정답
7.② 8.② 9.④ 10.④ 11.③ 12.④

04 크롤러형 굴착기 트레일러에 탑승하는 방법

① **자력 주행 탑승 방법** : 트레일러 차륜에 고임목을 받치고 경사대를 10~15° 이내로 설치한 후 탑승한다.

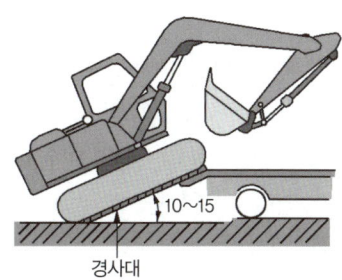

▲ 트레일러에 탑재 방법

② 언덕을 이용하여 탑승한다.
③ 바닥을 파고 트레일러를 낮은 지형에 밀어 넣고 탑승하는 방법 등이 있다.
④ 건설기계 전용 상하차대를 이용하여 탑승한다.
⑤ **기중기에 의한 탑승 방법**
 • 와이어는 충분한 강도가 있어야 한다.
 • 배관 등에 와이어가 닿지 않도록 한다.
 • 굴착기를 크레인으로 들어 올릴 때 수평으로 들리도록 와이어를 묶어야 한다.
 • 굴착기 중량에 맞는 크레인을 사용한다.

적중기출문제

1 건설기계를 트레일러에 상·하차하는 방법 중 틀린 것은?
① 언덕을 이용한다.
② 기중기를 이용한다.
③ 타이어를 이용한다.
④ 건설기계 전용 상하차대를 이용한다.

2 굴착기를 트레일러에 상차하는 방법에 대한 것으로 가장 적합하지 않은 것은?
① 가급적 경사대를 사용한다.
② 트레일러로 운반 시 작업 장치를 반드시 앞쪽으로 한다.
③ 경사대는 10~15° 정도 경사시키는 것이 좋다.
④ 붐을 이용하여 버킷으로 차체를 들어 올려 탑재하는 방법도 이용되지만 전복의 위험이 있어 특히 주의를 요하는 방법이다.

3 전부 장치가 부착된 굴착기를 트레일러로 수송할 때 붐이 향하는 방향으로 가장 적합한 것은?
① 앞 방향   ② 뒷 방향
③ 좌측 방향   ④ 우측 방향

4 크롤러형 굴착기가 진흙에 빠져서 자력으로는 탈출이 거의 불가능하게 된 상태의 경우 견인 방법으로 가장 적당한 것은?
① 버킷으로 지면을 걸고 나온다.
② 두 대의 굴착기 버킷을 서로 걸고 견인한다.
③ 전부장치로 잭업 시킨 후 후진으로 밀면서 나온다.
④ 하부기구 본체에 와이어로프를 걸고 크레인으로 당길 때 굴착기는 주행 레버를 견인 방향으로 밀면서 나온다.

정답
1.③ 2.② 3.② 4.④

05 크롤러형 굴착기 트럭에 탑승하는 방법

① 트럭을 주차시킨 후 주차 브레이크를 걸고, 차륜에 고임목을 설치한다.
② 경사대를 10~15° 이내로 빠지지 않도록 설치한다.
③ 트럭 적재함에 받침대를 설치한다.
④ 작업(전부) 장치는 뒤로하고 버킷과 암을 크라우드(당김)한 상태로 탑승해야 한다. 이때 주행 이외의 다른 조작은 하지 않아야 한다.

06 탑승 후의 자세

① 상·하부 본체에 선회 고정 장치로 고정시킨다.
② 운행 중에 굴착기가 움직이지 않도록 체인 블록 등을 이용해서 고정한다.
③ 트랙의 뒤쪽에 고임목을 설치한다.
④ 굴착기의 작업장치는 트레일러 및 트럭의 뒤쪽을 향하도록 하여야 한다.

07 굴착기의 점검·정비

일상 점검은 고장 유무를 사전에 점검하여 장비의 수명 연장과 효율적인 장비의 관리를 위해서 실시하는데 목적이 있다.

1 운전 전 점검사항
① 기관 오일량
② 작동유량 점검
③ 각 작동부분의 그리스 주입
④ 공기 청정기 커버 먼지 청소
⑤ 조종 레버 및 각 레버의 작동 이상 유무
⑥ 스위치, 등화

2 운전 중 점검사항
① 각 접속부분의 누유 점검
② 유압계통 이상 유무
③ 각 계기류 정상작동 유무
④ 이상 소음 및 배기가스 색깔 점검

3 운전 후 점검사항
① 연료 보충
② 상·하부 롤러 사이 이물질 제거
③ 각 연결부분의 볼트·너트 이완 및 파손 여부 점검
④ 선회 서클의 청소

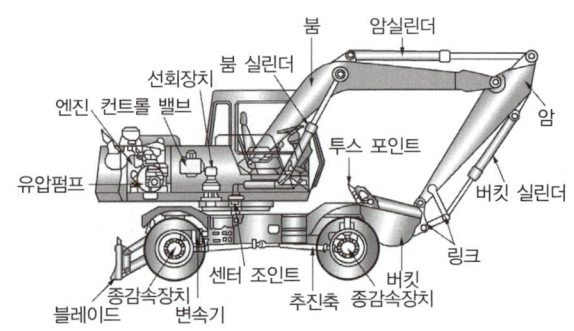

▲ 타이어식 굴착기 구조

▲ 백호 굴착기(배수로 작업)

적중기출문제

1 휠식 굴착기에서 아워 미터의 역할은?
① 엔진 가동 시간을 나타낸다.
② 주행 거리를 나타낸다.
③ 오일량을 나타낸다.
④ 작동 유량을 나타낸다.

> 아워 미터는 엔진의 가동 시간을 나타내는 계기이다.

2 굴착기의 작업 중 운전자가 관심을 가져야 할 사항이 아닌 것은?
① 엔진 속도 게이지
② 온도 게이지
③ 작업 속도 게이지
④ 장비의 잠음 상태

> 굴착기에는 작업 속도 게이지가 없다.

3 예방 정비에 관한 설명 중 틀린 것은?
① 사고나 고장 등을 사전에 예방하기 위해 실시한다.
② 운전자와는 관련이 없다.
③ 계획표를 작성하여 실시하면 효과적이다.
④ 장비의 수명, 성능 유지 등에 효과가 있다.

> 예방 정비는 일상 점검이라고도 하며, 운전자가 실시하는 정비이다.

4 굴착기의 일상 점검 사항이 아닌 것은?
① 엔진 오일량 ② 냉각수 누출여부
③ 오일 쿨러 세척 ④ 유압 오일량

> 일상 점검은 엔진 오일의 양과 색, 점도, 냉각수량과 누수, 유압 오일량 등을 점검한다.

5 타이어형 굴착기의 액슬 허브에 오일을 교환하고자 한다. 플러그의 위치로 옳은 것은?
① 오일을 배출시킬 때는 6시 방향에, 주입할 때는 9시 방향에 위치시킨다.
② 오일을 배출시킬 때는 3시 방향에, 주입할 때는 9시 방향에 위치시킨다.
③ 오일을 배출시킬 때는 2시 방향에, 주입할 때는 12시 방향에 위치시킨다.
④ 오일을 배출시킬 때는 1시 방향에, 주입할 때는 9시 방향에 위치시킨다.

> 액슬 허브 오일을 교환할 때 플러그의 위치는 오일을 배출시킬 경우 6시 방향에, 주입할 경우 9시 방향에 위치시킨다.

6 굴착기 작업장치 연결부(작동부) 니플에 주유하는 것은?
① 그리스 ② SAE #30
③ G.O ④ H.O

7 굴착기에서 그리스를 주입하지 않아도 되는 곳은?
① 버킷 핀 ② 링키지
③ 트랙 슈 ④ 선회 베어링

8 무한궤도식 건설기계에서 트랙을 쉽게 분리하기 위해 설치한 것은?
① 슈 ② 링크
③ 마스터 핀 ④ 부싱

> 마스터 핀은 트랙의 분리를 쉽게 하기 위하여 둔 것이며, 부싱의 길이가 다른 핀에 비해 짧게 되어 있다.

9 일반적으로 무한궤도식 장비에서 트랙을 분리하여야 할 경우가 아닌 것은?
① 트랙 교환 시
② 트랙 상부 롤러 교환 시
③ 스프로킷 교환 시
④ 아이들러 교환 시

> **정답**
> 1.①　2.③　3.②　4.③　5.①　6.①　7.③
> 8.③　9.②

쉬어가기

1 굴착기 붐과 암

(1) 붐(boom)
① 붐은 고장력 강판을 용접한 상자(box)형의 구조이다.
② 상부 회전체 프레임에 1~2개의 유압 실린더와 함께 설치된다.
③ 붐 실린더에는 슬로 리턴 밸브가 있어 오일의 흐름을 제한하여 붐의 하강 속도를 조절하고 있다.
④ 붐의 종류는 원피스 붐, 투피스 붐, 옵셋 붐, 백호 스틱 붐, 회전형 붐으로 분류한다.

1) 원피스 붐(one piece boom)
① 붐은 백호(back hoe) 버킷을 부착한다.
② 175°정도의 굴착 작업에 알맞다.
③ 훅(hook)을 설치할 수 있다.

2) 투피스 붐(two piece boom)
① 붐은 굴착 깊이가 깊다.
② 토사의 이동, 적재, 크람셀 작업 등에 적합하다.
③ 좁은 장소에서의 작업에 용이하다.

3) 백호 스틱 붐(back hoe sticks boom)
① 암의 길이가 길어 깊은 장소의 굴착이 가능하다.
② 도랑 파기 작업에 적합하다.

▲ 백호 스틱 붐

4) 회전형 붐
① 최근에 개발된 것으로 붐과 암에 회전 장치가 설치되어 있다.
② 굴착기의 이동 없이도 암이 360°회전할 수 있어 편리하게 굴착 및 상차 작업을 할 수 있다.
③ 제철 공장, 터널 내부 공사 등에서 주로 사용된다.

(2) 암(arm)
붐과 버킷 사이의 연결 암으로 붐과 암의 각도가 80~110° 정도가 가장 굴삭력이 크기 때문에 가능한 한 이 각도 내에서 작업하는 것이 좋다.
① 암은 붐과 버킷 사이에 설치되며, 디퍼스틱(dipper stick)이라고도 한다.
② 버킷이 굴착 작용을 하게 하는 부분이다.
③ 일반적으로 1~2개의 유압 실린더에 의해 작동된다.
④ 붐과 암의 각도가 80~110°일 때 굴삭력이 가장 크다.
⑤ 암의 각도는 전방 50°, 후방 15°까지 65°사이일 때가 효율적인 굴착력을 발휘할 수 있다.

2 굴착기 워밍업 운전방법

(1) 워밍업 운전의 목적
① 유압기기 내의 작동유 온도는 40~80℃ 범위가 정상이다.
② 기관을 시동하여 작업에 바로 착수하면 유압장치의 고장을 유발한다.
③ 작업 전에 작동유 온도가 최소한 20℃ 이상이 되도록 하기 위한 운전을 워밍업(난기) 운전이라 한다.

(2) 워밍업 운전 방법
① 기관을 공전 속도로 5분간 실시한다.
② 기관을 중속 위치로 하고 버킷 레버만 당긴 채 5~10분간 운전한다.
③ 기관을 고속 위치로 하고 버킷 또는 암 레버를 당기거나 밀어 놓은 채로 5분간 운전한다.
④ 붐 상하 동작과 스윙 및 전·후 주행을 5분간 운전한다.

05 유압일반

유압유
유압펌프
제어밸브
유압실린더와 유압모터
유압기호 및 회로
기타 부속장치 등

section 01 유압유

01 유압유가 갖추어야 할 조건

① 압축성, 밀도, 열팽창계수가 작을 것
② 체적 탄성계수 및 점도지수가 클 것
③ 인화점 및 발화점이 높고, 내열성이 클 것
④ 화학적 안정성이 클 것 즉 산화 안정성이 좋을 것
⑤ 방청 및 방식성이 좋을 것
⑥ 적절한 유동성과 점성을 갖고 있을 것
⑦ 온도에 의한 점도 변화가 적을 것
⑧ 윤활성 및 소포성(기포 분리성)이 클 것
⑨ 유압유 중의 물·먼지 등의 불순물과 분리가 잘 될 것
⑩ 유압장치에 사용되는 재료에 대해 불활성일 것

02 유압유의 기능

① 열을 흡수하고 부식을 방지한다.
② 필요한 요소 사이를 밀봉한다.
③ 동력(압력 에너지)을 전달한다.
④ 움직이는 기계요소의 마모를 방지한다.
⑤ 마찰(미끄럼 운동) 부분의 윤활 작용을 한다.

03 일반적인 성질

① 압축되지 않는다.
② 운동을 전달할 수 있다.
③ 힘을 전달할 수 있다.
④ 힘을 증대시킬 수 있다.
⑤ 작용력을 감소시킬 수 있다.

04 온도와 점도의 관계

① 작동유는 온도가 변화되면 점도가 변화한다.
② 점도지수(viscosity index) : 온도 변화에 대한 점도의 변화 비율을 나타내는 것
③ 점도지수가 큰 오일은 온도 변화에 대한 점도의 변화가 적다.
④ 점도지수가 낮은 오일은 저온에서 유압 펌프의 시동이 저항이 증가한다.
⑤ 점도지수가 낮은 오일은 저온에서 마찰 손실이 증가한다.
⑥ 점도지수가 낮은 오일은 유동 저항의 증가로 유압기기의 작동이 불량해 진다.
⑦ 점도지수가 낮은 오일은 흡입 측에 공동 현상(cavitation)이 발생하기 쉽다.

05 작동유에 공기가 유입되는 원인

① 작동유 양이 부족하다.
② 작동유의 점도가 저하되었다.
③ 작동유가 열화(劣化)되었다.
④ 오일 여과기 및 스트레이너가 막혔다.
⑤ 유압 펌프 흡입 라인의 연결부가 이완되었다.
⑥ 작동유가 누출되고 있다.
⑦ 유압 펌프의 마멸이 크다.

적중기출문제

유압유

1 유압유가 갖추어야 할 성질로 틀린 것은?
① 점도가 적당할 것
② 인화점이 낮을 것
③ 강인한 유막을 형성할 것
④ 점성과 온도와의 관계가 양호할 것

2 유압 작동유가 갖추어야할 성질이 아닌 것은?
① 물, 먼지 등의 불순물과 혼합이 잘 될 것
② 온도에 의한 점도 변화가 적을 것
③ 거품이 적을 것
④ 방청 방식성이 있을 것

3 유압유에 요구되는 성질이 아닌 것은?
① 넓은 온도범위에서 점도변화가 적을 것
② 윤활성과 방청성이 있을 것
③ 산화 안정성이 있을 것
④ 사용되는 재료에 대하여 불활성이 아닐 것

4 유압유 성질 중 가장 중요한 것은?
① 점도 ② 온도
③ 습도 ④ 열효율

5 온도 변화에 따라 점도 변화가 큰 오일의 점도지수는?
① 점도지수가 높은 것이다.
② 점도지수가 낮은 것이다.
③ 점도지수는 변하지 않는 것이다.
④ 점도 변화와 점도지수는 무관하다.

> 점도지수란 오일이 온도 변화에 따라 점도가 변화하는 정도를 표시하는 것으로 점도지수가 높을수록 온도에 의한 점도 변화가 적다.

6 유압유에 점도가 서로 다른 2종류의 오일을 혼합하였을 경우에 대한 설명으로 맞는 것은?
① 오일 첨가제의 좋은 부분만 작동하므로 오히려 더욱 좋다.
② 점도가 달리지나 사용에는 전혀 지장이 없다.
③ 혼합은 권장 사항이며, 사용에는 전혀 지장이 없다.
④ 열화 현상을 촉진시킨다.

> 유압유에 점도가 서로 다른 2종류의 오일을 혼합하면 열화 현상을 촉진시킨다.

7 유압유의 주요기능이 아닌 것은?
① 열을 흡수한다.
② 동력을 전달한다.
③ 필요한 요소 사이를 밀봉한다.
④ 움직이는 기계요소를 마모시킨다.

8 유압유의 성질로 틀린 것은?
① 비중이 적당할 것
② 인화점이 낮을 것
③ 점성과 온도와의 관계가 양호할 것
④ 강인한 유막을 형성할 것

9 유압유에 점도가 서로 다른 2종류의 오일을 혼합하였을 경우에 대한 설명으로 맞는 것은?
① 오일 첨가제의 좋은 부분만 작동하므로 오히려 더욱 좋다.
② 점도가 달리지나 사용에는 전혀 지장이 없다.
③ 혼합은 권장사항이며, 사용에는 전혀 지장이 없다.
④ 열화 현상을 촉진시킨다.

> 유압유에 점도가 서로 다른 2종류의 오일을 혼합하면 열화 현상을 촉진시킨다.

정답

1.② 2.① 3.④ 4.① 5.② 6.④ 7.④
8.② 9.④

06 유압유의 점도가 너무 높을 경우의 영향

① 유압이 높아지므로 유압유 누출은 감소한다.
② 유동 저항이 커져 압력 손실이 증가한다.
③ 동력 손실이 증가하여 기계효율이 감소한다.
④ 내부 마찰이 증가하고, 압력이 상승한다.
⑤ 파이프 내의 마찰 손실과 동력 손실이 커진다.
⑥ 열 발생의 원인이 될 수 있다.
⑦ 소음이나 공동 현상(캐비테이션)이 발생한다.

07 유압유의 점도가 너무 낮을 경우의 영향

① 유압 펌프의 효율이 저하된다.
② 실린더 및 컨트롤 밸브에서 누출 현상이 발생한다.
③ 계통(회로)내의 압력이 저하된다.
④ 유압 실린더의 속도가 늦어진다.

08 유압유의 노화 촉진 원인

① 다른 오일이 혼입되었을 경우
② 오랫동안 플러싱을 하지 않았을 경우
③ 유온이 높을 경우
④ 수분이 혼입되었을 경우

09 유압유의 열화 판정 및 과열 원인

1 유압유의 열화 판정 방법
① 점도의 상태로 판정한다.
② 냄새로 확인(자극적인 악취)한다.
③ 색깔의 변화나 침전물의 유무로 판정한다.
④ 수분의 유무를 확인한다.
⑤ 흔들었을 때 생기는 거품이 없어지는 양상 확인한다.

2 유압유가 과열하는 원인
① 유압유의 점도가 너무 높을 때
② 유압장치 내에서 내부 마찰이 발생될 때
③ 유압회로 내의 작동 압력이 너무 높을 때
④ 유압회로 내에서 캐비테이션이 발생될 때
⑤ 릴리프 밸브가 닫힌 상태로 고장일 때
⑥ 오일 냉각기의 냉각핀이 오손되었을 때
⑦ 유압유가 부족할 때
※ 유압회로에서 유압유의 정상 작동 온도 범위는 40~80℃이다.

3 유압유의 온도가 과도하게 상승하면 나타나는 현상
① 유압유의 산화작용(열화)을 촉진한다.
② 실린더의 작동 불량이 생긴다.
③ 기계적인 마모가 생긴다.
④ 유압기기가 열 변형되기 쉽다.
⑤ 중합이나 분해가 일어난다.
⑥ 고무 같은 물질이 생긴다.
⑦ 점도가 저하된다.
⑧ 유압 펌프의 효율이 저하한다.
⑨ 유압유 누출이 증대된다.
⑩ 밸브 류의 기능이 저하된다.

적중기출문제

1 유압 작동유의 점도가 지나치게 높을 때 나타날 수 있는 현상으로 가장 적합한 것은?
① 내부 마찰이 증가하고, 압력이 상승한다.
② 누유가 많아진다.
③ 파이프 내의 마찰 손실이 작아진다.
④ 펌프의 체적효율이 감소한다.

2 유압유의 점도가 지나치게 높았을 때 나타나는 현상이 아닌 것은?
① 오일 누설이 증가한다.
② 유동 저항이 커져 압력 손실이 증가한다.
③ 동력 손실이 증가하여 기계효율이 감소한다.
④ 내부 마찰이 증가하고, 압력이 상승한다.

3 유압장치에서 사용되는 오일의 점도가 너무 낮을 경우 나타날 수 있는 현상이 아닌 것은?
① 펌프 효율 저하
② 오일 누설
③ 계통 내의 압력 저하
④ 시동 시 저항 증가

4 유압 작동유의 점도가 지나치게 낮을 때 나타날 수 있는 현상은?
① 출력이 증가한다.
② 압력이 상승한다.
③ 유동 저항이 증가한다.
④ 유압 실린더의 속도가 늦어진다.

5 보기 항에서 유압 계통에 사용되는 오일의 점도가 너무 낮을 경우 나타날 수 있는 현상으로 모두 맞는 것은?

[보기]
ㄱ. 펌프 효율 저하
ㄴ. 오일 누설 증가
ㄷ. 유압회로 내의 압력 저하
ㄹ. 시동 저항 증가

① ㄱ, ㄷ, ㄹ ② ㄱ, ㄴ, ㄷ
③ ㄴ, ㄷ, ㄹ ④ ㄱ, ㄴ, ㄹ

6 유압유가 과열되는 원인으로 가장 거리가 먼 것은?
① 유압 유량이 규정보다 많을 때
② 오일 냉각기의 냉각핀이 오손 되었을 때
③ 릴리프 밸브(Relief Valve)가 닫힌 상태로 고장일 때
④ 유압유가 부족할 때

7 오일량은 정상인데 유압 오일이 과열되고 있다면 우선적으로 어느 부분을 점검해야 하는가?
① 유압 호스 ② 필터
③ 오일 쿨러 ④ 컨트롤 밸브

8 유압회로에서 작동유의 정상 작동 온도에 해당되는 것은?
① 5~10℃ ② 40~80℃
③ 112~115℃ ④ 125~140℃

9 유압 오일의 온도가 상승할 때 나타날 수 있는 결과가 아닌 것은?
① 오일 누설 발생
② 펌프 효율 저하
③ 점도 상승
④ 유압 밸브의 기능 저하

10 유압유에서 잔류 탄소의 함유량은 무엇을 예측하는 척도인가?
① 포화 ② 산화
③ 열화 ④ 발화

정답
1.① 2.① 3.④ 4.④ 5.② 6.① 7.③
8.② 9.③ 10.②

10 유압유 첨가제

① 소포제(거품 방지제), 유동점 강하제, 유성 향상제, 산화 방지제, 점도지수 향상제 등이 있다.
② **산화 방지제** : 산의 생성을 억제함과 동시에 금속의 표면에 부식억제 피막을 형성하여 산화물질이 금속에 직접 접촉하는 것을 방지한다.
③ **유성 향상제** : 금속간의 마찰을 방지하기 위한 방안으로 마찰계수를 저하시킨다.

11 난연성 유압유

① 난연성 유압유는 비함수계(내화성을 갖는 합성물)와 함수계가 있다.
② **비함수계 유압유** : 인산 에스텔형, 폴리올 에스테르
③ **함수계 유압유** : 유중수형, 물-글리콜형, 유중수적형

12 유압유에 수분이 생성되는 원인과 미치는 영향

① **생성되는 원인** : 공기 혼입
② 유압유의 윤활성을 저하시킨다.
③ 유압유의 방청성을 저하시킨다.
④ 유압유의 산화와 열화를 촉진시킨다.
⑤ 유압유의 내마모성을 저하시킨다.
⑥ **판정** : 가열한 철판 위에 유압유를 떨어뜨려 확인한다.

13 유압 장치

1 유압 장치의 정의
① 유체의 압력 에너지를 이용하여 기계적인 일을 하도록 하는 것을 말한다.
② **기본 구성 요소** : 오일 탱크, 유압 구동장치(엔진), 유압 발생장치(유압 펌프), 유압 제어장치(유압 제어 밸브)이다.

2 파스칼의 원리
① 밀폐 용기 속의 유체 일부에 가해진 압력은 각 부분에 똑같은 세기로 전달된다.
② 유체의 압력은 면에 대하여 직각으로 작용한다.
③ 각 점의 압력은 모든 방향으로 같다.
④ 유압기기에서 작은 힘으로 큰 힘을 얻기 위해 적용하는 원리이다.

3 압력
① 단위 면적 당 작용하는 힘을 **압력**이라 한다.

> 압력 = 가해진 힘 ÷ 단면적

② 정지하고 있는 액체의 내부에 있어서의 압력은 액면의 깊이에 비례한다.
③ 단위는 PSI, kg/cm^2, Pa(kPa, MPa), mmHg, bar, atm, mAq 등이 있다.
④ 1기압(atm) = 101325(Pa)
 = 1013.25(hPa) = 101.325(kPa)
 = 0.101325(MPa) = $1013250 dyne/cm^2$
 = 1013.25(mbar) = 1.01325(bar)
 = $1.033227 kg/cm^2$ = 14.7(psi)
⑤ 압력에 영향을 주는 요소는 유체의 **흐름량**, 유체의 **점도**, 관로 **직경의 크기**이다.

적중기출문제

1 유압유의 첨가제가 아닌 것은?
① 소포제 ② 유동점 강하제
③ 산화 방지제 ④ 점도지수 방지제

2 유압유에 사용되는 첨가제 중 산의 생성을 억제함과 동시에 금속의 표면에 부식억제 피막을 형성하여 산화물질이 금속에 직접 접촉하는 것을 방지하는 것은?
① 산화 방지제 ② 산화 촉진제
③ 소포제 ④ 방청제

3 금속간의 마찰을 방지하기 위한 방안으로 마찰계수를 저하시키기 위하여 사용되는 첨가제는?
① 방청제 ② 유성 향상제
③ 점도지수 향상제 ④ 유동점 강하제

4 난연성 작동유의 종류에 해당하지 않는 것은?
① 석유계 작동유
② 유중수형 작동유
③ 물-글리콜형 작동유
④ 인산 에스텔형 작동유

5 작동유에 수분이 혼입되었을 때 나타나는 현상이 아닌 것은?
① 윤활 능력 저하
② 작동유의 열화 촉진
③ 유압기기의 마모 촉진
④ 오일 탱크의 오버플로

> 오일 탱크의 오버플로(over flow, 흘러넘침)는 공기가 혼입된 경우이다.

6 유압 작동유를 교환하고자 할 때 선택 조건으로 가장 적합한 것은?
① 유명 정유회사 제품
② 가장 가격이 비싼 유압 작동유
③ 제작사에서 해당 장비에 추천하는 유압 작동유
④ 시중에서 쉽게 구입할 수 있는 유압 작동유

> 유압유를 교환하는 경우에는 건설기계 제작사에서 추천하는 유압유를 사용하여야 한다.

7 유압유 교환을 판단하는 조건이 아닌 것은?
① 점도의 변화 ② 색깔의 변화
③ 수분의 함량 ④ 유량의 감소

8 유압기기는 작은 힘으로 큰 힘을 얻기 위해 어느 원리를 적용하는가?
① 베르누이 원리
② 아르키메데스의 원리
③ 보일의 원리
④ 파스칼의 원리

9 각종 압력을 설명한 것으로 틀린 것은?
① 계기 압력 : 대기압을 기준으로 한 압력
② 절대 압력 : 완전 진공을 기준으로 한 압력
③ 대기 압력 : 절대 압력과 계기 압력을 곱한 압력
④ 진공 압력 : 대기압 이하의 압력, 즉 음(-)의 계기압력

> 대기 압력의 단위는 수은주의 높이를 mm로 표시하며, 760mmHg를 1기압으로 하는데, 기상학에서는 밀리바(mb)를 사용한다. 기압은 보통 수은 기압계에 의하여 mmHg를 측정하고, 이것을 mb로 환산한다.

10 다음 중 압력 단위가 아닌 것은?
① bar ② atm
③ Pa ④ J

> **정답**
> 1.④ 2.① 3.② 4.① 5.④ 6.③ 7.④
> 8.④ 9.③ 10.④

4 유압 장치의 장점
① 윤활성, 내마모성, 방청성이 좋다.
② 속도제어(speed control)와 힘의 연속적 제어가 용이하다.
③ 작은 동력원으로 큰 힘을 낼 수 있다.
④ 과부하 방지가 용이하다.
⑤ 운동 방향을 쉽게 변경할 수 있다.
⑥ 전기·전자의 조합으로 자동제어가 용이하다.
⑦ 에너지 축적이 가능하며, 힘의 전달 및 증폭이 용이하다.
⑧ 무단변속이 가능하고, 정확한 위치제어를 할 수 있다.
⑨ 미세 조작 및 원격 조작이 가능하다.
⑩ 진동이 작고, 작동이 원활하다.
⑪ 동력의 분배와 집중이 쉽다.

5 유압 장치의 단점
① 고압 사용으로 인한 위험성 및 이물질에 민감하다.
② 유온의 영향에 따라 정밀한 속도와 제어가 곤란하다.
③ 폐유에 의한 주변 환경이 오염될 수 있다.
④ 오일은 가연성이 있어 화재에 위험하다.
⑤ 회로의 구성이 어렵고 누설되는 경우가 있다.
⑥ 오일의 온도에 따라서 점도가 변하므로 기계의 속도가 변한다.
⑦ 에너지의 손실이 크다.
⑧ 유압장치의 점검이 어렵다.
⑨ 고장 원인의 발견이 어렵고, 구조가 복잡하다.

14 공동 현상(캐비테이션 현상)

1 공동 현상의 정의
① 유동하고 있는 액체의 압력이 국부적으로 저하되어, 포화 증기압 또는 공기 분리 압력에 달하여 증기를 발생시키거나 용해 공기 등이 분리되어 기포를 일으키는 현상이다.
② 유압장치 내부에 국부적인 높은 압력이 발생하여 소음과 진동 등이 발생하는 현상이다.
③ 양정과 효율이 급격히 저하되며, 날개 등에 부식을 일으키는 등 수명을 단축시키는 현상을 말한다.

2 공동 현상을 방지하는 방법
① 한랭한 경우에는 작동유의 온도를 30℃이상 되도록 난기 운전을 실시한다.
② 적당한 점도의 작동유를 선택한다.
③ 작동유에 물공기 및 먼지 등의 이물질이 유입되지 않도록 한다.
④ 오일 여과기(스트레이너 포함)를 정기적으로 점검 및 교환한다.
⑤ 공동 현상이 발생하면 유압 회로의 압력 변화를 없애주어야 한다.

3 유압 펌프 입구에서 공동 현상을 방지하는 방법
① 흡입구의 양정을 1m이하로 한다.
② 펌프의 운전 속도를 규정 속도 이상으로 하지 않는다.
③ 흡입관의 굵기를 유압 본체의 연결구 크기와 같은 것으로 사용한다.

4 작동유의 유량 점검 및 교환 방법
① 건설기계를 지면이 평탄한 장소에 세운다.
② 난기 운전을 실시한 다음 엔진의 가동을 정지한다.
③ 수분먼지 등 이물질이 유입되지 않도록 주의한다.
④ 작동유가 냉각되기 전에 교환한다.
⑤ 약 1,500시간 가동 후 교환한다.

적중기출문제

1 유압장치의 장점이 아닌 것은?
① 속도 제어가 용이하다.
② 힘의 연속적 제어가 용이하다.
③ 온도의 영향을 많이 받는다.
④ 윤활성, 내마멸성, 방청성이 좋다.

2 유압장치의 장점이 아닌 것은?
① 작은 동력원으로 큰 힘을 낼 수 있다.
② 과부하 방지가 용이하다.
③ 운동 방향을 쉽게 변경할 수 있다.
④ 고장 원인의 발견이 쉽고 구조가 간단하다.

3 유압장치의 장점에 속하지 않는 것은?
① 소형으로 큰 힘을 낼 수 있다.
② 정확한 위치 제어가 가능하다.
③ 배관이 간단하다.
④ 원격 제어가 가능하다.

4 유압장치의 단점이 아닌 것은?
① 관로를 연결하는 곳에서 유체가 누출될 수 있다.
② 고압사용으로 인한 위험성 및 이물질에 민감하다.
③ 작동유에 대한 화재의 위험이 있다.
④ 전기·전자의 조합으로 자동제어가 곤란하다.

5 유압 기기에 대한 단점이다. 설명 중 틀린 것은?
① 오일은 가연성이 있어 화재에 위험하다.
② 회로 구성이 어렵고 누설되는 경우가 있다.
③ 오일의 온도에 따라서 점도가 변하므로 기계의 속도가 변한다.
④ 에너지의 손실이 적다.

6 유압장치의 특징 중 가장 거리가 먼 것은?
① 진동이 작고 작동이 원활하다.
② 고장원인 발견이 어렵고 구조가 복잡하다.
③ 에너지의 저장이 불가능하다.
④ 동력의 분배와 집중이 쉽다.

7 유압장치에서 진공에 가깝게 되어 기포가 생기며, 기포가 파괴되어 국부적 고압이나 소음을 발생시키는 현상은?
① 벤트포트   ② 오리피스
③ 캐비테이션 ④ 노이즈

8 유압장치 내에 국부적인 높은 압력과 소음진동이 발생하는 현상은?
① 필터링   ② 오버랩
③ 캐비테이션 ④ 하이드로 록킹

9 펌프에서 진동과 소음이 발생하고 양정과 효율이 급격히 저하되며, 날개차 등에 부식을 일으키는 등 펌프의 수명을 단축시키는 것은?
① 펌프의 비속도
② 펌프의 공동현상
③ 펌프의 채터링현상
④ 펌프의 서징현상

10 유압기계의 장점이 아닌 것은?
① 속도제어가 용이하다.
② 에너지 축적이 가능하다.
③ 유압장치는 점검이 간단하다.
④ 힘의 전달 및 증폭이 용이하다.

정답
1.③ 2.④ 3.③ 4.④ 5.④ 6.③ 7.③
8.③ 9.② 10.③

5 공동 현상이 발생하였을 때 영향
① 최고 압력이 발생하여 급격한 압력파가 일어난다.
② 체적효율이 감소한다.
③ 유압장치 내부에 국부적인 고압이 발생한다.
④ 소음과 진동이 발생된다.
⑤ 액추에이터의 작동 불량

15 서지 압력(surge pressure)
① 과도적으로 발생하는 이상 압력의 최대값을 말한다.
② 유량 제어밸브의 가변 오리피스를 급격히 닫거나 방향 제어밸브의 유로를 급히 전환 또는 고속 실린더를 급정지시키면 유로에 순간적으로 이상 고압이 발생하는 현상이다.

16 유압 실린더의 숨 돌리기 현상이 생겼을 때 일어나는 현상
① 오일의 공급이 부족해진다.
② 피스톤의 작동이 불안정하다.
③ 작동의 지연 현상이 발생된다.
④ 서지 압력이 발생한다.

17 유압장치에서 오일에 거품이 생기는 원인
① 오일 탱크와 펌프사이에서 공기가 유입될 경우
② 오일이 부족하여 공기가 일부 흡입되었을 경우
③ 펌프 축 주위의 흡입측 실(seal)이 손상되었을 경우

18 작동유의 온도가 상승하는 원인
① 과부하로 연속 작업을 하였다.
② 공동 현상이 발생하고 있다.
③ 작동유가 고열을 지니는 물체와 접촉되어 있다.
④ 오일 냉각기의 작동이 불량하다.
⑤ 작동유의 양이 부족하거나 점도 등이 불량하다.
⑥ 릴리프 밸브의 개방 압력이 너무 높게 조정되어 있다.
⑦ 유압 펌프의 효율이 낮다.

19 작동유의 사용온도와 위험 온도
① 난기 운전을 할 때는 작동유의 온도가 30℃이상이 되도록 하여야 한다.
② 적정 온도는 40~60℃이다.
③ 최고 사용 온도는 80℃이하이다.
④ 위험 온도는 80~100℃이상이다.

20 작동유에 공기가 유입되었을 때 발생되는 현상
① **실린더의 숨돌리기 현상** : 실린더 숨돌리기 현상은 유압(油壓)이 낮고 작동유의 공급량이 부족할 때 많이 일어난다. 숨돌리기 현상이 발생하면 작동 시간의 지연이 일어나고, 작동유의 공급이 부족해지기 때문에 서지 압력이 발생한다.
② **작동유의 열화 촉진** : 유압 회로에 공기가 유입되면 압축되어 작동유의 온도가 상승하게 된다. 또 산화 작용(酸化作用)을 촉진하여 중합(衆合)이나 분해(分解)를 일으켜 고무 같은 물질이 생성되어 유압 펌프, 제어 밸브, 유압 실린더의 작동 불량을 초래한다.
③ **공동 현상**(cavitation)

적중기출문제

1 공동(Cavitation) 현상이 발생하였을 때의 영향 중 가장 거리가 먼 것은?
① 체적 효율이 감소한다.
② 고압 부분의 기포가 과포화 상태로 된다.
③ 최고 압력이 발생하여 급격한 압력파가 일어난다.
④ 유압장치 내부에 국부적인 고압이 발생하여 소음과 진동이 발생된다.

2 유압회로 내에 기포가 발생할 때 일어날 수 있는 현상과 가장 거리가 먼 것은?
① 작동유의 누설 저하
② 소음 증가
③ 공동 현상 발생
④ 액추에이터의 작동 불량

3 유압회로 내에서 서지압(surge pressure)이란?
① 과도적으로 발생하는 이상 압력의 최댓값
② 정상적으로 발생하는 압력의 최댓값
③ 정상적으로 발생하는 압력의 최솟값
④ 과도적으로 발생하는 이상 압력의 최솟값

4 유압회로 내의 밸브를 갑자기 닫았을 때, 오일의 속도 에너지가 압력 에너지로 변하면서 일시적으로 큰 압력증가가 생기는 현상을 무엇이라 하는가?
① 캐비테이션(cavitation) 현상
② 서지(surge) 현상
③ 채터링(chattering) 현상
④ 에어레이션(aeration) 현상

5 유압 실린더의 숨 돌리기 현상이 생겼을 때 일어나는 현상이 아닌 것은?
① 작동지연 현상이 생긴다.
② 서지 압이 발생한다.
③ 오일의 공급이 과대해진다.
④ 피스톤 작동이 불안정하게 된다.

6 유압장치에서 오일에 거품이 생기는 원인으로 가장 거리가 먼 것은?
① 오일 탱크와 펌프사이에서 공기가 유입될 때
② 오일이 부족하여 공기가 일부 흡입되었을 때
③ 펌프 축 주위의 흡입측 실(seal)이 손상되었을 때
④ 유압유의 점도지수가 클 때

7 건설기계 장비의 유압장치 관련 취급 시 주의사항으로 적합하지 않은 것은?
① 작동유가 부족하지 않은지 점검하여야 한다.
② 유압장치는 워밍업 후 작업하는 것이 좋다.
③ 오일량을 1주 1회 소량 보충한다.
④ 작동유에 이물질이 포함되지 않도록 관리 취급하여야 한다.

8 펌프에서 진동과 소음이 발생하고 양정과 효율이 급격히 저하되며, 날개차 등에 부식을 일으키는 등 펌프의 수명을 단축시키는 것은?
① 펌프의 비속도
② 펌프의 공동현상
③ 펌프의 채터링 현상
④ 펌프의 서징현상

> 공동 현상(캐비테이션)은 유압이 진공에 가까워짐으로서 기포가 발생하며, 기포가 파괴되어 국부적인 고압이나 소음과 진동이 발생하고, 양정과 효율이 저하되는 현상이다.

정답
1.② 2.① 3.① 4.② 5.③ 6.④ 7.③ 8.②

section 02 유압기기

유압 펌프

01 유압 펌프의 기능

- 원동기의 기계적 에너지를 유압 에너지로 변환한다.

02 유압 펌프의 종류

1 기어 펌프

1) 기어 펌프의 특징
① 외접과 내접기어 방식이 있다.
② 유압유 속에 기포 발생이 적다.
③ 구조가 간단하고 흡입 성능이 우수하다.
④ 소음과 토출량의 맥동(진동)이 비교적 크고, 효율이 낮다.
⑤ 정용량형로 펌프의 회전속도가 변화하면 흐름 용량이 바뀐다.
⑥ 트로코이드 펌프는 내·외측 로터로 구성되어 있다.
⑦ 기어 펌프의 장단점

기어 펌프의 장점
• 구조가 간단하다.
• 흡입저항이 작아 공동현상 발생이 적다.
• 고속회전이 가능하다.
• 가혹한 조건에 잘 견딘다.

기어 펌프의 단점
• 토출량의 맥동이 커 소음과 진동이 크다.
• 수명이 비교적 짧다.
• 대용량의 펌프로 하기가 곤란하다.
• 초고압에는 사용이 곤란하다.

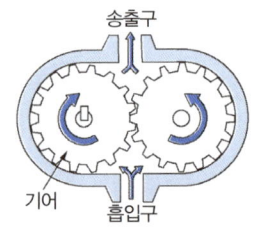

▲ 외접 기어 펌프

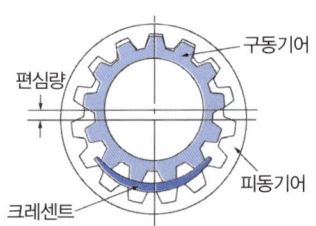

▲ 내접 기어 펌프

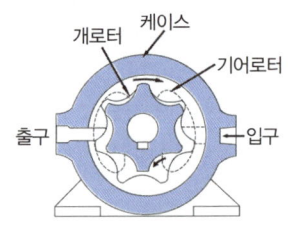

▲ 트로코이드 펌프

2) 기어 펌프의 폐입 현상(폐쇄 작용)
① 폐입 현상이란 토출된 유량의 일부가 입구 쪽으로 복귀하는 현상
② 펌프의 토출량이 감소하고 펌프를 구동하는 동력이 증가된다.
③ 펌프 케이싱이 마모되고 기포가 발생된다.
④ 폐입된 부분의 기름은 압축이나 팽창을 받는다.
⑤ 폐입 현상은 소음과 진동의 원인이 된다.
⑥ 펌프 측판(side plate)에 홈을 만들어 방지한다.

적중기출문제

1 유압 펌프의 기능을 설명한 것으로 가장 적합한 것은?
① 유압회로 내의 압력을 측정하는 기구이다.
② 어큐뮬레이터와 동일한 기능을 한다.
③ 유압 에너지를 동력으로 변환한다.
④ 원동기의 기계적 에너지를 유압 에너지로 변환한다.

2 유압 펌프의 종류에 포함되지 않는 것은?
① 기어 펌프 ② 진공 펌프
③ 베인 펌프 ④ 플런저 펌프

3 유압장치에 사용되는 펌프가 아닌 것은?
① 기어 펌프 ② 원심 펌프
③ 베인 펌프 ④ 플런저 펌프

4 기어 펌프의 장·단점이 아닌 것은?
① 소형이며 구조가 간단하다.
② 피스톤 펌프에 비해 흡입력이 나쁘다.
③ 피스톤 펌프에 비해 수명이 짧고 진동 소음이 크다.
④ 초고압에는 사용이 곤란하다.

5 유압장치에서 기어 펌프의 특징이 아닌 것은?
① 구조가 다른 펌프에 비해 간단하다.
② 유압 작동유의 오염에 비교적 강한 편이다.
③ 피스톤 펌프에 비해 효율이 떨어진다.
④ 가변 용량형 펌프로 적당하다.

6 구동되는 기어 펌프의 회전수가 변하였을 때 가장 적합한 것은?
① 오일 흐름의 양이 바뀐다.
② 오일 압력이 바뀐다.
③ 오일 흐름방향이 바뀐다.
④ 회전 경사판의 각도가 바뀐다.

7 다음 그림과 같이 안쪽은 내·외측 로터로 바깥쪽은 하우징으로 구성되어 있는 오일펌프는?

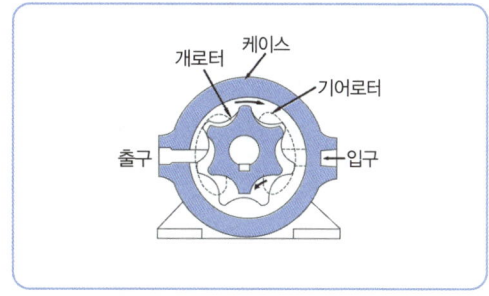

① 기어 펌프
② 베인 펌프
③ 트로코이드 펌프
④ 피스톤 펌프

8 외접형 기어펌프의 폐입 현상에 대한 설명으로 틀린 것은?
① 폐입 현상은 소음과 진동의 원인이 된다.
② 폐입된 부분의 기름은 압축이나 팽창을 받는다.
③ 보통 기어 측면에 접하는 펌프 측판(side plate)에 홈을 만들어 방지한다.
④ 펌프의 압력, 유량, 회전수 등이 주기적으로 변동해서 발생하는 진동현상이다.

9 기어식 유압 펌프에 폐쇄 작용이 생기면 어떤 현상이 생길 수 있는가?
① 기름의 토출
② 기포의 발생
③ 기어 진동의 소멸
④ 출력의 증가

정답
1.④ 2.② 3.② 4.② 5.④ 6.① 7.③
8.④ 9.②

2 베인 펌프

① **펌프의 구성 요소** : 캠링(cam ring), 로터(rotor), 날개(vane)
② 날개(vane)로 펌프 작용을 시키는 것이다.
③ 구조가 간단해 수리와 관리가 용이하다.
④ 소형·경량이므로 값이 싸다.
⑤ 자체 보상 기능이 있으며, 맥동과 소음이 적다.

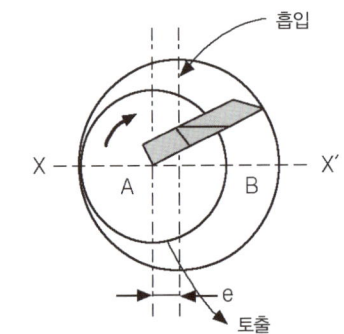

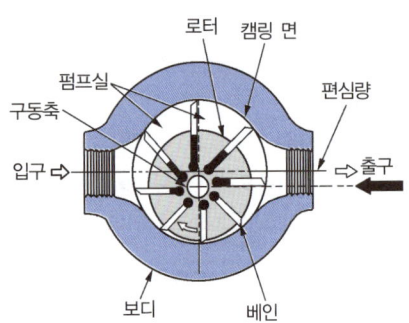

3 피스톤(플런저) 펌프

① 유압 펌프 중 가장 고압·고효율이다.
② 맥동적 출력을 하나 전체 압력의 범위가 높아 최근에 많이 사용된다.
③ 다른 펌프에 비해 수명이 길고, 용적 효율과 최고 압력이 높다.
④ 가변용량형과 정용량형이 있다.

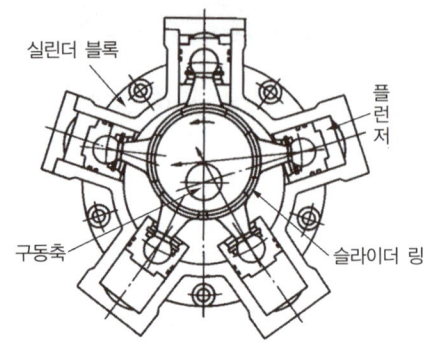

1) 피스톤 펌프의 장점

① 피스톤이 직선운동을 한다.
② 축은 회전 또는 왕복운동을 한다.
③ 펌프 효율이 가장 높다.
④ 가변 용량에 적합하다.
 (토출량의 변화 범위가 넓다).
⑤ 일반적으로 토출 압력이 높다.

2) 피스톤 펌프의 단점

① 베어링에 부하가 크다.
② 구조가 복잡하고 수리가 어렵다.
③ 흡입 능력이 가장 낮다.
④ 가격이 비싸다.

4 유압 펌프의 토출 압력

① **기어 펌프** : 10~250kg/cm^2
② **베인 펌프** : 35~140kg/cm^2
③ **레이디얼 플런저 펌프** : 140~250kg/cm^2
④ **엑시얼 플런저 펌프** : 210~400kg/cm^2

적중기출문제 — 유압기기

1 날개로 펌핑 동작을 하며, 소음과 진동이 적은 유압 펌프는?
① 기어 펌프　② 플런저 펌프
③ 베인 펌프　④ 나사 펌프

2 베인 펌프의 펌핑 작용과 관련되는 주요 구성 요소만 나열한 것은?
① 배플, 베인, 캠링
② 베인, 캠링, 로터
③ 캠링, 로터, 스풀
④ 로터, 스풀, 배플

3 플런저식 유압 펌프의 특징이 아닌 것은?
① 구동축이 회전운동을 한다.
② 플런저가 회전운동을 한다.
③ 가변용량형과 정용량형이 있다.
④ 기어 펌프에 비해 최고 압력이 높다.

4 펌프의 최고 토출 압력, 평균 효율이 가장 높아, 고압 대출력에 사용하는 유압 펌프로 가장 적합한 것은?
① 기어 펌프
② 베인 펌프
③ 트로코이드 펌프
④ 피스톤 펌프

5 맥동적 토출을 하지만 다른 펌프에 비해 일반적으로 최고압 토출이 가능하고, 펌프 효율에서도 전압력 범위가 높아 최근에 많이 사용되고 있는 펌프는?
① 피스톤 펌프
② 베인 펌프
③ 나사 펌프
④ 기어 펌프

6 유압 펌프 중 토출량을 변화시킬 수 있는 것은?
① 가변 토출량형
② 고정 토출량형
③ 회전 토출량형
④ 수평 토출량형

> 유압 펌프의 토출량을 변화시킬 수 있는 것은 가변 토출형이며, 회전수가 같을 때 펌프의 토출량이 변화하는 펌프를 가변 용량형 펌프라 한다.

7 유압 펌프에서 경사판의 각을 조정하여 토출유량을 변환시키는 펌프는?
① 기어 펌프　② 로터리 펌프
③ 베인 펌프　④ 플런저 펌프

8 피스톤식 유압 펌프에서 회전 경사판의 기능으로 가장 적합한 것은?
① 펌프 압력을 조정
② 펌프 출구의 개·폐
③ 펌프 용량을 조정
④ 펌프 회전속도를 조정

9 다음 유압 펌프에서 토출 압력이 가장 높은 것은?
① 베인 펌프
② 레디얼 플런저 펌프
③ 기어 펌프
④ 엑시얼 플런저 펌프

정답
1.③ 2.② 3.② 4.④ 5.① 6.① 7.④
8.③ 9.④

03 유압 펌프의 크기

① 유압 펌프의 크기는 주어진 속도와 그때의 토출량으로 표시한다.
② GPM(gallon per minute) 또는 LPM(liter per minute)이란 분당 토출하는 작동유의 양을 말한다.
③ 토출량이란 펌프가 단위시간당 토출하는 액체의 체적이며, 토출량의 단위는 L/min(LPM)나 GPM을 사용한다.

04 펌프가 오일을 토출하지 못하는 원인

① 유압 펌프의 회전수가 너무 낮다.
② 흡입관 또는 스트레이너가 막혔다.
③ 회전방향이 반대로 되어있다.
④ 흡입관으로부터 공기가 흡입되고 있다.
⑤ 오일 탱크의 유면이 낮다.
⑥ 유압유의 점도가 너무 높다.

05 유압 상승이 되지 않을 경우 원인 점검

① 유압 펌프로부터 유압이 발생되는지 점검
② 오일 탱크의 오일량 점검
③ 릴리프 밸브의 고장인지 점검
④ 오일이 누출되었는지 점검

06 유압 펌프에서 소음이 발생하는 원인

① 유압유의 양이 부족하거나 공기가 들어 있을 경우
② 유압유 점도가 너무 높을 경우
③ 스트레이너가 막혀 흡입 용량이 작아졌을 경우
④ 유압 펌프의 베어링이 마모되었을 경우
⑤ 펌프 흡입관 접합부로부터 공기가 유입될 경우
⑥ 유압 펌프 축의 편심 오차가 클 경우
⑦ 유압 펌프의 회전속도가 너무 빠를 경우

적중기출문제 　　　　　　유압 기기

1 유압펌프 관련 용어에서 GPM이 나타내는 것은?
① 복동 실린더의 치수
② 계통 내에서 형성되는 압력의 크기
③ 흐름에 대한 저항
④ 계통 내에서 이동되는 유체(오일)의 양

2 펌프가 오일을 토출하지 않을 때의 원인으로 틀린 것은?
① 오일 탱크의 유면이 낮다.
② 흡입관으로 공기가 유입된다.
③ 토출측 배관 체결 볼트가 이완되었다.
④ 오일이 부족하다.

3 유압 펌프에서 오일이 토출될 수 있는 것은?
① 회전방향이 반대로 되어있다.
② 흡입관 혹은 스트레이너가 막혀있다.
③ 펌프 입구에서 공기를 흡입하지 않는다.
④ 회전수가 너무 낮다.

4 유압회로의 압력을 점검하는 위치로 가장 적당한 것은?
① 유압 오일 탱크에서 유압 펌프 사이
② 유압 펌프에서 컨트롤 밸브 사이
③ 실린더에서 유압 오일 탱크 사이
④ 유압 오일 탱크에서 직접 점검

> 유압회로의 압력을 점검하는 위치는 유압 펌프에서 컨트롤 밸브 사이이다.

5 건설기계 운전 시 갑자기 유압이 발생되지 않을 때 점검 내용으로 가장 거리가 먼 것은?
① 오일 개스킷 파손여부 점검
② 유압 실린더의 피스톤 마모 점검
③ 오일 파이프 및 호스가 파손되었는지 점검
④ 오일량 점검

> 점검 사항 : 오일 개스킷 오일 파이프 및 호스, 오일량, 유압펌프 등을 점검하여야 한다.

6 유압 펌프에서 사용되는 GPM의 의미는?
① 분당 토출하는 작동유의 양
② 복동 실린더의 치수
③ 계통 내에서 형성되는 압력의 크기
④ 흐름에 대한 저항

7 유압 펌프의 토출량을 표시하는 단위로 옳은 것은?
① L/min
② kgf-m
③ kgf/cm²
④ kW 또는 PS

8 유압 펌프가 오일을 토출하지 않을 경우는?
① 펌프의 회전이 너무 빠를 때
② 유압유의 점도가 낮을 때
③ 흡입관으로부터 공기가 흡입되고 있을 때
④ 릴리프 밸브의 설정 압이 낮을 때

9 유압펌프가 오일을 토출하지 않을 경우 점검항목 중 틀린 것은?
① 오일 탱크에 오일이 규정량으로 들어 있는지 점검한다.
② 흡입 스트레이너가 막혀 있지 않은지 점검한다.
③ 흡입 관로에 공기를 빨아들이지 않는지 점검한다.
④ 토출측 회로에 압력이 너무 낮은지 점검한다.

10 유압 펌프 내의 내부 누설은 무엇에 반비례하여 증가하는가?
① 작동유의 오염
② 작동유의 점도
③ 작동유의 압력
④ 작동유의 온도

> 유압 펌프 내의 내부 누설은 작동유의 점도에 반비례하여 증가한다.

11 유압유의 압력이 상승하지 않을 때의 원인을 점검하는 것으로 가장 거리가 먼 것은?
① 펌프의 토출량 점검
② 유압회로의 누유상태 점검
③ 릴리프 밸브의 작동상태 점검
④ 펌프설치 고정 볼트의 강도점검

12 건설기계 작업 중 갑자기 유압회로 내의 유압이 상승되지 않아 점검하려고 한다. 내용으로 적합하지 않은 것은?
① 펌프로부터 유압 발생이 되는지 점검
② 오일 탱크의 오일량 점검
③ 오일이 누출되었는지 점검
④ 자기탐상법에 의한 작업장치의 균열 점검

13 유압 펌프의 소음 발생 원인으로 틀린 것은?
① 펌프 흡입관부에서 공기가 혼입된다.
② 흡입 오일 속에 기포가 있다.
③ 펌프의 속도가 너무 빠르다.
④ 펌프 축의 센터와 원동기 축의 센터가 일치한다.

14 유압 펌프에서 소음이 발생할 수 있는 원인으로 거리가 가장 먼 것은?
① 오일의 양이 적을 때
② 유압 펌프의 회전속도가 느릴 때
③ 오일 속에 공기가 들어 있을 때
④ 오일의 점도가 너무 높을 때

정답
1.④ 2.③ 3.③ 4.② 5.② 6.① 7.①
8.③ 9.④ 10.② 11.④ 12.④ 13.④ 14.②

제어 밸브

01 제어 밸브(컨트롤 밸브)의 종류

① **압력 제어 밸브** : 유압을 조절하여 일의 크기를 제어한다.
② **유량 제어 밸브** : 유량을 변화시켜 일의 속도를 제어한다.
③ **방향 제어 밸브** : 유압유의 흐름 방향을 바꾸거나 정지시켜서 일의 방향을 제어한다.

02 압력 제어 밸브

1 릴리프 밸브(relief valve)

1) 릴리프 밸브의 기능
① 유압장치의 과부하 방지와 유압 기기의 보호를 위하여 최고 압력을 규제하고 유압 회로 내의 필요한 압력을 유지하는 밸브이다.
② 유압 펌프의 토출 측에 위치하여 회로 전체의 압력을 제어하는 밸브이다.
③ 유압장치 내의 압력을 일정하게 유지하고, 최고압력을 제한하며 회로를 보호하며, 과부하 방지와 유압 기기의 보호를 위하여 최고 압력을 규제한다.

적중기출문제

유압 기기

1 유압 회로에 사용되는 제어 밸브의 역할과 종류의 연결 사항으로 틀린 것은?
① 일의 속도 제어 : 유량 조절 밸브
② 일의 시간 제어 : 속도 제어 밸브
③ 일의 방향 제어 : 방향 전환 밸브
④ 일의 크기 제어 : 압력 제어 밸브

2 보기에서 유압회로에 사용되는 제어 밸브가 모두 나열된 것은?

[보기]
ㄱ. 압력 제어 밸브
ㄴ. 속도 제어 밸브
ㄷ. 유량 제어 밸브
ㄹ. 방향 제어 밸브

① ㄱ, ㄴ, ㄷ ② ㄱ, ㄴ, ㄹ
③ ㄴ, ㄷ, ㄹ ④ ㄱ, ㄷ, ㄹ

3 유압 장치의 과부하 방지와 유압기기의 보호를 위하여 최고 압력을 규제하고 유압 회로 내의 필요한 압력을 유지하는 밸브는?
① 압력 제어 밸브
② 유량 제어 밸브
③ 방향 제어 밸브
④ 온도 제어 밸브

4 유압 작동유의 압력을 제어하는 밸브가 아닌 것은?
① 릴리프 밸브 ② 체크 밸브
③ 리듀싱 밸브 ④ 시퀀스 밸브

정답
1.② 2.④ 3.① 4.②

5 유압장치에서 압력 제어 밸브가 아닌 것은?
① 릴리프 밸브 ② 감압 밸브
③ 시퀀스 밸브 ④ 서보 밸브

6 압력 제어 밸브의 종류가 아닌 것은?
① 교축 밸브(throttle valve)
② 릴리프 밸브(relief valve)
③ 시퀀스 밸브(sequence valve)
④ 카운터 밸런스 밸브(counter balancing valve)

7 압력 제어 밸브의 종류에 해당하지 않는 것은?
① 감압 밸브 ② 시퀀스 밸브
③ 교축 밸브 ④ 언로더 밸브

8 유압회로 내에서 유압을 일정하게 조절하여 일의 크기를 결정하는 밸브가 아닌 것은?
① 시퀀스 밸브
② 서보 밸브
③ 언로더 밸브
④ 카운터 밸런스 밸브

9 유압회로 내의 압력이 설정압력에 도달하면 펌프에 토출된 오일의 일부 또는 전량을 직접 탱크로 돌려보내 회로의 압력을 설정 값으로 유지하는 밸브는?
① 시퀀스 밸브 ② 릴리프 밸브
③ 언로드 밸브 ④ 체크 밸브

10 유압회로의 최고 압력을 제어하는 밸브로서, 회로의 압력을 일정하게 유지시키는 밸브는?
① 체크 밸브
② 감압 밸브
③ 릴리프 밸브
④ 카운터 밸런스 밸브

11 유압 계통 내의 최대압력을 제어하는 밸브는?
① 체크 밸브 ② 초크 밸브
③ 오리피스 밸브 ④ 릴리프 밸브

12 유압으로 작동되는 작업 장치에서 작업 중 힘이 떨어질 때의 원인과 가장 밀접한 밸브는?
① 메인 릴리프 밸브
② 체크(check)밸브
③ 방향 전환 밸브
④ 메이크업 밸브

13 유압 조정 밸브에서 조정 스프링의 장력이 클 때 발생할 수 있는 현상으로 가장 적합한 것은?
① 유압이 낮아진다.
② 유압이 높아진다.
③ 채터링 현상이 생긴다.
④ 플래터 현상이 생긴다.

> 유압 조정 밸브의 스프링 장력이 크면 유압이 높아진다.

14 릴리프 밸브에서 포펫 밸브를 밀어 올려 기름이 흐르기 시작할 때의 압력은?
① 설정 압력
② 허용 압력
③ 크랭킹 압력
④ 전량 압력

> 크랭킹 압력이란 릴리프 밸브에서 포펫 밸브를 밀어 올려 기름이 흐르기 시작할 때의 압력을 말한다.

정답
5.④ 6.① 7.③ 8.② 9.② 10.③
11.④ 12.① 13.② 14.③

2) 릴리프 밸브 설치 위치

릴리프 밸브는 유압 펌프와 제어 밸브 사이 즉, 유압 펌프와 방향 전환 밸브 사이에 설치되어 있다. 따라서 유압회로의 압력을 점검하는 위치는 유압 펌프에서 제어 밸브 사이이다.

3) 채터링(chattering) 현상

유압계통에서 릴리프 밸브 스프링의 장력이 약화될 때 발생되는 현상을 말한다. 즉 직동형 릴리프 밸브(Relief valve)에서 자주 일어나며 볼(ball)이 밸브의 시트(seat)를 때려 소음을 발생시키는 현상이다.

2 감압 밸브(리듀싱 밸브 ; reducing valve)

① 유압 실린더 내의 유압은 동일하여도 각각 다른 압력으로 나눌 수 있다.
② 유압회로에서 입구 압력을 감압하여 유압 실린더 출구 설정 유압으로 유지한다.
③ 분기회로에서 2차측 압력을 낮게 할 때 사용한다.

3 시퀀스 밸브(순차 밸브, sequence valve)

① 2개 이상의 분기회로가 있을 때 순차적인 작동을 하기 위한 압력 제어 밸브.
② 2개 이상의 분기회로에서 실린더나 모터의 작동순서를 결정하는 자동 제어 밸브.

4 언로더 밸브(무부하 밸브, unloader valve)

① 유압회로의 압력이 설정 압력에 도달하였을 때 유압 펌프로부터 전체 유량을 작동유 탱크로 리턴시키는 밸브이다.
② 유압장치에서 통상 고압 소용량, 저압 대용량 펌프를 조합 운전할 때 작동 압력이 규정 압력 이상으로 상승할 때 동력을 절감하기 위하여 사용하는 밸브이다.
③ 유압장치에서 두 개의 펌프를 사용하는데 있어 펌프의 전체 송출량을 필요로 하지 않을 경우, 동력의 절감과 유온 상승을 방지하는 밸브이다.

5 카운터 밸런스 밸브(counter balance valve)

유압 실린더의 복귀 쪽에 배압을 발생시켜 피스톤이 중력에 의하여 자유 낙하하는 것을 방지하여 하강 속도를 제어하기 위해 사용된다.

적중기출문제

1 압력 제어밸브는 어느 위치에서 작동하는가?
① 탱크와 펌프
② 펌프와 방향 전환 밸브
③ 방향 전환 밸브와 실린더
④ 실린더 내부

2 릴리프 밸브 등에서 밸브 시트를 때려 비교적 높은 소리를 내는 진동현상을 무엇이라 하는가?
① 채터링 ② 캐비테이션
③ 점핑   ④ 서지압

3 유압회로에서 입구 압력을 감압하여 유압 실린더 출구 설정 유압으로 유지하는 밸브는?
① 릴리프 밸브
② 리듀싱 밸브
③ 언로딩 밸브
④ 카운터 밸런스 밸브

4 다음 중 감압 밸브의 사용 용도로 적합한 것은?
① 분기회로에서 2차측 압력을 낮게 사용할 때
② 귀환회로에서 잔류압력을 유지하고자 할 때
③ 귀환회로에서 잔류압력을 낮게 하고자 할 때
④ 공급회로에서 압력을 높게 하고자 할 때

5 2개 이상의 분기회로에서 작동 순서를 자동적으로 제어하는 밸브는?
① 시퀀스 밸브 ② 릴리프 밸브
③ 언로더 밸브 ④ 감압 밸브

6 유압원에서의 주회로부터 유압 실린더 등이 2개 이상의 분기회로를 가질 때, 각 유압 실린더를 일정한 순서로 순차 작동시키는 밸브는?
① 시퀀스 밸브 ② 감압 밸브
③ 릴리프 밸브 ④ 체크 밸브

7 2개 이상의 분기회로를 갖는 회로 내에서 작동 순서를 회로의 압력 등에 의하여 제어하는 밸브는?
① 체크 밸브 ② 시퀀스 밸브
③ 한계 밸브 ④ 서보 밸브

8 유압회로 내의 압력이 설정 압력에 도달하면 펌프에서 토출된 오일을 전부 탱크로 회송시켜 펌프를 무부하로 운전시키는데 사용하는 밸브는?
① 체크 밸브(check valve)
② 시퀀스 밸브(sequence valve)
③ 언로더 밸브(unloader valve)
④ 카운터 밸런스 밸브(count balance valve)

9 고압·소용량, 저압·대용량 펌프를 조합 운전할 경우 회로 내의 압력이 설정압력에 도달하면 저압 대용량 펌프의 토출량을 기름 탱크로 귀환시키는데 사용하는 밸브는?
① 무부하 밸브
② 카운터 밸런스 밸브
③ 체크 밸브
④ 시퀀스 밸브

10 유압장치에서 두 개의 펌프를 사용하는데 있어 펌프의 전체 송출량을 필요로 하지 않을 경우, 동력의 절감과 유온 상승을 방지하는 것은?
① 압력 스위치(pressure switch)
② 카운트 밸런스 밸브(count balance valve)
③ 감압 밸브(pressure reducing valve)
④ 무부하 밸브(unloading valve)

11 유압 실린더 등이 중력에 의한 자유낙하를 방지하기 위해 배압을 유지하는 압력제어 밸브는?
① 시퀀스 밸브
② 언로더 밸브
③ 카운터 밸런스 밸브
④ 감압 밸브

12 유압장치에서 배압을 유지하는 밸브는?
① 릴리프 밸브
② 카운터 밸런스 밸브
③ 유량 제어 밸브
④ 방향 제어 밸브

13 크롤러 굴착기가 경사면에서 주행 모터에 공급되는 유량과 관계없이 자중에 의해 빠르게 내려가는 것을 방지해 주는 밸브는?
① 포트 릴리프 밸브
② 카운터 밸런스 밸브
③ 브레이크 밸브
④ 피스톤 모터의 피스톤

정답
1.② 2.① 3.② 4.① 5.① 6.① 7.②
8.③ 9.① 10.④ 11.③ 12.② 13.②

03 유량 제어 밸브

① 액추에이터의 운동속도를 조정하기 위하여 사용되는 밸브이다.
② 유량 제어 밸브의 종류에는 분류 밸브(dividing valve), 니들 밸브(needle valve), 오리피스 밸브(orifice valve), 교축 밸브(throttle valve), 급속 배기 밸브 등이 있다.
③ 교축 밸브는 점도가 달라져도 유량이 그다지 변화하지 않도록 설치된 밸브이다.
④ 니들 밸브는 내경이 작은 파이프에서 미세한 유량을 조정하는 밸브이다.

04 방향 제어 밸브

1 방향 제어밸브의 기능

① 유체의 흐름방향을 변환한다.
② 유체의 흐름방향을 한쪽으로만 허용한다.
③ 유압 실린더나 유압 모터의 작동 방향을 바꾸는데 사용한다.
④ 방향 제어밸브를 동작시키는 방식에는 수동식, 전자식, 전자·유압 파일럿식 등이 있다.

2 방향 제어 밸브의 종류

방향 제어 밸브의 종류에는 디셀러레이션 밸브, 체크 밸브, 스풀 밸브[매뉴얼 밸브(로터리형)] 등이 있다.

① **디셀러레이션 밸브**(deceleration valve) : 유압 실린더를 행정 최종 단에서 실린더의 속도를 감속하여 서서히 정지시키고자할 때 사용되는 밸브이다.
② **체크 밸브**(check valve) : 역류를 방지하는 밸브 즉, 한쪽 방향으로의 흐름은 자유로우나 역방향의 흐름을 허용하지 않는 밸브
③ **스풀 밸브**(spool valve) : 원통형 슬리브 면에 내접되어 축 방향으로 이동하여 작동유의 흐름 방향을 바꾸기 위해 사용하는 밸브

적중기출문제

1 유압장치에서 작동체의 속도를 바꿔주는 밸브는?
① 압력 제어 밸브 ② 유량 제어 밸브
③ 방향 제어 밸브 ④ 체크 밸브

2 액추에이터의 운동속도를 조정하기 위하여 사용되는 밸브는?
① 압력 제어 밸브
② 온도 제어 밸브
③ 유량 제어 밸브
④ 방향 제어 밸브

3 유압식 작업 장치의 속도가 느릴 때의 원인으로 가장 맞는 것은?
① 오일 쿨러의 막힘이 있다.
② 유압 펌프의 토출 압력이 높다.
③ 유압 조정이 불량하다.
④ 유량 조정이 불량하다.

4 유압장치에서 방향제어 밸브의 설명 중 가장 적절한 것은?
① 오일의 흐름방향을 바꿔주는 밸브이다.
② 오일의 압력을 바꿔주는 밸브이다.
③ 오일의 유량을 바꿔주는 밸브이다.
④ 오일의 온도를 바꿔주는 밸브이다.

5 유압장치에서 방향제어밸브 설명으로 적합하지 않은 것은?

① 유체의 흐름방향을 변환한다.
② 유체의 흐름방향을 한쪽으로만 허용한다.
③ 액추에이터의 속도를 제어한다.
④ 유압 실린더나 유압모터의 작동방향을 바꾸는데 사용된다.

6 일반적으로 캠(cam)으로 조작되는 유압 밸브로서 액추에이터의 속도를 서서히 감속시키는 밸브는?

① 카운터 밸런스 밸브
② 프레필 밸브
③ 방향제어 밸브
④ 디셀러레이션 밸브

7 다음에서 설명하는 유압 밸브는?

> 액추에이터의 속도를 서서히 감속시키는 경우나 서서히 증속시키는 경우에 사용되며, 일반적으로 캠(cam)으로 조작된다. 이 밸브는 행정에 대응하여 통과 유량을 조정하며 원활한 감속 또는 증속을 하도록 되어 있다.

① 디셀러레이션 밸브
② 카운터 밸런스 밸브
③ 방향 제어 밸브
④ 프레필 밸브

8 유압회로에서 오일을 한쪽 방향으로만 흐르도록 하는 밸브는?

① 릴리프 밸브(relief valve)
② 파일럿 밸브(pilot valve)
③ 체크 밸브(check valve)
④ 오리피스 밸브(orifice valve)

9 한쪽 방향의 오일 흐름은 가능하지만 반대 방향으로는 흐르지 못하게 하는 밸브는?

① 분류 밸브   ② 감압 밸브
③ 체크 밸브   ④ 제어 밸브

10 유압장치에서 오일의 역류를 방지하기 위한 밸브는?

① 변환 밸브   ② 압력 조절 밸브
③ 체크 밸브   ④ 흡기 밸브

11 지게차의 리프트 실린더 작동 회로에 사용되는 플로우 레귤레이터(슬로우 리턴)밸브의 역할은?

① 포크의 하강 속도를 조절하여 포크가 천천히 내려오도록 한다.
② 포크 상승 시 작동유의 압력을 높여준다.
③ 짐을 하강할 때 신속하게 내려오도록 한다.
④ 포크가 상승하다가 리프트 실린더 중간에서 정지 시 실린더 내부 누유를 방지한다.

> 지게차의 리프트 실린더 작동회로에 플로 레귤레이터(슬로 리턴) 밸브를 사용하는 이유는 포크를 천천히 하강시키도록 하기 위함이다.

12 지게차의 리프트 실린더(lift cylinder) 작동 회로에서 플로우 프로텍터(벨로시티 퓨즈)를 사용하는 주된 목적은?

① 컨트롤 밸브와 리프터 실린더 사이에서 배관 파손 시 적재물 급강하를 방지한다.
② 포크의 정상 하강 시 천천히 내려올 수 있게 한다.
③ 짐을 하강할 때 신속하게 내려올 수 있도록 작용한다.
④ 리프트 실린더 회로에서 포크 상승 중 중간 정지 시 내부 누유를 방지한다.

> 플로우 프로텍터(벨로시티 퓨즈)는 컨트롤 밸브와 리프터 실린더 사이에서 배관이 파손되었을 때 적재물의 급강하를 방지한다.

정답

1.② 2.③ 3.④ 4.① 5.③ 6.④ 7.①
8.③ 9.③ 10.③ 11.① 12.①

유압 실린더와 유압 모터

01 유압 액추에이터(Actuator)

① 작동유의 압력 에너지(힘)를 기계적 에너지(일)로 변환시키는 장치이다.
② 유압 펌프를 통하여 송출된 에너지를 직선 운동이나 회전 운동을 통하여 기계적 일을 하는 기기이다.
③ 종류 : 유압 실린더와 유압 모터

02 유압 실린더

① 유압 실린더는 직선 왕복운동을 하는 액추에이터이다.
② 유압 실린더의 종류에는 단동 실린더, 복동 실린더(싱글 로드형과 더블 로드형), 다단 실린더, 램형 실린더 등이 있다.
③ 유압 실린더 지지 방식 : 푸트형(축방향 푸트형, 축 직각 푸트형), 플랜지형(캡측 플랜지 지지형, 헤드측 플랜지 지지형), 트러니언형(헤드측 지지형, 캡측 지지형, 센터 지지향), 클레비스형(클래비스 지지형, 아이 지지형)
③ 유압 실린더의 구성 : 실린더, 피스톤, 피스톤 로드

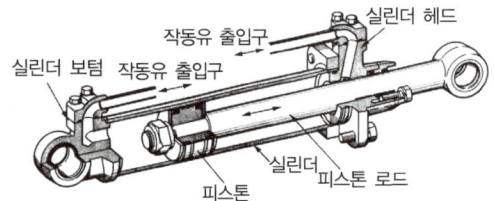

1 쿠션 기구
① 피스톤 행정의 끝에서 피스톤이 커버에 충돌하여 발생하는 충격을 흡수한다.
② 충격력에 의해 발생하는 유압회로의 악영향이나 유압기기의 손상을 방지한다.

2 유압 실린더 지지 방식
① 플랜지형 : 실린더 본체가 실린더 중심선과 직각의 면에서 고정된 것.
② 트러니언형 : 실린더 중심선과 직각인 핀으로 지지되어 본체가 요동하는 것.
③ 클레비스형 : 실린더 캡 측의 핀혈로 지지되며, 본체가 요동하는 것.
④ 푸트형 : 실린더 본체가 실린더 중심선과 평행한 면에서 고정되어 지지부에 구부려 모멘트가 작동하는 것.

3 유압 실린더의 누유 검사 방법
① 정상적인 작동 온도에서 실시한다.
② 각 유압 실린더를 몇 번씩 작동 후 점검한다.
③ 얇은 종이를 펴서 로드에 대고 앞뒤로 움직여본다.

4 유압 실린더를 정비할 때 주의 사항
① 조립할 때 O링, 패킹에는 그리스를 발라서는 안 된다.
② 분해 조립할 때 무리한 힘을 가하지 않는다.
③ 도면을 보고 순서에 따라 분해 조립을 한다.
④ 쿠션 기구의 작은 유로는 압축 공기를 불어 막힘 여부를 검사한다.

적중기출문제

1 유압유의 유체 에너지(압력, 속도)를 기계적인 일로 변환시키는 유압장치는?
① 유압 펌프
② 유압 액추에이터
③ 어큐뮬레이터
④ 유압 밸브

2 유압장치의 구성요소 중 유압 액추에이터에 속하는 것은?
① 유압 펌프
② 엔진 또는 전기 모터
③ 오일 탱크
④ 유압 실린더

3 유압 작동기(hydraulic actuator)의 설명으로 맞는 것은?
① 유체 에너지를 생성하는 기기
② 유체 에너지를 축적하는 기기
③ 유체 에너지를 기계적인 일로 변환시키는 기기
④ 기계적인 에너지를 유체 에너지로 변환시키는 기기

4 유압 액추에이터의 기능에 대한 설명으로 맞는 것은?
① 유압의 방향을 바꾸는 장치이다.
② 유압을 일로 바꾸는 장치이다.
③ 유압의 빠르기를 조정하는 장치이다.
④ 유압의 오염을 방지하는 장치이다.

5 일반적인 유압 실린더의 종류에 해당하지 않는 것은?
① 다단 실린더
② 단동 실린더
③ 레디얼 실린더
④ 복동 실린더

6 유압 실린더 중 피스톤의 양쪽에 유압유를 교대로 공급하여 양방향의 운동을 유압으로 작동시키는 형식은?
① 단동식
② 복동식
③ 다동식
④ 편동식

7 유압 실린더 지지방식 중 트러니언형 지지방식이 아닌 것은?
① 캡측 플랜지 지지형
② 헤드측 지지형
③ 캡측 지지형
④ 센터 지지형

8 유압 실린더의 주요 구성부품이 아닌 것은?
① 피스톤 로드
② 피스톤
③ 실린더
④ 커넥팅 로드

9 실린더의 피스톤이 고속으로 왕복 운동할 때 행정의 끝에서 피스톤이 커버에 충돌하여 발생하는 충격을 흡수하고, 그 충격력에 의해서 발생하는 유압회로의 악영향이나 유압기기의 손상을 방지하기 위해서 설치하는 것은?
① 쿠션 기구
② 밸브 기구
③ 유량제어 기구
④ 셔틀 기구

10 유압 실린더에서 피스톤 행정이 끝날 때 발생하는 충격을 흡수하기 위해 설치하는 장치는?
① 쿠션 기구
② 압력보상 장치
③ 서보 밸브
④ 스로틀 밸브

정답
1.② 2.④ 3.③ 4.② 5.③ 6.② 7.①
8.④ 9.① 10.①

5 실린더의 과도한 자연 낙하 현상의 원인
① 실린더 내의 피스톤 실링의 마모
② 컨트롤 밸브 스풀의 마모
③ 릴리프 밸브의 조정 불량
④ 작동 압력이 낮을 경우
⑤ 실린더의 내부 마모

6 유압 실린더의 작동 속도가 느리거나 불규칙한 원인
① 계통 내의 흐름 용량(유량)이 부족하다.
① 피스톤의 링이 마모되었다.
② 유압유의 점도가 너무 높다.
③ 회로 내에 공기가 혼입되고 있다.

적중기출문제 — 유압기기

1 유압 실린더에서 실린더의 과도한 자연 낙하현상이 발생하는 원인으로 가장 거리가 먼 것은?
① 컨트롤 밸브 스풀의 마모
② 릴리프 밸브의 조정 불량
③ 작동 압력이 높을 때
④ 실린더 내의 피스톤 실의 마모

2 다음 보기 중 유압 실린더에서 발생되는 피스톤 자연 하강 현상(cylinder drift)의 발생 원인으로 모두 맞는 것은?

[보기]
ㄱ. 작동압력이 높은 때
ㄴ. 실린더 내부 마모
ㄷ. 컨트롤 밸브의 스풀 마모
ㄹ. 릴리프 밸브의 불량

① ㄱ, ㄴ, ㄷ   ② ㄱ, ㄴ, ㄹ
③ ㄴ, ㄷ, ㄹ   ④ ㄱ, ㄷ, ㄹ

3 굴착기 붐의 자연 하강량이 많을 때의 원인이 아닌 것은?
① 유압 실린더의 내부 누출이 있다.
② 컨트롤 밸브의 스풀에서 누출이 많다.
③ 유압 실린더 배관이 파손되었다.
④ 유압 작동 압력이 과도하게 높다.

4 유압 실린더의 작동 속도가 정상보다 느릴 경우 예상되는 원인으로 가장 적합한 것은?
① 계통 내의 흐름 용량이 부족하다.
② 작동유의 점도가 약간 낮아짐을 알 수 있다.
③ 작동유의 점도지수가 높다.
④ 릴리프 밸브의 설정압력이 너무 높다.

> 오일의 유량은 액추에이터의 속도를 제어한다. 정상보다 느린 원인은 유압 계통 내의 흐름 용량(유량)이 부족하기 때문이다.

5 유압 실린더의 움직임이 느리거나 불규칙 할 때의 원인이 아닌 것은?
① 피스톤 링이 마모되었다.
② 유압유의 점도가 너무 높다.
③ 회로 내에 공기가 혼입되고 있다.
④ 체크 밸브의 방향이 반대로 설치되어 있다.

6 유압 실린더의 로드 쪽으로 오일이 누유되는 결함이 발생하였다. 그 원인이 아닌 것은?
① 실린더 로드 패킹 손상
② 실린더 헤드 더스트 실(seal) 손상
③ 실린더 로드의 손상
④ 실린더 피스톤 패킹 손상

정답
1.③ 2.③ 3.④ 4.① 5.④ 6.④

03 유압 모터

① 유압 모터는 회전운동을 하는 액추에이터이다.
② **종류** : 기어 모터, 베인 모터, 피스톤(플런저) 모터 등이 있다.

1 유압 모터의 장점
① 넓은 범위의 무단 변속이 용이하다.
② 소형·경량으로서 큰 출력을 낼 수 있다.
③ 과부하에 대해 안전하다.
④ 정·역회전 변화가 가능하다.
⑤ 자동 원격 조작이 가능하고 작동이 신속·정확하다.
⑥ 속도나 방향의 제어가 용이하다.
⑦ 회전체의 관성이 작아 응답성이 빠르다.
⑧ 구조가 간단하며, 과부하에 대해 안전하다.

2 유압 모터의 단점
① 유압유의 점도 변화에 의하여 유압 모터의 사용에 제약이 있다.
② 유압유는 인화하기 쉽다.
③ 유압유에 먼지나 공기가 침입하지 않도록 특히 보수에 주의해야 한다.
④ 공기와 먼지 등이 침투하면 성능에 영향을 준다.
⑤ 전동 모터에 비하여 급정지가 쉽다.

적중기출문제

1 유압장치에서 작동 유압 에너지에 의해 연속적으로 회전운동 함으로서 기계적인 일을 하는 것은?
① 유압 모터　② 유압 실린더
③ 유압 제어 밸브　④ 유압 탱크

2 유압 에너지를 공급받아 회전운동을 하는 유압 기기는?
① 유압 실린더　② 유압 모터
③ 유압 밸브　④ 롤러 리미터

3 유압 모터의 장점이 아닌 것은?
① 효율이 기계식에 비해 높다.
② 무단계로 회전속도를 조절할 수 있다.
③ 회전체의 관성이 작아 응답성이 빠르다.
④ 동일 출력 원동기에 비해 소형이 가능하다.

4 유압 모터의 장점이 될 수 없는 것은?
① 소형·경량으로서 큰 출력을 낼 수 있다.
② 공기와 먼지 등이 침투하여도 성능에는 영향이 없다.
③ 변속·역전의 제어도 용이하다.
④ 속도나 방향의 제어가 용이하다.

5 유압 모터의 특징 중 거리가 가장 먼 것은?
① 무단 변속이 가능하다.
② 속도나 방향의 제어가 용이하다.
③ 작동유의 점도 변화에 의하여 유압 모터의 사용에 제약이 있다.
④ 작동유가 인화되기 어렵다.

6 유압 모터의 일반적인 특징으로 가장 적합한 것은?
① 운동량을 직선으로 속도 조절이 용이하다.
② 운동량을 자동으로 직선 조작을 할 수 있다.
③ 넓은 범위의 무단 변속이 용이하다.
④ 각도에 제한 없이 왕복 각운동을 한다.

정답
1.①　2.②　3.①　4.②　5.④　6.③

3 기어 모터의 장점
① 구조가 간단하고 가격이 싸다.
② 가혹한 운전조건에서 비교적 잘 견딘다.
③ 먼지나 이물질에 의한 고장 발생율이 낮다.

4 기어 모터의 단점
① 유량 잔류가 많다.
② 토크 변동이 크다.
③ 수명이 짧다.
④ 효율이 낮다.

5 피스톤(플런저) 모터의 특징
① 효율이 높다.
② 내부 누설이 적다.
③ 고압 작동에 적합하다.
④ 구조가 복잡하고 수리가 어렵다.
⑤ 레이디얼 플런저 모터는 플런저가 구동축의 직각방향으로 설치되어 있다.
⑥ 액시얼 플런저 모터는 플런저가 구동축에 대하여 일정한 경사각으로 설치되어 있다.
⑦ 펌프의 최고 토출압력, 평균효율이 가장 높아 고압 대출력에 사용한다.

6 유압 모터에서 소음과 진동이 발생하는 원인
① 유압유 속에 공기가 유입되었다.
② 체결 볼트가 이완되었다.
③ 내부 부품이 파손되었다.

적중기출문제 — 유압기기

1 유압 모터에 대한 설명 중 맞는 것은?
① 유압 발생 장치에 속한다.
② 압력, 유량, 방향을 제어한다.
③ 직선운동을 하는 작동기(actuator)이다.
④ 유압 에너지를 기계적 일로 변환한다.

2 유압장치 중에서 회전운동을 하는 것은?
① 급속 배기 밸브
② 유압 모터
③ 하이드로릭 실린더
④ 복동 실린더

> 유압 모터는 유압 에너지에 의해 연속적으로 회전운동 함으로서 기계적인 일을 하는 장치이다.

3 유압장치에 사용되는 것으로 회전운동을 하는 것은?
① 유압 실린더   ② 셔틀 밸브
③ 유압 모터   ④ 컨트롤 밸브

4 다음 중 유압모터에 속하는 것은?
① 플런저 모터   ② 보올 모터
③ 터빈 모터   ④ 디젤 모터

5 베인 모터는 항상 베인을 캠링(cam ring) 면에 압착시켜 두어야 한다. 이 때 사용하는 장치는?
① 볼트와 너트
② 스프링 또는 로킹 빔(locking beam)
③ 스프링 또는 배플 플레이트
④ 캠링 홀더(cam ring holder)

> 베인 모터에서 항상 베인을 캠링(cam ring) 내면에 압착시켜 두기 위해 사용하는 장치는 스프링 또는 로킹 빔(locking beam)이다.

6 유압 모터의 속도 결정에 가장 크게 영향을 미치는 것은?
① 오일의 압력   ② 오일의 점도
③ 오일의 유량   ④ 오일의 온도

7 피스톤 모터의 특징으로 맞는 것은?
① 효율이 낮다.
② 내부 누설이 많다.
③ 고압 작동에 적합하다.
④ 구조가 간단하고 수리가 쉽다.

8 유압장치에서 기어형 모터의 장점이 아닌 것은?
① 가격이 싸다.
② 구조가 간단하다.
③ 소음과 진동이 작다.
④ 먼지나 이물질이 많은 곳에서도 사용이 가능하다.

9 기어 모터의 장점에 해당하지 않는 것은?
① 구조가 간단하다.
② 토크 변동이 크다.
③ 가혹한 운전 조건에서 비교적 잘 견딘다.
④ 먼지나 이물질에 의한 고장 발생율이 낮다.

10 유압장치에서 기어 모터에 대한 설명 중 잘못된 것은?
① 내부 누설이 적어 효율이 높다.
② 구조가 간단하고 가격이 저렴하다.
③ 일반적으로 스퍼 기어를 사용하나 헬리컬 기어도 사용한다.
④ 유압유에 이물질이 혼입되어도 고장발생이 적다.

11 플런저가 구동축의 직각방향으로 설치되어 있는 유압 모터는?
① 캠형 플런저 모터
② 액시얼 플런저 모터
③ 블래더 플런저 모터
④ 레이디얼 플런저 모터

12 펌프의 최고 토출 압력, 평균 효율이 가장 높아 고압 대출력에 사용하는 유압모터로 가장 적절한 것은?
① 기어 모터
② 베인 모터
③ 트로코이드 모터
④ 피스톤 모터

13 유압 모터와 연결된 감속기의 오일 수준을 점검할 때의 유의사항으로 틀린 것은?
① 오일이 정상 온도일 때 오일 수준을 점검해야 한다.
② 오일량은 영하(-)의 온도 상태에서 가득 채워야 한다.
③ 오일 수준을 점검하기 전에 항상 오일 수준 게이지 주변을 깨끗하게 청소한다.
④ 오일량이 너무 적으면 모터 유닛이 올바르게 작동하지 않거나 손상될 수 있으므로 오일량은 항상 정량 유지가 필요하다.

14 유압 모터에서 소음과 진동이 발생할 때의 원인이 아닌 것은?
① 내부부품의 파손
② 작동유 속에 공기혼입
③ 체결 볼트의 이완
④ 펌프의 최고 회전속도 저하

15 유압 모터의 회전속도가 규정 속도보다 느릴 경우의 원인에 해당하지 않는 것은?
① 유압 펌프의 오일 토출량 과다
② 유압유의 유입량 부족
③ 각 습동부의 마모 또는 파손
④ 오일의 내부 누설

정답
1.④ 2.② 3.③ 4.① 5.② 6.③ 7.③
8.③ 9.② 10.① 11.④ 12.④ 13.②
14.④ 15.①

유압 기호 및 회로

01 유압 기호

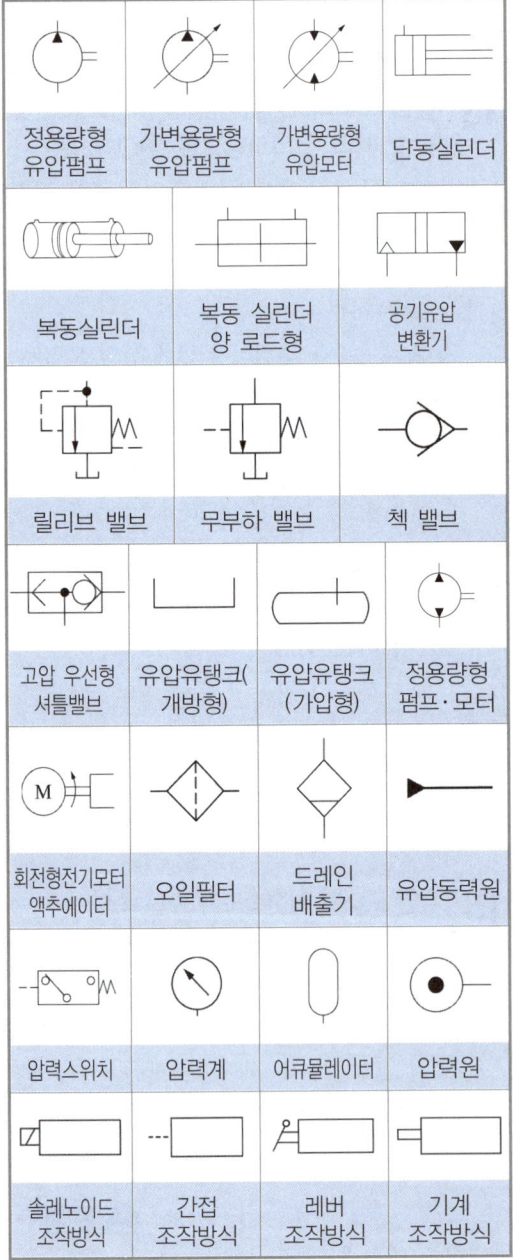

적중기출문제

1 다음 중 유압 압력계의 기호는?

2 그림의 유압기호가 나타내는 것은?

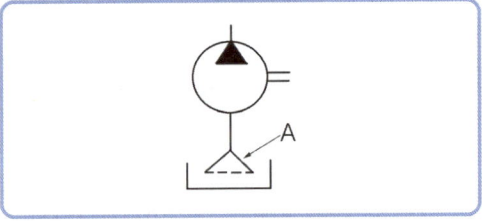

① 유압 밸브 ② 차단 밸브
③ 오일 탱크 ④ 유압 실린더

3 아래 그림에서 "A" 부분은?

① 유압 모터
② 오일 스트레이너
③ 가변용량 유압 펌프
④ 가변용량 유압 모터

4 체크 밸브를 나타낸 것은?

①  ②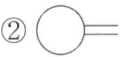
③  ④

정답

1.④ 2.③ 3.② 4.①

5 유압장치에서 가변 용량형 유압 펌프의 기호는?

① 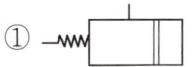 ②
③  ④

6 그림의 유압 기호는 무엇을 표시하는가?

① 오일 쿨러 ② 유압 탱크
③ 유압 펌프 ④ 유압 밸브

7 가변 용량형 유압 펌프의 기호 표시는?

①  ②
③ ④

8 유압 도면 기호에서 여과기의 기호 표시는?

①  ②
③  ④

9 축압기의 기호 표시는?

① 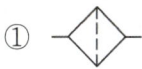 ②
③  ④

10 그림의 유압 기호는 무엇을 표시하는가?

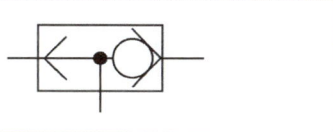

① 고압 우선형 셔틀 밸브
② 저압 우선형 셔틀 밸브
③ 급속 배기 밸브
④ 급속 흡기 밸브

11 다음 그림과 같은 일반적으로 사용하는 유압 기호에 해당하는 밸브는?

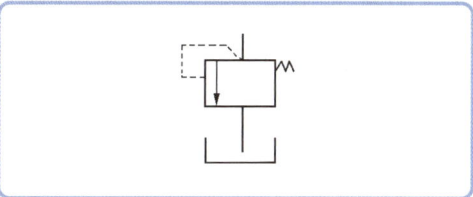

① 체크 밸브
② 시퀀스 밸브
③ 릴리프 밸브
④ 리듀싱 밸브

12 다음 유압기호가 나타내는 것은?

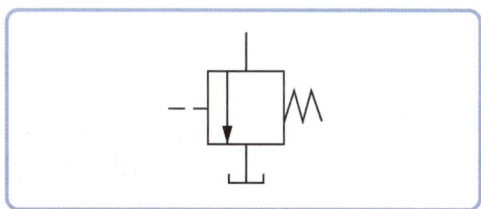

① 릴리프 밸브(relief valve)
② 감압 밸브(reducing valve)
③ 순차밸브(sequence valve)
④ 무부하 밸브(unloader valve)

> **정답**
> 5.③ 6.③ 7.① 8.① 9.④ 10.① 11.③
> 12.④

02 유압 회로도의 종류

① **기호 회로도** : 유압 기호로 표시한 유압 회로도
② **그림 회로도** : 구성 기기의 외관을 그림으로 표시한 유압 회로도
③ **조합 회로도** : 그림 회로도와 단면 회로도를 혼합하여 표시한 유압 회로도
④ **단면 회로도** : 기기의 내부와 동작을 단면으로 표시한 회로도

03 유압회로에 사용되는 기본 회로

1 오픈 회로와 크로즈 회로
① **오픈 회로** : 유압 펌프에서 토출한 유압유로 액추에이터를 작동시킨 후 유압유를 탱크로 복귀시키는 회로
② **크로즈 회로** : 유압 펌프에서 토출한 유압유로 액추에이터를 작동시킨 후 복귀하는 유압유를 다시 유압 펌프의 흡입구에서 흡입하도록 하는 회로

2 압력 제어 회로
① **릴리프 회로** : 과다한 압력이 작용하더라도 유압기기나 회로의 파손을 방지하는 안전 회로. 무부하(언로더) 회로라고도 한다.
② **감압 회로** : 유압원이 1개인 경우 회로 내 일부의 압력을 감압하기 위하여 사용한다.
③ **카운터 밸런스 회로** : 수직으로 설치한 비교적 큰 자체 중량의 유압 실린더 피스톤의 복귀쪽에 그 중량에 상당하는 배압을 주는 카운터 밸런스 밸브를 설치하여 자유낙하를 방지하고 필요한 피스톤의 힘을 릴리프 밸브로 규제하는 회로. 압력제어 회로이다.
④ **시퀀스 회로** : 실린더를 순차적으로 작동시키기 위한 회로이다. 시퀀스 밸브를 사용하여 실린더가 순차적으로 작동하도록 하는 회로이며, 실린더의 작동이 완료되면 회로의 압력이 상승하고 압력에 의해서 시퀀스 회로가 작동한다.
⑤ **어큐뮬레이터 회로** : 유압 펌프 출구 가까이에 어큐뮬레이터를 설치하고 밸브 변환시에 발생하는 서지 압력을 흡수하고 펌프의 순간적인 과부하 방지 및 회로에서의 진동, 소음, 배관의 느슨함에 의해서 발생되는 누유 및 파손 등을 방지하는 회로

3 속도 제어 회로
① **미터 인 회로** : 유압 실린더(액추에이터)에 유입되는 유압유를 조절하여 속도를 제어하는 회로. 유량 제어 밸브와 실린더가 직렬로 연결되어 있다.
② **미터 아웃 회로** : 유압 실린더(액추에이터)에서 나오는 유압유를 조절하여 속도를 제어하는 회로
③ **블리드 오프 회로** : 유량 조절 밸브를 바이패스 회로에 설치하여 유압 실린더에 송유되는 유압유 이외에 유압유를 탱크로 복귀시키는 회로. 유량 제어 밸브와 실린더가 병렬로 연결되어 있다.
④ **감속 회로** : 고속으로 작동하며, 비교적 관성력이 큰 피스톤의 작동에서 충격적인 변환 동작을 완화하고 원활히 정지시키는 회로
⑤ **차동 회로** : 유압 실린더의 좌우 양쪽의 포트로 동시에 유압유를 공급하고 피스톤이 양쪽에서 받는 힘의 차이로 작동하는 것을 이용하는 회로
⑥ **동기 회로** : 여러 개의 유압 실린더나 모터를 동시에 같은 속도로 작동시킬 때 사용하는 회로의 교축 방식과 양쪽 유압 모터는 동일한 회전을 하기 때문에 토출량이 일정하게 되어 양쪽 유압 실린더를 동기시킬 때 사용하는 회로의 유압 모터 방식이 있다.

적중기출문제

1 유압장치에서 가장 많이 사용되는 유압 회로도는?
① 조합 회로도 ② 그림 회로도
③ 단면 회로도 ④ 기호 회로도

2 유압장치의 기호 회로도에 사용되는 유압 기호의 표시 방법으로 적합하지 않은 것은?
① 기호에는 흐름의 방향으로 표시한다.
② 각 기기의 기호는 정상상태 또는 중립상태를 표시한다.
③ 기호는 어떠한 경우에도 회전하여서는 안 된다.
④ 기호에는 각 기기의 구조나 작용 압력을 표시하지 않는다.

> 기호 회로도에 사용되는 유압 기호는 오해의 위험이 없는 경우에는 기호를 회전하거나 뒤집어도 된다.

3 유압회로의 설명으로 맞는 것은?
① 유압회로에서 릴리프 밸브는 압력제어 밸브이다.
② 유압회로의 동력 발생부에는 공기와 믹서하는 장치가 설치되어 있다.
③ 유압회로에서 릴리프 밸브는 닫혀 있으며, 규정 압력 이하의 오일 압력이 오일탱크로 회송된다.
④ 회로 내 압력이 규정 이상일 때는 공기를 혼입하여 압력을 조절한다.

4 유압장치에서 속도 제어 회로에 속하지 않는 것은?
① 미터 인 회로
② 미터 아웃 회로
③ 블리드 오프 회로
④ 블리드 온 회로

5 액추에이터의 입구 쪽 관로에 유량제어 밸브를 직렬로 설치하여 작동유의 유량을 제어함으로서 액추에이터의 속도를 제어하는 회로는?
① 시스템 회로(system circuit)
② 블리드 오프 회로 (bleed-off circuit)
③ 미터 인 회로(meter-in circuit)
④ 미터 아웃 회로(meter-out circuit)

6 유압회로에서 유량 제어를 통하여 작업 속도를 조절하는 방식에 속하지 않는 것은?
① 미터 인(meter in) 방식
② 미터 아웃(meter out) 방식
③ 블리드 오프(bleed off) 방식
④ 블리드 온(bleed on) 방식

7 유압 실린더의 속도를 제어하는 블리드 오프(bleed off)회로에 대한 설명으로 틀린 것은?
① 유량 제어 밸브를 실린더와 직렬로 설치한다.
② 펌프 토출량 중 일정한 양을 탱크로 되돌린다.
③ 릴리프 밸브에서 과잉압력을 줄일 필요가 없다.
④ 부하 변동이 급격한 경우에는 정확한 유량 제어가 곤란하다.

> 블리드 오프 회로는 유압 실린더로 유입하는 쪽에 병렬로 유량 제어 밸브를 설치한다.

8 차동회로를 설치한 유압기기에서 속도가 나지 않는 이유로 가장 적절한 것은?
① 회로 내에 감압밸브가 작동하지 않을 때
② 회로 내에 관로의 직경차가 있을 때
③ 회로 내에 바이패스 통로가 있을 때
④ 회로 내에 압력 손실이 있을 때

정답
1.④ 2.③ 3.① 4.④ 5.③ 6.④ 7.①
8.④

기타 부속장치 등

01 유압유 탱크

1 유압유 탱크의 기능
① 계통 내의 필요한 유량을 확보한다.
② 내부의 격판(배플)에 의해 기포 발생 방지 및 제거한다.
③ 유압유 탱크 외벽의 냉각에 의한 적정온도 유지한다.
④ 흡입 스트레이너가 설치되어 회로 내 불순물 혼입을 방지한다.

2 유압유 탱크의 구비 조건
① 배유구(드레인 플러그)와 유면계를 설치하여야 한다.
② 흡입 관과 복귀 관 사이에 격판(배플)을 설치하여야 한다.
③ 흡입 유압유를 위한 스트레이너(strainer)를 설치하여야 한다.
④ 적당한 크기의 주유구를 설치하여야 한다.
⑤ 발생한 열을 방산할 수 있어야 한다.
⑥ 공기 및 수분 등의 이물질을 분리할 수 있어야 한다.
⑦ 오일에 이물질이 유입되지 않도록 밀폐되어야 한다.

3 유압유 탱크의 구조
① **구성 부품** : 스트레이너, 드레인 플러그, 배플 플레이트, 주입구 캡, 유면계
② 펌프 흡입구와 탱크로의 귀환구(복귀구) 사이에는 격판(배플)을 설치한다.
③ 배플(격판)은 탱크로 귀환하는 유압유와 유압 펌프로 공급되는 유압유를 분리시키는 기능을 한다.
④ 펌프 흡입구는 탱크로의 귀환구(복귀구)로부터 될 수 있는 한 멀리 떨어진 위치에 설치한다.
⑤ 펌프 흡입구에는 스트레이너(오일 여과기)를 설치한다.

02 어큐뮬레이터(축압기, Accumulator)

1 어큐뮬레이터의 기능
① 어큐뮬레이터는 유압 에너지를 일시 저장하는 역할을 한다.
② 고압유를 저장하는 방법에 따라 중량에 의한 것, 스프링에 의한 것, 공기나 질소 가스 등의 기체 압축성을 이용한 것 등이 있다.

2 어큐뮬레이터 구조

(1) 피스톤형
① 실린더 내에 피스톤을 끼워 기체실과 유압실을 구성하는 구조로 되어 있다.
② 구조가 간단하고 튼튼하나 실린더 내면은 정밀 다듬질 가공하여야 한다.
③ 적당한 패킹으로 밀봉을 완전하게 하여야 하므로 제작비가 비싸다.
④ 피스톤 부분의 마찰저항과 작동유의 누설 등에 문제가 있다.

(2) 블래더형(고무 주머니형)
① 외부에서 기체를 탄성이 큰 특수 합성 고무 주머니에 봉입하였다.
② 고무주머니가 용기 속에서 돌출되지 않도록 보호하고 있다.
③ 고무주머니의 관성이 낮아서 응답성이 매우 커 유지 관리가 쉽고 광범위한 용도로 쓸 수 있는 장점이 있다.

적중기출문제

1 유압 탱크의 기능이 아닌 것은?
① 계통 내에 필요한 유량 확보
② 배플에 의한 기포 발생 방지 및 소멸
③ 탱크 외벽의 방열에 의한 적정온도 유지
④ 계통 내에 필요한 압력의 설정

2 건설기계 유압장치의 작동유 탱크의 구비조건 중 거리가 가장 먼 것은?
① 배유구(드레인 플러그)와 유면계를 두어야 한다.
② 흡입관과 복귀관 사이에 격판(차폐장치, 격리판)을 두어야 한다.
③ 유면을 흡입라인 아래까지 항상 유지할 수 있어야 한다.
④ 흡입 작동유 여과를 위한 스트레이너를 두어야 한다.

> 유면은 적정 위치 "Full"에 가깝게 유지하여야 한다.

3 유압 탱크에 대한 구비조건으로 가장 거리가 먼 것은?
① 적당한 크기의 주유구 및 스트레이너를 설치한다.
② 드레인(배출 밸브) 및 유면계를 설치한다.
③ 오일에 이물질이 유입되지 않도록 밀폐되어야 한다.
④ 오일냉각을 위한 쿨러를 설치한다.

4 일반적인 오일 탱크의 구성품이 아닌 것은?
① 스트레이너
② 유압 태핏
③ 드레인 플러그
④ 배플 플레이트

5 유압 탱크의 주요 구성요소가 아닌 것은?
① 유면계   ② 주입구
③ 유압계   ④ 격판(배플)

6 유압 펌프에서 발생한 유압을 저장하고 맥동을 제거시키는 것은?
① 어큐뮬레이터   ② 언로딩 밸브
③ 릴리프 밸브   ④ 스트레이너

7 건설기계의 작동유 탱크 역할로 틀린 것은?
① 유온을 적정하게 설정한다.
② 작동유 수명을 연장하는 역할을 한다.
③ 오일 중의 이물질을 분리하는 작용을 한다.
④ 유압게이지가 설치되어 있어 작업 중 유압 점검을 할 수 있다.

8 오일탱크 관련 설명으로 틀린 것은?
① 유압유 오일을 저장한다.
② 흡입구와 리턴구는 최대한 가까이 설치한다.
③ 탱크 내부에는 격판(배플 플레이트)을 설치한다.
④ 흡입 스트레이너가 설치되어 있다.

9 유압에너지의 저장, 충격흡수 등에 이용되는 것은?
① 축압기(accumulator)
② 스트레이너(strainer)
③ 펌프(pump)
④ 오일 탱크(oil tank)

10 가스형 축압기(어큐뮬레이터)에 가장 널리 이용되는 가스는?
① 질소   ② 수소
③ 아르곤   ④ 산소

정답
1.④ 2.③ 3.④ 4.② 5.③ 6.① 7.④
8.② 9.① 10.①

3 어큐뮬레이터의 용도
① 유압 에너지를 저장(축척)한다.
② 유압 펌프의 맥동을 제거(감쇠)해 준다.
③ 충격 압력을 흡수한다.
④ 압력을 보상해 준다.
⑤ 유압 회로를 보호한다.
⑥ 보조 동력원으로 사용한다.
⑦ 기체 액체형 어큐뮬레이터에 사용되는 가스는 질소이다.
⑧ **종류** : 피스톤형, 다이어프램형, 블래더형

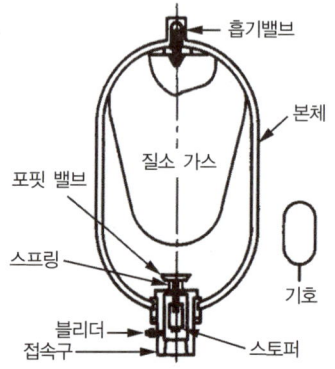

03 오일 필터(Oil filter)

① **스트레이너** : 유압유를 유압 펌프의 흡입 관로에 보내는 통로에 사용되는 것.

② **필터** : 유압 펌프의 토출 관로나 유압유 탱크로 되돌아오는 통로(드레인 회로)에 사용되는 것으로 금속 등 마모된 찌꺼기나 카본 덩어리 등의 이물질을 제거한다.
③ **관로용 필터의 종류** : 압력 여과기, 리턴 여과기, 라인 여과기
④ **라인 필터의 종류** : 흡입관 필터, 압력관 필터, 복귀관 필터
⑤ 오일 필터의 여과 입도가 너무 조밀(여과 입도 수(mesh)가 높으면)하면 공동현상(캐비테이션)이 발생한다.

04 유압 호스

① **나선 와이어 블레이드 호스** : 유압 호스 중 가장 큰 압력에 견딜 수 있다.
② **고압 호스가 자주 파열되는 원인** : 릴리프 밸브의 설정 유압 불량(유압을 너무 높게 조정한 경우)이다.
③ **유압 호스의 노화 현상**
  ㉮ 호스가 굳어 있는 경우
  ㉯ 표면에 크랙(Crack, 균열)이 발생한 경우
  ㉰ 정상적인 압력 상태에서 호스가 파손될 경우
  ㉱ 호스의 표면에 갈라짐이 발생한 경우
  ㉲ 코킹 부분에서 오일이 누유 되는 경우

적중기출문제

1 축압기(어큐뮬레이터)의 기능과 관계가 없는 것은?
① 충격 압력 흡수 ② 유압 에너지 축적
③ 릴리프 밸브 제어 ④ 유압 펌프 맥동 흡수

2 축압기의 용도로 적합하지 않은 것은?
① 유압 에너지 저장
② 충격 흡수
③ 유량 분배 및 제어
④ 압력 보상

3 축압기(accumulator)의 사용 목적이 아닌 것은?
① 압력 보상
② 유체의 맥동 감쇠
③ 유압회로 내의 압력 제어
④ 보조 동력원으로 사용

4 기체-오일식 어큐뮬레이터에 가장 많이 사용되는 가스는?
① 산소　② 질소
③ 아세틸렌　④ 이산화탄소

5 유압장치에 사용되는 블래더형 어큐뮬레이터(축압기)의 고무주머니 내에 주입되는 물질로 맞는 것은?
① 압축공기　② 유압 작동유
③ 스프링　④ 질소

6 유압장치에서 금속가루 또는 불순물을 제거하기 위해 사용되는 부품으로 짝지어진 것은?
① 여과기와 어큐뮬레이터
② 스크레이퍼와 필터
③ 필터와 스트레이너
④ 어큐뮬레이터와 스트레이너

7 유압유에 포함된 불순물을 제거하기 위해 유압 펌프 흡입관에 설치하는 것은?
① 부스터　② 스트레이너
③ 공기청정기　④ 어큐뮬레이터

8 유압장치에서 금속 등 마모된 찌꺼기나 카본 덩어리 등의 이물질을 제거하는 장치는?
① 오일 팬　② 오일필터
③ 오일 쿨러　④ 오일 클리어런스

9 다음 중 여과기를 설치 위치에 따라 분류할 때 관로용 여과기에 포함되지 않는 것은?
① 라인 여과기　② 리턴 여과기
③ 압력 여과기　④ 흡입 여과기

10 건설기계 장비 유압계통에 사용되는 라인(line) 필터의 종류가 아닌 것은?
① 복귀관 필터　② 누유관 필터
③ 흡입관 필터　④ 압력관 필터

11 필터의 여과 입도 수(mesh)가 너무 높을 때 발생 할 수 있는 현상으로 가장 적절한 것은?
① 블로바이 현상　② 맥동 현상
③ 베이퍼록 현상　④ 캐비테이션 현상

12 유압장치의 수명 연장을 위해 가장 중요한 요소는?
① 오일 탱크의 세척
② 오일 냉각기의 점검 및 세척
③ 오일 펌프의 교환
④ 오일 필터의 점검 및 교환

> 유압장치의 수명 연장을 위한 가장 중요한 요소는 오일 및 오일 필터의 점검 및 교환이다.

13 유압 호스 중 가장 큰 압력에 견딜 수 있는 형식은?
① 고무형식
② 나선 와이어 형식
③ 와이어리스 고무 블레이드 형식
④ 직물 블레이드 형식

14 유압 건설기계의 고압 호스가 자주 파열되는 원인으로 가장 적합한 것은?
① 유압 펌프의 고속회전
② 오일의 점도저하
③ 릴리프 밸브의 설정 압력 불량
④ 유압 모터의 고속회전

15 유압회로에서 호스의 노화 현상이 아닌 것은?
① 호스의 표면에 갈라짐이 발생한 경우
② 코킹 부분에서 오일이 누유 되는 경우
③ 액추에이터의 작동이 원활하지 않을 경우
④ 정상적인 압력 상태에서 호스가 파손될 경우

정답
1.③　2.③　3.③　4.②　5.④　6.③　7.②
8.②　9.④　10.②　11.④　12.④　13.②
14.③　15.③

05 오일 실(oil seal)

1 기능
① 유압 기기의 접합 부분이나 이음 부분에서 작동유의 누설을 방지한다.
② 외부에서 유압 기기 내로 이물질이 침입하는 것을 방지한다.

2 오일 실의 구비 조건
① 압축 복원성이 좋고 압축 변형이 작아야 한다.
② 유압유의 체적 변화나 열화가 적어야 하며, 내약품성이 양호하여야 한다.
③ 고온에서의 열화나 저온에서의 탄성 저하가 작아야 한다.
④ 장시간의 사용에 견디는 내구성 및 내마멸성이 커야 한다.
⑤ 내마멸성이 적당하고 비중이 적어야 한다.
⑥ 정밀 가공 면을 손상시키지 않아야 한다.

06 플러싱(flushing)

① 플러싱은 유압 계통 내에 슬러지, 이물질 등을 회로 밖으로 배출시켜 깨끗이 하는 작업
① 플러싱을 완료한 후 오일을 반드시 제거하여야 한다.
② 플러싱 오일을 제거한 후에는 유압유 탱크 내부를 다시 세척하고 라인 필터 엘리먼트를 교환한다.
③ 플러싱 작업을 완료한 후에는 가능한 한 빨리 유압유를 넣고 수 시간 운전하여 전체 유압 라인에 유압유가 공급되도록 한다.

적중기출문제 — 유압기기

1 유압 작동부에서 오일이 누유 되고 있을 때 가장 먼저 점검하여야 할 곳은?
① 실(seal) ② 피스톤
③ 기어   ④ 펌프

2 유압 계통에서 오일 누설 시의 점검사항이 아닌 것은?
① 오일의 윤활성
② 실(seal)의 마모
③ 실(seal)의 파손
④ 펌프 고정 볼트의 이완

3 일반적으로 유압 계통을 수리할 때마다 항상 교환해야 하는 것은?
① 샤프트 실(shaft seals)
② 커플링(couplings)
③ 밸브 스풀(valve spools)
④ 터미널 피팅(terminal fitting)

4 유압계통의 오일장치 내에 슬러지 등이 생겼을 때 이것을 용해하여 장치 내를 깨끗이 하는 작업은?
① 플러싱 ② 트램핑
③ 서징   ④ 코킹

5 유압회로 내의 이물질, 열화 된 오일 및 슬러지 등을 회로 밖으로 배출시켜 회로를 깨끗하게 하는 것을 무엇이라 하는가?
① 푸싱   ② 리듀싱
③ 언로딩 ④ 플래싱

정답
1.① 2.① 3.① 4.① 5.④

06 건설기계 관리법규 및 도로교통법

건설기계 등록
건설기계 검사
건설기계 조종사의 면허 및 건설기계 사업
건설기계 관리법규의 벌칙
건설기계의 도로교통법

section 01 건설기계 등록

01 건설기계 관리법의 입법 목적

① 건설기계의 효율적인 관리
② 건설기계의 안전도 확보
③ 건설공사의 기계화를 촉진함

02 건설기계의 정의

1 건설기계 사업 및 건설기계 형식의 정의

① **건설기계 사업** : 건설기계 대여업, 건설기계 정비업, 건설기계 매매업 및 건설기계 해체재활용업을 말한다.
② **건설기계 형식** : 건설기계의 구조·규격 및 성능 등에 관하여 일정하게 정한 것을 말한다.

2 건설기계의 범위

① **불도저** : 무한궤도 또는 타이어식인 것
② **굴착기** : 무한궤도 또는 타이어식으로 굴착장치를 가진 자체중량 1톤 이상인 것
③ **로더** : 무한궤도 또는 타이어식으로 적재장치를 가진 자체중량 2톤 이상인 것. 다만, 차체 굴절식 조향장치가 있는 자체중량 4톤 미만인 것은 제외한다.
④ **지게차** : 타이어식으로 들어 올림 장치와 조종석을 가진 것. 다만, 전동식으로 솔리드 타이어를 부착한 것 중 도로가 아닌 장소에서만 운행하는 것은 제외한다.
⑤ **스크레이퍼** : 흙·모래의 굴착 및 운반장치를 가진 자주식인 것
⑥ **덤프트럭** : 적재용량 12톤 이상인 것. 다만, 적재용량 12톤 이상 20톤 미만의 것으로 화물운송에 사용하기 위하여 자동차관리법에 의한 자동차로 등록된 것을 제외한다.
⑦ **기중기** : 무한궤도 또는 타이어식으로 강재의 지주 및 선회장치를 가진 것. 다만, 궤도(레일)식인 것을 제외한다.
⑧ **모터그레이더** : 정지장치를 가진 자주식인 것
⑨ **롤러** : 1. 조종석과 전압장치를 가진 자주식인 것, 2. 피견인 진동식인 것
⑩ **노상안정기** : 노상안정장치를 가진 자주식인 것
⑪ **콘크리트 뱃칭 플랜트** : 골재 저장통·계량장치 및 혼합장치를 가진 것으로서 원동기를 가진 이동식인 것
⑫ **콘크리트 피니셔** : 정리 및 사상장치를 가진 것으로 원동기를 가진 것
⑬ **콘크리트 살포기** : 정리장치를 가진 것으로 원동기를 가진 것
⑭ **콘크리트 믹서트럭** : 혼합장치를 가진 자주식인 것(재료의 투입·배출을 위한 보조장치가 부착된 것을 포함한다)
⑮ **콘크리트 펌프** : 콘크리트 배송능력이 매 시간당 5m³ 이상으로 원동기를 가진 이동식과 트럭 적재식인 것
⑯ **아스팔트 믹싱플랜트** : 골재공급장치·건조가열장치·혼합장치·아스팔트공급장치를 가진 것으로 원동기를 가진 이동식인 것

⑰ **아스팔트 피니셔** : 정리 및 사상장치를 가진 것으로 원동기를 가진 것
⑱ **아스팔트 살포기** : 아스팔트 살포장치를 가진 자주식인 것
⑲ **골재 살포기** : 골재 살포장치를 가진 자주식인 것
⑳ **쇄석기** : 20kW 이상의 원동기를 가진 이동식인 것
㉑ **공기압축기** : 공기 토출량이 매분당 2.83m³(매 m³당 7kg 기준) 이상의 이동식인 것
㉒ **천공기** : 천공장치를 가진 자주식인 것
㉓ **항타 및 항발기** : 원동기를 가진 것으로 헤머 또는 뽑는 장치의 중량이 0.5톤 이상인 것
㉔ **자갈채취기** : 자갈채취장치를 가진 것으로 원동기를 가진 것
㉕ **준설선** : 펌프식·바켓식·딧퍼식 또는 그래브식으로 비자항식인 것. 다만, 「선박법」에 따른 선박으로 등록된 것은 제외한다.
㉖ **특수 건설기계** : 제1호부터 제25호까지의 규정 및 제27호에 따른 건설기계와 유사한 구조 및 기능을 가진 기계류로서 국토교통부장관이 따로 정하는 것
㉗ **타워크레인** : 수직타워의 상부에 위치한 지브(jib)를 선회시켜 중량물을 상하, 전후 또는 좌우로 이동시킬 수 있는 것으로서 원동기 또는 전동기를 가진 것. 다만, 「산업집적활성화 및 공장설립에 관한 법률」 제16조에 따라 공장등록대장에 등록된 것은 제외한다.

적중기출문제

1 건설기계관리법의 입법 목적에 해당되지 않는 것은?
① 건설기계의 효율적인 관리를 하기 위함
② 건설기계 안전도 확보를 위함
③ 건설기계의 규제 및 통제를 하기 위함
④ 건설공사의 기계화를 촉진함

2 건설기계관리법에서 정의한 건설기계 형식을 가장 잘 나타낸 것은?
① 엔진 구조 및 성능을 말한다.
② 형식 및 규격을 말한다.
③ 성능 및 용량을 말한다.
④ 구조·규격 및 성능 등에 관하여 일정하게 정한 것을 말한다.

3 건설기계관리법령상 건설기계의 범위로 옳은 것은?
① 덤프트럭 : 적재용량 10톤 이상인 것
② 기중기 : 무한궤도식으로 레일식 일 것
③ 불도저 : 무한궤도식 또는 타이어식인 것
④ 공기 압축기 : 공기 토출량이 매분 당 10세제곱미터 이상의 이동식 인 것

4 건설기계 범위에 해당되지 않는 것은?
① 준설선
② 3톤 지게차
③ 항타 및 항발기
④ 자체중량 1톤 미만의 굴착기

정답
1.③ 2.④ 3.③ 4.④

03 건설기계의 등록

1 건설기계의 등록신청

① 건설기계 소유자의 주소지 또는 건설기계의 사용 본거지를 관할하는 특별시장·광역시장·도지사 또는 특별자치도지사(이하 "시·도지사"라 한다)에게 등록신청을 하여야 한다.

② 건설기계 등록신청은 건설기계를 취득한 날(판매를 목적으로 수입된 건설기계의 경우에는 판매한 날을 말한다)부터 2월 이내에 하여야 한다.

③ 전시·사변 기타 이에 준하는 국가비상사태하에 있어서는 5일 이내에 신청하여야 한다.

④ 건설기계의 소유자는 건설기계 등록증을 잃어버리거나 건설기계 등록증이 헐어 못쓰게 된 경우에는 국토교통부령으로 정하는 바에 따라 재발급을 신청하여야 한다.

2 건설기계의 출처를 증명하는 서류

① 건설기계 제작증(국내에서 제작한 건설기계)
② 수입면장 등 수사실을 증명하는 서류(수입한 건설기계)
③ 매수증서(행정관청으로부터 매수한 건설기계)

3 건설기계의 등록신청 시 첨부서류

① 건설기계의 출처를 증명하는 서류
② 건설기계의 소유자임을 증명하는 서류. 다만, 출처를 증명하는 서류가 건설기계의 소유자임을 증명할 수 있는 경우에는 당해 서류로 갈음할 수 있다.
③ 건설기계 제원표
④ 자동차손해배상 보험 또는 공제의 가입을 증명하는 서류[시장·군수 또는 구청장(자치구의 구청장을 말한다.)에게 신고한 매매용 건설기계를 제외한다]

04 건설기계의 수급 조절

① 국토교통부장관은 건설기계의 수급 조절을 위하여 필요한 경우 다음 사항을 반영한 건설기계 수급 계획을 마련하여 건설기계 수급 조절 위원회의 심의를 거친 후 사업용 건설기계의 등록을 2년 이내의 범위에서 일정 기간 제한할 수 있다. 다만, 필요한 경우 동일한 절차를 거쳐 연장할 수 있다.
  ㉮ 건설 경기(景氣)의 동향과 전망
  ㉯ 건설기계의 등록 및 가동률 추이
  ㉰ 건설기계대여 시장의 동향 및 전망
  ㉱ 건설기계 설치·해체 및 운전 등 전문 인력 수급 동향 및 전망
  ㉲ 국민안전을 위협하는 건설기계 사고의 발생 추이
  ㉳ 그 밖에 대통령령으로 정하는 사항으로서 건설기계 수급 계획 수립에 필요한 사항

② 국토교통부장관은 재난 및 건설기계 사고의 발생 등으로 건설기계 수급계획을 변경할 필요가 있는 때에는 제3조의3에 따른 건설기계수급조절위원회의 심의를 거쳐 건설기계 수급계획을 변경할 수 있다. 다만, 국토교통부령으로 정하는 경미한 사항을 변경하는 경우에는 그러하지 아니하다.

③ 국토교통부장관은 제1항에 따른 사업용 건설기계의 등록을 제한하려는 경우 이를 관보에 고시하고 시·도지사에게 통보하여야 한다. 등록의 제한을 해제하려는 경우에도 같다.

④ 그 밖에 건설기계 수급 계획 및 건설기계의 수급 조절 절차 등에 관하여 필요한 사항은 대통령령으로 정한다.

적중기출문제 — 건설기계 등록

1 건설기계 등록 신청은 누구에게 하는가?
① 소유자의 주소지 또는 건설기계 사용 본거지를 관할하는 시·군·구청장
② 안전행정부 장관
③ 소유자의 주소지 또는 건설기계 소재지를 관할하는 검사소장
④ 소유자의 주소지 또는 건설기계 소재지를 관할하는 경찰서장

2 건설기계관리법령상 건설기계의 소유자가 건설기계 등록신청을 하고자 할 때 신청할 수 없는 단체장은?
① 산청군수 ② 경기도지사
③ 부산광역시장 ④ 제주특별자치도지사

3 건설기계 등록신청에 대한 설명으로 맞는 것은?(단, 전시·사변 등 국가비상사태 하의 경우 제외)
① 시·군·구청장에게 취득한 날로부터 10일 이내 등록신청을 한다.
② 시·도지사에게 취득한 날로부터 15일 이내 등록신청을 한다.
③ 시·군·구청장에게 취득한 날로부터 1개월 이내 등록신청을 한다.
④ 시·도지사에게 취득한 날로부터 2개월 이내 등록신청을 한다.

4 건설기계관리법령상 건설기계 소유자에게 건설기계 등록증을 교부할 수 없는 단체장은?
① 전주시장 ② 강원도지사
③ 대전광역시장 ④ 세종특별자치시장

5 국가비상사태하가 아닐 때 건설기계 등록신청은 건설기계 관리 법령상 건설기계를 취득한 날로부터 얼마의 기간 이내에 하여야 되는가?
① 5일 ② 15일
③ 1월 ④ 2월

6 건설기계 등록·검사증이 헐어서 못쓰게 된 경우 어떻게 하여야 되는가?
① 신규등록 신청
② 등록말소 신청
③ 정기검사 신청
④ 재교부 신청

7 건설기계를 등록할 때 건설기계 출처를 증명하는 서류와 관계없는 것은?
① 건설기계 제작증
② 수입면장
③ 매수증서(관청으로부터 매수)
④ 건설기계 대여업 신고증

8 건설기계 등록신청 시 첨부하지 않아도 되는 서류는?
① 호적등본
② 건설기계 소유자임을 증명하는 서류
③ 건설기계 제작증
④ 건설기계 제원표

9 건설기계의 수급조절을 위하여 필요한 경우 건설기계 수급조절위원회의 심의를 거친 후 사업용 건설기계의 등록을 2년 이내의 범위에서 일정 기간 제한할 수 있다. 건설기계 수급계획을 마련할 때 반영하는 사항과 가장 거리가 먼 것은?
① 건설 경기(景氣)의 동향과 전망
② 건설기계 대여 시장의 동향과 전망
③ 건설기계의 등록 및 가동률 추이
④ 건설기계 수출 시장의 추세

정답
1.① 2.① 3.④ 4.① 5.④ 6.④ 7.④
8.① 9.④

5 미등록 건설기계의 임시운행

1) 건설기계의 임시운행 사유
① 등록신청을 하기 위하여 건설기계를 등록지로 운행하는 경우
② 신규등록검사 및 확인검사를 받기 위하여 건설기계를 검사장소로 운행하는 경우
③ 수출을 하기 위하여 건설기계를 선적지로 운행하는 경우
④ 수출을 하기 위하여 등록말소 한 건설기계를 점검·정비의 목적으로 운행하는 경우
⑤ 신개발 건설기계를 시험·연구의 목적으로 운행하는 경우
⑥ 판매 또는 전시를 위하여 건설기계를 일시적으로 운행하는 경우

2) 건설기계의 임시운행 기간
① 임시운행 기간은 15일 이내로 한다.
② 신개발 건설기계를 시험·연구의 목적으로 운행하는 경우에는 3년 이내

6 건설기계 등록이전 신고

건설기계의 소유자는 건설기계 등록사항에 변경이 있는 때에는 그 변경이 있는 날부터 30일(상속의 경우에는 상속개시일부터 6개월) 이내에 건설기계 등록사항 변경신고서(전자문서로 된 신고서를 포함한다)에 변경내용을 증명하는 서류, 건설기계 등록증, 건설기계 검사증(전자문서를 포함한다)을 첨부하여 건설기계를 등록을 한 시·도지사에게 제출해야 한다. 다만, 전시·사변 기타 이에 준하는 국가비상사태하에 있어서는 5일 이내에 해야 한다.

7 건설기계 등록의 말소

1) 건설기계의 등록말소 사유
① 거짓이나 그 밖의 부정한 방법으로 등록을 한 경우
② 건설기계가 천재지변 또는 이에 준하는 사고 등으로 사용할 수 없게 되거나 멸실된 경우
③ 건설기계의 차대가 등록 시의 차대와 다른 경우
④ 건설기계 안전기준에 적합하지 아니하게 된 경우
⑤ 최고를 받고 지정된 기한까지 정기검사를 받지 아니한 경우
⑥ 건설기계를 수출하는 경우
⑦ 건설기계를 도난당한 경우
⑧ 건설기계를 폐기한 경우
⑨ 건설기계 해체 재활용업자에게 폐기를 요청한 경우
⑩ 구조적 제작 결함 등으로 건설기계를 제작자 또는 판매자에게 반품한 경우
⑪ 건설기계를 교육·연구 목적으로 사용하는 경우

2) 건설기계 등록의 말소
① 건설기계 소유자는 건설기계 등록말소 신청서를 등록지의 시·도지사에게 제출하여야 한다.
② 첨부 서류
  ㉮ 건설기계 등록증
  ㉯ 건설기계 검사증
  ㉰ 멸실·도난·수출·폐기·폐기요청·반품 및 교육·연구목적 사용 등 등록말소 사유를 확인할 수 있는 서류

3) 건설기계 등록말소의 신청
① 건설기계가 천재지변 또는 이에 준하는 사고 등으로 사용할 수 없게 되거나 멸실된 경우 : 30일 이내
② 건설기계를 폐기한 경우와 건설기계를 교육·연구 목적으로 사용하는 경우 : 30일 이내
③ 구조적 제작 결함 등으로 건설기계를 제작자 또는 판매자에게 반품한 때 : 30일 이내
④ 건설기계를 도난당한 경우 : 2개월 이내

적중기출문제

1 건설기계관리법령상 미등록 건설기계의 임시운행 사유에 해당되지 않는 것은?
① 등록신청을 하기 위하여 건설기계를 등록지로 운행하는 경우
② 등록신청 전에 건설기계 공사를 하기 위하여 임시로 사용하는 경우
③ 수출을 하기 위하여 건설기계를 선적지로 운행하는 경우
④ 신개발 건설기계를 시험·연구의 목적으로 운행하는 경우

2 건설기계 소유자가 건설기계의 등록 전 일시적으로 운행할 수 없는 경우는?
① 등록신청을 하기 위하여 건설기계를 등록지로 운행하는 경우
② 신규등록검사 및 확인검사를 받기 위하여 검사장소로 운행하는 경우
③ 간단한 작업을 위하여 건설기계를 일시적으로 운행하는 경우
④ 신개발 건설기계를 시험·연구의 목적으로 운행하는 경우

3 신개발 건설기계의 시험·연구 목적 운행을 제외한 건설기계의 임시운행 기간은 며칠 이내인가?
① 5일　　② 10일
③ 15일　　④ 20일

4 건설기계 소유자는 등록한 주소지가 다른 시·도로 변경된 경우 어떤 신고를 해야 하는가?
① 등록사항 변경신고를 하여야 한다.
② 등록이전 신고를 하여야 한다.
③ 건설기계 소재지 변동신고를 한다.
④ 등록지의 변경 시에는 아무 신고도 하지 않는다.

5 건설기계에서 등록의 갱정은 어느 때 하는가?
① 등록을 행한 후에 그 등록에 관하여 착오 또는 누락이 있음을 발견한 때
② 등록을 행한 후에 소유권이 이전되었을 때
③ 등록을 행한 후에 등록지가 이전되었을 때
④ 등록을 행한 후에 소재지가 변동되었을 때

> 등록의 갱정은 등록을 행한 후에 그 등록에 관하여 착오 또는 누락이 있음을 발견한 때 한다.

6 건설기계관리법령상 건설기계의 등록말소 사유에 해당하지 않는 것은?
① 건설기계를 도난당한 경우
② 건설기계를 변경할 목적으로 해체한 경우
③ 건설기계를 교육·연구 목적으로 사용한 경우
④ 건설기계의 차대가 등록 시의 차대와 다를 경우

7 건설기계등록 말소 신청시의 첨부서류가 아닌 것은?
① 건설기계 검사증
② 건설기계 등록증
③ 건설기계 제작증
④ 말소사유를 확인할 수 있는 서류

8 건설기계 소유자는 건설기계를 도난당한 날로부터 얼마 이내에 등록말소를 신청해야 하는가?
① 30일 이내　　② 2개월 이내
③ 3개월 이내　　④ 6개월 이내

정답
1.② 2.③ 3.③ 4.① 5.① 6.② 7.③
8.②

8 등록원부의 보존

시·도지사는 건설기계 등록원부를 건설기계의 등록을 말소한 날부터 10년간 보존하여야 한다.

9 등록번호의 표시 등

① 등록된 건설기계에는 등록번호표를 부착 및 봉인하고, 등록번호를 새겨야 한다.
② 건설기계 소유자는 등록번호표 또는 그 봉인이 떨어지거나 알아보기 어렵게 된 경우에는 시·도지사에게 등록번호표의 부착 및 봉인을 신청하여야 한다.
③ 등록번호표에는 등록관청·용도·기종 및 등록번호를 표시하여야 한다.
④ 등록번호표는 압형으로 제작한다.

10 등록번호표의 표시방법

1) 색칠 및 등록번호
① **임시번호판** : 흰색 페인트 판에 검은색 문자
② **자가용** : 녹색판에 흰색문자 1001~4999
③ **영업용** : 주황색판에 흰색문자 5001~8999
④ **관용** : 흰색판에 검은색 문자 9001~9999

2) 기종별 기호표시
01 : 불도저
02 : 굴착기
03 : 로더
04 : 지게차
05 : 스크레이퍼
06 : 덤프트럭
07 : 기중기
08 : 모터그레이더
09 : 롤러
10 : 노상안정기
11 : 콘크리트뱃칭플랜트
12 : 콘크리트피니셔
13 : 콘크리트살포기
14 : 콘크리트믹서트럭
15 : 콘크리트펌프
16 : 아스팔트믹싱플랜트
17 : 아스팔트피니셔
18 : 아스팔트살포기
19 : 골재살포기
20 : 쇄석기
21 : 공기압축기
22 : 천공기
23 : 항타 및 항발기
24 : 자갈채취기
25 : 준설선
26 : 특수 건설기계
27 : 타워크레인

11 건설기계 등록번호표의 반납

① 건설기계의 등록이 말소된 경우
② 건설기계의 등록사항 중 대통령령으로 정하는 사항이 변경된 경우(등록된 건설기계의 소유자의 주소지 또는 사용본거지의 변경)
③ 등록번호표 또는 그 봉인이 떨어지거나 알아보기 어렵게 된 되어 등록번호표의 부착 및 봉인을 신청하는 경우
④ 등록된 건설기계의 소유자는 반납 사유가 발생한 경우에는 10일 이내에 등록번호표의 봉인을 떼어낸 후 그 등록번호표를 시·도지사에게 반납하여야 한다.
⑤ 시·도지사는 반납 받은 등록번호표를 절단하여 폐기하여야 한다.

적중기출문제

건설기계 등록

1. 시·도지사는 건설기계 등록원부를 건설기계의 등록을 말소한 날부터 몇 년간 보존하여야 하는가?
   ① 1년　　　　② 3년
   ③ 5년　　　　④ 10년

2. 시·도지사가 건설기계등록을 말소할 때에 건설기계 등록원부 보존 년수는?
   ① 건설기계의 등록을 말소한 날부터 1년간
   ② 건설기계의 등록을 말소한 날부터 3년간
   ③ 건설기계의 등록을 말소한 날부터 5년간
   ④ 건설기계의 등록을 말소한 날부터 10년간

3. 건설기계 등록번호표의 봉인이 떨어졌을 경우에 조치방법으로 올바른 것은?
   ① 운전자가 즉시 수리한다.
   ② 관할 시·도지사에게 봉인을 신청한다.
   ③ 관할 검사소에 봉인을 신청한다.
   ④ 가까운 카센터에서 신속하게 봉인한다.

4. 건설기계관리법령상 자가용 건설기계 등록번호표의 도색으로 옳은 것은?
   ① 청색판에 백색 문자
   ② 적색판에 흰색 문자
   ③ 백색판에 황색 문자
   ④ 녹색판에 흰색 문자

5. 영업용 건설기계등록번호표의 색칠로 맞는 것은?
   ① 흰색판에 검은색 문자
   ② 녹색판에 흰색 문자
   ③ 청색판에 흰색 문자
   ④ 주황색판에 흰색 문자

6. 건설기계 등록번호표의 도색이 흰색판인 경우는?
   ① 관용　　　　② 자가용
   ③ 영업용　　　④ 군용

7. 불도저의 기종별 기호 표시로 옳은 것은?
   ① 01　　　　② 02
   ③ 03　　　　④ 04

8. 건설기계 소유자가 관련법에 의하여 등록번호표를 반납하고자 하는 때에는 누구에게 하여야 하는가?
   ① 국토교통부광관
   ② 구청장
   ③ 시·도지사
   ④ 동장

9. 등록된 건설기계의 소유자는 등록번호표의 반납 사유가 발생하였을 경우에는 며칠이내에 반납하여야 하는가?
   ① 20일　　　　② 10일
   ③ 15일　　　　④ 30일

10. 건설기계 등록을 말소한 때에는 등록번호표를 며칠이내 시·도지사에게 반납하여야 하는가?
    ① 10일　　　　② 15일
    ③ 20일　　　　④ 30일

정답
1.④ 2.④ 3.② 4.④ 5.④ 6.① 7.①
8.③ 9.② 10.①

12 대형 건설기계의 구분

① 길이가 16.7미터를 초과하는 건설기계
② 너비가 2.5미터를 초과하는 건설기계
③ 높이가 4.0미터를 초과하는 건설기계
④ 최소회전반경이 12미터를 초과하는 건설기계
⑤ 총중량이 40톤을 초과하는 건설기계. 다만 굴착기, 로더 및 지게차는 운전중량이 40톤을 초과하는 경우를 말한다.
⑥ 총중량 상태에서 축하중이 10톤을 초과하는 건설기계. 다만 굴착기, 로더 및 지게차는 운전중량이 10톤을 초과하는 경우를 말한다.
⑦ 대형 건설기계에는 기준에 적합한 특별 표지판을 부착하여야 한다.

13 대형 건설기계 특별표지

① 특별 표지판의 바탕은 검은색으로, 문자 및 테두리는 흰색으로 도색할 것.
② 특별 표지판은 등록번호가 표시되어 있는 면에 부착할 것. 다만, 건설기계 구조상 불가피한 경우는 건설기계의 좌우 측면에 부착할 수 있다.
③ 조종실 내부의 조종사가 보기 쉬운 곳에 경고 표지판을 부착하여야 한다.
④ 경고 표지판의 바탕은 검은색으로, 문자 및 테두리선은 흰색으로 도색하고, 문자는 고딕체로 할 것
⑤ 대형 건설기계에는 건설기계의 식별이 쉽도록 전후 범퍼에 특별 도색을 하여야 한다. 다만, 최고 주행속도가 시간당 35 킬로미터 미만인 건설기계의 경우에는 그러하지 아니하다.

적중기출문제

1 특별 표지판을 부착하지 않아도 되는 건설기계는?

① 최소회전 반경이 13m인 건설기계
② 길이가 17m인 건설기계
③ 너비가 3m인 건설기계
④ 높이가 3m인 건설기계

2 대형 건설기계 특별 표지판 부착을 하지 않아도 되는 건설기계는?

① 너비 3미터인 건설기계
② 길이 16미터인 건설기계
③ 최소회전반경 13미터인 건설기계
④ 총중량 50톤인 건설기계

3 대형 건설기계의 특별표지 중 경고 표지판 부착 위치는?

① 작업 인부가 쉽게 볼 수 있는 곳
② 조종실 내부의 조종사가 보기 쉬운 곳
③ 교통경찰이 쉽게 볼 수 있는 곳
④ 특별 번호판 옆

4 특별 표지판을 부착하지 않아도 되는 건설기계는?

① 최소회전 반경이 13m인 건설기계
② 길이가 17m인 건설기계
③ 너비가 3m인 건설기계
④ 높이가 3m인 건설기계

정답
1.④ 2.② 3.② 4.④

section 02 건설기계 검사

01 건설기계 검사 등

① 건설기계의 소유자는 국토교통부장관이 실시하는 검사를 받아야 한다.
  ㉮ **신규 등록검사** : 건설기계를 신규로 등록할 때 실시하는 검사
  ㉯ **정기검사** : 건설공사용 건설기계로서 3년의 범위에서 검사 유효기간이 끝난 후에 계속하여 운행하려는 경우에 실시하는 검사와 대기환경보전법 및 소음·진동관리법에 따른 운행차의 정기검사
  ㉰ **구조변경검사** : 건설기계의 주요 구조를 변경하거나 개조한 경우 실시하는 검사
  ㉱ **수시검사** : 성능이 불량하거나 사고가 자주 발생하는 건설기계의 안전성 등을 점검하기 위하여 수시로 실시하는 검사와 건설기계 소유자의 신청을 받아 실시하는 검사
② 건설기계의 검사를 받으려는 자는 국토교통부장관에게 검사 신청서를 제출하고 해당 건설기계를 제시하여야 한다.
③ **건설기계 검사를 실시할 때 확인 사항**
  ㉮ 건설기계의 구조·규격 또는 성능 등이 국토교통부령으로 정하는 기준에 적합한지 여부
  ㉯ 등록번호 등이 건설기계 등록증에 적힌 것과 같은지 여부
④ 시·도지사는 신규 등록검사를 받은 건설기계 중 정기검사를 받아야 하는 건설기계의 경우에는 건설기계 검사증을 건설기계의 소유자에게 발급하여야 한다.
⑤ 시·도지사는 정기검사를 받지 아니한 건설기계의 소유자에게 정기검사의 유효기간이 끝난 날부터 **3개월 이내**에 국토교통부령으로 정하는 바에 따라 **10일 이내**의 기한을 정하여 정기검사를 받을 것을 최고하여야 한다.
⑥ 시·도지사는 안전성 등을 점검하기 위하여 국토교통부령으로 정하는 바에 따라 수시검사를 받을 것을 명령할 수 있다.
⑦ 시·도지사는 검사에 불합격된 건설기계에 대하여는 국토교통부령으로 정하는 바에 따라 정비를 받을 것을 명령할 수 있다.

적중기출문제

1 건설기계 검사의 종류에 해당되는 것은?
① 계속 검사   ② 임시 검사
③ 예비 검사   ④ 수시 검사

2 건설기계 관리법령상 건설기계에 대하여 실시하는 검사가 아닌 것은?
① 신규 등록검사
② 예비 검사
③ 구조 변경 검사
④ 수시 검사

3 건설기계의 수시검사 대상이 아닌 것은?
① 소유자가 수시검사를 신청한 건설기계
② 사고가 자주 발생하는 건설기계
③ 성능이 불량한 건설기계
④ 구조를 변경한 건설기계

정답
1.④ 2.② 3.④

02 건설기계 검사 유효기간

기종	연식	검사유효기간
1. 굴착기(타이어식)		1년
2. 로더(타이어식)	20년 이하	2년
	20년 초과	1년
3. 지게차(1톤 이상)	20년 이하	2년
	20년 초과	1년
4. 덤프트럭	20년 이하	1년
	20년 초과	6개월
5. 기중기	–	1년
6. 모터그레이더	20년 이하	2년
	20년 초과	1년
7. 콘크리트 믹서 트럭	20년 이하	1년
	20년 초과	6개월
8. 콘크리트 펌프 (트럭 적재식)	20년 이하	1년
	20년 초과	6개월
9. 아스팔트 살포기	–	1년
10. 천공기	–	1년
11. 타워크레인	–	6개월
12. 그 밖의 건설기계	20년 이하	3년
	20년 초과	1년

03 정기검사 신청 등

① 정기검사를 받으려는 자는 검사유효기간의 만료일 전후 각각 **31일 이내**의 기간에 정기검사 신청서를 시·도지사에게 제출하여야 한다.

② 검사신청을 받은 시·도지사 또는 검사대행자는 신청을 받은 날부터 **5일 이내**에 검사일시와 검사장소를 지정하여 신청인에게 통지하여야 한다.

③ 시·도지사 또는 검사대행자는 검사결과 당해 건설기계가 검사기준에 적합하다고 인정되는 때에는 건설기계 검사증에 유효기간을 기재하여 교부하여야 한다.

④ 유효기간의 산정은 정기검사 신청기간 내에 정기검사를 받은 경우에는 종전 검사 유효기간 만료일의 다음 날부터, 그 외의 경우에는 검사를 받은 날의 다음 날부터 기산한다.

04 건설기계의 정비 명령 등

① 시·도지사는 검사에 불합격된 건설기계에 대하여는 1개월 이내의 기간을 정하여 해당 건설기계의 소유자에게 검사를 완료한 날(검사를 대행하게 한 경우에는 검사결과를 보고받은 날)부터 **10일 이내**에 정비 명령을 하여야 한다. 이 경우 검사대행자를 지정한 경우에는 검사 대행자에게 그 사실을 통지하여야 한다.

② 정기검사에서 불합격한 건설기계로서 재검사를 신청하는 건설기계의 소유자에 대하여는 제1항 전단을 적용하지 않는다. 다만, 재검사 기간 내에 검사를 받지 않거나 재검사에 불합격한 건설기계에 대하여는 1개월 이내의 기간을 정하여 해당 건설기계의 소유자에게 정비 명령을 할 수 있다.

③ 제1항 전단 또는 제2항 단서에 따른 정비 명령을 받은 건설기계 소유자는 지정된 기간 안에 건설기계를 정비한 후 다시 검사신청을 해야 한다.

④ 시·도지사는 제1항 전단 또는 제2항 단서에 따른 정비 명령을 할 때에는 건설기계 소유자가 정비 명령에 따르지 않으면 법 제13조제9항 전단에 따라 해당 건설기계의 등록번호표를 영치할 수 있다는 사실을 알려야 한다.

적중기출문제 — 건설기계 검사

1 건설기계로 등록한지 10년 된 덤프트럭의 검사 유효기간은?
① 6월 ② 1년
③ 2년 ④ 3년

2 타이어식 굴착기의 정기검사 유효기간으로 옳은 것은?
① 1년 ② 2년
③ 3년 ④ 4년

3 정기검사 유효기간이 1년인 건설기계는?
① 기중기
② 20년 이하의 모터그레이더
③ 20년 이하의 타이어식 로더
④ 1톤 이상 20년 이하의 지게차

4 건설기계 관리 법령상 정기검사 유효기간이 다른 건설기계는?
① 20년 초과 덤프트럭
② 20년 초과 콘크리트 믹서 트럭
③ 타워 크레인
④ 굴착기(타이어식)

5 건설기계 관리 법령상 건설기계의 정기검사 유효기간이 잘못된 것은?
① 항타 및 항발기 : 1년
② 타워크레인 : 6개월
③ 아스팔트 살포기 : 1년
④ 지게차 1톤 이상 20년 이하 : 3년

6 정기 검사대상 건설기계의 정기검사 신청기간으로 옳은 것은?
① 건설기계의 정기검사 유효기간 만료일 전후 45일 이내에 신청한다.
② 건설기계의 정기검사 유효기간 만료일 전 90일 이내에 신청한다.
③ 건설기계의 정기검사 유효기간 만료일 전후 각각 31일 이내에 신청한다.
④ 건설기계의 정기검사 유효기간 만료일 후 60일 이내에 신청한다.

7 정기검사 신청을 받은 검사대행자는 며칠 이내에 검사일시 및 장소를 신청인에게 통지하여야 하는가?
① 20일 ② 15일
③ 5일   ④ 3일

8 건설기계관리법령상 건설기계가 정기검사 신청기간 내에 정기검사를 받은 경우, 다음 정기검사 유효기간의 산정방법으로 옳은 것은?
① 정기검사를 받은 날부터 기산한다.
② 정기검사를 받은 날의 다음날부터 기산한다.
③ 종전 검사유효기간 만료일부터 기산한다.
④ 종전 검사유효기간 만료일의 다음날부터 기산한다.

9 건설기계의 정비명령은 누구에게 하여야 하는가?
① 해당기계 운전자
② 해당기계 검사업자
③ 해당기계 정비업자
④ 해당기계 소유자

정답
1.② 2.① 3.① 4.④ 5.④ 6.③ 7.③
8.④ 9.④

05 건설기계 검사의 연기

① 검사 신청기간 내에 검사를 신청할 수 없는 경우에는 검사 신청기간 만료일까지 검사 연기 신청서에 연기사유를 증명할 수 있는 서류를 첨부하여 시·도지사에게 제출하여야 한다. 다만, 검사대행자를 지정한 경우에는 검사대행자에게 제출하여야 한다.
② 검사 연기 신청을 받은 시·도지사 또는 검사대행자는 그 신청일부터 **5일 이내**에 검사 연기여부를 결정하여 신청인에게 통지하여야 한다. 이 경우 검사 연기 불허 통지를 받은 자는 검사 신청기간 만료일부터 10일 이내에 검사신청을 하여야 한다.
③ 검사를 연기하는 경우에는 그 연기기간을 **6월 이내**[남북경제협력 등으로 북한지역의 건설공사에 사용되는 건설기계와 해외임대를 위하여 일시 반출되는 건설기계의 경우에는 반출기간 이내, 압류된 건설기계의 경우에는 그 압류기간 이내, 타워크레인 또는 천공기(터널 보링식 및 실드 굴진식으로 한정한다)가 해체된 경우에는 해체되어 있는 기간 이내]로 한다.

06 구조변경 검사

① 구조변경 검사를 받고자 하는 자는 주요 구조를 변경 또는 개조한 날부터 20일 이내에 건설기계 구조변경 검사 신청서를 시·도지사에게 제출하여야 한다. 다만, 검사대행자를 지정한 경우에는 검사대행자에게 제출하여야 한다.
② 타워 크레인의 주요 구조부를 변경 또는 개조하는 경우에는 변경 또는 개조 후 검사에 소요되는 기간 전에 건설기계 구조변경 검사 신청서를 시·도지사에게 제출하여야 한다.
③ 시·도지사 또는 검사대행자는 당해 건설기계가 검사기준에 적합하다고 인정되는 때에는 건설기계 검사증 및 건설기계 등록원부에 구조변경 검사일 기타 필요한 사항을 기재하여 교부하여야 한다.

07 구조변경검사 신청시 첨부서류

① 변경 전·후의 주요 제원 대비표
② 변경 전·후의 건설기계의 외관도(외관의 변경이 있는 경우에 한한다)
③ 변경한 부분의 도면
④ 선급법인 또는 한국해양교통안전공단이 발행한 안전도 검사증명서(수상작업용 건설기계에 한한다)
⑤ 건설기계를 제작하거나 조립하는 자 또는 건설기계 정비업자의 등록을 한 자가 발행하는 구조변경 사실을 증명하는 서류

08 구조변경 범위

① 원동기 및 전동기의 형식변경
② 동력전달장치의 형식변경
③ 제동장치의 형식변경
④ 주행장치의 형식변경
⑤ 유압장치의 형식변경
⑥ 조종장치의 형식변경
⑦ 조향장치의 형식변경
⑧ 작업장치의 형식변경. 다만, 가공작업을 수반하지 아니하고 작업장치를 선택 부착하는 경우에는 작업장치의 형식변경으로 보지 아니한다.
⑨ 건설기계의 길이·너비·높이 등의 변경
⑩ 수상작업용 건설기계의 선체의 형식변경
⑪ 타워크레인 설치기초 및 전기장치의 형식변경

09 검사 장소에서 검사

① 덤프트럭
② 콘크리트 믹서트럭
③ 콘크리트 펌프(트럭 적재식)
④ 아스팔트 살포기
⑤ 트럭 지게차(특수 건설기계인 트럭지게차를 말한다)

적중기출문제

1 검사 연기 신청을 하였으나 불허 통지를 받은 자는 언제까지 검사를 신청하여야 하는가?
① 불허 통지를 받은 날부터 5일 이내
② 불허 통지를 받은 날부터 10일 이내
③ 검사 신청기간 만료일부터 5일 이내
④ 검사 신청기간 만료일부터 10일 이내

2 건설기계 정기검사를 연기하는 경우 그 연장기간은 몇 월 이내로 하여야 하는가?
① 1월 ② 2월
③ 3월 ④ 6월

3 건설기계관리 법령상 건설기계의 구조변경검사 신청은 주요구조를 변경 또는 개조한 날부터 며칠이내에 하여야 하는가?
① 5일 이내 ② 15일 이내
③ 20일 이내 ④ 30일 이내

4 건설기계의 구조변경검사 신청서에 첨부할 서류가 아닌 것은?
① 변경 전·후의 건설기계 외관도
② 변경 전·후의 주요제원 대비표
③ 변경한 부분의 도면
④ 변경한 부분의 사진

5 건설기계 관리 법령에서 건설기계의 주요 구조 변경 및 개조의 범위에 해당하지 않는 것은?
① 기종 변경
② 원동기의 형식변경
③ 유압장치의 형식변경
④ 동력전달장치의 형식변경

> 건설기계의 기종 변경, 육상 작업용 건설기계 규격의 증가, 적재함의 용량 증가를 위한 구조변경은 할 수 없다.

6 건설기계의 주요구조 변경 범위에 포함되지 않는 사항은?
① 원동기의 형식변경
② 제동장치의 형식변경
③ 조종장치의 형식변경
④ 충전장치의 형식변경

7 건설기계의 구조변경 및 개조의 범위에 해당되지 않는 것은?
① 원동기의 형식 변경
② 주행 장치의 형식 변경
③ 적재함의 용량 증가를 위한 형식 변경
④ 유압장치의 형식 변경

8 건설기계 검사소에서 검사를 받아야 하는 건설기계는?
① 콘크리트 살포기
② 트럭적재식 콘크리트 펌프
③ 지게차
④ 스크레이퍼

정답
1.④ 2.④ 3.③ 4.④ 5.① 6.④ 7.③
8.②

section 03 건설기계 조종사의 면허 및 건설기계 사업

01 건설기계 조종사 면허

1 조종사 면허에 관한 사항
① 건설기계를 조종하려는 사람은 시장·군수 또는 구청장에게 건설기계 조종사 면허를 받아야 한다.
② 국토교통부령으로 정하는 건설기계를 조종하려는 사람은 도로교통법에 따른 운전면허를 받아야 한다.
③ 건설기계 조종사 면허는 국토교통부령으로 정하는 바에 따라 건설기계의 종류별로 받아야 한다.
③ 건설기계 조종사 면허를 받으려는 사람은 국가기술자격법에 따른 해당 분야의 기술자격을 취득하고 적성검사에 합격하여야 한다.
④ 국토교통부령으로 정하는 소형 건설기계의 건설기계 조종사 면허의 경우에는 시·도지사가 지정한 교육기관에서 실시하는 소형 건설기계의 조종에 관한 교육과정의 이수로 국가기술자격법에 따른 기술자격의 취득을 대신할 수 있다.
⑤ 건설기계 조종사 면허증의 발급, 적성검사의 기준, 그 밖에 건설기계 조종사 면허에 필요한 사항은 국토교통부령으로 정한다.

2 건설기계 조종사 면허증 발급 신청시 첨부서류
① 신체검사서
② 소형 건설기계 조종교육 이수증(소형 건설기계 조종사 면허증을 발급 신청하는 경우에 한정한다)
③ 건설기계 조종사 면허증(건설기계 조종사 면허를 받은 자가 면허의 종류를 추가하고자 하는 때에 한한다)
④ 6개월 이내에 촬영한 탈모 상반신 사진 2매
⑤ 국가기술 자격증 정보(소형 건설기계 조종사 면허증을 발급 신청하는 경우는 제외한다)
⑥ 자동차 운전면허 정보(3톤 미만의 지게차를 조종하려는 경우에 한정한다)
※ ⑤항 및 ⑥항은 신청인이 행정정보의 공동이용을 통하여 정보의 확인에 동의하지 아니하는 경우에는 해당 서류의 사본을 첨부하도록 하여야 한다.

3 제1종 대형면허로 조종하여야 하는 건설기계
① 덤프트럭
② 아스팔트 살포기
③ 노상 안정기
④ 콘크리트 믹서트럭
⑤ 콘크리트 펌프
⑥ 천공기(트럭적재식을 말한다)
⑦ 특수건설기계 중 국토교통부장관이 지정하는 건설기계

적중기출문제

건설기계 조종사의 면허 및 건설기계 사업

1 건설기계 조종사 면허에 관한 사항으로 틀린 것은?
① 자동차운전면허로 운전할 수 있는 건설기계도 있다.
② 면허를 받고자 하는 자는 국공립병원, 시·도지사가 지정하는 의료기관의 적성검사에 합격하여야 한다.
③ 특수건설기계 조종은 국토교통부장관이 지정하는 면허를 소지하여야 한다.
④ 특수건설기계 조종은 특수조종면허를 받아야 한다.

2 건설기계 조종사 면허증 발급신청 시 첨부하는 서류와 가장 거리가 먼 것은?
① 신체검사서
② 국가기술 자격수첩
③ 주민등록표 등본
④ 소형건설기계 조종교육 이수증

3 제종 대형 자동차 면허로 조종할 수 없는 건설기계는?
① 콘크리트 펌프
② 노상안정기
③ 아스팔트 살포기
④ 타이어식 기중기

4 자동차 1종 대형 면허로 조종할 수 없는 건설기계는?
① 아스팔트 살포기
② 무한궤도식 천공기
③ 콘크리트 펌프
④ 덤프트럭

5 건설기계 조종시 자동차 제1종 대형 면허가 있어야 하는 기종은?
① 로더
② 지게차
③ 콘크리트 펌프
④ 기중기

6 건설기계관리법령상 자동차 1종 대형면허로 조종할 수 없는 건설기계는?
① 5톤 굴착기
② 노상안정기
③ 콘크리트 펌프
④ 아스팔트 살포기

7 제1종 대형운전면허로 조종할 수 있는 건설기계는?
① 콘크리트 살포기
② 콘크리트 피니셔
③ 아스팔트 살포기
④ 아스팔트 피니셔

8 건설기계를 조종할 때 적용받는 법령에 대한 설명으로 가장 적합한 것은?
① 건설기계관리법에 대한 적용만 받는다.
② 건설기계관리법 외에 도로상을 운행할 때에는 도로교통법 중 일부를 적용받는다.
③ 건설기계관리법 및 자동차관리법의 전체 적용을 받는다.
④ 도로교통법에 대한 적용만 받는다.

정답
1.④ 2.③ 3.④ 4.② 5.③ 6.① 7.③
8.②

4 국토교통부령으로 정하는 소형 건설기계
① 5톤 미만의 불도저
② 5톤 미만의 로더
③ 5톤 미만의 천공기. 다만, 트럭적재식은 제외한다.
④ 3톤 미만의 지게차(자동차 운전면허를 소지)
⑤ 3톤 미만의 굴착기
⑥ 3톤 미만의 타워크레인
⑦ 공기압축기
⑧ 콘크리트 펌프. 다만, 이동식에 한정한다.
⑨ 쇄석기
⑩ 준설선

5 소형 건설기계 조종교육 내용

소형건설기계	교육 내용	시간
1. 3톤 미만의 굴착기, 3톤 미만의 로더 및 3톤 미만의 지게차	① 건설기계기관, 전기 및 작업장치	2(이론)
	② 유압 일반	2(이론)
	③ 건설기계관리법규 및 도로통행방법	2(이론)
	④ 조종실습	6(실습)
2. 3톤 이상 5톤 미만의 로더, 5톤 미만의 불도저 및 콘크리트펌프(이동식으로 한정한다)	① 건설기계기관, 전기 및 작업장치	2(이론)
	② 유압 일반	2(이론)
	③ 건설기계관리법규 및 도로통행방법	2(이론)
	④ 조종실습	12(실습)
3. 5톤 미만의 천공기(트럭적재식은 제외한다)	① 건설기계기관, 전기 및 작업장치	2(이론)
	② 유압 일반	2(이론)
	③ 건설기계관리법규 및 도로통행방법	2(이론)
	④ 조종실습	12(실습)
4. 공기압축기, 쇄석기 및 준설선	① 건설기계기관, 전기, 유압 및 작업장치	2(이론)
	② 건설기계관리법규 및 작업 안전	4(이론)
	③ 장비 취급 및 관리 요령	2(이론)
	④ 조종실습	12(실습)
5. 3톤 미만의 타워크레인	① 타워크레인 구조 및 기능일반	2(이론)
	② 양중작업 일반	2(이론)
	③ 타워크레인 설치·해체 일반	4(이론)
	④ 조종실습	12(실습)

6 건설기계 조종사 면허의 종류 및 조종할 수 있는 건설기계
① **불도저** : 불도저
② **5톤 미만의 불도저** : 5톤 미만의 불도저
③ **굴착기** : 굴착기
④ **3톤 미만의 굴착기** : 3톤 미만의 굴착기
⑤ **로더** : 로더
⑥ **3톤 미만의 로더** : 3톤 미만의 로더
⑦ **5톤 미만의 로더** : 5톤 미만의 로더
⑧ **지게차** : 지게차
⑨ **3톤 미만의 지게차** : 3톤 미만의 지게차
⑩ **기중기** : 기중기
⑪ **롤러** : 롤러, 모터그레이더, 스크레이퍼, 아스팔트 피니셔, 콘크리트 피니셔, 콘크리트 살포기 및 골재 살포기
⑫ **이동식 콘크리트 펌프** : 이동식 콘크리트 펌프
⑬ **쇄석기** : 쇄석기, 아스팔트 믹싱 플랜트 및 콘크리트 뱃칭 플랜트
⑭ **공기 압축기** : 공기 압축기
⑮ **천공기** : 천공기(타이어식, 무한궤도식 및 굴진식을 포함한다. 다만, 트럭 적재식은 제외한다), 항타 및 항발기
⑯ **5톤 미만의 천공기** : 5톤 미만의 천공기(트럭 적재식은 제외한다)
⑰ **준설선** : 준설선 및 자갈채취기
⑱ **타워크레인** : 타워크레인
⑲ **3톤 미만의 타워크레인** : 3톤 미만의 타워크레인

적중기출문제

1 건설기계 관리법상 소형 건설기계에 포함되지 않는 것은?
① 3톤 미만의 굴착기
② 5톤 미만의 불도저
③ 천공기
④ 공기압축기

2 다음 중 소형 건설기계 조종 교육 이수만으로 면허를 취득할 수 있는 건설기계는?
① 5톤 미만 기중기
② 5톤 미만의 롤러
③ 5톤 미만의 로더
④ 5톤 미만의 지게차

3 사도지사가 지정한 교육기관에서 당해 건설기계의 조종에 관한 교육과정을 이수한 경우 건설기계 조종사 면허를 받은 것으로 보는 소형 건설기계는?
① 5톤 미만의 불도저
② 5톤 미만의 지게차
③ 5톤 미만의 굴착기
④ 5톤 미만의 롤러

4 소형 건설기계 조종교육의 내용으로 틀린 것은?
① 건설기계 관리 법규 및 자동차 관리법
② 건설기계 기관, 전기 및 작업 장치
③ 유압 일반
④ 조종 실습

5 3톤 미만 지게차의 소형 건설기계 조종 교육시간은?
① 이론 6시간, 실습 6시간
② 이론 4시간, 실습 8시간
③ 이론 12시간, 실습 12시간
④ 이론 10시간, 실습 14시간

6 소형건설기계 교육기관에서 실시하는 공기압축기, 쇄석기 및 준설선에 대한 교육 이수시간은 몇 시간인가?
① 이론 8시간, 실습 12시간
② 이론 7시간, 실습 5시간
③ 이론 5시간, 실습 7시간
④ 이론 5시간, 실습 5시간

7 건설기계관리법령상 기중기를 조종할 수 있는 면허는?
① 공기압축기 면허
② 모터그레이더 면허
③ 기중기 면허
④ 타워크레인 면허

8 건설기계 관리 법령상 롤러운전 건설기계 조종사 면허로 조종할 수 없는 건설기계는?
① 골재 살포기
② 콘크리트 살포기
③ 콘크리트 피니셔
④ 아스팔트 믹싱플랜트

9 건설기계 운전 중량 산정 시 조종사 1명의 체중으로 맞는 것은?
① 50kg   ② 55kg
③ 60kg   ④ 65kg

> 운전 중량을 산정 할 때 조종사 1명의 체중은 65kg으로 한다.

정답
1.③ 2.③ 3.① 4.① 5.① 6.① 7.③
8.④ 9.④

7 건설기계 적성검사 기준
① 두 눈을 동시에 뜨고 잰 시력(교정시력을 포함한다.)이 0.7이상일 것
② 두 눈의 시력이 각각 0.3이상일 것
③ 55데시벨(보청기를 사용하는 사람은 40데시벨)의 소리를 들을 수 있을 것.
④ 언어 분별력이 80퍼센트 이상일 것
⑤ 시각은 150도 이상일 것

8 건설기계 조종사의 면허 취소·정지 사유
시장·군수 또는 구청장은 건설기계 조종사가 면허취소·정지 사유에 해당하는 경우에는 건설기계 조종사 면허를 취소하거나 1년 이내의 기간을 정하여 건설기계 조종사 면허의 효력을 정지시킬 수 있다.

1) 건설기계 조종 면허 취소 사유
① 거짓이나 그 밖의 부정한 방법으로 건설기계 조종사 면허를 받은 경우
② 건설기계 조종사 면허의 효력정지 기간 중 건설기계를 조종한 경우
③ 건설기계 조종 상의 위험과 장해를 일으킬 수 있는 정신질환자 또는 뇌전증환자로서 국토교통부령으로 정하는 사람
④ 앞을 보지 못하는 사람, 듣지 못하는 사람, 그 밖에 국토교통부령으로 정하는 장애인
⑤ 건설기계 조종 상의 위험과 장해를 일으킬 수 있는 마약·대마·향정신성의약품 또는 알코올 중독자로서 국토교통부령으로 정하는 사람
⑥ 건설기계의 조종 중 고의 또는 과실로 중대한 사고를 일으킨 경우
⑦ 고의로 인명피해(사망·중상·경상 등을 말한다)를 입힌 경우
⑧ 정기적성검사를 받지 아니하거나 불합격한 경우
⑨ 약물(마약, 대마, 향정신성 의약품 및 환각물질을 말한다)을 투여한 상태에서 건설기계를 조종한 경우
⑩ 건설기계 조종사 면허증을 다른 사람에게 빌려 준 경우
⑪ 술에 취한 상태에서 건설기계를 조종하다가 사고로 사람을 죽게 하거나 다치게 한 경우
⑫ 술에 만취한 상태(혈중알코올농도 0.08% 이상)에서 건설기계를 조종한 경우
⑬ 2회 이상 술에 취한 상태에서 건설기계를 조종하여 면허 효력 정지를 받은 사실이 있는 사람이 다시 술에 취한 상태에서 건설기계를 조종한 경우

※ 건설기계 조종사의 준수사항
① 건설기계 조종사 면허를 받은 사람(이하 "건설기계 조종사"라 한다)은 술에 취하거나 마약 등 약물을 투여한 상태에서 건설기계를 조종하여서는 아니 된다.
② 건설기계 조종사는 과로 또는 질병의 영향이나 그 밖의 사유로 정상적으로 조종하지 못할 우려가 있는 상태에서 건설기계를 조종하여서는 아니 된다.
③ 제1항에 따른 술에 취한 상태의 기준, 금지약물의 종류 및 측정방법 등에 대하여는 「도로교통법」에서 정하는 바에 따른다.

※ 중상과 경상의 정의
① 중상 : 3주 이상의 치료를 요하는 진단이 있는 경우를 말한다.
② 경상 : 3주 미만의 치료를 요하는 진단이 있는 경우를 말한다.

적중기출문제

건설기계 조종사의 면허 및 건설기계 사업

1 건설기계 조종사의 적성검사 기준으로 가장 거리가 먼 것은?
① 두 눈을 동시에 뜨고 잰 시력이 0.7 이상이고, 두 눈의 시력이 각각 0.3 이상일 것
② 시각은 150° 이상일 것
③ 언어 분별력이 80% 이상일 것
④ 교정시력의 경우는 시력이 2.0 이상일 것

2 건설기계 운전면허의 효력정지 사유가 발생한 경우 건설기계 관리법상 효력정지 기간으로 옳은 것은?
① 1년 이내   ② 6월 이내
③ 5년 이내   ④ 3년 이내

3 건설기계 조종사의 면허 취소 사유가 아닌 것은?
① 거짓 또는 부정한 방법으로 건설기계 면허를 받은 때
② 면허 정지 처분을 받은 자가 그 정지 기간 중 건설기계를 조종한 때
③ 건설기계의 조종 중 고의로 중대한 사고를 일으킨 때
④ 정기검사를 받지 않은 건설기계를 조종한 때

4 건설기계 관리 법령상 건설기계 조종사 면허의 취소 사유가 아닌 것은?
① 건설기계의 조종 중 고의로 3명에게 경상을 입힌 경우
② 건설기계의 조종 중 고의로 중상의 인명피해를 입힌 경우
③ 등록이 말소된 건설기계를 조종한 경우
④ 부정한 방법으로 건설기계 조종사 면허를 받은 경우

5 건설기계 조종사 면허를 취소하거나 정지시킬 수 있는 사유에 해당하지 않는 것은?
① 면허증을 타인에게 대여한 때
② 조종 중 과실로 중대한 사고를 일으킨 때
③ 면허를 부정한 방법으로 취득하였음이 밝혀졌을 때
④ 여행을 목적으로 1개월 이상 해외로 출국하였을 때

6 건설기계조종사면허의 취소·정지 사유가 아닌 것은?
① 등록번호표 식별이 곤란한 건설기계를 조종한 때
② 건설기계 조종사 면허증을 타인에게 대여한 때
③ 고의 또는 과실로 건설기계에 중대한 사고를 발생케 한 때
④ 부정한 방법으로 조종사 면허를 받은 때

7 건설기계 조종 중 고의로 인명 피해를 입힌 때 면허의 처분 기준으로 옳은 것은?
① 면허 취소
② 면허 효력정지 15일
③ 면허 효력정지 30일
④ 면허 효력정지 45일

8 술에 만취한 상태(혈중 알코올 농도 0.08 퍼센트 이상)에서 건설기계를 조종한 자에 대한 면허의 취소·정지처분 내용은?
① 면허취소
② 면허 효력정지 60일
③ 면허 효력정지 50일
④ 면허 효력정지 70일

정답
1.④ 2.① 3.④ 4.③ 5.④ 6.① 7.①
8.①

2) 건설기계 조종 면허 효력정지
① 면허 효력정지 180일 : 건설기계의 조종 중 고의 또는 과실로 도시가스사업법에 따른 가스 공급 시설을 손괴하거나 가스 공급 시설의 기능에 장애를 입혀 가스의 공급을 방해한 경우
② 면허 효력정지 60일 : 술에 취한 상태(혈중알코올농도 0.03% 이상 0.08% 미만을 말한다)에서 건설기계를 조종한 경우
③ 면허 효력정지 45일 : 사망 1명마다
④ 면허 효력정지 15일 : 중상 1명마다
⑤ 면허 효력정지 5일 : 경상 1명마다
⑥ 면허 효력정지 1일(90일을 넘지 못함) : 재산피해 금액 50만원 마다

9 건설기계 조종사 면허증 반납 사유
① 면허가 취소된 때
② 면허의 효력이 정지된 때
③ 면허증의 재교부를 받은 후 잃어버린 면허증을 발견한 때
④ 반납 사유가 발생한 날부터 10일 이내에 주소지를 관할하는 시장·군수 또는 구청장에게 그 면허증을 반납하여야 한다.

10 건설기계 조종사의 신고
건설기계 조종사는 성명, 주민등록번호 및 국적의 변경이 있는 경우에는 그 사실이 발생한 날부터 30일 이내(군복무·국외거주·수형·질병 기타 부득이한 사유가 있는 경우에는 그 사유가 종료된 날부터 30일 이내를 말한다)에 기재사항 변경 신고서를 시장·군수 또는 구청장에게 제출하여야 한다.

02 건설기계 사업

1 건설기계 사업의 종류와 등록
① 건설기계 대여업, 건설기계 정비업, 건설기계 매매업 및 건설기계 해체재활용업을 말한다.
② 건설기계사업을 하려는 자(지방자치단체는 제외한다)는 대통령령으로 정하는 바에 따라 사업의 종류별로 시장·군수 또는 구청장(자치구의 구청장을 말한다. 이하 같다)에게 등록하여야 한다.

적중기출문제

1 고의 또는 과실로 가스공급 시설을 손괴하거나 기능에 장애를 입혀 가스의 공급을 방해한 때의 건설기계 조종사 면허 효력정지 기간은?
① 240일   ② 180일
③ 90일   ④ 45일

2 음주 상태(혈중 알코올농도 0.03% 이상 0.08% 미만)에서 건설기계를 조종한 자에 대한 면허 효력정지 처분기준은?
① 20일   ② 30일
③ 40일   ④ 60일

3 건설기계의 조종 중 과실로 사망 1명의 인명피해를 입힌 때 조종사 면허 처분기준은?
① 면허취소
② 면허 효력정지 60일
③ 면허 효력정지 45일
④ 면허 효력정지 30일

정답
1.② 2.④ 3.③

4 건설기계 관리 법규상 과실로 경상 14명의 인명 피해를 냈을 때 면허 효력정지 처분기준은?

① 30일　　② 40일
③ 60일　　④ 70일

> 경상 1명마다 면허 효력정지가 5일이므로
> 14명×5일=70일

5 건설기계 조종사 면허증의 반납 사유에 해당하지 않는 것은?

① 면허가 취소된 때
② 면허의 효력이 정지된 때
③ 건설기계 조종을 하지 않을 때
④ 면허증의 재교부를 받은 후 잃어버린 면허증을 발견한 때

6 건설기계 조종사 면허를 받은 자는 면허증을 반납하여야 할 사유가 발생한 날로부터 며칠 이내에 반납하여야 하는가?

① 5일　　② 10일
③ 15일　　④ 30일

7 건설기계관리법령상 건설기계조종사 면허취소 또는 효력정지를 시킬 수 있는 자는?

① 대통령
② 경찰서장
③ 시·군·구청장
④ 국토교통부 장관

8 건설기계 조종사가 시장군수 또는 구청장에게 변경신고를 하여야 하는 경우는?

① 근무처의 변경
② 서울특별시 구역 안에서의 주소의 변경
③ 부산광역시 구역 안에서의 주소의 변경
④ 성명의 변경

9 건설기계 조종사가 신상에 변동이 있을 때 그 사실이 발생한 날로부터 며칠 이내에 신고하여야 하는가?

① 10일　　② 14일
③ 21일　　④ 30일

10 건설기계조종사의 국적변경이 있는 경우에는 그 사실이 발생한 날로부터 며칠 이내에 신고하여야 하는가?

① 2주 이내　　② 10일 이내
③ 20일 이내　　④ 30일 이내

11 건설기계 관리 법령상 건설기계 사업의 종류가 아닌 것은?

① 건설기계 매매업
② 건설기계 대여업
③ 건설기계 폐기업
④ 건설기계 수리업

12 건설기계 사업을 영위하고자 하는 자는 누구에게 등록하여야 하는가?

① 시·도지사
② 전문 건설기계정비업자
③ 국토해양부장관
④ 건설기계 폐기업자

13 건설기계 대여업을 하고자 하는 자는 누구에게 등록을 하여야 하는가?

① 고용노동부장관
② 행정안전부장관
③ 국토교통부장치
④ 시·도지사

> **정답**
> 4.④　5.③　6.②　7.③　8.④　9.④　10.④
> 11.④　12.①　13.④

2 건설기계 대여업

1) 건설기계 대여업의 등록
① **건설기계 대여업** : 건설기계의 대여를 업(業)으로 하는 것을 말한다.
② 건설기계 대여업(건설기계 조종사와 함께 건설기계를 대여하는 경우와 건설기계의 운전경비를 부담하면서 건설기계를 대여하는 경우를 포함한다)의 등록을 하려는 자는 건설기계 대여업 등록신청서에 국토교통부령이 정하는 서류를 첨부하여 시장·군수 또는 구청장에게 제출하여야 한다.
③ **일반 건설기계 대여업** : 5대 이상의 건설기계로 운영하는 사업(2이상의 개인 또는 법인이 공동으로 운영하는 경우를 포함한다)
④ **개별 건설기계 대여업** : 1인의 개인 또는 법인이 4대 이하의 건설기계로 운영하는 사업

2) 대여업 등록 신청시 첨부서류
① 건설기계 소유 사실을 증명하는 서류
② 사무실의 소유권 또는 사용권이 있음을 증명하는 서류
③ 주기장 소재지를 관할하는 시장·군수·구청장이 발급한 주기장 시설보유 확인서
④ 2인 이상의 법인 또는 개인이 공동으로 건설기계 대여업을 영위하려는 경우에는 각 구성원은 그 영업에 관한 권리·의무에 관한 계약서 사본

3 건설기계 정비업

① **건설기계 정비업** : 건설기계를 분해·조립 또는 수리하고 그 부분품을 가공제작·교체하는 등 건설기계를 원활하게 사용하기 위한 모든 행위(경미한 정비행위 등 국토교통부령으로 정하는 것은 제외한다)를 업으로 하는 것을 말한다.
② 건설기계 정비업의 등록을 하려는 자는 건설기계 정비업 등록신청서에 국토교통부령이 정하는 서류를 첨부하여 시장·군수 또는 구청장에게 제출하여야 한다.
③ 건설기계 정비업의 등록 구분은 종합 건설기계 정비업, 부분 건설기계 정비업, 전문 건설기계 정비업으로 한다.
④ 건설기계사업자는 건설기계의 정비를 요청한 자가 정비가 완료된 후 장기간 건설기계를 찾아가지 아니하는 경우에는 국토교통부령으로 정하는 바에 따라 건설기계의 정비를 요청한 자로부터 건설기계의 보관·관리에 드는 비용을 받을 수 있다.

4 자동차 보험에 반드시 가입하여야 하는 건설기계
① 덤프트럭
② 타이어식 기중기
③ 콘크리트 믹서트럭
④ 트럭적재식 콘크리트펌프
⑤ 트럭적재식 아스팔트살포기
⑥ 타이어식 굴착기

적중기출문제

1 건설기계 대여업을 하고자 하는 자는 누구에게 등록을 하여야 하는가?
① 고용노동부장관 ② 행정안전부장관
③ 국토교통부장치 ④ 시·도지사

2 건설기계 대여업 등록 신청서에 첨부하여야 할 서류가 아닌 것은?
① 건설기계 소유 사실을 증명하는 서류
② 사무실의 소유권 또는 사용권이 있음을 증명하는 서류
③ 주민등록표등본
④ 주기장 소재지를 관할하는 시장·군수·구청장이 발급한 주기장 시설 보유 확인서

3 건설기계 매매업의 등록을 하고자 하는 자의 구비 서류로 맞는 것은?
① 건설기계 매매업 등록필증
② 건설기계 보험증서
③ 건설기계 등록증
④ 5천만 원 이상의 하자보증금 예치증서 또는 보증보험증서

4 건설기계 관리 법령상 다음 설명에 해당하는 건설기계 사업은?

> 건설기계를 분해·조립 또는 수리하고 그 부분품을 가공제작·교체하는 등 건설기계를 원활하게 사용하기 위한 모든 행위를 업으로 하는 것

① 건설기계 정비업
② 건설기계 제작업
③ 건설기계 매매업
④ 건설기계 폐기업

5 건설기계 관리 법령상 건설기계 정비업의 등록 구분으로 옳은 것은?
① 종합 건설기계 정비업, 부분 건설기계 정비업, 전문 건설기계 정비업
② 종합 건설기계 정비업, 단종 건설기계 정비업, 전문 건설기계 정비업
③ 부분 건설기계 정비업, 전문 건설기계 정비업, 개별 건설기계 정비업
④ 종합 건설기계 정비업, 특수 건설기계 정비업, 전문 건설기계 정비업

6 건설기계 정비업 등록을 하지 아니한 자가 할 수 있는 정비 범위가 아닌 것은?
① 오일의 보충 ② 창유리 교환
③ 제동장치 수리 ④ 트랙의 장력조정

> 전후 차축 및 제동장치 정비(타이어식으로 된 것)는 종합건설기계정비업, 부분건설기계정비업에서만 할 수 있다.

7 부분 건설기계 정비업의 사업 범위로 옳은 것은?
① 프레임 조정, 롤러, 링크, 트랙슈의 재생을 제외한 차체부분의 정비
② 원동기부의 완전분해정비
③ 차체부의 완전분해정비
④ 실린더 헤드의 탈착정비

> 부분 건설기계 정비업의 사업 범위는 ①번 외에 유압장치의 탈부착 및 분해 정비, 변속기 탈부착, 전후 차축 제동장치 정비(타이어식으로 된 것), 응급조치, 원동기의 탈부착, 유압장치의 탈부착이다.

8 건설기계 소유자가 건설기계의 정비를 요청하여 그 정비가 완료된 후 장기간 해당 건설기계를 찾아가지 아니하는 경우, 정비사업자가 할 수 있는 조치사항은?
① 건설기계를 말소시킬 수 있다.
② 건설기계의 보관·관리에 드는 비용을 받을 수 있다.
③ 건설기계의 폐기 인수증을 발부할 수 있다.
④ 과태료를 부과할 수 있다.

> 건설기계 사업자가 건설기계 소유자로부터 받을 수 있는 보관·관리 비용은 정비 완료 사실을 건설기계 소유자에게 통보한 날부터 5일이 경과하여도 당해 건설기계를 찾아가지 아니하는 경우 당해 건설기계의 보관·관리에 소요되는 실제 비용으로 한다.

9 건설기계 관리 법령상 자동차 손해배상보장법에 따른 자동차 보험에 반드시 가입하여야 하는 건설기계가 아닌 것은?
① 타이어식 지게차
② 타이어식 굴착기
③ 타이어식 기중기
④ 덤프트럭

정 답
1.④ 2.③ 3.④ 4.① 5.① 6.③ 7.①
8.② 9.①

section 04 건설기계 관리법규의 벌칙

01 건설기계 관리법의 벌칙

1 2년 이하의 징역 또는 2천만 원 이하의 벌금
① 등록되지 아니한 건설기계를 사용하거나 운행한 자
② 등록이 말소된 건설기계를 사용하거나 운행한 자
③ 시·도지사의 지정을 받지 아니하고 등록번호표를 제작하거나 등록번호를 새긴 자
④ 제작 결함의 시정명령을 이행하지 아니한 자
⑤ 등록을 하지 아니하고 건설기계사업을 하거나 거짓으로 등록을 한 자
⑥ 등록이 취소되거나 사업의 전부 또는 일부가 정지된 건설기계 사업자로서 계속하여 건설기계사업을 한 자
⑦ 건설기계의 주요 구조나 원동기, 동력전달장치, 제동장치 등 주요 장치를 변경 또는 개조한 자
⑧ 무단 해체한 건설기계를 사용·운행하거나 타인에게 유상·무상으로 양도한 자

2 1년 이하의 징역 또는 1천만 원 이하의 벌금
① 매매용 건설기계를 운행하거나 사용한 자
② 폐기인수 사실을 증명하는 서류의 발급을 거부하거나 거짓으로 발급한 자
③ 폐기요청을 받은 건설기계를 폐기하지 아니하거나 등록번호표를 폐기하지 아니한 자
④ 건설기계 조종사 면허를 받지 아니하고 건설기계를 조종한 자
⑤ 건설기계 조종사 면허를 거짓이나 그 밖의 부정한 방법으로 받은 자
⑥ 소형 건설기계의 조종에 관한 교육과정의 이수에 관한 증빙서류를 거짓으로 발급한 자
⑦ 건설기계 조종사 면허가 취소되거나 건설기계 조종사 면허의 효력정지 처분을 받은 후에도 건설기계를 계속하여 조종한 자
⑧ 건설기계를 도로나 타인의 토지에 버려둔 자
⑨ 술에 취하거나 마약 등 약물을 투여한 상태에서 건설기계를 조종한 자와 그러한 자가 건설기계를 조종하는 것을 알고도 말리지 아니하거나 건설기계를 조종하도록 지시한 고용주
⑩ 건설기계를 거짓이나 그 밖의 부정한 방법으로 등록을 한 자
⑪ 등록번호를 지워 없애거나 그 식별을 곤란하게 한 자
⑫ 구조변경검사 또는 수시검사를 받지 아니한 자 및 정비명령을 이행하지 아니한 자
⑬ 형식승인, 형식변경승인 또는 확인검사를 받지 아니하고 건설기계의 제작등을 한 자
⑭ 내구연한을 초과한 건설기계 또는 건설기계 장치 및 부품을 운행하거나 사용한 자
⑮ 사후관리에 관한 명령을 이행하지 아니한 자
⑯ 부품인증을 받지 아니한 건설기계 장치 및 부품을 사용한 자
⑰ 부품인증을 받지 아니한 건설기계 장치 및 부품을 건설기계에 사용하는 것을 알고도 말리지 아니하거나 사용을 지시한 고용주

적중기출문제

건설기계 관리법규의 벌칙

1 등록되지 아니하거나 등록 말소된 건설기계를 사용한 자에 대한 벌칙은?
① 100만 원 이하 벌금
② 300만 원 이하 벌금
③ 1년 이하의 징역 또는 1000만 원 이하 벌금
④ 2년 이하의 징역 또는 2000만 원 이하 벌금

2 2년 이하의 징역 또는 2천만 원 이하의 벌금에 해당하는 것은?
① 매매용 건설기계의 운행하거나 사용한 자
② 등록번호표를 지워 없애거나 그 식별을 곤란하게 한 자
③ 건설기계 사업을 등록하지 않고 건설기계 사업을 하거나 거짓으로 등록을 한 자
④ 사후관리에 관한 명령을 이해하지 아니한 자

3 건설기계 관리 법령상 건설기계 조종사 면허를 받지 아니하고 건설기계를 조종한 자에 대한 벌칙은?
① 3년 이하의 징역 또는 3천만 원 이하의 벌금
② 2년 이하의 징역 또는 2천만 원 이하의 벌금
③ 1년 이하의 징역 또는 1천만 원 이하의 벌금
④ 1년 이하의 징역 또는 500만 원 이하의 벌금

4 건설기계 조종사 면허가 취소된 상태로 건설기계를 계속하여 조종한 자에 대한 벌칙은?
① 2년 이하의 징역 또는 2000만 원 이하의 벌금
② 1년 이하의 징역 또는 1000만 원 이하의 벌금
③ 200만 원 이하의 벌금
④ 100만 원 이하의 벌금

5 건설기계 소유자 또는 점유자가 건설기계를 도로에 계속하여 버려두거나 정당한 사유 없이 타인의 토지에 버려둔 경우의 처벌은?
① 1년 이하의 징역 또는 500만 원 이하의 벌금
② 1년 이하의 징역 또는 400만 원 이하의 벌금
③ 1년 이하의 징역 또는 1000만 원 이하의 벌금
④ 1년 이하의 징역 또는 200만 원 이하의 벌금

6 건설기계 관리 법령상 건설기계를 도로에 계속하여 방치하거나 정당한 사유 없이 타인의 토지에 방치한 자에 대한 벌칙은?
① 2년 이하의 징역 또는 1천만 원 이하의 벌금
② 1년 이하의 징역 또는 1천만 원 이하의 벌금
③ 200만 원 이하의 벌금
④ 100만 원 이하의 벌금

7 건설기계 등록번호를 지워 없애거나 그 식별을 곤란하게 한 자에 대한 벌칙은?
① 1000만 원 이하의 벌금
② 50만 원 이하의 벌금
③ 30만 원 이하의 벌금
④ 2년 이하의 징역

8 건설기계 관리법상 건설기계가 국토교통부장관이 실시하는 검사에 불합격하여 정비 명령을 받았을 경우, 건설기계 소유자가 이 명령을 이행하지 않았을 때의 벌칙으로 맞는 것은?
① 100만 원 이하의 벌금
② 300만 원 이하의 벌금
③ 500만 원 이하의 벌금
④ 1000만 원 이하의 벌금

정답
1.④ 2.③ 3.③ 4.② 5.③ 6.② 7.①
8.④

3 100만 원 이하의 과태료

① 수출의 이행 여부를 신고하지 아니하거나 폐기 또는 등록을 하지 아니한 자
② 등록번호표를 부착·봉인하지 아니하거나 등록번호를 새기지 아니한 자
③ 등록번호표를 부착 및 봉인하지 아니한 건설기계를 운행한 자
④ 등록번호표를 가리거나 훼손하여 알아보기 곤란하게 한 자 또는 그러한 건설기계를 운행한 자
⑤ 등록번호의 새김명령을 위반한 자
⑥ 건설기계 안전기준에 적합하지 아니한 건설기계를 도로에서 운행하거나 운행하게 한 자
⑦ 특별한 사정없이 건설기계 임대차 등에 관한 계약과 관련된 자료를 제출하지 아니한 자
⑧ 건설기계사업자의 의무를 위반한 자
⑨ 조사 또는 자료제출 요구를 거부·방해·기피한 자

4 50만 원 이하의 과태료

① 임시번호표를 부착하지 아니하고 운행한 자
② 등록사항 변경신고를 하지 아니하거나 거짓으로 신고한 자
③ 등록의 말소를 신청하지 아니한 자
④ 등록번호표 제작자가 지정받은 사항의 변경신고를 하지 아니하거나 거짓으로 변경 신고한 자
⑤ 등록번호표를 반납하지 아니한 자
⑥ 정기검사를 받지 아니한 자
⑦ 건설기계를 정비한 자
⑧ 형식 신고를 하지 아니한 자
⑨ 건설기계 사업자 신고를 하지 아니하거나 거짓으로 신고한 자
⑩ 건설기계 사업의 양도·양수 신고를 하지 아니하거나 거짓으로 신고한 자
⑪ 매매용 건설기계를 사업장에 제시, 매매용 건설기계를 판 때 신고를 하지 아니하거나 거짓으로 신고한 자
⑫ 주택가 주변에 건설기계를 세워 둔 자

적중기출문제 — 건설기계 관리법규의 벌칙

1 건설기계 관리 법령상 국토교통부령으로 정하는 바에 따라 등록번호표를 부착 및 봉인하지 않은 건설기계를 운행하여서는 아니 된다. 이를 1차 위반했을 경우의 과태료는?(단, 임시번호표를 부착한 경우는 제외한다.)
① 5만 원 ② 10만 원
③ 50만 원 ④ 100만 원

2 건설기계를 주택가 주변에 세워 두어 교통소통을 방해하거나 소음 등으로 주민의 생활환경을 침해한 자에 대한 벌칙은?
① 200만 원 이하의 벌금
② 100만 원 이하의 벌금
③ 100만 원 이하의 과태료
④ 50만 원 이하의 과태료

3 과태료 처분에 대하여 불복이 있는 자는 그 처분의 고지를 받은 날로부터 며칠 이내에 이의를 제기하여야 하는가?
① 5일 ② 10일
③ 20일 ④ 30일

> 과태료 처분에 대하여 불복이 있는 자는 그 처분의 고지를 받은 날로부터 30일 이내에 이의를 제기하여야 한다.

정답
1.④ 2.④ 3.④

section 05 건설기계의 도로교통법

01 도로 통행방법에 관한 사항

1 도로교통법에서 사용하는 용어의 정의

① **자동차 전용도로** : 자동차만 다닐 수 있도록 설치된 도로를 말한다.

② **중앙선** : 차마의 통행 방향을 명확하게 구분하기 위하여 도로에 황색 실선이나 황색 점선 등의 안전표지로 표시한 선 또는 중앙분리대나 울타리 등으로 설치한 시설물을 말한다. 다만, 가변차로가 설치된 경우에는 신호기가 지시하는 진행방향의 가장 왼쪽에 있는 황색 점선을 말한다.

③ **안전지대** : 도로를 횡단하는 보행자나 통행하는 차마의 안전을 위하여 안전표지나 이와 비슷한 인공 구조물로 표시한 도로의 부분을 말한다.

④ **정차** : 운전자가 5분을 초과하지 아니하고 차를 정지시키는 것으로서 주차 외의 정지 상태를 말한다.

⑤ **서행** : 운전자가 차 또는 노면전차를 즉시 정지시킬 수 있는 정도의 느린 속도로 진행하는 것을 말한다.

⑥ **안전표지** : 교통안전에 필요한 주의·규제·지시 등을 표시하는 표지판이나 도로의 바닥에 표시하는 기호·문자 또는 선 등을 말한다.

적중기출문제

1 자동차 전용도로의 정의로 가장 적합한 것은?
① 자동차만 다닐 수 있도록 설치된 도로
② 보도와 차도의 구분이 없는 도로
③ 보도와 차도의 구분이 있는 도로
④ 자동차 고속주행의 교통에만 이용되는 도로

2 도로 교통법상 정차의 정의에 해당하는 것은?
① 차가 10분을 초과하여 정지
② 운전자가 5분을 초과하지 않고 차를 정지시키는 것으로 주차 외의 정지 상태
③ 차가 화물을 싣기 위하여 계속 정지
④ 운전자가 식사하기 위하여 차고에 세워둔 것

3 도로 교통법상 건설기계를 운전하여 도로를 주행할 때 서행에 대한 정의로 옳은 것은?
① 매시 60km 미만의 속도로 주행하는 것을 말한다.
② 운전자가 차를 즉시 정지시킬 수 있는 느린 속도로 진행하는 것을 말한다.
③ 정지거리 10m 이내에서 정지할 수 있는 경우를 말한다.
④ 매시 20km 이내로 주행하는 것을 말한다.

정답
1.① 2.② 3.②

2 신호 또는 지시에 따를 의무
① 도로를 통행하는 보행자와 차마 또는 노면전차의 운전자는 교통안전시설이 표시하는 신호 또는 지시와 경찰공무원등이 하는 신호 또는 지시를 따라야 한다.
② 도로를 통행하는 보행자와 모든 차마 또는 노면전차의 운전자는 교통안전시설이 표시하는 신호 또는 지시와 경찰공무원등의 신호 또는 지시가 서로 다른 경우에는 경찰공무원등의 신호 또는 지시에 따라야 한다.

3 통행의 금지 및 제한
① 시·도경찰청장은 도로에서의 위험을 방지하고 교통의 안전과 원활한 소통을 확보하기 위하여 필요하다고 인정할 때에는 구간을 정하여 보행자, 차마 또는 노면전차의 통행을 금지하거나 제한할 수 있다.
② 경찰서장은 도로에서의 위험을 방지하고 교통의 안전과 원활한 소통을 확보하기 위하여 필요하다고 인정할 때에는 우선 보행자, 차마 또는 노면전차의 통행을 금지하거나 제한한 후 그 도로관리자와 협의하여 금지 또는 제한의 대상과 구간 및 기간을 정하여 도로의 통행을 금지하거나 제한할 수 있다.

4 안전 표지
① **주의 표지** : 도로상태가 위험하거나 도로 또는 그 부근에 위험물이 있는 경우에 필요한 안전조치를 할 수 있도록 이를 도로 사용자에게 알리는 표지로 빨간색 테두리에 노란색으로 채워지며, 기호는 검은색으로 표시한다.
② **규제 표지** : 도로교통의 안전을 위하여 각종 제한·금지 등의 규제를 하는 경우에 이를 도로 사용자에게 알리는 표지로 빨간색 테두리에 흰색 또는 청색으로 채워지고 검은색 기호를 사용하여 표시한다.
③ **지시 표지** : 도로의 통행방법·통행구분 등 도로교통의 안전을 위하여 필요한 지시를 하는 경우에 도로 사용자가 이에 따르도록 알리는 표지로 청색 바탕에 흰색 기호로 표시되어 있다.
④ **보조 표지** : 주의표지·규제표지 또는 지시표지의 주 기능을 보충하여 도로 사용자에게 알리는 표지로 주로 흰색 바탕에 검은색 글씨로 표시한다.
⑤ **노면 표시** : 도로교통의 안전을 위하여 각종 주의·규제·지시 등의 내용을 노면에 기호·문자 또는 선으로 도로 사용자에게 알리는 표지이다.

5 중앙 우측 부분 통행
① 차마의 운전자는 보도와 차도가 구분된 도로에서는 차도로 통행하여야 한다.
② 다만, 도로 외의 곳으로 출입할 때에는 보도를 횡단하여 통행할 수 있다.
③ 단서의 경우 차마의 운전자는 보도를 횡단하기 직전에 일시 정지하여 좌측과 우측 부분 등을 살핀 후 보행자의 통행을 방해하지 아니하도록 횡단하여야 한다.
④ 차마의 운전자는 도로(보도와 차도가 구분된 도로에서는 차도를 말한다)의 중앙(중앙선이 설치되어 있는 경우에는 그 중앙선을 말한다.) 우측 부분을 통행하여야 한다.
⑤ 안전지대 등 안전표지에 의하여 진입이 금지된 장소에 들어가서는 아니 된다.

적중기출문제

1 도로교통법상 가장 우선하는 신호는?
① 경찰공무원의 수신호
② 신호기의 신호
③ 운전자의 수신호
④ 안전표지의 지시

2 교차로에서 적색 등화 시 진행할 수 있는 경우는?
① 경찰공무원의 진행신호에 따를 때
② 교통이 한산한 야간운행 시
③ 보행자가 없을 때
④ 앞차를 따라 진행할 때

3 고속도로를 제외한 도로에서 위험을 방지하고 교통의 안전과 원활한 소통을 확보하기 위하여 필요 시 구역 또는 구간을 지정하여 자동차의 속도를 제한할 수 있는 자는?
① 경찰청장
② 국토교통부장관
③ 시·도경찰청장
④ 도로교통 공단 이사장

4 도로교통법령상 교통안전 표지의 종류를 올바르게 나열한 것은?
① 교통안전 표지는 주의, 규제, 지시, 안내, 교통표지로 되어있다.
② 교통안전 표지는 주의, 규제, 지시, 보조, 노면표지로 되어있다.
③ 교통안전 표지는 주의, 규제, 지시, 안내, 보조표지로 되어있다.
④ 교통안전 표지는 주의, 규제, 안내, 보조, 통행표지로 되어있다.

5 그림의 교통안전 표지로 맞는 것은?

① 우로 이중 굽은 도로
② 좌우로 이중 굽은 도로
③ 좌로 굽은 도로
④ 회전형 교차로

6 다음 교통안전 표지에 대한 설명으로 맞는 것은?

① 최고 중량 제한표시
② 차간거리 최저 30m 제한표지
③ 최고시속 30킬로미터 속도제한 표시
④ 최저시속 30킬로미터 속도제한 표시

7 그림의 교통안전 표지는?

① 좌·우회전 금지표지이다.
② 양측방 일방통행표지이다.
③ 좌우회전 표지이다.
④ 양측방 통행 금지표지이다.

8 도로교통법령상 보도와 차도가 구분된 도로에 중앙선이 설치되어 있는 경우 차마의 통행 방법으로 옳은 것은?(단, 도로의 파손 등 특별한 사유는 없다.)
① 중앙선 좌측   ② 중앙선 우측
③ 보도   ④ 보도의 좌측

정답
1.① 2.① 3.③ 4.② 5.② 6.④ 7.③
8.②

6 도로의 중앙이나 좌측부분 통행

① 도로가 일방통행인 경우
② 도로의 파손, 도로공사나 그 밖의 장애 등으로 도로의 우측 부분을 통행할 수 없는 경우
③ 도로 우측 부분의 폭이 6미터가 되지 아니하는 도로에서 다른 차를 앞지르려는 경우
④ 도로 우측 부분의 폭이 차마의 통행에 충분하지 아니한 경우
⑤ 가파른 비탈길의 구부러진 곳에서 교통의 위험을 방지하기 위하여 시·도경찰청장이 필요하다고 인정하여 구간 및 통행방법을 지정하고 있는 경우에 그 지정에 따라 통행하는 경우

7 차로의 설치

① 차로의 너비는 3미터 이상으로 하여야 한다. 다만, 좌회전 전용차로의 설치 등 부득이하다고 인정되는 때에는 275센티미터 이상으로 할 수 있다.
② 차로는 횡단보도·교차로 및 철길건널목에는 설치할 수 없다.
③ 보도와 차도의 구분이 없는 도로에 차로를 설치하는 때에는 보행자가 안전하게 통행할 수 있도록 그 도로의 양쪽에 길가장자리구역을 설치하여야 한다.
④ 차로의 순위는 도로의 중앙선 쪽에 있는 차로부터 1차로로 한다. 다만, 일방통행도로에서는 도로의 왼쪽부터 1차로로 한다.
⑤ 차의 너비가 행정안전부령으로 정하는 차로의 너비보다 넓어 교통의 안전이나 원활한 소통에 지장을 줄 우려가 있는 경우 그 차의 출발지를 관할하는 경찰서장의 허가를 받은 경우에는 그러하지 아니하다.

8 차로에 따른 통행차의 기준

① 고속도로 편도 2차로

차로 구분	통행할 수 있는 차종
1차로	앞지르기를 하려는 모든 자동차. 다만, 차량 통행량 증가 등 도로상황으로 인하여 부득이하게 시속 80킬로미터 미만으로 통행할 수밖에 없는 경우에는 앞지르기를 하는 경우가 아니라도 통행할 수 있다.
2차로	모든 자동차

② 고속도로 편도 3차로 이상

차로 구분	통행할 수 있는 차종
1차로	앞지르기를 하려는 승용자동차 및 앞지르기를 하려는 경형·소형·중형 승합자동차. 다만, 차량통행량 증가 등 도로상황으로 인하여 부득이하게 시속 80킬로미터 미만으로 통행할 수밖에 없는 경우에는 앞지르기를 하는 경우가 아니라도 통행할 수 있다.
왼쪽 차로	승용자동차 및 경형·소형·중형 승합자동차
오른쪽 차로	대형승합자동차, 화물자동차, 특수자동차, 건설기계

③ 일반도로 편도 2차로

차로 구분	통행할 수 있는 차종
왼쪽 차로	승용자동차, 중·소형승합자동차
오른쪽 차로	대형승합자동차, 화물자동차, 특수자동차, 건설기계, 이륜자동차, 원동기장치자전거, 자전거 및 우마차

적중기출문제

1 도로교통법상에서 차마가 도로의 중앙이나 좌측부분을 통행할 수 있도록 허용한 것은 도로 우측부분의 폭이 얼마 이하 일 때인가?
① 2미터　② 3미터
③ 5미터　④ 6미터

2 도로 교통법상 차로에 대한 설명으로 틀린 것은?
① 차로는 횡단보도나 교차로에는 설치할 수 없다.
② 차로의 너비는 원칙적으로 3미터 이상으로 하여야 한다.
③ 일반적인 차로(일방통행도로 제외)의 순위는 도로의 중앙선 쪽에 있는 차로부터 1차로로 한다.
④ 차로의 너비보다 넓은 건설기계는 별도의 신청절차가 필요 없이 경찰청에 전화로 통보만 하면 운행할 수 있다.

3 편도 4차로 일반도로에서 건설기계는 어느 차로로 통행하여야 하는가?
① 1차로　② 2차로
③ 왼쪽 차로　④ 오른쪽 차로

4 편도 4차로의 일반도로에서 굴착기는 어느 차로로 통행해야 하는가?
① 1차로
② 2차로
③ 왼쪽 차로
④ 오른쪽 차로

5 도로의 중앙으로부터 좌측을 통행할 수 있는 경우는?
① 편도 2차로의 도로를 주행할 때
② 도로가 일방통행으로 된 때
③ 중앙선 우측에 차량이 밀려 있을 때
④ 좌측도로가 한산할 때

6 고속도로를 제외한 도로에서 위험을 방지하고 교통의 안전과 원활한 소통을 확보하기 위하여 필요 시 구역 또는 구간을 지정하여 자동차의 속도를 제한할 수 있는 자는?
① 경찰청장
② 국토교통부장관
③ 시·도경찰청장
④ 도로교통 공단 이사장

> 시·도경찰청장은 도로에서 위험을 방지하고 교통의 안전과 원활한 소통을 확보하기 위하여 필요하다고 인정하는 때에 구역 또는 구간을 지정하여 자동차의 속도를 제한할 수 있다.

7 도로교통법에서 안전운행을 위해 차속을 제한하고 있는데, 악천후 시 최고속도의 100분의 50으로 감속 운행하여야 할 경우가 아닌 것은?
① 노면이 얼어붙은 때
② 폭우, 폭설, 안개 등으로 가시거리가 100m 이내인 때
③ 비가 내려 노면이 젖어 있을 때
④ 눈이 20mm 이상 쌓인 때

> ■ 최고속도의 50%를 감속하여 운행하여야 할 경우
> ① 노면이 얼어붙은 때
> ② 폭우·폭설·안개 등으로 가시거리가 100미터 이내일 때
> ③ 눈이 20mm 이상 쌓인 때

정답
1.④　2.④　3.④　4.④　5.②　6.③　7.③

9 **안전거리 확보**
① 모든 차의 운전자는 같은 방향으로 가고 있는 앞차의 뒤를 따르는 경우에는 앞차가 갑자기 정지하게 되는 경우 그 앞차와의 충돌을 피할 수 있는 필요한 거리를 확보하여야 한다.
② 자동차등의 운전자는 같은 방향으로 가고 있는 자전거 운전자에 주의하여야 하며, 그 옆을 지날 때에는 자전거등과의 충돌을 피할 수 있는 필요한 거리를 확보하여야 한다.
③ 모든 차의 운전자는 차의 진로를 변경하려는 경우에 그 변경하려는 방향으로 오고 있는 다른 차의 정상적인 통행에 장애를 줄 우려가 있을 때에는 진로를 변경하여서는 아니 된다.
④ 모든 차의 운전자는 위험방지를 위한 경우와 그 밖의 부득이한 경우가 아니면 운전하는 차를 갑자기 정지시키거나 속도를 줄이는 등의 급제동을 하여서는 아니 된다.

10 **건널목의 통과 방법**
① 건널목 앞에서 일시정지 하여 안전한지 확인한 후에 통과하여야 한다.
② 신호기 등이 표시하는 신호에 따르는 경우에는 정지하지 않고 통과할 수 있다.
③ 건널목의 차단기가 내려져 있는 경우에는 통과하여서는 안된다.
④ 건널목의 차단기가 내려지려고 하는 경우에는 통과하여서는 안된다.
⑤ 건널목의 경보기가 울리고 있는 동안에는 통과하여서는 안된다.

11 **교차로 통행 방법**
1) **교통정리가 있는 교차로**
① **우회전** : 미리 도로의 우측 가장자리를 서행하면서 우회전하며, 진행하는 보행자 또는 자전거 등에 주의하여야 한다.
② **좌회전** : 미리 도로의 중앙선을 따라 서행하면서 교차로의 중심 안쪽을 이용하여 좌회전하여야 한다.
③ 다른 차의 통행에 방해가 될 우려가 있는 경우에는 정지선 직전에 정지한다.
④ 황색 등화로 바뀌면 이미 교차로에 차마의 일부라도 진입한 경우에는 신속히 교차로 밖으로 진행하여야 한다.

2) **교통정리가 없는 교차로**
① 이미 교차로에 들어가 있는 다른 차가 있는 때에는 진로를 양보하여야 한다.
② 교차로에 들어가고자 하는 차가 통행하고 있는 도로의 폭보다 교차하는 도로의 폭이 넓은 경우에는 서행하여야 한다.
③ 폭이 넓은 도로로부터 교차로에 들어가려고 하는 차가 있는 때에는 그 차에 진로를 양보하여야 한다.
④ 동시에 들어가고자 하는 차는 우측도로의 차에 진로를 양보하여야 한다.
⑤ 좌회전하고자 하는 차는 그 교차로에서 직진하거나 우회전하려는 차에 진로를 양보하여야 한다.

적중기출문제

1 운행 중 올바른 안전거리란?
① 뒤차가 앞지를 수 있는 거리
② 앞차와 평균 10m 이상의 거리
③ 앞차가 급정지 했을 때 충돌을 피할 수 있는 거리
④ 앞차의 진행방향을 확인할 수 있는 거리

> 모든 차의 운전자는 같은 방향으로 가고 있는 앞차의 뒤를 따르는 경우에는 앞차가 갑자기 정지하게 되는 경우 그 앞차와의 충돌을 피할 수 있는 필요한 거리를 확보하여야 한다.

2 동일 방향으로 주행하고 있는 전·후 차 간의 안전운전 방법으로 틀린 것은?
① 뒤차는 앞차가 급정지할 때 충돌을 피할 수 있는 필요한 안전거리를 유지한다.
② 뒤에서 따라오는 차량의 속도보다 느린 속도로 진행하려고 할 때에는 진로를 양보한다.
③ 앞차가 다른 차를 앞지르고 있을 때에는 더욱 빠른 속도로 앞지른다.
④ 차는 부득이한 경우를 제외하고는 급정지·급 감속을 하여서는 안 된다.

> 모든 차의 운전자는 앞지르기를 하는 차가 있을 때에는 속도를 높여 경쟁하거나 그 차의 앞을 가로막는 등의 방법으로 앞지르기를 방해하여서는 아니 된다.

3 신호등이 없는 철길건널목 통과방법 중 옳은 것은?
① 차단기가 올라가 있으면 그대로 통과해도 된다.
② 반드시 일지정지를 한 후 안전을 확인하고 통과한다.
③ 신호등이 진행 신호일 경우에도 반드시 일시정지를 하여야 한다.
④ 일시정지를 하지 않아도 좌우를 살피면서 서행으로 통과하면 된다.

4 철길 건널목 통과 방법에 대한 설명으로 옳지 않은 것은?
① 철길 건널목에서는 앞지르기를 하여서는 안 된다.
② 철길 건널목 부근에서는 주정차를 하여서는 안 된다.
③ 철길 건널목에 일시정지 표지가 없을 때에는 서행하면서 통과한다.
④ 철길 건널목에서는 반드시 일시 정지 후 안전함을 확인 후에 통과한다.

5 일시정지를 하지 않고도 철길건널목을 통과할 수 있는 경우는?
① 차단기가 내려져 있을 때
② 경보기가 울리지 않을 때
③ 앞차가 진행하고 있을 때
④ 신호등이 진행신호 표시일 때

6 편도 4차로의 경우 교차로 30미터 전방에서 우회전을 하려면 몇 차로로 진입통행 해야 하는가?
① 2차로와 3차로로 통행한다.
② 1차로와 2차로로 통행한다.
③ 1차로로 통행한다.
④ 4차로로 통행한다.

7 좌회전을 하기 위하여 교차로에 진입되어 있을 때 황색 등화로 바뀌면 어떻게 하여야 하는가?
① 정지하여 정지선으로 후진한다.
② 그 자리에 정지하여야 한다.
③ 신속히 좌회전하여 교차로 밖으로 진행한다.
④ 좌회전을 중단하고 횡단보도 앞 정지선까지 후진하여야 한다.

8 신호등이 없는 교차로에 좌회전하려는 버스와 그 교차로에 진입하여 직진하고 있는 건설기계가 있을 때 어느 차가 우선권이 있는가?
① 직진하고 있는 건설기계가 우선
② 좌회전하려는 버스가 우선
③ 사람이 많이 탄 차가 우선
④ 형편에 따라서 우선순위가 정해짐

9 교통정리가 행하여지고 있지 않은 교차로에서 차량이 동시에 교차로에 진입한 때의 우선순위로 옳은 것은?
① 소형 차량이 우선한다.
② 우측 도로의 차가 우선한다.
③ 좌측 도로의 차가 우선한다.
④ 중량이 큰 차량이 우선한다.

정답
1.③ 2.③ 3.② 4.③ 5.④ 6.④ 7.③
8.① 9.②

12 긴급자동차의 우선 통행

① 모든 차와 노면전차의 운전자는 교차로나 그 부근에서 긴급자동차가 접근하는 경우에는 교차로를 피하여 일시정지 하여야 한다.

② 모든 차와 노면전차의 운전자는 일방통행으로 된 도로에서 긴급자동차가 접근한 경우에는 긴급자동차가 우선 통행할 수 있도록 진로를 양보하여야 한다..

13 주차 금지장소

① 터널 안 및 다리 위
② 화재경보기로부터 3미터 이내의 곳
③ 다음 장소로부터 5미터 이내의 곳
　㉮ 소방용 기계·기구가 설치된 곳, 소방용 방화 물통
　㉯ 소화전 또는 소화용 방화 물통의 흡수구나 흡수관을 넣는 구멍
　㉰ 도로공사를 하고 있는 경우에는 그 공사구역의 양쪽 가장자리

14 자동차를 견인할 때의 속도

① 총중량 2000kg 미만인 자동차를 총중량이 그의 3배 이상인 자동차로 견인하는 경우에는 매시 30km 이내
② 이륜자동차가 견인하는 경우에는 매시 25km 이내

15 밤에 도로에서 차를 운행하는 경우 등의 등화

① **자동차** : 전조등, 차폭등, 미등, 번호등과 실내 조명등(승합자동차와 여객자동차 운송사업용 승용자동차만 해당)

② **원동기장치 자전거** : 전조등 및 미등
③ **견인되는 차** : 미등·차폭등 및 번호등
④ **노면전차** : 전조등, 차폭등, 미등 및 실내 조명등
⑤ **자동차등 외의 모든 차** : 시·도경찰청장이 정하여 고시하는 등화

16 밤에 도로에서 정차하거나 주차할 때 켜야 하는 등화

① **자동차**(이륜자동차 제외) : 자동차안전기준에서 정하는 미등 및 차폭등
② **이륜자동차 및 원동기장치자전거** : 미등(후부 반사기를 포함)
③ **노면전차** : 차폭등 및 미등
④ **자동차등 외의 모든 차** : 시·도경찰청장이 정하여 고시하는 등화

■ 마주보고 진행하는 경우 등의 등화 조작

(도로교통법 시행령 제20조)

① 서로 마주보고 진행할 때에는 전조등의 밝기를 줄이거나 불빛의 방향을 아래로 향하게 하거나 잠시 전조등을 끌 것. 다만, 도로의 상황으로 보아 마주보고 진행하는 차의 교통을 방해할 우려가 없는 경우에는 그러하지 아니하다.

② 앞차의 바로 뒤를 따라갈 때에는 전조등 불빛의 방향을 아래로 향하게 하고, 전조등 불빛의 밝기를 함부로 조작하여 앞차의 운전을 방해하지 아니할 것

③ 모든 차 또는 노면전차의 운전자는 교통이 빈번한 곳에서 운행할 때에는 전조등 불빛의 방향을 계속 아래로 유지하여야 한다. 다만, 시·도경찰청장이 교통의 안전과 원활한 소통을 확보하기 위하여 필요하다고 인정하여 지정한 지역에서는 그러하지 아니하다.

적중기출문제

건설기계의 도로교통법

1 일방통행으로 된 도로가 아닌 교차로 또는 그 부근에서 긴급자동차가 접근하였을 때 운전자가 취해야 할 방법으로 옳은 것은?
① 교차로의 우측단에 일시 정지하여 진로를 양보한다.
② 교차로를 피하여 일시정지 한다.
③ 서행하면서 앞지르기 하라는 신호를 한다.
④ 그대로 진행방향으로 진행을 계속한다.

2 도로 교통법상 주차를 금지하는 곳으로서 틀린 것은?
① 상가 앞 도로의 5m 이내의 곳
② 터널 안 및 다리 위
③ 도로공사를 하고 있는 경우에는 그 공사구역의 양쪽 가장자리로부터 5m 이내의 곳
④ 화재경보기로부터 3m 이내의 곳

3 도로에서 정차를 하고자 할 때의 방법으로 옳은 것은?
① 차체의 전단부가 도로 중앙을 향하도록 비스듬히 정차한다.
② 진행방향의 반대방향으로 정차한다.
③ 차도의 우측 가장자리에 정차한다.
④ 일방통행로에서 좌측 가장자리에 정차한다.

> 도로 또는 노상 주차장에 정차하거나 주차하려고 하는 차의 운전자는 차를 차도의 우측 가장자리에 정차하는 등 대통령령으로 정하는 정차 또는 주차의 방법·시간과 금지사항 등을 지켜야 한다.

4 도로교통법령상 총중량 2000kg 미만인 자동차를 총중량이 그의 3배 이상인 자동차로 견인할 때의 속도는?(단, 견인하는 차량이 견인자동차가 아닌 경우이다.
① 매시 30km이내
② 매시 50km이내
③ 매시 80km이내
④ 매시 100km이내

5 야간에 화물자동차를 도로에서 운행하는 경우 등의 등화로 옳은 것은?
① 주차등
② 방향지시등 또는 비상등
③ 안개등과 미등
④ 전조등·차폭등·미등·번호등

6 도로교통법령에 따라 도로를 통행하는 자동차가 야간에 켜야 하는 등화의 구분 중 견인되는 차가 켜야 할 등화는?
① 전조등, 차폭등, 미등
② 미등, 차폭등, 번호등
③ 전조등, 미등, 번호등
④ 전조등, 미등

7 밤에 도로에서 차를 운행하거나 일시정지 할 때 켜야 할 등화는?
① 전조등, 안개등과 번호등
② 전조등, 차폭등과 미등
③ 전조등, 실내등과 미등
④ 전조등, 제동등과 번호등

정 답

1.② 2.① 3.③ 4.① 5.④ 6.② 7.②

17 밤에 마주보고 진행하는 경우 등의 등화 조작
① 서로 마주보고 진행할 때에는 전조등의 밝기를 줄이거나 불빛의 방향을 아래로 향하게 하거나 잠시 전조등을 끌 것.
② 앞차의 바로 뒤를 따라갈 때에는 전조등 불빛의 방향을 아래로 향하게 하고, 전조등 불빛의 밝기를 함부로 조작하여 앞차의 운전을 방해하지 아니할 것

18 사고발생 시의 조치
① 교통으로 인하여 사람을 사상하거나 물건을 손괴(이하 "교통사고"라 한다)한 경우에는 사상자를 구호하는 등 필요한 조치를 하여야 한다.
② 경찰공무원이 현장에 있을 때에는 그 경찰공무원에게, 경찰공무원이 현장에 없을 때에는 가장 가까운 국가경찰관서에 다음 각 호의 사항을 지체 없이 신고하여야 한다.

19 인적 피해 교통사고
① **사망 기준** : 사고발생 시부터 72시간 이내에 사망한 때
② **중상 기준** : 3주 이상의 치료를 요하는 의사의 진단이 있는 사고
③ **경상 기준** : 3주 미만 5일 이상의 치료를 요하는 의사의 진단이 있는 사고
④ **부상 기준** : 5일 미만의 치료를 요하는 의사의 진단이 있는 사고

적중기출문제
건설기계의 도로교통법

1 야간에 차가 서로 마주보고 진행하는 경우의 등화조작 방법 중 맞는 것은?
① 전조등, 보호등, 실내 조명등을 조작한다.
② 전조등을 켜고 보조등을 끈다.
③ 전조등 불빛을 하향으로 한다.
④ 전조등 불빛을 상향으로 한다.

2 야간 등화 조작의 내용으로 맞는 것은?
① 야간에 도로가에 잠시 정차할 경우 미등을 꺼두어도 무방하다.
② 야간주행 운행 시 등화의 밝기를 줄이는 것은 국토교통부령으로 규정되어 있다.
③ 차량의 야간등화 조작은 국토교통부령에 의한다.
④ 자동차는 밤에 도로를 주행할 때 전조등, 차폭등, 미등, 번호등과 그 밖의 등화를 켜야 한다.

3 제1종 운전면허를 받을 수 없는 사람은?
① 두 눈의 시력이 각각 0.5이상인 사람
② 대형면허를 취득하려는 경우 보청기를 착용하지 않고 55데시벨의 소리를 들을 수 있는 사람
③ 두 눈을 동시에 뜨고 잰 시력이 0.1인 사람
④ 붉은색, 녹색, 노란색을 구별할 수 있는 사람

> 두 눈을 동시에 뜨고 잰 시력이 0.8 이상이고, 두 눈의 시력이 각각 0.5 이상일 것. 다만, 한쪽 눈을 보지 못하는 사람이 보통면허를 취득하려는 경우에는 다른 쪽 눈의 시력이 0.8 이상이고, 수평 시야가 120도 이상이며, 수직 시야가 20도 이상이고, 중심시야 20도 내 암점(暗點) 또는 반맹(半盲)이 없어야 한다.

4 운전자가 진행방향을 변경하려고 할 때 신호를 하여야 할 시기로 옳은 것은?(단, 고속도로 제외)

① 변경하려고 하는 지점의 3m 전에서
② 변경하려고 하는 지점의 10m 전에서
③ 변경하려고 하는 지점의 30m 전에서
④ 특별히 정하여져 있지 않고, 운전자 임의대로

> 진행방향을 변경하려고 할 때는 변경하려는 지점의 30m 전에서 신호를 하여야 한다.

5 도로 교통법상 교통사고에 해당되지 않는 것은?

① 도로운전 중 언덕길에서 추락하여 부상한 사고
② 차고에서 적재하던 화물이 전락하여 사람이 부상한 사고
③ 주행 중 브레이크 고장으로 도로변의 전주를 충돌한 사고
④ 도로주행 중 화물이 추락하여 사람이 부상한 사고

6 교통사고가 발생하였을 때 운전자가 가장 먼저 취해야 할 조차로 적절한 것은?

① 즉시 보험회사에 신고한다.
② 모범운전자에게 신고한다.
③ 즉시 피해자 가족에게 알린다.
④ 즉시 사상자를 구호하고 경찰에 연락한다.

7 도로교통법령상 도로에서 교통사고로 인하여 사람을 사상한 때 운전자의 조치로 가장 적합한 것은?

① 경찰관을 찾아 신고하는 것이 가장 우선행위이다.
② 경찰서에 출두하여 신고한 다음 사상자를 구호한다.
③ 중대한 업무를 수행하는 중인 경우에는 후조치를 할 수 있다.
④ 즉시 정차하여 사상자를 구호하는 등 필요한 조치를 한다.

8 교통사고로서 중상의 기준에 해당하는 것은?

① 1주 이상의 치료를 요하는 부상
② 2주 이상의 치료를 요하는 부상
③ 3주 이상의 치료를 요하는 부상
④ 4주 이상의 치료를 요하는 부상

9 교통사고로 인하여 사람을 사상하거나 물건을 손괴하는 사고가 발생하였을 때 우선 조치사항으로 가장 적절한 것은?

① 사고 차를 견인 조치한 후 승무원을 구호하는 등 필요한 조치를 취해야 한다.
② 사고 차를 운전한 운전자는 물적 피해 정도를 파악하여 즉시 경찰서로 가서 사고 현황을 신고한다.
③ 그 차의 운전자는 즉시 경찰서로 가서 사고와 관련된 현황을 신고 조치한다.
④ 그 차의 운전자나 그 밖의 승무원은 즉시 정차하여 사상자를 구호하는 등 필요한 조치를 취해야 한다.

10 도로교통법령상 운전자의 준수사항이 아닌 것은?

① 출석 지시서를 받은 때에는 운전하지 아니할 것
② 자동차의 운전 중에 휴대용 전화를 사용하지 않을 것
③ 자동차의 화물 적재함에 사람을 태우고 운행하지 말 것
④ 물이 고인 곳을 운행할 때에는 고인 물을 튀게 하여 다른 사람에게 피해를 주는 일이 없도록 할 것

> **정답**
> 1.③ 2.④ 3.③ 4.③ 5.② 6.④ 7.④
> 8.③ 9.④ 10.①

02 도로교통법규의 벌칙

1 통고 처분
범칙자로 인정하는 사람에 대하여는 이유를 분명하게 밝힌 범칙금 납부 통고서로 범칙금을 낼 것을 통고할 수 있다.

2 범칙금 납부
① 범칙금 납부통고서를 받은 사람은 10일 이내에 경찰청장이 지정하는 국고은행, 지점, 대리점, 우체국 또는 제주특별자치도지사가 지정하는 금융회사 등이나 그 지점에 범칙금을 내야 한다.
② 천재지변이나 그 밖의 부득이한 사유로 말미암아 그 기간에 범칙금을 낼 수 없는 경우에는 부득이한 사유가 없어지게 된 날부터 5일 이내에 내야 한다.

적중기출문제

1 차로가 설치된 도로에서 통행방법 위반으로 옳은 것은?
① 택시가 건설기계를 앞지르기를 하였다.
② 차로를 따라 통행하였다.
③ 경찰관의 지시에 따라 중앙 좌측으로 진행하였다.
④ 두 개의 차로에 걸쳐 운행하였다.

2 일시정지 안전 표지판이 설치된 횡단보도에서 위반되는 것은?
① 경찰공무원이 진행신호를 하여 일시정지 하지 않고 통과하였다.
② 횡단보도 직전에 일시정지 하여 안전을 확인한 후 통과하였다.
③ 보행자가 보이지 않아 그대로 통과하였다.
④ 연속적으로 진행 중인 앞차의 뒤를 따라 진행할 때 일시 정지하였다.

> 일시정지 안전 표지판이 설치된 횡단보도에서는 보행자가 없어도 일시정지 후 통과하여야 한다.

3 횡단보도에서의 보행자 보호의무 위반 시 받는 처분으로 옳은 것은?
① 면허 취소 ② 즉심 회부
③ 통고 처분 ④ 형사 입건

4 다음 중 도로교통법을 위반한 경우는?
① 밤에 교통이 빈번한 도로에서 전조등을 계속 하향했다.
② 낮에 어두운 터널 속을 통과할 때 전조등을 켰다.
③ 소방용 방화물통으로부터 10m 지점에 주차하였다.
④ 노면이 얼어붙은 곳에서 최고속도의 20/100을 줄인 속도로 운행하였다.

> 노면이 얼어붙은 곳에서는 최고속도의 50/100을 줄인 속도로 운행하여야 한다.

5 범칙금 납부 통고서를 받은 사람은 며칠 이내에 경찰청장이 지정하는 곳에 납부하여야 하는가?(단, 천재지변이나 그 밖의 부득이한 사유가 있는 경우는 제외한다.)
① 5일 ② 10일
③ 15일 ④ 30일

> 범칙금 납부 통고서를 받은 사람은 10일 이내에 경찰청장이 지정하는 곳에 납부하여야 한다.

정답
1.④ 2.③ 3.③ 4.④ 5.②

07
안전관리

안전관리
작업 안전

section 01 안전관리

01 산업안전 일반

1 안전 관리의 목적
① 사고의 발생을 사전에 방지한다.
② 생산성의 향상과 손실을 최소화한다.
③ 재해로부터 인간의 생명과 재산을 보호할 수 있다.

2 하인리히 안전의 3요소와 사고 예방원리 5단계

1) 하인리히 안전의 3요소
① 관리적 요소
② 기술적 요소
③ 교육적 요소

2) 하인리히 사고 예방 원리 5단계
① 1단계 : **안전관리 조직**(안전관리 조직과 책임부여, 안전관리 규정의 제정, 안전관리 계획수립)
② 2단계 : **사실의 발견**(자료수집, 작업공정의 분석 및 점검, 위험의 확인 검사 및 조사 실시)
③ 3단계 : **분석평가**(재해 조사의 분석, 안전성의 진단 및 평가, 작업 환경의 측정)
④ 4단계 : **시정책의 선정**(기술적인 개선안, 관리적인 개선안, 제도적인 개선안)
⑤ 5단계 : **시정책의 적용**(목표의 설정 및 실시, 재평가의 실시)

3 재해 예방의 4대 원칙
① 예방가능의 원칙
② 손실우연의 원칙
③ 원인연계의 원칙
④ 대책선정의 원칙

적중기출문제

1 안전관리의 근본 목적으로 가장 적합한 것은?
① 생산의 경제적 운용
② 근로자의 생명 및 신체보호
③ 생산과정의 시스템화
④ 생산량 증대

2 안전제일에서 가장 먼저 선행되어야 하는 이념으로 맞는 것은?
① 재산 보호
② 생산성 향상
③ 신뢰성 향상
④ 인명 보호

> 안전제일의 이념은 인간존중 즉 인명보호이다.

3 산업안전을 통한 기대효과로 옳은 것은?
① 기업의 생산성이 저하된다.
② 근로자의 생명만 보호된다.
③ 기업의 재산만 보호된다.
④ 근로자와 기업의 발전이 도모된다.

4 산업체에서 안전을 지킴으로서 얻을 수 있는 이점과 가장 거리가 먼 것은?
① 직장의 신뢰도를 높여준다.
② 직장 상·하 동료 간 인간관계 개선 효과도 기대된다.
③ 기업의 투자 경비가 늘어난다.
④ 사내 안전수칙이 준수되어 질서유지가 실현된다.

5 하인리히가 말한 안전의 3요소에 속하지 않는 것은?
① 교육적 요소 ② 자본적 요소
③ 기술적 요소 ④ 관리적 요소

6 하인리히의 사고 예방 원리 5단계를 순서대로 나열한 것은?
① 조직, 사실의 발견, 평가분석, 시정책의 선정, 시정책의 적용
② 시정책의 적용, 조직, 사실의 발견, 평가분석, 시정책의 선정
③ 사실의 발견, 평가분석, 시정책의 선정, 시정책의 적용, 조직
④ 시정책의 선정, 시정책의 적용, 조직, 사실의 발견, 평가분석

7 인간 공학적 안전 설정으로 페일 세이프에 관한 설명 중 가장 적절한 것은?
① 안전도 검사 방법을 말한다.
② 안전 통제의 실패로 인하여 원상 복귀가 가장 쉬운 사고의 결과를 말한다.
③ 안전사고 예방을 할 수 없는 물리적 불안전 조건과 불안전 인간의 행동을 말한다.
④ 인간 또는 기계에 과오나 동작상의 실패가 있어도 안전사고를 발생시키지 않도록 하는 통제책을 말한다.

> 페일 세이프란 인간 또는 기계에 과오나 동작상의 실패가 있어도 안전사고를 발생시키지 않도록 하는 통제 방책이다.

8 산업안전보건법상 산업 재해의 정의로 옳은 것은?
① 고의로 물적 시설을 파손한 것을 말한다.
② 운전 중 본인의 부주의로 교통사고가 발생된 것을 말한다.
③ 일상 활동에서 발생하는 사고로서 인적 피해에 해당하는 부분을 말한다.
④ 근로자가 업무에 관계되는 건설물·설비·원재료·가스·증기·분진 등에 의하거나 작업 또는 그 밖의 업무로 인하여 사망 또는 부상하거나 질병에 걸리게 되는 것을 말한다.

> 산업 재해란 근로자가 업무에 관계되는 건설물·설비·원재료·가스·증기·분진 등에 의하거나 작업 또는 그 밖의 업무로 인하여 사망 또는 부상하거나 질병에 걸리는 것을 말한다.

9 생산 활동 중 신체장애와 유해물질에 의한 중독 등으로 직업성 질환에 걸려 나타난 장애를 무엇이라 하는가?
① 안전관리 ② 산업재해
③ 산업안전 ④ 안전사고

10 산업 재해는 생산 활동을 행하는 중에 에너지와 충돌하여 생명의 기능이나 (   )을 상실하는 현상을 말한다. (   )에 알맞은 말은?
① 작업상 업무 ② 작업 조건
③ 노동 능력 ④ 노동 환경

> 산업 재해는 사업장에서 우발적으로 일어나는 사고로 인한 피해로 사망이나 노동 능력을 상실하는 현상으로 천재지변에 의한 재해가 1%, 물리적인 재해가 10%, 불안전한 행동에 의한 재해가 89%이다.

정답
1.② 2.④ 3.④ 4.③ 5.② 6.① 7.④
8.④ 9.② 10.③

4 재해 발생의 원인
① 안전의식 및 안전교육 부족
② 방호장치(안전장치, 보호장치)의 결함
③ 정리정돈 및 조명장치가 불량
④ 부적합한 공구의 사용
⑤ 작업 방법의 미흡
⑥ 관리 감독의 소홀

5 산업 재해
사업장에서 우발적으로 일어나는 사고로 인한 피해로 사망이나 노동력을 상실하는 현상으로 천재지변에 의한 재해가 1%, 물리적인 재해가 10%, 불안전한 행동에 의한 재해가 89%이다.

6 재해의 용어
① **접착** : 중량물을 들어 올리거나 내릴 때 손이나 발이 중량물과 지면 등에 끼어 발생하는 재해를 말한다.
② **전도** : 사람이 평면상으로 넘어져 발생하는 재해를 말한다.(과속, 미끄러짐 포함).
③ **낙하** : 물체가 높은 곳에서 낮은 곳으로 떨어져 사람을 가해한 경우나, 자신이 들고 있는 물체를 놓침으로서 발에 떨어져 발생된 재해 등을 말한다.
④ **비래** : 날아오는 물건, 떨어지는 물건 등이 주체가 되어서 사람에 부딪쳐 발생하는 재해를 말한다.
⑤ **협착** : 왕복 운동을 하는 동작부분과 움직임이 없는 고정부분 사이에 끼어 발생하는 위험으로 사업장의 기계 설비에서 많이 볼 수 있다.

7 재해의 발생의 직접적인 원인

1) 불안전한 조건
① 불안전한 방법 및 공정
② 불안전한 환경
③ 불안전한 복장과 보호구
④ 위험한 배치
⑤ 불안전한 설계, 구조, 건축
⑥ 안전 방호장치의 결함
⑦ 방호장치 불량 상태의 방치.
⑧ 불안전한 조명

2) 불안전한 행동
① 불안전한 자세 및 행동을 하는 경우
② 잡담이나 장난을 하는 경우
③ 안전장치를 제거하는 경우
④ 불안전한 속도를 조절하는 경우
⑤ 작동중인 기계에 주유, 수리, 점검, 청소 등을 하는 경우
⑥ 불안전한 기계를 사용하는 경우
⑦ 공구 대신 손을 사용하는 경우
⑧ 안전복장을 착용하지 않은 경우
⑨ 보호구를 착용하지 않은 경우
⑩ 허가 없이 기계장치를 운전하는 경우

적중기출문제   안전관리

1 다음 중 재해발생 원인이 아닌 것은?
① 작업 장치 회전반경 내 출입금지
② 방호장치의 기능제거
③ 작업방법 미흡
④ 관리감독 소홀

2 불안전한 조명, 불안전한 환경, 방호장치의 결함으로 인하여 오는 산업재해 요인은?
① 지적 요인   ② 물적 요인
③ 신체적 요인   ④ 정신적 요인

> 물적 요인이란 불안전한 조명, 불안전한 환경, 방호장치의 결함으로 인하여 오는 산업재해 요인이다.

3 재해의 원인 중 생리적인 원인에 해당되는 것은?

① 작업자의 피로
② 작업복의 부적당
③ 안전장치의 불량
④ 안전수칙의 미 준수

> 생리적인 원인은 작업자의 피로이다.

4 사고를 많이 발생시키는 원인 순서로 나열한 것은?

① 불안전 행위 > 불가항력 > 불안전 조건
② 불안전 조건 > 불안전 행위 > 불가항력
③ 불안전 행위 > 불안전 조건 > 불가항력
④ 불가항력 > 불안전 조건 > 불안전 행위

5 사고의 원인 중 가장 많은 부분을 차지하는 것은?

① 불가항력   ② 불안전한 환경
③ 불안전한 행동   ④ 불안전한 지시

6 재해 유형에서 중량물을 들어 올리거나 내릴 때 손 또는 발이 취급 중량물과 물체에 끼어 발생하는 것은?

① 전도   ② 낙하
③ 감전   ④ 협착

7 안전관리상 인력 운반으로 중량물을 운반하거나 들어 올릴 때 발생할 수 있는 재해와 가장 거리가 먼 것은?

① 낙하   ② 협착(압상)
③ 단전(정전)   ④ 충돌

8 재해 발생원인 중 직접원인이 아닌 것은?

① 기계 배치의 결함
② 교육 훈련 미숙
③ 불량 공구 사용
④ 작업 조명의 불량

9 산업재해의 직접원인 중 인적 불안전 행위가 아닌 것은?

① 작업복의 부적당
② 작업태도 불안전
③ 위험한 장소의 출입
④ 기계공구의 결함

> 인적 불안전 행위에는 작업 태도 불안전, 위험한 장소의 출입, 작업복의 부적당 등이 있다.

10 산업재해 발생원인 중 직접원인에 해당되는 것은?

① 유전적 요소   ② 사회적 환경
③ 불안전한 행동   ④ 인간의 결함

11 산업재해 원인은 직접원인과 간접원인으로 구분되는데 다음 직접원인 중에서 불안전한 행동에 해당되지 않는 것은?

① 허가 없이 장치를 운전
② 불충분한 경보 시스템
③ 결함 있는 장치를 사용
④ 개인 보호구 미사용

12 사고의 원인 중 불안전한 행동이 아닌 것은?

① 허가 없이 기계장치 운전
② 사용 중인 공구에 결함 발생
③ 작업 중 안전장치 기능 제거
④ 부적당한 속도로 기계장치 운전

13 불안전한 행동으로 인하여 오는 산업 재해가 아닌 것은?

① 불안전한 자세
② 안전구의 미착용
③ 방호장치의 결함
④ 안전장치의 기능 제거

정답

1.① 2.② 3.① 4.③ 5.③ 6.④ 7.③
8.② 9.④ 10.③ 11.② 12.② 13.③

8 재해 조사의 목적
① 재해원인의 규명 및 예방자료 수집
② 적절한 예방대책을 수립하기 위하여
③ 동종 재해의 재발방지
④ 유사 재해의 재발방지

9 재해조사를 하는 방법
① 재해 발생 직후에 실시한다.
② 재해 현장의 물리적 흔적을 수집한다.
③ 재해 현장을 사진 등으로 촬영하여 보관하고 기록한다.
④ 목격자, 현장 책임자 등 많은 사람들에게 사고시의 상황을 의뢰한다.
⑤ 재해 피해자로부터 재해 직전의 상황을 듣는다.
⑥ 판단하기 어려운 특수재해나 중대재해는 전문가에게 조사를 의뢰한다.

10 재해율의 정의
① **연천인율** : 1000명의 근로자가 1년을 작업하는 동안에 발생한 재해 빈도를 나타내는 것.

$$연천인율 = \frac{재해자수}{연평균 근로자수} \times 1000$$

② **강도율** : 근로시간 1000시간당 재해로 인하여 근무하지 않는 근로 손실일수로서 산업재해의 경·중의 정도를 알기 위한 재해율로 이용된다.

$$강도율 = \frac{근로 손실일수}{연근로 시간} \times 1000$$

③ **도수율** : 연 근로시간 100만 시간 동안에 발생한 재해 빈도를 나타내는 것.

$$도수율 = \frac{재해 발생 건수}{연 근로 시간} \times 1,000,000$$

④ **천인율** : 평균 재적근로자 1000명에 대하여 발생한 재해자수를 나타내어 1000배 한 것이다.

$$천인율 = \frac{재해자수}{평균 근로자수} \times 1,000$$

02 기계·기기 및 공구에 관한 사항

1 기계 설비의 사용상 안전 확보를 위한 사항
① 주위 환경
② 설치 방법
③ 조작 방법

적중기출문제

1 다음 중 산업재해 조사의 목적에 대한 설명으로 가장 적절한 것은?
① 적절한 예방 대책을 수립하기 위하여
② 작업능률 향상과 근로 기강 확립을 위하여
③ 재해 발생에 대한 통계를 작성하기 위하여
④ 재해를 유발한 자의 책임을 추궁하기 위하여

2 재해조사의 직접적인 목적에 해당되지 않는 것은?
① 동종 재해의 재발방지
② 유사 재해의 재발방지
③ 재해관련 책임자 문책
④ 재해 원인의 규명 및 예방자료 수집

3 다음 중 일반적인 재해 조사방법으로 적절하지 않은 것은?

① 현장의 물리적 흔적을 수집한다.
② 재해 조사는 사고 종결 후에 실시한다.
③ 재해 현장은 사진 등으로 촬영하여 보관하고 기록한다.
④ 목격자, 현장 책임자 등 많은 사람들에게 사고 시의 상황을 듣는다.

4 ILO(국제노동기구)의 구분에 의한 근로 불능 상해의 종류 중 응급조치 상해는 며칠간 치료를 받은 다음부터 정상작업에 임할 수 있는 정도의 상해를 의미하는가?

① 1일 미만
② 3~5일
③ 10일 미만
④ 2주 미만

> 응급조치 상해란 1일 미만의 치료를 받고 다음부터 정상 작업에 임할 수 있는 정도의 상해이다.

5 작업장 안전을 위해 작업장의 시설을 정기적으로 안전점검을 하여야 하는데 그 대상이 아닌 것은?

① 설비의 노후화 속도가 빠른 것
② 노후화의 결과로 위험성이 큰 것
③ 작업자가 출퇴근 시 사용하는 것
④ 변조에 현저한 위험을 수반하는 것

6 재해율 중 연천인율 계산식으로 옳은 것은?

① (재해자수/평균 근로자수)×1000
② (재해율×근로자수)/1000
③ 강도율×1000
④ 재해자수÷연평균 근로자수

7 근로자 1,000명 당 1년간에 발생하는 재해자 수를 나타낸 것은?

① 도수율   ② 강도율
③ 연천인율   ④ 사고율

8 기계 설비의 안전 확보를 위한 사항 중 사용상의 잘못이 아닌 것은?

① 주위 환경   ② 설치 방법
③ 무부하 사용 ④ 조작 방법

9 작업장 안전을 위해 작업장의 시설을 정기적으로 안전점검을 하여야 하는데 그 대상이 아닌 것은?

① 설비의 노후화 속도가 빠른 것
② 노후화의 결과로 위험성이 큰 것
③ 작업자가 출퇴근 시 사용하는 것
④ 변조에 현저한 위험을 수반하는 것

10 점검주기에 따른 안전점검의 종류에 해당되지 않는 것은?

① 수시점검   ② 정기점검
③ 특별점검   ④ 구조점검

> 안전점검의 종류에는 일상점검, 정기점검, 수시점검, 특별점검 등이 있다.

11 산업 안전에서 근로자가 안전하게 작업을 할 수 있는 세부작업 행동지침을 무엇이라고 하는가?

① 안전수칙   ② 안전표지
③ 작업지시   ④ 작업수칙

> 안전수칙이란 근로자가 안전하게 작업을 할 수 있는 세부작업 행동지침이다.

정답
1.① 2.③ 3.② 4.① 5.③ 6.① 7.③
8.③ 9.③ 10.④ 11.①

2 기계 및 기계장치 취급 시 사고 발생 원인
 ① 안전장치 및 보호 장치가 잘 되어 있지 않을 경우
 ② 정리정돈 및 조명 장치가 잘 되어 있지 않을 경우
 ③ 불량한 공구를 사용할 경우

3 일반 기계를 사용할 때 주의 사항
 ① 원동기의 기동 및 정지는 서로 신호에 의거한다.
 ② 고장 중인 기기에는 반드시 표식을 한다.
 ③ 정전이 된 경우에는 반드시 표식을 한다.
 ④ 기계 운전 중 정전 시는 즉시 주 스위치를 끈다.

4 연삭기 사용시 유의사항
 ① 숫돌 커버를 벗겨 놓고 사용하지 않는다.
 ② 연삭 작업 중에는 반드시 보안경을 착용하여야 한다.
 ③ 날이 있는 공구를 다룰 때에는 다치지 않도록 주의한다.
 ④ 숫돌바퀴에 공작물은 적당한 압력으로 접촉시켜 연삭한다.
 ⑤ 숫돌바퀴의 측면을 이용하여 공작물을 연삭해서는 안된다.
 ⑥ 숫돌바퀴와 받침대의 간격은 3mm 이하로 유지시켜야 한다.
 ⑦ 숫돌바퀴의 설치가 완료되면 3분 이상 시험 운전을 하여야 한다.
 ⑧ 숫돌바퀴를 설치할 경우에는 균열이 있는지 확인한 후 설치하여야 한다.
 ⑨ 연삭기의 스위치를 ON 시키기 전에 보안판과 숫돌 커버의 이상 유무를 점검한다.
 ⑩ 숫돌 바퀴의 정면에 서지 말고 정면에서 약간 벗어난 곳에 서서 연삭 작업을 하여야 한다.

적중기출문제

1 기계 및 기계장치 취급 시 사고 발생 원인이 아닌 것은?
 ① 불량 공구를 사용할 때
 ② 안전장치 및 보호 장치가 잘 되어 있지 않을 때
 ③ 정리정돈 및 조명장치가 잘 되어 있지 않을 때
 ④ 기계 및 기계장치가 넓은 장소에 설치되어 있을 때

2 기계 시설의 안전 유의 사항에 맞지 않은 것은?
 ① 회전부분(기어, 벨트, 체인) 등은 위험하므로 반드시 커버를 씌워둔다.
 ② 발전기, 용접기, 엔진 등 장비는 한 곳에 모아서 배치한다.
 ③ 작업장의 통로는 근로자가 안전하게 다닐 수 있도록 정리정돈을 한다.
 ④ 작업장의 바닥은 보행에 지장을 주지 않도록 청결하게 유지한다.

> 발전기, 용접기, 엔진 등 소음이 나는 장비는 분산시켜 배치한다.

3 작업장에서 전기가 예고 없이 정전되었을 경우 전기로 작동하던 기계·기구의 조치방법으로 가장 적합하지 않은 것은?
 ① 즉시 스위치를 끈다.
 ② 안전을 위해 작업장을 정리해 놓는다.
 ③ 퓨즈의 단락 유·무를 검사한다.
 ④ 전기가 들어오는 것을 알기 위해 스위치를 켜 둔다.

4 기계 취급에 관한 안전수칙 중 잘못된 것은?
① 기계 운전 중에는 자리를 지킨다.
② 기계의 청소는 작동 중에 수시로 한다.
③ 기계 운전 중 정전시는 즉시 주 스위치를 끈다.
④ 기계 공장에서는 반드시 작업복과 안전화를 착용한다.

> 정비·청소·검사·수리 또는 그 밖에 이와 유사한 작업을 하는 경우에는 기계의 운전을 정지하여야 한다.

5 전장품을 안전하게 보호하는 퓨즈의 사용법으로 틀린 것은?
① 퓨즈가 없으면 임시로 철사를 감아서 사용한다.
② 회로에 맞는 전류 용량의 퓨즈를 사용한다.
③ 오래되어 산화된 퓨즈는 미리 교환한다.
④ 과열되어 끊어진 퓨즈는 과열된 원인을 먼저 수리한다.

6 연삭작업 시 주의사항으로 틀린 것은?
① 숫돌 측면을 사용하지 않는다.
② 작업은 반드시 보안경을 쓰고 작업한다.
③ 연삭작업은 숫돌차의 정면에 서서 작업한다.
④ 연삭숫돌에 일감을 세게 눌러 작업하지 않는다.

7 연삭기에서 연삭 칩의 비산을 막기 위한 안전방호 장치는?
① 안전 덮개
② 광전식 안전 방호장치
③ 급정지 장치
④ 양수 조작식 방호장치

> 연삭기에는 연삭 칩의 비산을 막기 위하여 안전 덮개를 부착하여야 한다.

8 연삭기의 안전한 사용 방법으로 틀린 것은?
① 숫돌 측면 사용 제한
② 숫돌덮개 설치 후 작업
③ 보안경과 방진 마스크 작용
④ 숫돌과 받침대 간격을 가능한 넓게 유지

9 연삭기의 워크 레스트와 숫돌과의 틈새는 몇 mm 로 조정하는 것이 적합한가?
① 3mm 이내   ② 5mm 이내
③ 7mm 이내   ④ 10mm 이내

> 연삭기의 워크레스트(숫돌 받침대)와 숫돌과의 틈새는 3mm 이내로 조정한다.

10 기계·기구 또는 설비에 설치한 방호장치를 해체하거나 사용을 정지할 수 있는 경우로 틀린 것은?
① 방호장치의 수리 시
② 방호장치의 정기점검 시
③ 방호장치의 교체 시
④ 방호장치의 조정 시

11 탁상용 연삭기 사용시 안전수칙으로 바르지 못한 것은?
① 받침대는 숫돌차의 중심보다 낮게 하지 않는다.
② 숫돌차의 주면과 받침대는 일정 간격으로 유지해야 한다.
③ 숫돌차를 나무해머로 가볍게 두드려 보아 맑은 음이 나는가 확인한다.
④ 숫돌차의 측면에 서서 연삭해야 하며, 반드시 차광안경을 착용한다.

> 연삭작업은 숫돌차의 측면에 서서 연삭해야 하며, 반드시 보안경을 착용한다.

정답
1.④ 2.② 3.④ 4.② 5.① 6.③ 7.①
8.④ 9.① 10.② 11.④

5 동력 기계의 안전 수칙
① 기어가 회전하고 있는 곳을 뚜껑으로 잘 덮어 위험을 방지한다.
② 천천히 움직이는 벨트라도 손으로 잡지 말 것
③ 회전하고 있는 벨트나 기어에 필요 없는 점검을 금한다.
④ 동력 전달을 빨리 시키기 위해서 벨트를 회전하는 풀리에 걸어서는 안 된다.
⑤ 동력 압축기나 절단기를 운전할 때 위험을 방지하기 위해서는 안전장치를 한다.
⑥ 벨트의 이음쇠는 돌기가 없는 구조로 한다.
⑦ 벨트를 걸거나 벗길 때에는 기계를 정지한 상태에서 실시한다.
⑧ 벨트가 풀리에 감겨 돌아가는 부분은 커버나 덮개를 설치한다.

6 가스용접 안전 수칙
① 통풍이나 환기가 불충분한 장소에 설치·저장 또는 방치하지 않도록 할 것
② 화기를 사용하는 장소 및 그 부근에 설치·저장 또는 방치하지 않도록 할 것
③ 위험물 또는 인화성 액체를 취급하는 장소 및 그 부근에 설치·저장 또는 방치하지 않도록 할 것
④ 용기의 온도를 섭씨 40도 이하로 유지할 것
⑤ 전도의 위험이 없도록 할 것
⑥ 충격을 가하지 않도록 할 것
⑦ 운반하는 경우에는 캡을 씌울 것
⑧ 사용하는 경우에는 용기의 마개에 부착되어 있는 유류 및 먼지를 제거할 것
⑨ 밸브의 개폐는 서서히 할 것
⑩ 사용 전 또는 사용 중인 용기와 그 밖의 용기를 명확히 구별하여 보관할 것
⑪ 용해아세틸렌의 용기는 세워 둘 것
⑫ 용기의 부식·마모 또는 변형상태를 점검한 후 사용할 것
⑬ 아세틸렌 밸브를 먼저 열고 점화한 후 산소 밸브를 연다.
⑭ 아세틸렌 용접장치의 설치장소에는 적당한 소화설비를 갖출 것

적중기출문제

1 동력전달장치에서 안전수칙으로 잘못된 것은?
① 동력전달을 빨리시키기 위해서 벨트를 회전하는 풀리에 걸어 작동시킨다.
② 회전하고 있는 벨트나 기어에 불필요한 점검을 하지 않는다.
③ 기어가 회전하고 있는 곳을 커버로 잘 덮어 위험을 방지한다.
④ 동력 압축이나 절단기를 운전할 때 위험을 방지하기 위해서는 안전장치를 한다.

2 다음 중 기계작업 시 적절한 안전거리를 가장 크게 유지해야 하는 것은?
① 프레스   ② 선반
③ 절단기   ④ 전동 띠톱 기계

3 동력공구 사용 시 주의사항으로 틀린 것은?
① 보호구는 안 해도 무방하다.
② 에어 그라인더는 회전수에 유의한다.
③ 규정 공기압력을 유지한다.
④ 압축공기 중의 수분을 제거하여 준다.

4 벨트 전동장치에 내재된 위험적 요소로 의미가 다른 것은?
① 트랩(Trap)
② 충격(Impact)
③ 접촉(Contact)
④ 말림(Entanglement)

5 벨트에 대한 안전사항으로 틀린 것은?
① 벨트의 이음쇠는 돌기가 없는 구조로 한다.
② 벨트를 걸거나 벗길 때에는 기계를 정지한 상태에서 실시한다.
③ 벨트가 풀리에 감겨 돌아가는 부분은 커버나 덮개를 설치한다.
④ 바닥면으로부터 2m 이내에 있는 벨트는 덮개를 제거한다.

6 벨트 취급 시 안전에 대한 주의사항으로 틀린 것은?
① 벨트에 기름이 묻지 않도록 한다.
② 벨트의 적당한 유격을 유지하도록 한다.
③ 벨트 교환 시 회전을 완전히 멈춘 상태에서 한다.
④ 벨트의 회전을 정지시킬 때 손으로 잡아 정지시킨다.

7 가스용접 시 사용되는 산소용 호스는 어떤 색인가?
① 적색   ② 황색
③ 녹색   ④ 청색

> 가스용접에서 사용되는 산소용 호스는 녹색이며, 아세틸렌용 호스는 황색 또는 적색이다.

8 가스용접 시 사용하는 봄베의 안전수칙으로 틀린 것은?
① 봄베를 넘어뜨리지 않는다.
② 봄베를 던지지 않는다.
③ 산소 봄베는 40℃ 이하에서 보관한다.
④ 봄베 몸통에는 녹슬지 않도록 그리스를 바른다.

9 산소-아세틸렌 사용 시 안전수칙으로 잘못된 것은?
① 산소는 산소병에 35℃ 150기압으로 충전한다.
② 아세틸렌의 사용 압력은 15기압으로 제한한다.
③ 산소통의 메인 밸브가 얼면 60℃ 이하의 물로 녹인다.
④ 산소의 누출은 비눗물로 확인한다.

> 아세틸렌의 사용압력은 1기압으로 제한한다.

10 교류아크용접기의 감전방지용 방호장치에 해당하는 것은?
① 2차 권선장치
② 자동 전격 방지기
③ 전류 조절 장치
④ 전자 계전기

> 교류 아크 용접기에 설치하는 방호장치는 자동 전격 방지기이다.

11 차체에 용접시 주의사항이 아닌 것은?
① 용접부위에 인화될 물질이 없나 확인한 후 용접한다.
② 유리 등에 불똥이 튀어 흔적이 생기지 않도록 보호막을 씌운다.
③ 전기 용접 시 접지선을 스프링에 연결한다.
④ 전기 용접 시 필히 차체의 배터리 접지선을 제거한다.

정답
1.① 2.④ 3.① 4.② 5.④ 6.④ 7.③
8.④ 9.② 10.② 11.③

03 공구에 관한 사항

1 수공구 사용시 안전 수칙
① 수공으로 만든 공구는 사용하지 않는다.
② 작업에 알맞은 공구를 선택하여 사용할 것.
③ 공구는 사용 전에 기름 등을 닦은 후 사용한다.
④ 공구를 보관할 때에는 지정된 장소에 보관할 것.
⑤ 공구를 취급할 때에는 올바른 방법으로 사용할 것.
⑥ 공구 사용 점검 후 파손된 공구는 교환할 것
⑦ 사용한 공구는 항상 깨끗이 한 후 보관할 것

2 렌치 사용시 주의사항
① 힘이 가해지는 방향을 확인하여 사용하여야 한다.
② 렌치를 잡아 당겨 볼트나 너트를 죄거나 풀어야 한다.
③ 사용 후에는 건조한 헝겊으로 닦아서 보관하여야 한다.
④ 볼트나 너트를 풀 때 렌치를 해머로 두들겨서는 안된다.
⑤ 렌치에 파이프 등의 연장대를 끼워 사용하여서는 안된다.
⑥ 산화 부식된 볼트나 너트는 오일이 스며들게 한 후 푼다.
⑦ 조정 렌치를 사용할 경우에는 조정 조에 힘이 가해지지 않도록 주의한다.
⑧ 볼트나 너트를 죄거나 풀 때에는 볼트나 너트의 머리에 꼭 맞는 것을 사용하여야 한다.

적중기출문제

1 작업을 위한 공구관리의 요건으로 가장 거리가 먼 것은?
① 공구별로 장소를 지정하여 보관할 것
② 공구는 항상 최소보유량 이하로 유지할 것
③ 공구 사용 점검 후 파손된 공구는 교환할 것
④ 사용한 공구는 항상 깨끗이 한 후 보관할 것

2 일반 공구 사용에 있어 안전관리에 적합하지 않은 것은?
① 작업 특성에 맞는 공구를 선택하여 사용할 것
② 공구는 사용 전에 점검하여 불안전한 공구는 사용하지 말 것
③ 작업 진행 중 옆 사람에서 공구를 줄 때는 가볍게 던져 줄 것
④ 손이나 공구에 기름이 묻었을 때에는 완전히 닦은 후 사용할 것

3 수공구를 사용할 때 유의사항으로 맞지 않는 것은?
① 무리한 공구 취급을 금한다.
② 토크 렌치는 볼트를 풀 때 사용한다.
③ 수공구는 사용법을 숙지하여 사용한다.
④ 공구를 사용하고 나면 일정한 장소에 관리 보관한다.

> 토크 렌치는 볼트 및 너트를 조일 때 규정 토크로 조이기 위하여 사용한다.

4 작업장에서 수공구 재해예방 대책으로 잘못된 사항은?
① 결함이 없는 안전한 공구사용
② 공구의 올바른 사용과 취급
③ 공구는 항상 오일을 바른 후 보관
④ 작업에 알맞은 공구 사용

5 작업에 필요한 수공구의 보관 방법으로 적합하지 않은 것은?
① 공구함을 준비하여 종류와 크기별로 보관한다.
② 사용한 공구는 파손된 부분 등의 점검 후 보관한다.
③ 사용한 수공구는 녹슬지 않도록 손잡이 부분에 오일을 발라 보관하도록 한다.
④ 날이 있거나 뾰족한 물건은 위험하므로 뚜껑을 씌워둔다.

6 다음 중 수공구인 렌치를 사용할 때 지켜야 할 안전사항으로 옳은 것은?
① 볼트를 풀 때는 지렛대 원리를 이용하여, 렌치를 밀어서 힘이 받도록 한다.
② 볼트를 조일 때는 렌치를 해머로 쳐서 조이면 강하게 조일 수 있다.
③ 렌치 작업 시 큰 힘으로 조일 경우 연장대를 끼워서 작업한다.
④ 볼트를 풀 때는 렌치 손잡이를 당길 때 힘을 받도록 한다.

7 조정 렌치 사용 및 관리 요령으로 적합지 않은 것은?
① 볼트를 풀 때는 렌치에 연결대 등을 이용한다.
② 적당한 힘을 가하여 볼트, 너트를 죄고 풀어야 한다.
③ 잡아당길 때 힘을 가하면서 작업한다.
④ 볼트, 너트를 풀거나 조일 때는 볼트머리나 너트에 꼭 끼워져야 한다.

8 볼트 머리나 너트의 크기가 명확하지 않을 때나 가볍게 조이고 풀 때 사용하며 크기는 전체 길이로 표시하는 렌치는?
① 소켓 렌치 ② 조정 렌치
③ 복스 렌치 ④ 파이프 렌치

9 스패너 및 렌치 사용 시 유의사항이 아닌 것은?
① 스패너의 입이 너트 폭과 잘 맞는 것을 사용한다.
② 스패너를 너트에 단단히 끼워서 앞으로 당겨 사용한다.
③ 멍키렌치는 웜과 랙의 마모상태를 확인한다.
④ 멍키렌치는 윗 턱 방향으로 돌려서 사용한다.

10 일반 공구의 안전한 사용법으로 적합하지 않은 것은?
① 언제나 깨끗한 상태로 보관한다.
② 엔진의 헤드 볼트 작업에는 소켓렌치를 사용한다.
③ 렌치의 조정 조에 잡아당기는 힘이 가해져야 한다.
④ 파이프 렌치에는 연장대를 끼워서 사용하지 않는다.

렌치의 고정 조에 잡아당기는 힘이 가해지도록 렌치를 사용하여야 한다.

11 렌치 작업시 설명으로 옳지 못한 것은?
① 스패너는 조금씩 돌리며 사용한다.
② 스패너를 사용할 때는 반드시 앞으로 당기며 사용한다.
③ 파이프 렌치는 반드시 둥근 물체에만 사용한다.
④ 스패너 자루에 항상 둥근 파이프로 연결하여 사용한다.

정답
1.② 2.③ 3.② 4.③ 5.③ 6.④ 7.①
8.② 9.④ 10.③ 11.④

3 스패너 사용시 주의사항
① 스패너에 연장대를 끼워 사용하여서는 안된다.
② 작업 자세는 발을 약간 벌리고 두 다리에 힘을 준다.
③ 스패너의 입이 볼트나 너트의 치수에 맞는 것을 사용한다.
④ 스패너를 해머로 두드리거나 스패너를 해머 대신 사용해서는 안된다.
⑤ 볼트나 너트에 스패너를 깊이 물리고 조금씩 몸쪽으로 당겨 풀거나 조인다.
⑥ 높거나 좁은 장소에서는 몸의 일부를 충분히 기대고 스패너가 빠져도 몸의 균형을 잃지 않도록 한다.

4 해머 사용시 주의사항
① 해머를 휘두르기 전에 반드시 주위를 살핀다.
② 해머의 타격면이 찌그러진 것을 사용하지 않는다.
③ 장갑을 끼거나 기름 묻은 손으로 작업하여서는 안된다.
④ 사용 중에 해머와 손잡이를 자주 점검하면서 작업한다.
⑤ 쐐기를 박아서 손잡이가 튼튼하게 박힌 것을 사용하여야 한다.
⑥ 처음부터 큰 해머를 크게 흔들지 말고 명중되면 점차 크게 흔든다.
⑦ 좁은 곳이나 발판이 불안한 곳에서는 해머 작업을 하여서는 안된다.
⑧ 불꽃이 발생되거나 파편이 발생될 수 있는 작업을 할 경우에는 보안경을 착용하고 작업한다.
⑨ 큰 해머로 작업할 때에는 물품에 해머를 대고 몸의 위치를 조절하며, 충분히 발을 버티고 작업 자세를 취한다.

적중기출문제　　　　　　　　　　　　　　안전관리

1 정비 작업에서 공구의 사용법에 대한 내용으로 틀린 것은?
① 스패너의 자루가 짧다고 느낄 때는 반드시 둥근 파이프로 연결할 것
② 스패너를 사용할 때는 앞으로 당길 것
③ 스패너는 조금씩 돌리며 사용할 것
④ 파이프 렌치는 반드시 둥근 물체에만 사용할 것

2 스패너 사용 시 주의 사항으로 잘못된 것은?
① 스패너의 입이 폭과 맞는 것을 사용한다.
② 필요 시 두 개를 이어서 사용할 수 있다.
③ 스패너를 너트에 정확하게 장착하여 사용한다.
④ 스패너의 입이 변형된 것은 폐기한다.

3 스패너 작업방법으로 옳은 것은?
① 스패너로 볼트를 죌 때는 앞으로 당기고 풀 때는 뒤로 민다.
② 스패너의 입이 너트의 치수보다 조금 큰 것을 사용한다.
③ 스패너 사용 시 몸의 중심을 항상 옆으로 한다.
④ 스패너로 죄고 풀 때는 항상 앞으로 당긴다.

4 복스 렌치가 오픈엔드 렌치보다 비교적 많이 사용되는 이유로 옳은 것은?
① 두 개를 한 번에 조일 수 있다.
② 마모율이 적고 가격이 저렴하다.
③ 다양한 볼트 너트의 크기를 사용할 수 있다.
④ 볼트와 너트 주위를 감싸 힘의 균형 때문에 미끄러지지 않는다.

5 해머 사용 시의 주의사항이 아닌 것은?
① 쐐기를 박아서 자루가 단단한 것을 사용한다.
② 기름 묻은 손으로 자루를 잡지 않는다.
③ 타격면이 닳아 경사진 것은 사용하지 않는다.
④ 처음에는 크게 휘두르고 차차 작게 휘두른다.

6 해머사용 시 안전에 주의해야 될 사항으로 틀린 것은?
① 해머 사용 전 주위를 살펴본다.
② 담금질한 것은 무리하게 두들기지 않는다.
③ 해머를 사용하여 작업할 때에는 처음부터 강한 힘을 사용한다.
④ 대형 해머를 사용할 때는 자기의 힘에 적합한 것으로 한다.

7 망치(hammer) 작업 시 옳은 것은?
① 망치 자루의 가운데 부분을 잡아 놓치지 않도록 할 것
② 손은 다치지 않게 장갑을 착용할 것
③ 타격할 때 처음과 마지막에 힘을 많이 가하지 말 것
④ 열처리 된 재료는 반드시 해머작업을 할 것

8 해머 작업의 안전 수칙으로 틀린 것은?
① 목장갑을 끼고 작업한다.
② 해머를 사용하기 전 주위를 살핀다.
③ 해머 머리가 손상된 것은 사용하지 않는다.
④ 불꽃이 생길 수 있는 작업에는 보호 안경을 착용한다.

9 해머 사용 중 사용법이 틀린 것은?
① 타격면이 마모되어 경사진 것은 사용하지 않는다.
② 담금질 한 것은 단단하므로 한 번에 정확히 강타한다.
③ 기름 묻은 손으로 자루를 잡지 않는다.
④ 물건에 해머를 대고 몸의 위치를 정한다.

10 해머 작업 시 불안전한 것은?
① 해머의 타격면이 찌그러진 것을 사용치 말 것
② 타격할 때 처음은 큰 타격을 가하고 점차 적은 타격을 가할 것
③ 공동작업 시 주위를 살피면서 공작물의 위치를 주시할 것
④ 장갑을 끼고 작업하지 말아야 하며 자루가 빠지지 않게 할 것

> 타격할 때 처음은 적은 타격을 가하고 점차 큰 타격을 가할 것

11 스패너 및 렌치 사용 시 유의 사항이 아닌 것은?
① 스패너의 입이 너트 폭과 잘 맞는 것을 사용한다.
② 스패너를 너트에 단단히 끼워서 앞으로 당겨 사용한다.
③ 멍키 렌치는 웜과 랙의 마모상태를 확인한다.
④ 멍키 렌치는 윗 턱 방향으로 돌려서 사용한다.

정답

1.① 2.② 3.④ 4.④ 5.④ 6.③ 7.③
8.① 9.② 10.② 11.④

04 환경오염 방지 장치

1 전등 스위치가 옥내에 있으면 안 되는 경우는?
① 건설기계 장비 차고
② 절삭유 저장소
③ 카바이드 저장소
④ 기계류 저장소

> 카바이드는 습기가 있으면 아세틸렌가스가 발생되므로 전등 스위치는 옥외에 설치하여야 한다.

2 가연성 가스 저장실에 안전 사항으로 옳은 것은?
① 기름걸레를 가스통 사이에 끼워 충격을 적게 한다.
② 휴대용 전등을 사용한다.
③ 담뱃불을 가지고 출입한다.
④ 조명은 백열등으로 하고 실내에 스위치를 설치한다.

3 다음 중 납산 배터리 액체를 취급하는데 가장 적합한 것은?
① 고무로 만든 옷
② 가죽으로 만든 옷
③ 무명으로 만든 옷
④ 화학섬유로 만든 옷

> 납산 배터리의 전해액은 묽은 황산이므로 취급 시에는 고무로 만든 옷을 착용하여야 한다.

4 다음 중 가열, 마찰, 충격 또는 다른 화학물질과의 접촉 등으로 인하여 산소나 산화재 등의 공급이 없더라도 폭발 등 격렬한 반응을 일으킬 수 있는 물질이 아닌 것은?
① 질산에스테르류
② 니트로 화합물
③ 무기 화합물
④ 니트로소 화합물

> 가열, 마찰, 충격 또는 다른 화학물질과의 접촉 등으로 인하여 산소나 산화재 등의 공급이 없더라도 폭발 등 격렬한 반응을 일으킬 수 있는 물질에는 질산에스테르류, 유기과산화물, 니트로 화합물, 니트로소 화합물, 아조화합물, 디아조 화합물, 히드라진 유도체, 히드록실아민, 히드록실아민 염류 등이 있다.

5 폭발의 우려가 있는 가스 또는 분진이 발생하는 장소에서 지켜야 할 사항으로 틀린 것은?
① 화기의 사용 금지
② 인화성 물질 사용 금지
③ 불연성 재료의 사용 금지
④ 점화의 원인이 될 수 있는 기계사용 금지

6 내부가 보이지 않는 병 속에 들어있는 약품을 냄새로 알아보고자 할 때 안전상 가장 적합한 방법은?
① 종이로 적셔서 알아본다.
② 손바람을 이용하여 확인한다.
③ 내용물을 조금 쏟아서 확인한다.
④ 숟가락으로 약간 떠내어 냄새를 직접 맡아 본다.

정답
1.③ 2.② 3.① 4.③ 5.③ 6.②

section 02 작업 안전

01 작업시 안전 사항

1 작업장 안전수칙

① 작업 중 입은 부상은 즉시 응급조치를 하고 보고한다.
② 밀폐된 실내에서는 시동을 걸지 않는다.
③ 작업 후 바닥의 오일 등을 깨끗이 청소한다.
④ 모든 사용 공구는 제자리에 정리정돈 한다.
⑤ 무거운 물건은 이동기구를 이용한다.
⑥ 폐기물은 정해진 위치에 모아 둔다.
⑦ 통로나 창문 등에 물건을 세워 놓지 않는다.

적중기출문제

1 작업장에서 지켜야할 안전수칙이 아닌 것은?
① 작업 중 입은 부상은 즉시 응급조치를 하고 보고한다.
② 밀폐된 실내에서는 시동을 걸지 않는다.
③ 통로나 마룻바닥에 공구나 부품을 방치하지 않는다.
④ 기름걸레나 인화물질은 나무 상자에 보관한다.

> 기름걸레나 인화물질은 철제 상자에 보관한다.

2 작업장의 안전수칙 중 틀린 것은?
① 공구는 오래 사용하기 위하여 기름을 묻혀서 사용한다.
② 작업복과 안전장구는 반드시 착용한다.
③ 각종 기계를 불필요하게 공회전 시키지 않는다.
④ 기계의 청소나 손질은 운전을 정지시킨 후 실시한다.

3 일반 작업 환경에서 지켜야 할 안전사항으로 틀린 것은?
① 안전모를 착용한다.
② 해머는 반드시 장갑을 끼고 작업한다.
③ 주유 시는 시동을 끈다.
④ 정비나 청소작업은 기계를 정지 후 실시한다.

> 장갑을 끼고 해머 작업을 하는 경우 손에서 빠져나가 위험을 초래하게 된다.

4 공장 내 안전수칙으로 옳은 것은?
① 기름걸레나 인화물질은 철재 상자에 보관한다.
② 공구나 부속품을 닦을 때에는 휘발유를 사용한다.
③ 차가 잭에 의해 올려져 있을 때는 직원 외는 차내 출입을 삼가 한다.
④ 높은 곳에서 작업 시 훅을 놓치지 않게 잘 잡고, 체인블록을 이용한다.

5 작업 중 기계장치에서 이상한 소리가 날 경우 작업자가 해야 할 조치로 가장 적합한 것은?
① 진행 중인 작업은 계속하고 작업종료 후에 조치한다.
② 장비를 멈추고 열을 식힌 후 계속 작업한다.
③ 속도를 조금 줄여 작업한다.
④ 즉시, 작동을 멈추고 점검한다.

정답
1.④ 2.① 3.② 4.① 5.④

2 작업자의 준수사항
① 작업자는 안전 작업법을 준수한다.
② 작업자는 감독자의 명령에 복종한다.
③ 자신의 안전은 물론 동료의 안전도 생각한다.
④ 작업에 임해서는 보다 좋은 방법을 찾는다.
⑤ 작업자는 작업 중에 불필요한 행동을 하지 않는다.
⑥ 작업장의 환경 조성을 위해서 적극적으로 노력한다.

3 작업장에서의 통행 규칙
① 문은 조용히 열고 닫는다.
② 기중기 작업 중에는 접근하지 않는다.
③ 짐을 가진 사람과 마주치면 길을 비켜 준다.
④ 자재 위에 앉거나 자재 위를 걷지 않도록 한다.
⑤ 통로와 궤도를 건널 때 좌우를 살핀 후 건넌다.
⑥ 함부로 뛰지 않으며, 좌·우측 통행의 규칙을 지킨다.
⑦ 지름길로 가려고 위험한 장소를 횡단하여서는 안된다.
⑧ 보행 중에는 발밑이나 주위의 상황 또는 작업에 주의한다.
⑨ 주머니에 손을 넣지 않고 두 손을 자연스럽게 하고 걷는다.
⑩ 높은 곳에서 작업하고 있으면 그 곳에 주의하며, 통과한다.

4 사다리식 통로 구조
① 견고한 구조로 할 것
② 심한 손상·부식 등이 없는 재료를 사용할 것
③ 발판의 간격은 일정하게 할 것
④ 발판과 벽과의 사이는 15cm 이상의 간격을 유지할 것
⑤ 폭은 30cm 이상으로 할 것
⑥ 사다리가 넘어지거나 미끄러지는 것을 방지하기 위한 조치를 할 것
⑦ 사다리의 상단은 걸쳐놓은 지점으로부터 60cm 이상 올라가도록 할 것
⑧ 사다리식 통로의 길이가 10m 이상인 경우에는 5m 이내마다 계단참을 설치할 것
⑨ 사다리식 통로의 기울기는 75도 이하로 할 것. 다만, 고정식 사다리식 통로의 기울기는 90도 이하로 하고, 그 높이가 7m 이상인 경우에는 바닥으로부터 높이가 2.5m 되는 지점부터 등받이 울을 설치할 것
⑩ 접이식 사다리 기둥은 사용 시 접혀지거나 펼쳐지지 않도록 철물 등을 사용하여 견고하게 조치할 것

적중기출문제 — 작업 안전

1 다음 중 현장에서 작업자가 작업 안전상 꼭 알아두어야 할 사항은?
① 장비의 가격
② 종업원의 작업환경
③ 종업원의 기술정도
④ 안전규칙 및 수칙

2 작업장에서 지킬 안전사항 중 틀린 것은?
① 안전모는 반드시 착용한다.
② 고압전기, 유해가스 등에 적색 표지판을 부착한다.
③ 해머작업을 할 때는 장갑을 착용한다.
④ 기계의 주유시는 동력을 차단한다.

3 보기에서 작업자의 올바른 안전 자세로 모두 짝지어진 것은?

[보기]
a. 자신의 안전과 타인의 안전을 고려한다.
b. 작업에 임해서는 아무런 생각 없이 작업한다.
c. 작업장 환경조성을 위해 노력한다.
d. 작업 안전 사항을 준수한다.

① a, b, c ② a, c, d
③ a, b, d ④ a, b, c, d

4 작업 환경 개선 방법으로 가장 거리가 먼 것은?
① 채광을 좋게 한다.
② 조명을 밝게 한다.
③ 부품을 신품으로 모두 교환한다.
④ 소음을 줄인다.

5 작업장 안전을 위해 작업장의 시설을 정기적으로 안전점검을 하여야 하는데 그 대상이 아닌 것은?
① 설비의 노후화 속도가 빠른 것
② 노후화의 결과로 위험성이 큰 것
③ 작업자가 출퇴근 시 사용하는 것
④ 변조에 현저한 위험을 수반하는 것

6 산업안전에서 근로자가 안전하게 작업을 할 수 있는 세부작업 행동지침을 무엇이라고 하는가?
① 안전수칙 ② 안전표지
③ 작업지시 ④ 작업수칙

> 안전수칙이란 근로자가 안전하게 작업을 할 수 있는 세부작업 행동지침이다.

7 작업현장에서 작업 시 사고예방을 위해 알아두어야 할 가장 중요한 사항은?
① 장비의 최고 주행속도
② 1인당 작업량
③ 최신 기술적용 정도
④ 안전수칙

8 산업재해 방지대책을 수립하기 위하여 위험요인을 발견하는 방법으로 가장 적합한 것은?
① 안전점검
② 재해사후 조치
③ 경영층 참여와 안진조직 진단
④ 안전대책 회의

9 작업장 내의 안전한 통행을 위하여 지켜야 할 사항이 아닌 것은?
① 주머니에 손을 넣고 보행하지 말 것
② 좌측 또는 우측통행 규칙을 엄수할 것
③ 운반차를 이용할 때에는 가장 빠른 속도로 주행할 것
④ 물건을 든 사람과 만났을 때는 즉시 길을 양보할 것

10 작업장의 사다리식 통로를 설치하는 관련법상 틀린 것은?
① 견고한 구조로 할 것
② 발판의 간격은 일정하게 할 것
③ 사다리가 넘어지거나 미끄러지는 것을 방지하기 위한 조치를 할 것
④ 사다리식 통로의 길이가 10m 이상인 때에는 접이식으로 설치할 것

11 다음 중 기계작업 시 적절한 안전거리를 가장 크게 유지해야 하는 것은?
① 프레스
② 선반
③ 절단기
④ 전동 띠톱 기계

정답
1.④ 2.③ 3.② 4.③ 5.③ 6.① 7.④
8.① 9.③ 10.④ 11.④

5 감전되었을 때 위험을 결정하는 요소
① 인체에 흐른 전류의 크기
② 인체에 전류가 흐른 시간
③ 전류가 인체에 통과한 경로

6 인력에 의한 운반시 주의사항

1) 물건을 들어 올릴 때 주의사항
① 긴 물건은 앞을 조금 높여서 운반한다.
② 무거운 물건은 여러 사람과 협동으로 운반하거나 운반차를 이용한다.
③ 물품을 몸에 밀착시켜 몸의 평형을 유지하여 비틀거리지 않도록 한다.
④ 물품을 운반하고 있는 사람과 마주치면 그 발밑을 방해하지 않게 피한다.
⑤ 몸의 평형을 유지하도록 발을 어깨너비만큼 벌리고 허리를 충분히 낮추고 물품을 수직으로 들어올린다.

2) 2사람 이상의 협동 운반 작업시 주의사항
① 육체적으로 고르고 키가 큰 사람으로 조를 편성한다.
② 정해진 지휘자의 구령 또는 호각 등에 따라 동작한다.
③ 운반물의 하중이 여러 사람에게 평균적으로 걸리도록 한다.
④ 지휘자를 정하고 지휘자는 작업자를 보고 지휘할 수 있는 위치에 선다.
⑤ 긴 물건을 어깨에 메고 운반하는 경우에는 각 작업자와 같은 쪽의 어깨에 메고서 보조를 맞춘다.
⑥ 물건을 들어 올리거나 내릴 때는 서로 같은 소리를 내는 등의 방법으로 동작을 맞춘다.

적중기출문제 — 작업 안전

1 다음은 건설기계를 조정하던 중 감전되었을 때 위험을 결정하는 요소이다. 틀린 것은?
① 전압의 차체 충격 경로
② 인체에 흐르는 전류의 크기
③ 인체에 전류가 흐른 시간
④ 전류의 인체 통과경로

2 감전되거나 전기화상을 입을 위험이 있는 작업에서 제일 먼저 작업자가 구비해야 할 것은?
① 완강기   ② 구급차
③ 보호구   ④ 신호기

3 전기 작업에서 안전작업상 적합하지 않은 것은?
① 저압 전력선에는 감전 우려가 없으므로 안심하고 작업할 것
② 퓨즈는 규정된 알맞은 것을 끼울 것
③ 전선이나 코드의 접속부는 절연물로서 완전히 피복하여 둘 것
④ 전기장치는 사용 후 스위치를 OFF할 것

4 다음 중 감전 재해의 대표적인 발생 형태로 틀린 것은?
① 전선이나 전기기기의 노출된 충전부의 양단간에 인체가 접촉되는 경우
② 전기기기의 충전부와 대지사이에 인체가 접촉되는 경우
③ 누전상태의 전기기기에 인체가 접촉되는 경우
④ 고압 전력선에 안전거리 이상 이격한 경우

5 운반 작업 시 지켜야 할 사항으로 옳은 것은?
① 운반 작업은 장비를 사용하기 보다는 가능한 많은 인력을 동원하여 하는 것이 좋다.
② 인력으로 운반 시 무리한 자세로 장시간 취급하지 않는다.
③ 인력으로 운반 시 보조구를 사용하되 몸에서 멀리 떨어지게 하고, 가슴위치에서 하중이 걸리게 한다.
④ 통로 및 인도에 가까운 곳에서는 빠른 속도로 벗어나는 것이 좋다.

6 무거운 물건을 들어 올릴 때의 주의사항에 관한 설명으로 가장 적합하지 않은 것은?
① 장갑에 기름을 묻히고 든다.
② 가능한 이동식 크레인을 이용한다.
③ 힘센 사람과 약한 사람과의 균형을 잡는다.
④ 약간씩 이동하는 것은 지렛대를 이용할 수도 있다.

7 길이가 긴 물건을 공동으로 운반 작업을 할 때의 주의사항과 거리가 먼 것은?
① 작업 지휘자를 반드시 정한다.
② 두 사람이 운반할 때는 힘 센 사람이 하중을 더 많이 분담한다.
③ 물건을 들어 올리거나 내릴 때는 서로 같은 소리를 내는 등의 방법으로 동작을 맞춘다.
④ 체력과 신장이 서로 잘 어울리는 사람끼리 작업한다.

8 작업장에서 공동 작업으로 물건을 들어 이동할 때 잘못된 것은?
① 힘을 균형을 유지하여 이동할 것
② 불안전한 물건은 드는 방법에 주의할 것
③ 보조를 맞추어 들도록 할 것
④ 운반도중 상대방에게 무리하게 힘을 가할 것

9 인력으로 운반 작업을 할 때 틀린 것은?
① 긴 물건은 앞쪽을 위로 올린다.
② 드럼통과 LPG 봄베는 굴려서 운반한다.
③ 무리한 몸가짐으로 물건을 들지 않는다.
④ 공동 운반에서는 서로 협조를 하여 작업한다.

10 운반 작업을 하는 작업장의 통로에서 통과 우선순위로 가장 적당한 것은?
① 짐차-빈차-사람
② 빈차-짐차-사람
③ 사람-짐차-빈차
④ 사람-빈차-짐차

> 운반 작업을 하는 작업장의 통로에서 통과 우선순위는 짐차 – 빈차 – 사람이다.

11 공장에서 엔진 등 중량물을 이동하려고 한다. 가장 좋은 방법은?
① 여러 사람이 들고 조용히 움직인다.
② 체인 블록이나 호이스트를 사용한다.
③ 로프로 묶어 인력으로 당긴다.
④ 지렛대를 이용하여 움직인다.

12 중량물 운반에 대한 설명으로 틀린 것은?
① 흔들리는 중량물은 사람이 붙잡아서 이동한다.
② 무거운 물건을 운반할 경우 주위 사람에게 인지하게 한다.
③ 규정 용량을 초과하여 운반하지 않는다.
④ 무거운 물건을 상승시킨 채 오랫동안 방치하지 않는다.

정답
1.① 2.③ 3.① 4.④ 5.② 6.① 7.②
8.④ 9.② 10.① 11.② 12.①

7 중량물 운반할 때 주의할 점
① 체인블록이나 호이스트를 사용한다.
② 무거운 물건을 운반할 경우 주위사람에게 인지하게 한다.
③ 규정 용량을 초과하여 운반하지 않는다.
④ 무거운 물건을 상승시킨 채 오랫동안 방치하지 않는다.
⑤ 화물을 운반할 경우에는 운전반경 내를 확인한다.

8 점검주기에 따른 안전점검의 종류
① **수시(일상) 점검** : 작업시작 전 및 사용하기 전에 또는 작업 중에 실시하는 점검
② **정기 점검** : 1개월, 6개월, 1년 또는 2년 등 일정한 기간을 정해서 외관검사, 기능 점검 및 각 부분을 분해해서 정밀검사를 실시하여 이상 발견에 노력하는 것을 말한다.
③ **특별 점검** : 법정에 입각한 호우, 강풍, 지진 등이 발생한 뒤, 작업을 재개시할 때 등 이상 시에 안전담당자 등에 의해 기계설비 등의 기능 이상을 점검하는 것.

02 기타 안전관련 사항

1 방호장치의 종류
① **격리형 방호장치** : 작업점 외에 직접 사람이 접촉하여 말려들거나 다칠 위험이 있는 장소를 덮어씌우는 방호장치 방법이다.
② **완전 차단형 방호조치** : 어떠한 방향에서도 위험장소까지 도달할 수 없도록 완전히 차단하는 것이다.
③ **덮개형 방호조치** : 작업점 외에 직접 사람이 접촉하여 말려들거나 다칠 위험이 있는 위험 장소를 덮어씌우는 방법으로 V벨트나 평 벨트 또는 기어가 회전하면서 접선방향으로 물려 들어가는 장소에 많이 설치한다.
④ **위치 제한형 방호장치** : 위험을 초래할 가능성이 있는 기계에서 작업자나 직접 그 기계와 관련되어 있는 조작자의 신체부위가 위험한계 밖에 있도록 의도적으로 기계의 조작 장치를 기계에서 일정거리 이상 떨어지게 설치해 놓고, 조작하는 두 손 중에서 어느 하나가 떨어져도 기계의 동작을 멈춰지게 하는 장치이다.
⑤ **접근 반응형 방호장치** : 작업자의 신체부위가 위험한계 또는 그 인접한 거리로 들어오면 이를 감지하여 그 즉시 동작하던 기계를 정지시키거나 스위치가 꺼지도록 하는 방호법이다.

2 방호조치
1. 작동 부분의 돌기부분은 묻힘형으로 하거나 덮개를 부착할 것
2. 동력 전달부분 및 속도 조절부분에는 덮개를 부착하거나 방호망을 설치할 것
3. 회전기계의 물림점(롤러·기어 등)에는 덮개 또는 울을 설치할 것
4. 감전의 위험을 방지하기 위하여 전기기기에 대하여 접지 설비를 할 것

적중기출문제

1 공장에서 엔진 등 중량물을 이동하려고 한다. 가장 좋은 방법은?
① 여러 사람이 들고 조용히 움직인다.
② 체인블록이나 호이스트를 사용한다.
③ 로프로 묶어 인력으로 당긴다.
④ 지렛대를 이용하여 움직인다.

2 중량물 운반에 대한 설명으로 틀린 것은?
① 흔들리는 중량물은 사람이 붙잡아서 이동한다.
② 무거운 물건을 운반할 경우 주위사람에게 인지하게 한다.
③ 규정용량을 초과하여 운반하지 않는다.
④ 무거운 물건을 상승시킨 채 오랫동안 방치하지 않는다.

3 점검주기에 따른 안전점검의 종류에 해당되지 않는 것은?
① 수시 점검   ② 정기 점검
③ 특별 점검   ④ 구조 점검

4 방호장치를 기계설비에 설치할 때 철저히 조사해야 하는 항목이 맞게 연결된 것은?
① 방호 정도 : 어느 한계까지 믿을 수 있는지 여부
② 적용 범위 : 위험 발생을 경고 또는 방지하는 기능으로 할지 여부
③ 유지 관리 : 유지관리를 하는데 편의성과 적정성
④ 신뢰도 : 기계설비의 성능, 기능에 부합되는지 여부

5 작업점 외에 직접 사람이 접촉하여 말려들거나 다칠 위험이 있는 장소를 덮어씌우는 방호장치는?
① 격리형 방호장치
② 위치 제한형 방호장치
③ 포집형 방호장치
④ 접근 거부형 방호장치

6 전기기기에 의한 감전 사고를 막기 위하여 필요한 설비로 가장 중요한 것은?
① 고압계 설비
② 접지설비
③ 방폭등 설비
④ 대지 전위 상승장치 설비

7 방호장치 및 방호조치에 대한 설명으로 틀린 것은?
① 충전회로 인근에서 차량, 기계장치 등의 작업이 있는 경우 충전부로부터 3m 이상 이격시킨다.
② 지반 붕괴의 위험이 있는 경우 흙막이 지보공 및 방호망을 설치해야 한다.
③ 발파 작업 시 피난장소는 좌우측을 견고하게 방호한다.
④ 직접 접촉이 가능한 벨트에는 덮개를 설치해야 한다.

8 안전 작업 사항으로 잘못된 것은?
① 전기장치는 접지를 하고 이동식 전기기구는 방호장치를 설치한다.
② 엔진에서 배출되는 일산화탄소에 대비한 통풍장치를 한다.
③ 담뱃불은 발화력이 약하므로 제한장소 없이 흡연해도 무방하다.
④ 주요 장비 등은 조작자를 지정하여 아무나 조작하지 않도록 한다.

정답
1.② 2.① 3.④ 4.③ 5.① 6.② 7.③
8.③

3 안전·보건 표지의 종류

1) 금지표지(8종)
① **색채** : 바탕은 흰색, 기본 모형은 빨간색, 관련 부호 및 그림은 검은색
② **종류** : 출입금지, 보행금지, 차량 통행금지, 사용근지, 탑승금지, 금연, 화기금지, 물체이동금지

출입금지	보행금지	차량통행금지
사용금지	탑승금지	금연
화기금지	물체이동금지	

2) 경고 표지(6종)
① **색채** : 바탕은 무색, 기본 모형은 빨간색(검은색도 가능), 관련 부호 및 그림은 검은색
② **종류** : 인화성 물질 경고, 산화성 물질 경고, 폭발성 물질 경고, 급성 독성 물질 경고, 부식성 물질 경고, 발암성·변이원성·생식독성·전신독성·호흡기 과민성 물질 경고

3) 경고 표지(9종)
① **색채** : 바탕은 노란색, 기본 모형은 검은색, 관련 부호 및 그림은 검은색
② **종류** : 방사성 물질 경고, 고압 전기 경고, 매달린 물체 경고, 낙하물 경고, 고온 경고, 저온 경고, 몸 균형 상실 경고, 레이저 광선 경고, 위험 장소 경고

인화성물질경고	산화성물질경고	폭발성물질경고
급성독성물질경고	부식성물질경고	방사성물질경고
고압전기경고	매달린물체경고	낙하물경고
고온경고	저온경고	몸균형상실경고
레이저광선경고	발암성·변이원성·생식독성·전신독성·호흡기과민성물질경고	위험장소경고

적중기출문제

1 산업안전보건법상 안전·보건표지의 종류가 아닌 것은?
① 위험표지　② 경고표지
③ 지시표지　④ 금지표지

2 산업안전보건법령상 안전·보건표지의 분류 명칭이 아닌 것은?
① 금지표지　② 경고표지
③ 통제표지　④ 안내표지

3 산업안전보건법령상 안전·보건표지에서 색채와 용도가 틀리게 짝지어진 것은?
① 파란색 : 지시
② 녹색 : 안내
③ 노란색 : 위험
④ 빨간색 : 금지, 경고

4 적색 원형으로 만들어지는 안전 표지판은?
① 경고표시　② 안내표시
③ 지시표시　④ 금지표시

5 안전·보건표지의 종류별 용도·사용장소·형태 및 색채에서 바탕은 흰색, 기본모형은 빨간색, 관련부호 및 그림은 검정색으로 된 표지는?
① 보조표지　② 지시표지
③ 주의표지　④ 금지표지

6 안전·보건표지의 종류와 형태에서 그림과 같은 표지는?

① 인화성 물질 경고
② 금연
③ 화기금지
④ 산화성 물질 경고

7 산업안전 보건 표지에서 그림이 나타내는 것은?

① 비상구 없음 표지
② 방사선위험 표지
③ 탑승금지 표지
④ 보행금지 표지

8 다음 그림과 같은 안전 표지판이 나타내는 것은?

① 비상구
② 출입금지
③ 인화성 물질경고
④ 보안경 착용

9 안전표지의 종류 중 경고 표지가 아닌 것은?
① 인화성물질　② 방사성물질
③ 방독마스크착용　④ 산화성물질

10 산업안전보건법령상 안전·보건 표지의 종류 중 다음 그림에 해당하는 것은?

① 산화성 물질경고
② 인화성 물질경고
③ 폭발성 물질경고
④ 급성독성 물질경고

11 산업안전 보건표지에서 그림이 표시하는 것으로 맞는 것은?

① 독극물 경고
② 폭발물 경고
③ 고압전기 경고
④ 낙하물 경고

정답
1.① 2.③ 3.③ 4.④ 5.④ 6.③ 7.④
8.② 9.③ 10.② 11.③

4) 지시표지(9종)

① **색채** : 바탕은 파란색, 관련 그림은 흰색
② **종류** : 보안경 착용 지시, 방독 마스크 착용 지시, 방진 마스크 착용 지시, 보안면 착용 지시, 안전모 착용 지시, 귀마개 착용 지시, 안전화 착용 지시, 안전 장갑 착용 지시, 안전복 착용 지시

보안경착용	방독마스크착용	방진마스크착용
보안면착용	안전모 착용	귀마개 착용
안전화 착용	안전장갑착용	안전복 착용

5) 안내표지(7종)

① **색채** : 바탕은 흰색, 기본 모형 및 관련 부호는 녹색(바탕은 녹색, 기본 모형 및 관련 부호는 흰색)
② **종류** : 녹십자 표지, 응급구호 표지, 들것, 세안장치, 비상용기구, 비상구, 좌측 비상구, 우측 비상구

녹십자표지	응급구호표지	들것

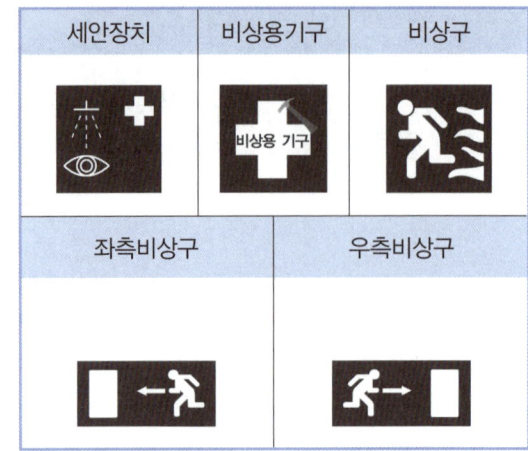

4 보호구

1) 보호구의 구비조건
① 착용이 간편할 것.
② 작업에 방해가 안될 것.
③ 구조와 끝마무리가 양호할 것.
④ 겉 표면이 섬세하고 외관상 좋을 것.
⑤ 보호 장구는 원재료의 품질이 양호한 것일 것.
⑥ 유해 위험 요소에 대한 방호 성능이 충분할 것.

2) 보호구 선택시 유의 사항
① 보호구는 사용 목적에 적합하여야 한다.
② 무게가 가볍고 크기가 사용자에게 알맞아야 한다.
③ 사용하는 방법이 간편하고 손질하기가 쉬워야 한다.
④ 보호구는 검정에 합격된 품질이 양호한 것이어야 한다.

적중기출문제

1 보안경 착용, 방독 마스크 착용, 방진 마스크 착용, 안전모자 착용, 귀마개 착용 등을 나타내는 표지의 종류는?
① 금지표지 ② 지시표지
③ 안내표지 ④ 경고표지

2 다음 그림은 안전표지의 어떠한 내용을 나타내는가?

① 지시표지 ② 금지표지
③ 경고표지 ④ 안내표지

3 안전표지의 종류 중 안내표지에 속하지 않는 것은?
① 녹십자 표지 ② 응급구호 표지
③ 비상구 ④ 출입금지

4 안전표지의 색채 중에서 대피장소 또는 비상구의 표지에 사용되는 것으로 맞는 것은?
① 빨간색 ② 주황색
③ 녹색 ④ 청색

5 안전·보건표지 종류와 형태에서 그림의 안전표지판이 나타내는 것은?

① 병원표지 ② 비상구 표지
③ 녹십자 표지 ④ 안전지대 표지

6 안전·보건표지의 종류와 형태에서 그림의 표지로 맞는 것은?

① 비상구 ② 안전제일 표지
③ 응급구호 표지 ④ 들것 표지

7 보호구의 구비조건으로 틀린 것은?
① 착용이 간편해야 한다.
② 작업에 방해가 안 되어야 한다.
③ 구조와 끝마무리가 양호해야 한다.
④ 유해 위험 요소에 대한 방호 성능이 경미해야 한다.

8 다음 중 보호구를 선택할 때의 유의사항으로 틀린 것은?
① 작업 행동에 방해되지 않을 것
② 사용 목적에 구애받지 않을 것
③ 보호구 성능기준에 적합하고 보호 성능이 보장될 것
④ 착용이 용이하고 크기 등 사용자에게 편리할 것

9 다음 중 올바른 보호구 선택 방법으로 가장 적합하지 않은 것은?
① 잘 맞는지 확인하여야 한다.
② 사용 목적에 적합하여야 한다.
③ 사용 방법이 간편하고 손질이 쉬워야 한다.
④ 품질보다는 식별기능 여부를 우선해야 한다.

정답
1.② 2.① 3.④ 4.③ 5.③ 6.③ 7.④
8.② 9.④

3) 보호구의 용도

① **안전모** : 물체가 떨어지거나 날아올 위험 또는 추락할 위험이 있는 작업, 물건을 운반하거나 수거·배달하기 위하여 이륜자동차를 운행하는 작업

② **안전대** : 높이 또는 깊이 2m 이상의 추락할 위험이 있는 장소에서 하는 작업

③ **안전화** : 물체의 낙하·충격, 물체에의 끼임, 감전 또는 정전기의 대전에 의한 위험이 있는 작업

④ **보안경** : 물체가 흩날릴 위험이 있는 작업

⑤ **보안면** : 용접 시 불꽃이나 물체가 흩날릴 위험이 있는 작업

⑥ **절연용 보호구** : 감전의 위험이 있는 작업

⑦ **방열복** : 고열에 의한 화상 등의 위험이 있는 작업

⑧ **방진 마스크** : 선창 등에서 분진(먼지)이 심하게 발생하는 하역 작업

⑨ **방한모·방한복·방한화·방한장갑** : 섭씨 영하 18도 이하인 급냉동 어창에서 하는 하역작업

4) 장갑

① 장갑은 감겨들 위험이 있는 작업에는 착용을 하지 않는다.

② **착용 금지 작업** : 선반 작업, 드릴 작업, 목공기계 작업, 연삭 작업, 해머 작업, 정밀기계 작업 등

5) 복장의 착용

① 작업복 착용은 재해로부터 작업자의 몸을 보호하기 위해서

② 땀을 닦기 위한 수건이나 손수건을 허리나 목에 걸고 작업해서는 안 된다.

③ 옷소매 폭이 너무 넓지 않는 것이 좋고, 단추가 달린 것은 되도록 피한다.

④ 물체 추락의 우려가 있는 작업장에서는 안전모를 착용해야 한다.

적중기출문제 — 작업 안전

1 액체 약품 취급시 비산물로부터 눈을 보호하기 위한 보안경은?
① 고글형　　② 스펙타클형
③ 프런트형　④ 일반형

2 시력을 교정하고 비산물로부터 눈을 보호하기 위한 보안경은?
① 고글형 보안경
② 도수렌즈 보안경
③ 유리 보안경
④ 플라스틱 보안경

3 아크용접에서 눈을 보호하기 위한 보안경 선택으로 맞는 것은?
① 도수 안경　　② 방진 안경
③ 차광용 안경　④ 실험실용 안경

4 용접작업과 같이 불티나 유해 광선이 나오는 작업에 착용해야 할 보호구는?
① 차광 안경　　② 방진 안경
③ 산소 마스크　④ 보호 마스크

5 다음 중 사용구분에 따른 차광 보안경의 종류에 해당하지 않는 것은?
① 자외선용　② 적외선용
③ 용접용　　④ 비산방지용

6 먼지가 많은 장소에서 착용하여야 하는 마스크는?
① 방독 마스크 ② 산소 마스크
③ 방진 마스크 ④ 일반 마스크

7 다음 중 산소결핍의 우려가 있는 장소에서 착용하여야 하는 마스크의 종류는?
① 방독 마스크 ② 방진 마스크
③ 송기 마스크 ④ 가스 마스크

8 귀마개가 갖추어야 할 조건으로 틀린 것은?
① 내습, 내유성을 가질 것
② 적당한 세척 및 소독에 견딜 수 있을 것
③ 가벼운 귓병이 있어도 착용할 수 있을 것
④ 안경이나 안전모와 함께 착용을 하지 못하게 할 것

9 안전모에 대한 설명으로 적합하지 않은 것은?
① 혹한기에 착용하는 것이다.
② 안전모의 상태를 점검하고 착용한다.
③ 안전모의 착용으로 불안전한 상태를 제거한다.
④ 올바른 착용으로 안전도를 증가시킬 수 있다.

10 안전모의 관리 및 착용방법으로 틀린 것은?
① 큰 충격을 받은 것은 사용을 피한다.
② 사용 후 뜨거운 스팀으로 소독하여야 한다.
③ 정해진 방법으로 착용하고 사용하여야 한다.
④ 통풍을 목적으로 모체에 구멍을 뚫어서는 안 된다.

11 중량물 운반 작업 시 착용해야 할 안전화는?
① 중작업용 ② 보통작업용
③ 경작업용 ④ 절연용

12 다음 중 일반적으로 장갑을 끼고 작업할 경우 안전상 가장 적합하지 않은 작업은?
① 전기 용접 작업
② 타이어 교체 작업
③ 건설기계 운전 작업
④ 선반 등의 절삭가공 작업

13 작업장에서 작업복을 착용하는 주된 이유는?
① 작업속도를 높이기 위해서
② 작업자의 복장통일을 위해서
③ 작업장의 질서를 확립시키기 위해서
④ 재해로부터 작업자의 몸을 보호하기 위해서

14 안전 작업은 복장의 착용상태에 따라 달라진다. 다음에서 권장사항이 아닌 것은?
① 땀을 닦기 위한 수건이나 손수건을 허리나 목에 걸고 작업해서는 안 된다.
② 옷소매 폭이 너무 넓지 않는 것이 좋고, 단추가 달린 것은 되도록 피한다.
③ 물체 추락의 우려가 있는 작업장에서는 안전모를 착용해야 한다.
④ 복장을 단정하게 하기 위해 넥타이를 꼭 매야 한다.

15 고압 충전 전선로 근방에서 작업을 할 경우 작업자가 감전되지 않도록 사용하는 안전장구로 가장 적합한 것은?
① 절연용 방호구
② 방수복
③ 보호용 가죽장갑
④ 안전대

정답
1.① 2.② 3.③ 4.① 5.④ 6.③ 7.③
8.④ 9.① 10.② 11.① 12.④ 13.④
14.④ 15.①

5 자연발화가 일어나기 쉬운 조건
① 발열량이 클 경우
② 주위 온도가 높을 경우
③ 착화점이 낮을 경우

6 자연 발화성 및 금속성 물질
① **나트륨**(sodium, Natrium) : 전기적 양성이 매우 강한 1가의 금속 이온이다. 공기 중에서는 산화되어 신속히 광택을 상실하며, 습기 및 이산화탄소 때문에 탄산나트륨 피막으로 덮인다. 상온에서는 자연발화는 하지 않지만 녹는점 이상으로 가열하면 황색 불꽃을 내며 타서 과산화나트륨이 된다.
② **칼륨**(kalium) : 무르며 녹는점이 낮고, 화학 반응성이 매우 큰 은백색 고체금속이다. 공기 중에서 쉽게 산화되고, 물과는 많은 열과 수소기체를 내면서 격렬히 반응하고 폭발하기도 한다.
③ **알킬나트륨**(alkyl sodium, Alkyl Natrium) : 무색의 비휘발성 고체인데 석유, 벤젠 등에 녹지 않으며 가열하면 용융되지 않고 분해된다. 공기 중에서는 곧 발화한다. 알킬기가 고급으로 되는 데 따라 열에 대해 불안정하게 된다.

7 화재의 종류 및 소화기 표식
① **A급 화재** : 일반 가연물의 화재로 냉각소화의 원리에 의해서 소화되며, 소화기에 표시된 원형 표식은 백색으로 되어 있다.
② **B급 화재** : 가솔린, 알코올, 석유 등의 유류 화재로 질식소화의 원리에 의해서 소화되며, 소화기에 표시된 원형의 표식은 황색으로 되어 있다.
③ **C급 화재** : 전기 기계, 전기 기구 등에서 발생되는 화재로 질식소화의 원리에 의해서 소화되며, 소화기에 표시된 원형의 표식은 청색으로 되어 있다.
④ **D급 화재** : 마그네슘 등의 금속 화재로 질식소화의 원리에 의해서 소화시켜야 한다.

적중기출문제 작업 안전

1 자연발화가 일어나기 쉬운 조건으로 틀린 것은?
① 발열량이 클 때
② 주위 온도가 높을 때
③ 착화점이 낮을 때
④ 표면적이 작을 때

2 화재예방 조치로서 적합하지 않은 것은?
① 가연성 물질을 인화 장소에 두지 않는다.
② 유류 취급 장소에는 방화수를 준비한다.
③ 흡연은 정해진 장소에서만 한다.
④ 화기는 정해진 장소에서만 취급한다.

> 유류 취급 장소에는 소화기 및 모래를 준비해 두어야 한다.

3 가스 및 인화성 액체에 의한 화재예방조치 방법으로 틀린 것은?
① 가연성 가스는 대기 중에 자주 방출시킬 것
② 인화성 액체의 취급은 폭발 한계의 범위를 초과한 농도로 할 것
③ 배관 또는 기기에서 가연성 증기의 누출여부를 철저히 점검할 것
④ 화재를 진화하기 위한 방화 장치는 위급 상황 시 눈에 잘 띄는 곳에 설치할 것

4 다음 중 자연 발화성 및 금속성 물질이 아닌 것은?
① 탄소   ② 나트륨
③ 칼륨   ④ 알킬나트륨

5 화재 발생 시 연소 조건이 아닌 것은?
① 점화원   ② 산소(공기)
③ 발화시기   ④ 가연성 물질

6 화재의 분류가 옳게 된 것은?
① A급 화재 : 일반 가연물 화재
② B급 화재 : 금속 화재
③ C급 화재 : 유류 화재
④ D급 화재 : 전기 화재

7 보통화재라고 하며 목재, 종이 등 일반 가연물의 화재로 분류되는 것은?
① A급 화재   ② B급 화재
③ C급 화재   ④ D급 화재

8 B급 화재에 대한 설명으로 옳은 것은?
① 목재, 섬유류 등의 화재로서 일반적으로 냉각소화를 한다.
② 유류 등의 화재로서 일반적으로 질식효과(공기차단)로 소화한다.
③ 전기기기의 화재로서 일반적으로 전기절연성을 갖는 소화제로 소화한다.
④ 금속나트륨 등의 화재로서 일반적으로 건조사를 이용한 질식효과로 소화한다.

9 유류 화재 시 소화용으로 가장 거리가 먼 것은?
① 물   ② 소화기
③ 모래   ④ 흙

10 작업장에서 휘발유 화재가 일어났을 경우 가장 적합한 소화방법은?
① 물 호스의 사용
② 불의 확대를 막는 덮개의 사용
③ 소다 소화기의 사용
④ 탄산가스 소화기의 사용

11 유류로 인하여 발생한 화재에 가장 부적합한 소화기는?
① 포말 소화기
② 이산화탄소 소화기
③ 물소화기
④ 탄산수소염류 소화기

12 전기 시설과 관련된 화재로 분류되는 것은?
① A급 화재   ② B급 화재
③ C급 화재   ④ D급 화재

13 전기 화재의 원인과 관련이 없는 것은?
① 단락(합선)   ② 과절연
③ 전기불꽃   ④ 과전류

14 다음 중 전기설비 화재 시 가장 적합하지 않은 소화기는?
① 포말 소화기
② 이산화탄소 소화기
③ 무상 강화액 소화기
④ 할로겐 화합물 소화기

> 전기화재의 소화에 포말 소화기는 사용해서는 안 된다.

15 화재 발생으로 부득이 화염이 있는 곳을 통과할 때의 요령으로 틀린 것은?
① 몸을 낮게 엎드려서 통과한다.
② 물 수건으로 입을 막고 통과한다.
③ 머리카락, 얼굴, 발, 손 등을 불과 닿지 않게 한다.
④ 뜨거운 김은 입으로 마시면서 통과한다.

정답
1.④ 2.② 3.① 4.① 5.③ 6.① 7.① 8.②
9.① 10.④ 11.③ 12.③ 13.② 14.① 15.④

8 소화 방법

① **가연물 제거** : 가연물을 연소구역에서 멀리 제거하는 방법으로, 연소방지를 위해 파괴하거나 폭발물을 이용한다.

② **산소의 차단** : 산소의 공급을 차단하는 질식소화 방법으로 이산화탄소 등의 불연성 가스를 이용하거나 발포제 또는 분말 소화제에 의한 냉각효과 이외에 연소 면을 덮는 직접적 질식효과와 불연성 가스를 분해·발생시키는 간접적 질식효과가 있다.

③ **열량의 공급 차단** : 냉각시켜 신속하게 연소열을 빼앗아 연소물의 온도를 발화점 이하로 낮추는 소화방법이며, 일반적으로 사용되고 있는 보통 화재 때의 주수소화(注水消火)는 물이 다른 것보다 열량을 많이 흡수하고, 증발할 때에도 주위로부터 많은 열을 흡수하는 성질을 이용한다.

적중기출문제

작업 안전

1 소화설비를 설명한 내용으로 맞지 않는 것은?
① 포말 소화설비는 저온 압축한 질소가스를 방사시켜 화재를 진화한다.
② 분말 소화설비는 미세한 분말 소화재를 화염에 방사시켜 진화시킨다.
③ 물 분무 소화설비는 연소물의 온도를 인화점 이하로 냉각시키는 효과가 있다.
④ 이산화탄소 소화설비는 질식작용에 의해 화염을 진화시킨다.

2 소화설비 선택 시 고려하여야 할 사항이 아닌 것은?
① 작업의 성질
② 작업자의 성격
③ 화재의 성질
④ 작업장의 환경

3 소화방식의 종류 중 주된 작용이 질식소화에 해당하는 것은?
① 강화액
② 호스 방수
③ 에어-폼
④ 스프링클러

4 구급처치 중에서 환자의 상태를 확인하는 사항과 가장 거리가 먼 것은?
① 의식
② 상처
③ 출혈
④ 격리

5 사고로 인하여 위급한 환자가 발생하였다. 의사의 치료를 받기 전까지 응급처치를 실시할 때 응급처치 실시자의 준수사항으로 가장 거리가 먼 것은?
① 사고 현장 조사를 실시한다.
② 원칙적으로 의약품의 사용은 피한다.
③ 의식 확인이 불가능하여도 생사를 임의로 판정하지 않는다.
④ 정확한 방법으로 응급처치를 한 후 반드시 의사의 치료를 받도록 한다.

6 화상을 입었을 때 응급조치로 가장 적합한 것은?
① 옥도정기를 바른다.
② 메틸알코올에 담근다.
③ 아연화연고를 바르고 붕대를 감는다.
④ 찬물에 담갔다가 아연화연고를 바른다.

7 전기용접의 아크 빛으로 인해 눈이 혈안이 되고 눈이 붓는 경우가 있다. 이럴 때 응급조치 사항으로 가장 적절한 것은?
① 안약을 넣고 계속 작업한다.
② 눈을 잠시 감고 안정을 취한다.
③ 소금물로 눈을 세정한 후 작업한다.
④ 냉습포를 눈 위에 올려놓고 안정을 취한다.

8 세척작업 중 알칼리 또는 산성 세척유가 눈에 들어갔을 경우 가장 먼저 조치하여야 하는 응급 처치는?
① 수돗물로 씻어낸다.
② 눈을 크게 뜨고 바람 부는 쪽을 향해 눈물을 흘린다.
③ 알칼리성 세척유가 눈에 들어가면 붕산수를 구입하여 중화시킨다.
④ 산성 세척유가 눈에 들어가면 병원으로 후송하여 알칼리성으로 중화시킨다.

> 세척유가 눈에 들어갔을 경우에는 가장 먼저 수돗물로 씻어낸다.

9 화재 시 연소의 주요 3요소로 틀린 것은?
① 고압 ② 가연물
③ 점화원 ④ 산소

10 화재발생 시 소화기를 사용하여 소화 작업을 하고 할 때 올바른 방법은?
① 바람을 안고 우측에서 좌측을 향해 실시한다.
② 바람을 등지고 좌측에서 우측을 향해 실시한다.
③ 바람을 안고 아래쪽에서 위쪽을 향해 실시한다.
④ 바람을 등지고 위쪽에서 아래쪽을 향해 실시한다.

> 소화기를 사용하여 소화 작업을 할 경우에는 바람을 등지고 위쪽에서 아래쪽을 향해 실시한다.

11 전기화재 시 가장 좋은 소화기는?
① 포말 소화기
② 이산화탄소 소화기
③ 중조산식 소화기
④ 산알칼리 소화기

12 유류 화재의 소화제로 가장 적합하지 않은 것은?
① CO_2 소화기 ② 물
③ 방화 커튼 ④ 모래

13 목재, 섬유 등 일반화재에도 사용되며, 가솔린과 같은 유류나 화학약품의 화재에도 적당하나, 전기화재는 부적당한 특징이 있는 소화기는?
① ABC 소화기 ② 모래
③ 포말 소화기 ④ 분말 소화기

14 화재의 분류에서 유류화재에 해당되는 것은?
① A급 화재 ② B급 화재
③ C급 화재 ④ D급 화재

15 흡연으로 인한 화재를 예방하기 위한 것으로 옳은 것은?
① 금연 구역으로 지정된 장소에서 흡연한다.
② 흡연 장소 부근에 인화성 물질을 비치한다.
③ 배터리를 충전할 때 흡연은 가능한 삼가하되 배터리의 셀 캡을 열고 했을 때는 관계없다.
④ 담배 꽁초는 반드시 지정된 용기에 버려야 한다.

정답

1.① 2.② 3.③ 4.④ 5.① 6.④ 7.④
8.① 9.① 10.④ 11.② 12.② 13.③
14.② 15.④

쉬어가기

1 작업자의 준수사항

① 작업자는 안전 작업법을 준수한다.
② 작업자는 감독자의 명령에 복종한다.
③ 자신은 안전은 물론 동료의 안전도 생각한다.
④ 작업에 임해서는 보다 좋은 방법을 찾는다.
⑤ 작업자는 작업 중에 불필요한 행동을 하지 않는다.
⑥ 작업장의 환경 조성을 위해서 적극적으로 노력한다.

2 드라이버 사용시 주의사항

① 드라이버 날 끝은 편평한 것을 사용하여야 한다.
② 이가 빠지거나 둥글게 된 것은 사용하지 않는다.
③ 나사를 조일 때 수직으로 대고 한 손으로 가볍게 잡고서 작업한다.
④ 드라이버의 날 끝이 홈의 너비와 길이에 맞는 것으로 사용하여야 한다.

3 드릴 작업의 안전수칙

① 장갑을 끼고 작업해서는 안 된다.
② 머리가 긴 사람은 안전모를 쓴다.
③ 작업 중 쇠 가루를 입으로 불어서는 안 된다.
④ 공작물을 단단히 고정시켜 따라 돌지 않게 한다.
⑤ 드릴 작업을 할 때 칩(쇠밥)제거는 회전을 중지시킨 후 솔로 제거한다.

4 기중기로 물건을 운반할 때 주의할 점

① 규정 무게 보다 초과하여 사용해서는 안 된다.
② 적재 물이 떨어지지 않도록 한다.
③ 로프 등의 안전 여부를 항상 점검한다.
④ 선회 작업을 할 때에는 사람이 다치지 않도록 한다.

5 안전장치를 선정할 때 고려할 사항

① 안전장치의 사용에 따라 방호가 완전할 것
② 안전장치의 기능 면에서 강도나 신뢰도가 클 것
③ 정기 점검 이외에는 사람의 손으로 조정할 필요가 없을 것
④ 위험부분에는 안전 방호장치가 설치되어 있을 것
⑤ 작업하기에 불편하지 않는 구조 일 것

6 동력기계 사용시 주의사항

① 기어가 회전하고 있는 곳을 뚜껑으로 잘 덮어 위험을 방지한다.
② 천천히 움직이는 벨트라도 손으로 잡지 말 것
③ 회전하고 있는 벨트나 기어에 필요 없는 점검을 금한다.
④ 동력전달을 빨리시키기 위해서 벨트를 회전하는 풀리에 걸어서는 안된다.
⑤ 동력 압축기나 절단기를 운전할 때 위험을 방지하기 위해서는 안전장치를 한다.

7 작업장에서의 복장

① 작업복은 몸에 맞는 것을 입는다.
② 상의의 옷자락이 밖으로 나오지 않도록 한다.
③ 기름이 밴 작업복은 될 수 있는 한 입지 않는다.
④ 몸에 맞는 복장을 할 것
⑤ 작업에 따라 보호구 및 기타 물건을 착용할 수 있을 것
⑥ 소매나 바지자락이 조여질 수 있을 것
⑦ 작업장에서 작업복을 착용하는 이유는 재해로부터 작업자의 몸을 지키기 위함이다.

08 기출복원문제
굴착기

2019년 복원문제
제1회 굴착기운전기능사

01 노킹이 발생되었을 때 디젤기관에 미치는 영향이 아닌 것은?

① 배기가스의 온도가 상승한다.
② 연소실 온도가 상승한다.
③ 엔진에 손상이 발생할 수 있다.
④ 출력이 저하된다.

해설 노킹이 발생되면
❶ 기관 회전속도(rpm)가 낮아진다.
❷ 기관출력이 저하한다.
❸ 기관이 과열한다.
❹ 흡기효율이 저하한다.
❺ 실린더 벽과 피스톤에 손상이 발생할 수 있다.

02 크랭크축의 비틀림 진동에 대한 설명으로 틀린 것은?

① 각 실린더의 회전력 변동이 클수록 커진다.
② 크랭크축이 길수록 커진다.
③ 강성이 클수록 커진다.
④ 회전부분의 질량이 클수록 커진다.

해설 크랭크축에서 비틀림 진동발생의 관계
❶ 기관의 회전력 변동이 클수록, 크랭크축의 길이가 길수록 크다.
❷ 크랭크축의 강성이 적을수록, 기관의 회전속도가 느릴수록 크다.
❸ 기관의 주기적인 회전력 작용에 의해 발생한다.

03 디젤기관에서 발생하는 진동의 원인이 아닌 것은?

① 프로펠러 샤프트의 불균형
② 분사시기의 불균형
③ 분사량의 불균형
④ 분사압력의 불균형

해설 디젤기관의 진동원인
❶ 연료 분사시가분사간격이 다르다.
❷ 각 피스톤의 중량차가 크다.
❸ 각 실린더의 연료 분사압력과 분사량이 다르다.
❹ 4실린더 엔진에서 1개의 분사노즐이 막혔다.
❺ 크랭크축에 불균형이 있다.
❻ 연료계통 내에 공기가 유입되었다.

04 압력식 라디에이터 캡에 대한 설명으로 옳은 것은?

① 냉각장치 내부압력이 규정보다 낮을 때 공기밸브는 열린다.
② 냉각장치 내부압력이 규정보다 높을 때 진공밸브는 열린다.
③ 냉각장치 내부압력이 부압이 되면 진공밸브는 열린다.
④ 냉각장치 내부압력이 부압이 되면 공기밸브는 열린다.

해설 압력식 라디에이터 캡의 작동
❶ 냉각장치 내부압력이 부압이 되면(내부압력이 규정보다 낮을 때) 진공밸브가 열린다.
❷ 냉각장치 내부압력이 규정보다 높을 때 압력밸브가 열린다.

05 건설기계 운전 작업 중 온도게이지가 "H" 위치에 근접되어 있다. 운전자가 취해야 할 조치로 가장 알맞은 것은?

① 작업을 계속해도 무방하다.
② 잠시 작업을 중단하고 휴식을 취한 후 다시 작업한다.
③ 윤활유를 즉시 보충하고 계속 작업한다.
④ 작업을 중단하고 냉각수 계통을 점검한다.

정답 01.① 02.③ 03.① 04.③ 05.④

06 2행정 디젤기관의 소기방식에 속하지 않는 것은?

① 루프 소기식　② 횡단 소기식
③ 복류 소기식　④ 단류 소기식

해설 2행정 사이클 디젤기관의 소기방식에는 단류 소기식, 횡단 소기식, 루프 소기식이 있다.

07 전조등의 구성품으로 틀린 것은?

① 전구　② 렌즈
③ 반사경　④ 플래셔 유닛

08 일반적인 축전지 터미널의 식별 법으로 적합하지 않은 것은?

① (+), (−)의 표시로 구분한다.
② 터미널의 요철로 구분한다.
③ 굵고 가는 것으로 구분한다.
④ 적색과 흑색 등색으로 구분한다.

해설 축전지 터미널의 식별 방법
❶ 양극 단자는 P(positive), 음극단자는 N(negative)의 문자로 표시
❷ 양극 단자는 (+), 음극단자는 (−)의 부호로 표시
❸ 양극 단자는 굵고 음극단자는 가는 것으로 표시
❹ 양극 단자는 적색, 음극단자는 흑색으로 표시

09 교류발전기에서 높은 전압으로부터 다이오드를 보호하는 구성품은 어느 것인가?

① 콘덴서　② 필드코일
③ 정류기　④ 로터

해설 콘덴서는 교류발전기에서 높은 전압으로부터 다이오드를 보호한다.

10 기관의 기동을 보조하는 장치가 아닌 것은?

① 공기 예열장치
② 실린더의 감압장치
③ 과급장치
④ 연소촉진제 공급 장치

해설 디젤기관의 시동보조 장치에는 예열장치, 흡기가열장치(흡기히터와 히트레인지), 실린더 감압장치, 연소촉진제 공급 장치 등이 있다.

11 건설기계조종사의 면허취소 사유에 해당하는 것은?

① 과실로 인하여 1명을 사망하게 하였을 경우
② 면허의 효력정지 기간 중 건설기계를 조종한 경우
③ 과실로 인하여 10명에게 경상을 입힌 경우
④ 건설기계로 1천만 원 이상의 재산피해를 냈을 경우

해설 면허취소 사유
❶ 면허정지 처분을 받은 자가 그 정지 기간 중에 건설기계를 조종한 경우
❷ 거짓 또는 부정한 방법으로 건설기계의 면허를 받은 경우
❸ 건설기계의 조종 중 고의로 인명 피해(사망·중상·경상)를 입힌 경우
❹ 술에 취한 상태에서 건설기계를 조종하다가 사람을 죽게 하거나 다치게 한 경우
❺ 약물(마약, 대마 등의 환각물질)을 투여한 상태에서 건설기계를 조종한 경우
❻ 정기적성검사를 받지 않거나 불합격한 경우
❼ 건설기계조종사면허증을 다른 사람에게 빌려 준 경우
❽ 술에 만취한 상태(혈중 알코올농도 0.1% 이상)에서 건설기계를 조종한 경우

12 주행 중 차마의 진로를 변경해서는 안 되는 경우는?

① 교통이 복잡한 도로일 때
② 시속 30km 이하인 주행도인 곳
③ 특별히 진로변경이 금지된 곳
④ 4차로 도로일 때

해설 특별히 진로변경이 금지된 곳에서는 진로를 변경해서는 안 된다.

13 건설기계관리법령상 정기검사 유효기간이 3년인 건설기계는?

① 덤프트럭
② 콘크리트 믹서트럭
③ 트럭적재식 콘크리트펌프
④ 무한궤도식 굴착기

해설 무한궤도식 굴착기의 정기검사 유효기간은 3년이다.

14 시·도지사가 지정한 교육기관에서 당해 건설기계의 조종에 관한 교육과정을 이수한 경우 건설기계조종사 면허를 받은 것으로 보는 소형 건설기계는?

① 5톤 미만의 불도저
② 5톤 미만의 지게차
③ 5톤 미만의 굴착기
④ 5톤 미만의 타워크레인

해설 소형건설기계의 종류 : 5톤 미만의 불도저, 5톤 미만의 로더, 5톤 미만의 천공기(트럭적재식은 제외), 3톤 미만의 지게차, 3톤 미만의 굴착기, 3톤 미만의 타워크레인, 공기압축기, 콘크리트펌프(이동식에 한정), 쇄석기, 준설선

15 술에 취한 상태의 기준은 혈중알코올농도가 최소 몇 퍼센트 이상인 경우인가?

① 0.25 ② 0.03
③ 1.25 ④ 1.50

16 정기검사에 불합격한 건설기계의 정비명령 기간으로 옳은 것은?

① 3개월 이내 ② 4개월 이내
③ 5개월 이내 ④ 6개월 이내

17 건설기계의 출장검사가 허용되는 경우가 아닌 것은?

① 도서지역에 있는 건설기계
② 너비가 2.0미터를 초과하는 건설기계
③ 최고속도가 시간당 35킬로미터 미만인 건설기계
④ 자체중량이 40 톤을 초과하거나 축중이 10톤을 초과하는 건설기계

해설 출장검사를 받을 수 있는 경우
❶ 도서지역에 있는 경우
❷ 자체중량이 40ton 이상 또는 축중이 10ton 이상인 경우
❸ 너비가 2.5m 이상인 경우
❹ 최고속도가 시간당 35km 미만인 경우

18 자동차 1종 대형 운전면허로 건설기계를 운전할 수 없는 것은?

① 덤프트럭
② 노상안정기
③ 트럭적재식천공기
④ 트레일러

해설 제1종 대형 운전면허로 조종할 수 있는 건설기계는 덤프트럭, 아스팔트 살포기, 노상 안정기, 콘크리트 믹서트럭, 콘크리트 펌프, 트럭적재식 천공기 등이다.

19 건설기계의 연료 주입구는 배기관의 끝으로부터 얼마 이상 떨어져 설치하여야 하는가?

① 5cm   ② 10cm
③ 30cm ④ 50cm

해설 연료 주입구는 배기관의 끝으로부터 30cm 이상 떨어져 설치하여야 한다.

20 밤에 도로에서 차를 운행하는 경우 등의 등화로 틀린 것은?

① 견인되는 차 : 미등, 차폭등 및 번호등
② 원동기장치자전거 : 전조등 및 미등
③ 자동차 : 자동차안전기준에서 정하는 전조등, 차폭등, 미등
④ 자동차등 외의 모든 차 : 지방경찰청장이 정하여 고시하는 등화

정답 13.④ 14.① 15.② 16.④ 17.② 18.④ 19.③ 20.③

21 유압 작동유의 점도가 지나치게 낮을 때 나타날 수 있는 현상은?

① 출력이 증가한다.
② 압력이 상승한다.
③ 유동저항이 증가한다.
④ 유압실린더의 속도가 늦어진다.

해설 유압유의 점도가 너무 낮으면
❶ 유압펌프의 효율이 저하된다.
❷ 실린더 및 컨트롤밸브에서 누출현상이 발생한다.
❸ 계통(회로)내의 압력이 저하된다.
❹ 유압실린더의 속도가 늦어진다.

22 베인 펌프에 대한 설명으로 틀린 것은?

① 날개로 펌핑동작을 한다.
② 토크(torque)가 안정되어 소음이 작다.
③ 싱글형과 더블형이 있다.
④ 베인 펌프는 1단 고정으로 설계된다.

해설 베인 펌프는 날개로 펌핑동작을 하며, 싱글형과 더블형이 있고, 토크가 안정되어 소음이 작다.

23 유압기기의 단점으로 틀린 것은?

① 에너지의 손실이 적다.
② 오일은 가연성이 있어 화재위험이 있다.
③ 회로구성이 어렵고 누설되는 경우가 있다.
④ 오일의 온도변화에 따라서 점도가 변하여 기계의 작동속도가 변한다.

해설 유압의 단점
❶ 고압사용으로 인한 위험성 및 이물질에 민감하다.
❷ 유온의 영향에 따라 정밀한 속도와 제어가 곤란하다.
❸ 폐유에 의한 주변 환경이 오염될 수 있다.
❹ 오일은 가연성이 있어 화재에 위험하다.
❺ 회로구성이 어렵고 누설되는 경우가 있다.
❻ 오일의 온도에 따라서 점도가 변하므로 기계의 속도가 변한다.
❼ 에너지 손실이 크며, 관로를 연결하는 곳에서 유체가 누출될 우려가 있다.

24 순차작동 밸브라고도 하며, 각 유압 실린더를 일정한 순서로 순차작동 시키고자 할 때 사용하는 것은?

① 릴리프 밸브   ② 감압밸브
③ 시퀀스 밸브   ④ 언로드 밸브

해설 시퀀스 밸브는 두 개 이상의 분기회로에서 유압 실린더나 모터의 작동순서를 결정한다.

25 유압 계통에서 릴리프 밸브의 스프링 장력이 약화될 때 발생될 수 있는 현상은?

① 채터링 현상
② 노킹 현상
③ 트램핑 현상
④ 블로바이 현상

해설 채터링이란 릴리프 밸브에서 스프링 장력이 약할 때 볼이 밸브의 시트를 때려 소음을 내는 진동현상이다.

26 플런저가 구동축의 직각방향으로 설치되어 있는 유압모터는?

① 캠형 플런저 모터
② 액시얼형 플런저 모터
③ 블래더형 플런저 모터
④ 레이디얼형 플런저 모터

해설 레이디얼형 플런저 모터는 플런저가 구동축의 직각방향으로 설치되어 있다.

27 유압 실린더의 종류에 해당하지 않는 것은?

① 복동 실린더 싱글로드형
② 복동 실린더 더블로드형
③ 단동 실린더 배플형
④ 단동 실린더 램형

해설 유압 실린더의 종류에는 단동실린더, 복동 실린더(싱글로드형과 더블로드형), 다단 실린더, 램형 실린더 등이 있다.

정답 21.④ 22.④ 23.① 24.③ 25.① 26.④ 27.③

28 유압·공기압 도면기호 중 다음 그림이 나타내는 것은?

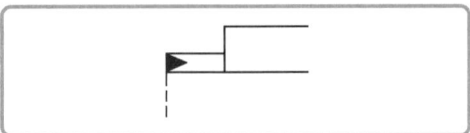

① 유압 파일럿(외부)
② 공기압 파일럿(외부)
③ 유압 파일럿(내부)
④ 공기압 파일럿(내부)

29 유압회로에 사용되는 유압제어 밸브의 역할이 아닌 것은?

① 일의 관성을 제어한다.
② 일의 방향을 변환시킨다.
③ 일의 속도를 제어한다.
④ 일의 크기를 조정한다.

해설 제어밸브의 기능
❶ 압력제어 밸브 : 일의 크기 결정
❷ 유량제어 밸브 : 일의 속도 결정
❸ 방향제어 밸브 : 일의 방향결정

30 건설기계의 작동유 탱크 역할로 틀린 것은?

① 유온을 적정하게 유지하는 역할을 한다.
② 작동유를 저장한다.
③ 오일 내 이물질의 침전작용을 한다.
④ 유압을 적정하게 유지하는 역할을 한다.

해설 오일탱크의 기능
❶ 계통 내의 필요한 유량을 확보(유압유의 저장)한다.
❷ 격력(배플)에 의한 기포발생 방지 및 제거한다.
❸ 격판을 설치하여 유압유의 출렁거림을 방지한다.
❹ 스트레이너 설치로 회로 내 불순물 혼입을 방지한다.
❺ 탱크 외벽의 방열에 의한 적정온도를 유지한다.
❻ 유압유 수명을 연장하는 역할을 한다.
❼ 유압유 중의 이물질을 분리(침전작용)한다.

31 전기화재에 적합하며 화재 때 화점에 분사하는 소화기로 산소를 차단하는 소화기는?

① 포말 소화기
② 이산화탄소 소화기
③ 분말 소화기
④ 증발 소화기

해설 이산화탄소 소화기는 유류, 전기화재 모두 적용 가능하나, 산소차단(질식작용)에 의해 화염을 진화하기 때문에 실내에서 사용할 때는 특히 주의를 기울여야 한다.

32 건설기계 작업 시 주의사항으로 틀린 것은?

① 운전석을 떠날 경우에는 기관을 정지시킨다.
② 작업 시에는 항상 사람의 접근에 특별히 주의한다.
③ 주행 시는 가능한 한 평탄한 지면으로 주행한다.
④ 후진 시는 후진 후 사람 및 장애물 등을 확인한다.

33 기계의 회전부분(기어, 벨트, 체인)에 덮개를 설치하는 이유는?

① 좋은 품질의 제품을 얻기 위하여
② 회전부분의 속도를 높이기 위하여
③ 제품의 제작과정을 숨기기 위하여
④ 회전부분과 신체의 접촉을 방지하기 위하여

34 수공구 사용방법으로 옳지 않은 것은?

① 좋은 공구를 사용할 것
② 해머의 쐐기 유무를 확인할 것
③ 스패너는 너트에 잘 맞는 것을 사용할 것
④ 해머의 사용면이 넓고 얇아진 것을 사용할 것

35 산업재해의 통상적인 분류 중 통계적 분류에 대한 설명으로 틀린 것은?

① 사망 : 업무로 인해서 목숨을 잃게 되는 경우
② 중경상 : 부상으로 인하여 30일 이상의 노동 상실을 가져온 상해정도
③ 경상해 : 부상으로 1일 이상 7일 이하의 노동 상실을 가져온 상해정도
④ 무상해 사고 : 응급처치 이하의 상처로 작업에 종사하면서 치료를 받는 상해정도

36 불안전한 조명, 불안전한 환경, 방호장치의 결함으로 인하여 오는 산업재해 요인은?

① 지적 요인 ② 물적 요인
③ 신체적 요인 ④ 정신적 요인

해설 물적 요인 : 불안전한 조명, 불안전한 환경, 방호장치의 결함 등으로 인하여 발생하는 산업재해

37 일반적인 보호구의 구비조건으로 맞지 않는 것은?

① 착용이 간편할 것
② 햇볕에 잘 열화 될 것
③ 재료의 품질이 양호할 것
④ 위험유해 요소에 대한 방호성능이 충분할 것

38 다음 중 가스누설 검사에 가장 좋고 안전한 것은?

① 아세톤 ② 성냥불
③ 순수한 물 ④ 비눗물

39 굴착공사 중 적색으로 된 도시가스 배관을 손상시켰으나 다행히 가스는 누출되지 않고 피복만 벗겨졌다. 이때의 조치사항으로 가장 적합한 것은?

① 해당 도시가스회사에 그 사실을 알려 보수하도록 한다.
② 가스가 누출되지 않았으므로 그냥 되 메우기 한다.
③ 벗겨지거나 손상된 피복은 고무판이나 비닐 테이프로 감은 후 되 메우기 한다.
④ 벗겨진 피복은 부식방지를 위하여 아스팔트를 칠하고 비닐테이프로 감은 후 직접 되 메우기 한다.

40 특별고압 가공 배전선로에 관한 설명으로 옳은 것은?

① 높은 전압일수록 전주 상단에 설치하는 것을 원칙으로 한다.
② 낮은 전압일수록 전주 상단에 설치하는 것을 원칙으로 한다.
③ 전압에 관계없이 장소마다 다르다.
④ 배전선로는 전부 절연전선이다.

41 무한궤도식 굴착기에서 스프로킷이 한쪽으로만 마모되는 원인으로 가장 적합한 것은?

① 트랙장력이 늘어났다.
② 트랙링크가 마모되었다.
③ 상부롤러가 과다하게 마모되었다.
④ 스프로킷 및 아이들러가 직선배열이 아니다.

해설 스프로킷이 한쪽으로만 마모되는 원인은 스프로킷 및 아이들러가 직선배열이 아니기 때문이다.

42 트랙 슈의 종류가 아닌 것은?

① 고무 슈
② 4중 돌기 슈
③ 3중 돌기 슈
④ 반이중 돌기 슈

해설 트랙 슈의 종류에는 단일돌기 슈, 2중 돌기 슈, 3중 돌기 슈, 습지용 슈, 고무 슈, 암반용 슈, 평활 슈 등이 있다.

정답 35.② 36.② 37.② 38.④ 39.① 40.① 41.④ 42.②

43 변속기의 필요성과 관계가 없는 것은?

① 시동 시 장비를 무부하 상태로 한다.
② 기관의 회전력을 증대시킨다.
③ 장비의 후진 시 필요로 한다.
④ 환향을 빠르게 한다.

해설 변속기는 기관을 시동할 때 무부하 상태로 하고, 회전력을 증가시키며, 역전(후진)을 가능하게 한다.

44 굴착기의 작업 장치 연결부(작동부) 니플에 주유하는 것은?

① G.A.A(그리스)
② SAE #30(엔진오일)
③ G.O(기어오일)
④ (H.O(유압유)

해설 작업 장치 연결부(작동부)의 니플에는 G.A.A (그리스)를 8~10시간 마다 주유한다.

45 굴착기의 붐 제어레버를 계속하여 상승위치로 당기고 있으면 다음 중 어느 곳에 가장 큰 손상이 발생하는가?

① 엔진
② 유압펌프
③ 릴리프 밸브 및 시트
④ 유압모터

해설 굴착기의 붐 제어레버를 계속하여 상승위치로 당기고 있으면 릴리프 밸브 및 시트에 가장 큰 손상이 발생한다.

46 굴착기의 조종레버 중 굴삭작업과 직접 관계가 없는 것은?

① 버킷 제어레버
② 붐 제어레버
③ 암(스틱) 제어레버
④ 스윙 제어레버

해설 굴삭작업에 직접 관계되는 것은 암(디퍼스틱) 제어레버, 붐 제어레버, 버킷 제어레버 등이다.

47 굴착기 붐(boom)은 무엇에 의하여 상부회전체에 연결되어 있는가?

① 테이퍼 핀(taper pin)
② 푸트 핀(foot pin)
③ 킹핀(king pin)
④ 코터 핀(cotter pin)

해설 굴착기 붐은 푸트 핀에 의해 상부회전체에 설치된다.

48 다음 중 굴착기 작업 장치의 구성요소에 속하지 않는 것은?

① 붐   ② 디퍼스틱
③ 버킷 ④ 롤러

해설 굴착기 작업 장치는 붐, 디퍼스틱(암, 투붐), 버킷으로 구성된다.

49 굴착기 붐의 자연 하강량이 많을 때의 원인이 아닌 것은?

① 유압실린더의 내부누출이 있다.
② 컨트롤 밸브의 스풀에서 누출이 많다.
③ 유압실린더 배관이 파손되었다.
④ 유압작동 압력이 과도하게 높다.

해설 붐의 자연 하강량이 큰 원인은 유압실린더 내부누출, 컨트롤 밸브 스풀에서의 누출, 유압실린더 배관의 파손, 유압이 과도하게 낮을 때이다.

50 무한궤도식 굴착기의 하부주행체를 구성하는 요소가 아닌 것은?

① 선회고정 장치   ② 주행 모터
③ 스프로킷   ④ 트랙

51 버킷의 굴삭력을 증가시키기 위해 부착하는 것은?

① 보강판   ② 사이드판
③ 노즈   ④ 포인트(투스)

해설 버킷의 굴삭력을 증가시키기 위해 포인트(투스)를 설치한다.

정답 43.④ 44.① 45.③ 46.④ 47.② 48.④ 49.④ 50.① 51.④

52 굴착기 스윙(선회) 동작이 원활하게 안 되는 원인으로 틀린 것은?

① 컨트롤 밸브 스풀 불량
② 릴리프 밸브 설정압력 부족
③ 터닝조인트(Turning joint)불량
④ 스윙(선회)모터 내부 손상

해설 터닝조인트는 센터조인트라고도 부르며 무한궤도형 굴착기에서 상부회전체의 회전에는 영향을 주지 않고 주행모터에 작동유를 공급할 수 있는 부품이다.

53 트랙식 굴착기의 한쪽 주행레버만 조작하여 회전하는 것을 무엇이라 하는가?

① 피벗 회전 ② 급회전
③ 스핀회전 ④ 원웨이 회전

해설 굴착기의 회전방법
❶ 피벗 턴(pivot turn, 완 조향) : 좌·우측의 한쪽 주행레버만 밀거나, 당기면 한쪽 트랙만 전·후진시켜 조향을 하는 방법이다.
❷ 스핀 턴(spin turn, 급 조향) : 좌·우측 주행레버를 동시에 한쪽 레버를 앞으로 밀고, 한쪽 레버는 당기면 차체중심을 기점으로 급회전이 이루어진다.

54 크롤러형 굴착기가 진흙에 빠져서, 자력으로는 탈출이 거의 불가능하게 된 상태의 경우견인방법으로 가장 적당한 것은?

① 버킷으로 지면을 걸고 나온다.
② 두 대의 굴착기 버킷을 서로 걸고 견인한다.
③ 전부장치로 잭업 시킨 후, 후진으로 밀면서 나온다.
④ 하부기구 본체에 와이어로프를 걸고 크레인으로 당길 때 굴착기는 주행레버를 견인방향으로 밀면서 나온다.

55 굴착기에서 그리스를 주입하지 않아도 되는 곳은?

① 버킷 핀 ② 링키지
③ 트랙 슈 ④ 선회 베어링

56 굴착기 작업 시 진행방향으로 옳은 것은?

① 전진 ② 후진
③ 선회 ④ 우방향

해설 굴착기로 작업을 할 때에는 후진시키면서 한다.

57 넓은 홈의 굴착작업 시 알맞은 굴착순서는?

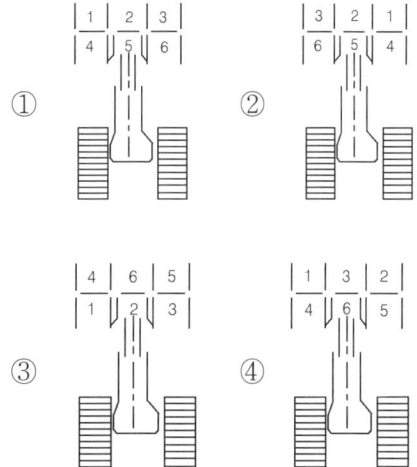

58 굴착기 작업 안전수칙에 대한 설명 중 틀린 것은?

① 버킷에 무거운 하중이 있을 때는 5~10cm 들어 올려서 장비의 안전을 확인한 후 계속 작업한다.
② 버킷이나 하중을 달아 올린 채로 브레이크를 걸어두어서는 안 된다.
③ 작업할 때는 버킷 옆에 항상 작업을 보조하기 위한 사람이 위치하도록 한다.
④ 운전자는 작업반경의 주위를 파악한 후 스윙, 붐의 작동을 행한다.

정답 52.③ 53.① 54.④ 55.③ 56.② 57.④ 58.③

59 차량이 남쪽에서 북쪽 방향으로 진행 중일 때 그림의 「다지형 교차로 도로명 예고표지」에 대한 설명으로 틀린 것은?

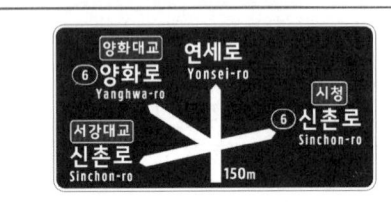

① 차량을 좌회전하는 경우 '신촌로' 또는 '양화로'로 진입할 수 있다.
② 차량을 좌회전하는 경우 '신촌로' 또는 '양화로' 도로구간의 끝 지점과 만날 수 있다.
③ 차량을 직진하는 경우 '연세로' 방향으로 갈 수 있다.
④ 차량을 '신촌로'로 우회전하면 '시청' 방향으로 갈 수 있다.

60 도심지 주행 및 작업 시 안전사항과 관계 없는 것은?

① 안전표지의 설치
② 매설된 파이프 등의 위치확인
③ 관성에 의한 선회확인
④ 장애물의 위치확인

정답 59.② 60.③

2019년 복원문제 제 2 회 굴착기운전기능사

01 기관의 실린더 수가 많을 때의 장점이 아닌 것은?

① 기관의 진동이 적다.
② 저속회전이 용이하고 큰 동력을 얻을 수 있다.
③ 연료소비가 적고 큰 동력을 얻을 수 있다.
④ 가속이 원활하고 신속하다.

해설 실린더 수가 많을 때의 특징
❶ 회전력의 변동이 적어 기관 진동과 소음이 적다.
❷ 회전의 응답성이 양호하다.
❸ 저속회전이 용이하고 출력이 높다.
❹ 가속이 원활하고 신속하다.
❺ 흡입공기의 분배가 어렵고 연료소모가 많다.
❻ 구조가 복잡하여 제작비가 비싸다.

02 기관의 연료장치에서 희박한 혼합비가 미치는 영향으로 옳은 것은?

① 시동이 쉬워진다.
② 저속 및 공전이 원활하다.
③ 연소속도가 빠르다.
④ 출력(동력)의 감소를 가져온다.

해설 혼합비가 희박하면 기관 시동이 어렵고, 저속운전이 불량해지며, 연소속도가 느려 기관의 출력이 저하한다.

03 커먼레일 디젤기관의 흡기온도센서(ATS)에 대한 설명으로 틀린 것은?

① 주로 냉각팬 제어신호로 사용된다.
② 연료량 제어 보정신호로 사용된다.
③ 분사시기 제어 보정신호로 사용된다.
④ 부특성 서미스터이다.

해설 흡기온도 센서는 부특성 서미스터를 이용하며, 분사시기와 연료량 제어 보정신호로 사용된다.

04 수냉식 기관이 과열되는 원인으로 틀린 것은?

① 방열기의 코어가 20%이상 막혔을 때
② 규정보다 높은 온도에서 수온조절기가 열릴 때
③ 수온조절기가 열린 채로 고정되었을 때
④ 규정보다 적게 냉각수를 넣었을 때

05 윤활유의 구비조건으로 틀린 것은?

① 청정성이 있을 것
② 적당한 점도를 가질 것
③ 인화점 및 발화점이 높을 것
④ 응고점이 높고 유막이 적당할 것

06 배기터빈 과급기에서 터빈 축 베어링의 윤활방법으로 옳은 것은?

① 기관오일을 급유
② 오일리스 베어링 사용
③ 그리스로 윤활
④ 기어오일을 급유

07 에어컨 시스템에서 기화된 냉매를 액화하는 장치는?

① 응축기 ② 건조기
③ 컴프레서 ④ 팽창밸브

해설 응축기는 고온·고압의 기체냉매를 냉각에 의해 액체 냉매 상태로 변화시킨다.

정답 01.③ 02.④ 03.① 04.③ 05.④ 06.① 07.①

08 도체 내의 전류의 흐름을 방해하는 성질은?

① 전하　　② 전류
③ 전압　　④ 저항

해설 저항은 전자의 이동을 방해하는 요소이다.

09 MF(Maintenance Free) 축전지에 대한 설명으로 적합하지 않는 것은?

① 격자의 재질은 납과 칼슘합금이다.
② 무보수용 배터리다.
③ 밀봉 촉매마개를 사용한다.
④ 증류수는 매 15일마다 보충한다.

해설 MF 축전지는 증류수를 점검 및 보충하지 않아도 된다.

10 충전장치의 역할로 틀린 것은?

① 램프류에 전력을 공급한다.
② 에어컨 장치에 전력을 공급한다.
③ 축전지에 전력을 공급한다.
④ 기동장치에 전력을 공급한다.

해설 기동장치에 전력을 공급하는 것 : 축전지

11 유압 실린더의 숨 돌리기 현상이 생겼을 때 일어나는 현상이 아닌 것은?

① 작동지연 현상이 생긴다.
② 서지압이 발생한다.
③ 오일의 공급이 과대해진다.
④ 피스톤 작동이 불안정하게 된다.

해설 오일의 공급이 부족해진다.

12 유압회로에서 작동유의 정상작동 온도에 해당되는 것은?

① 5~10℃　　② 40~80℃
③ 112~115℃　　④ 125~140℃

13 건설기계의 유압장치 취급방법으로 적합하지 않은 것은?

① 유압장치는 워밍업 후 작업하는 것이 좋다.
② 유압유는 1주에 한 번, 소량씩 보충한다.
③ 작동유에 이물질이 포함되지 않도록 관리·취급하여야 한다.
④ 작동유가 부족하지 않은지 점검하여야 한다.

14 난연성 작동유의 종류에 해당하지 않는 것은?

① 석유계 작동유
② 유중수형 작동유
③ 물-글리콜형 작동유
④ 인산 에스텔형 작동유

해설 난연성 작동유의 종류
❶ 난연성 작동유에는 비함수계(내화성을 갖는 합성물)와 함수계가 있다.
❷ 비함수계의 작동유는 인산에스테르와 폴리올 에스테르가 있다.
❸ 함수계 작동유에는 수중유적형(O/W), 유중수적형(W/O), 물-글리콜계 등이 있다.

15 건설기계 작업 중 유압회로 내의 유압이 상승되지 않을 때의 점검사항으로 적합하지 않은 것은?

① 오일탱크의 오일량 점검
② 오일이 누출되었는지 점검
③ 펌프로부터 유압이 발생되는지 점검
④ 자기탐상법에 의한 작업장치의 균열 점검

해설 갑자기 유압상승이 되지 않을 경우 점검 내용
❶ 유압펌프로부터 유압이 발생되는지 점검
❷ 오일탱크의 오일량 점검
❸ 릴리프 밸브의 고장인지 점검
❹ 오일이 누출되었는지 점검

정답 08.④　09.④　10.④　11.③　12.②　13.②　14.①　15.④

16 유압장치에서 가장 많이 사용되는 유압 회로도는?

① 조합 회로도　② 그림 회로도
③ 단면 회로도　④ 기호 회로도

해설 일반적으로 많이 사용하는 유압 회로도는 기호 회로도이다.

17 플런저가 구동축의 직각방향으로 설치되어 있는 유압모터는?

① 캠형 플런저 모터
② 액시얼형 플런저 모터
③ 블래더형 플런저 모터
④ 레이디얼형 플런저 모터

해설 레이디얼형 플런저 모터는 플런저가 구동축의 직각방향으로 설치되어 있다.

18 유압실린더의 움직임이 느리거나 불규칙 할 때의 원인이 아닌 것은?

① 피스톤 링이 마모되었다.
② 유압유의 점도가 너무 높다.
③ 회로 내에 공기가 혼입되고 있다.
④ 체크밸브의 방향이 반대로 설치되어 있다.

19 유압 실린더의 종류에 해당하지 않는 것은?

① 복동 실린더 싱글로드형
② 복동 실린더 더블로드형
③ 단동 실린더 배플형
④ 단동 실린더 램형

해설 유압 실린더의 종류에는 단동실린더, 복동 실린더(싱글로드형과 더블로드형), 다단 실린더, 램형 실린더 등이 있다.

20 일반적인 오일탱크의 구성품이 아닌 것은?

① 스트레이너
② 유압태핏
③ 드레인 플러그
④ 배플 플레이트

해설 오일탱크는 유압펌프로 흡입되는 유압유를 여과하는 스트레이너, 탱크 내의 오일량을 표시하는 유면계, 유압유의 출렁거림을 방지하고 기포발생 방지 및 제거하는 배플 플레이트(격판) 유압유를 배출시킬 때 사용하는 드레인 플러그 등으로 구성된다.

21 해머사용 시 안전에 주의해야 될 사항으로 틀린 것은?

① 해머사용 전 주위를 살펴본다.
② 담금질한 것은 무리하게 두들기지 않는다.
③ 해머를 사용하여 작업할 때에는 처음부터 강한 힘을 사용한다.
④ 대형해머를 사용할 때는 자기의 힘에 적합한 것으로 한다.

22 무거운 물건을 들어 올릴 때의 주의사항에 관한 설명으로 가장 적합하지 않은 것은?

① 장갑에 기름을 묻히고 든다.
② 가능한 이동식 크레인을 이용한다.
③ 힘센 사람과 약한 사람과의 균형을 잡는다.
④ 약간씩 이동하는 것은 지렛대를 이용할 수도 있다.

23 다음 중 전기설비 화재 시 가장 적합하지 않은 소화기는?

① 포말 소화기
② 이산화탄소 소화기
③ 무상강화액 소화기
④ 할로겐화합물 소화기

해설 전기화재의 소화에 포말 소화기는 사용해서는 안 된다.

24 다음 중 사용구분에 따른 차광보안경의 종류에 해당하지 않는 것은?

① 자외선용　② 적외선용
③ 용접용　　④ 비산방지용

정답　16.④　17.④　18.④　19.③　20.②　21.③　22.①　23.①　24.④

25 크레인 인양작업 시 줄걸이 안전 사항으로 적합하지 않은 것은?

① 신호자는 원칙적으로 1인이다.
② 신호자는 크레인운전자가 잘 볼 수 있는 안전한 위치에서 행한다.
③ 2인 이상의 고리 걸이 작업 시에는 상호 간에 소리를 내면서 행한다.
④ 권상작업 시 지면에 있는 보조자는 와이어로프를 손으로 꼭 잡아 하물이 흔들리지 않게 하여야 한다.

26 산업안전보건법상 산업재해의 정의에 대한 설명으로 옳은 것은?

① 고의로 물적 시설을 파손한 것을 말한다.
② 운전 중 본인의 부주의로 교통사고가 발생된 것을 말한다.
③ 일상 활동에서 발생하는 사고로서 인적 피해에 해당하는 부분을 말한다.
④ 근로자가 업무에 관계되는 건설물·설비·원재료·가스·증기·분진 등에 의하거나 작업 또는 그 밖의 업무로 인하여 사망 또는 부상하거나 질병에 걸리게 되는 것을 말한다.

27 산업재해 원인은 직접원인과 간접원인으로 구분되는데 다음 직접원인 중에서 불안전한 행동에 해당되지 않는 것은?

① 허가 없이 장치를 운전
② 불충분한 경보 시스템
③ 결함 있는 장치를 사용
④ 개인 보호구 미사용

28 다음 중 산소결핍의 우려가 있는 장소에서 착용하여야 하는 마스크의 종류는?

① 방독 마스크   ② 방진 마스크
③ 송기 마스크   ④ 가스 마스크

29 다음 중 가스안전 영향평가서를 작성하여야 하는 공사는?

① 도로 폭이 8m 이상인 도로
② 가스배관이 통과하는 지하보도
③ 도로 폭이 12m 이상인 도로
④ 가스배관의 매설이 없는 철도구간

30 22.9kV 배전선로에 근접하여 굴착기 등 건설기계로 작업 시 안전 관리상 맞는 것은?

① 안전관리자의 지시 없이 운전자가 알아서 작업한다.
② 전력선에 접촉되더라도 끊어지지 않으면 사고는 발생하지 않는다.
③ 전력선이 활선인지 확인 후 안전조치 된 상태에서 작업한다.
④ 해당 시설관리자는 입회하지 않아도 무관하다.

31 도로교통법령에 따라 도로를 통행하는 자동차가 야간에 켜야 하는 등화의 구분 중 견인되는 차가 켜야 할 등화는?

① 전조등, 차폭등, 미등
② 미등, 차폭등, 번호등
③ 전조등, 미등, 번호등
④ 전조등, 미등

32 건설기계관리법령상 시·도지사는 건설기계 등록원부를 건설기계의 등록을 말소한 날부터 몇 년간 보존하여야 하는가?

① 3   ② 5
③ 7   ④ 10

33 대형건설기계의 특별표지 중 경고표지판 부착 위치는?

① 작업인부가 쉽게 볼 수 있는 곳
② 조종실 내부의 조종사가 보기 쉬운 곳
③ 교통경찰이 쉽게 볼 수 있는 곳
④ 특별 번호판 옆

34 도로에서 정차를 하고자 할 때의 방법으로 옳은 것은?

① 차체의 전단부가 도로 중앙을 향하도록 비스듬히 정차한다.
② 진행방향의 반대방향으로 정차한다.
③ 차도의 우측 가장자리에 정차한다.
④ 일방통행로에서 좌측 가장자리에 정차한다.

35 교통사고로서 중상의 기준에 해당하는 것은?

① 1주 이상의 치료를 요하는 부상
② 2주 이상의 치료를 요하는 부상
③ 3주 이상의 치료를 요하는 부상
④ 4주 이상의 치료를 요하는 부상

36 고속도로를 제외한 도로에서 위험을 방지하고 교통의 안전과 원활한 소통을 확보하기 위하여 필요 시 구역 또는 구간을 지정하여 자동차의 속도를 제한할 수 있는 자는?

① 경찰서장
② 국토교통부장관
③ 지방경찰청장
④ 도로교통 공단 이사장

37 건설기계의 조종 중 고의로 중상의 인명 피해를 입힌 때 면허처분 기준은?

① 면허 취소
② 면허 효력정지 30일
③ 면허 효력정지 60일
④ 면허 효력정지 90일

해설 **면허취소 사유**
❶ 면허정지 처분을 받은 자가 그 정지 기간 중에 건설기계를 조종한 경우
❷ 거짓 또는 부정한 방법으로 건설기계의 면허를 받은 경우
❸ 건설기계의 조종 중 고의로 인명 피해(사망·중상·경상)를 입힌 경우
❹ 술에 취한 상태에서 건설기계를 조종하다가 사람을 죽게 하거나 다치게 한 경우
❺ 약물(마약, 대마 등의 환각물질)을 투여한 상태에서 건설기계를 조종한 경우
❻ 정기적성검사를 받지 않거나 불합격한 경우
❼ 건설기계조종사면허증을 다른 사람에게 빌려 준 경우
❽ 술에 만취한 상태(혈중 알코올농도 0.1% 이상)에서 건설기계를 조종한 경우

38 건설기계의 정비명령은 누구에게 하여야 하는가?

① 해당기계 운전자
② 해당기계 검사업자
③ 해당기계 정비업자
④ 해당기계 소유자

해설 정비명령은 검사에 불합격한 해당 건설기계 소유자에게 한다.

39 운전자가 진행방향을 변경하려고 할 때 신호를 하여야 할 시기로 옳은 것은?(단, 고속도로 제외)

① 변경하려고 하는 지점의 3m 전에서
② 변경하려고 하는 지점의 10m 전에서
③ 변경하려고 하는 지점의 30m 전에서
④ 특별히 정하여져 있지 않고, 운전자 임의대로

해설 진행방향을 변경하려고 할 때 신호를 하여야 할 시기는 변경하려고 하는 지점의 30m 전이다.

정답 33.② 34.③ 35.③ 36.③ 37.① 38.④ 39.③

40 신호등이 없는 교차로에 좌회전하려는 버스와 그 교차로에 진입하여 직진하고 있는 건설기계가 있을 때 어느 차가 우선권이 있는가?

① 직진하고 있는 건설기계가 우선
② 좌회전하려는 버스가 우선
③ 사람이 많이 탄 차가 우선
④ 형편에 따라서 우선순위가 정해짐

41 전부 장치가 부착된 굴착기를 트레일러로 수송할 때 붐이 향하는 방향으로 가장 적합한 것은?

① 앞 방향 ② 뒷 방향
③ 좌측 방향 ④ 우측 방향

해설 트레일러로 굴착기를 운반할 때 작업 장치를 반드시 뒤쪽으로 한다.

42 토크컨버터 구성품 중 스테이터의 기능으로 맞는 것은?

① 오일의 흐름 방향을 바꾸어 회전력을 증대시킨다.
② 토크컨버터의 동력을 전달 또는 차단시킨다.
③ 오일의 회전속도를 감속하여 견인력을 증대시킨다.
④ 클러치판의 마찰력을 감소시킨다.

해설 스테이터는 펌프와 터빈 사이의 오일 흐름방향을 바꾸어 회전력을 증대시킨다.

43 유압식 굴착기의 특징이 아닌 것은?

① 구조가 간단하다.
② 운전조작이 쉽다.
③ 프런트 어태치먼트 교환이 쉽다.
④ 회전부분의 용량이 크다.

해설 유압식 굴착기는 구조가 간단하고 운전조작이 쉬우며, 프런트 어태치먼트(작업 장치) 교환이 쉽고, 회전부분의 용량이 작다.

44 다음 중 굴착기 작업 장치의 구성요소에 속하지 않는 것은?

① 붐 ② 디퍼스틱
③ 버킷 ④ 롤러

45 무한궤도식 굴착기에서 주행충격이 클 때 트랙의 조정방법 중 틀린 것은?

① 브레이크가 있는 경우에는 브레이크를 사용해서는 안 된다.
② 장력은 일반적으로 25~40cm이다.
③ 2~3회 반복 조정하여 양쪽 트랙의 유격을 똑같이 조정하여야 한다.
④ 전진하다가 정지시켜야 한다.

해설 트랙유격 조정방법
❶ 전진하다가 정지시킨다.
❷ 건설기계를 평지에 주차시킨다.
❸ 굴착기의 경우 트랙을 들고서 늘어지는 것을 점검한다.
❹ 2~3회 반복 조정하여 양쪽 트랙의 유격을 똑같이 조정한다.
❺ 장력은 일반적으로 25~40mm 이다.
❻ 브레이크가 있는 경우에 브레이크를 사용해서는 안 된다.

46 다음 중 굴착기의 굴삭력이 가장 클 경우는?

① 암과 붐이 일직선상에 있을 때
② 암과 붐이 45°선상을 이루고 있을 때
③ 버킷을 최소작업 반경 위치로 놓았을 때
④ 암과 붐이 직각위치에 있을 때

해설 암과 붐의 각도가 80~110° 정도일 때 가장 큰 굴삭력을 발휘한다.

47 건설기계를 트레일러에 상·하차하는 방법 중 틀린 것은?

① 언덕을 이용한다.
② 기중기를 이용한다.
③ 타이어를 이용한다.
④ 건설기계 전용 상하차대를 이용한다.

정답 40.① 41.② 42.① 43.④ 44.④ 45.② 46.④ 47.③

48 타이어식 건설기계의 액슬 허브에 오일을 교환하고자 한다. 오일을 배출시킬 때와 주입할 때의 플러그 위치로 옳은 것은?

① 배출 : 1시 방향, 주입 : 9시 방향
② 배출 : 6시 방향, 주입 : 9시 방향
③ 배출 : 3시 방향, 주입 : 9시 방향
④ 배출 : 2시 방향, 주입 : 12시 방향

해설 액슬 허브 오일을 교환할 때 오일을 배출시킬 경우에는 플러그를 6시 방향에, 주입할 때는 플러그 방향을 9시에 위치시킨다.

49 굴착기로 작업 시 작동이 불가능하거나 해서는 안 되는 작동은 다음 중 어느 것인가?

① 굴삭하면서 선회한다.
② 붐을 들면서 버킷에 흙을 담는다.
③ 붐을 낮추면서 선회한다.
④ 붐을 낮추면서 굴삭 한다.

해설 굴착기로 작업할 때 굴삭하면서 선회를 해서는 안 된다.

50 다음 중 효과적인 굴착작업이 아닌 것은?

① 붐과 암의 각도를 80~110°정도로 선정한다.
② 버킷 투스의 끝이 암(디퍼스틱)보다 안쪽으로 향해야 한다.
③ 버킷은 의도한대로 위치하고 붐과 암을 계속 변화시키면서 굴착한다.
④ 굴착한 후 암(디퍼스틱)을 오므리면서 붐은 상승위치로 변화시켜 하역위치로 스윙한다.

해설 버킷 투스의 끝이 암(디퍼스틱)보다 바깥쪽으로 향해야 한다.

51 굴착기의 주행성능이 불량할 때 점검과 관계없는 것은?

① 트랙장력   ② 스윙 모터
③ 주행 모터   ④ 센터조인트

52 덤프트럭에 상차작업 시 가장 중요한 굴착기의 위치는?

① 선회거리를 가장 짧게 한다.
② 암 작동거리를 가장 짧게 한다.
③ 버킷 작동거리를 가장 짧게 한다.
④ 붐 작동거리를 가장 짧게 한다.

해설 덤프트럭에 상차작업을 할 때 굴착기의 선회거리를 가장 짧게 하여야 한다.

53 타이어형 굴착기의 주행 전 주의사항으로 틀린 것은?

① 버킷 실린더, 암 실린더를 충분히 눌러 펴서 버킷이 캐리어 상면 높이 위치에 있도록 한다.
② 버킷 레버, 암 레버, 붐 실린더 레버가 움직이지 않도록 잠가둔다.
③ 선회고정 장치는 반드시 풀어 놓는다.
④ 굴착기에 그리스, 오일, 진흙 등이 묻어 있는지 점검한다.

해설 선회고정 장치는 반드시 잠그고 주행한다.

54 무한궤도식 굴착기로 주행 중 회전 반경을 가장 적게 할 수 있는 방법은?

① 한쪽 주행 모터만 구동시킨다.
② 구동하는 주행 모터 이외에 다른 모터의 조향 브레이크를 강하게 작동시킨다.
③ 2개의 주행 모터를 서로 반대 방향으로 동시에 구동시킨다.
④ 트랙의 폭이 좁은 것으로 교체한다.

해설 회전 반경을 적게 하려면 2개의 주행 모터를 서로 반대 방향으로 동시에 구동시킨다. 즉 스핀 회전을 한다.

정답 48.② 49.① 50.② 51.② 52.① 53.③ 54.③

55 크롤러식 굴착기에서 상부회전체의 회전에는 영향을 주지 않고 주행모터에 작동유를 공급할 수 있는 부품은?

① 컨트롤 밸브
② 센터조인트
③ 사축형 유압모터
④ 언로더 밸브

해설 센터조인트는 상부회전체의 회전중심부에 설치되어 있으며, 상부회전체의 유압유를 주행모터로 전달한다. 또 상부회전체가 회전하더라도 호스, 파이프 등이 꼬이지 않고 원활히 공급한다.

56 크롤러형 굴착기에서 하부 추진체의 동력전달순서로 맞는 것은?

① 기관 → 트랙 → 유압모터 → 변속기 → 토크컨버터
② 기관 → 토크컨버터 → 변속기 → 트랙 → 클러치
③ 기관 → 유압펌프 → 컨트롤밸브 → 주행모터 → 트랙
④ 기관 → 트랙 → 스프로킷 → 변속기 → 클러치

57 굴착기의 밸런스 웨이트(balance weight)에 대한 설명으로 가장 적합한 것은?

① 작업을 할 때 장비의 뒷부분이 들리는 것을 방지한다.
② 굴삭량에 따라 중량물을 들 수 있도록 운전자가 조절하는 장치이다.
③ 접지 압을 높여주는 장치이다.
④ 접지면적을 높여주는 장치이다.

58 굴착기의 상부회전체는 어느 것에 의해 하부주행체에 연결되어 있는가?

① 푸트핀
② 스윙 볼 레이스
③ 스윙 모터
④ 주행 모터

해설 굴착기 상부회전체는 스윙 볼 레이스에 의해 하부주행체와 연결된다.

59 다음 중 왼쪽 한 방향용 도로명판에 대한 설명으로 알맞은 것은?

① 왼쪽과 오른쪽 양 방향용 도로 명판이다.
② "← 65" 현 위치는 도로의 시작점이다.
③ 대정로 23번 길은 65km이다.
④ 대정로 23번 길 끝점을 의미한다.

해설 왼쪽 한 방향용 도로명판으로 대정로 23번 길 끝점을 의미하며 "← 65" 현 위치는 도로의 끝 지점, 65는 650m(65×10m)를 의미한다.

60 작업 장치 핀 등에 그리스가 주유되었는가를 확인하는 방법으로 옳은 것은?

① 그리스 니플을 분해하여 확인한다.
② 그리스 니플을 깨끗이 청소한 후 확인한다.
③ 그리스 니플의 볼을 눌러 확인한다.
④ 그리스 주유 후 확인할 필요가 없다.

정답 55.② 56.③ 57.① 58.② 59.④ 60.③

2019년 복원문제
제 3 회 굴착기운전기능사

01 디젤기관의 특성으로 가장 거리가 먼 것은?

① 연료소비율이 적고 열효율이 높다.
② 예열플러그가 필요 없다.
③ 연료의 인화점이 높아서 화재의 위험성이 적다.
④ 전기 점화장치가 없어 고장률이 적다.

해설 예연소실과 와류실식에서는 시동보조 장치인 예열플러그를 필요로 한다.

02 디젤기관에 사용되는 연료의 구비조건으로 옳은 것은?

① 점도가 높고 약간의 수분이 섞여 있을 것
② 황의 함유량이 클 것
③ 착화점이 높을 것
④ 발열량이 클 것

해설 디젤기관 연료(경유)의 구비조건
❶ 자연발화점이 낮을 것(착화가 용이할 것)
❷ 카본의 발생이 적고, 황의 함유량이 적을 것
❸ 세탄가가 높고, 발열량이 클 것
❹ 적당한 점도를 지니며, 온도변화에 따른 점도변화가 적을 것
❺ 연소속도가 빠를 것

03 기관 과열의 원인이 아닌 것은?

① 히터 스위치 고장
② 수온조절기의 고장
③ 헐거워진 냉각팬 벨트
④ 물 통로 내의 물 때(scale)

04 엔진 윤활유의 기능이 아닌 것은?

① 방청 작용
② 연소 작용
③ 냉각작용
④ 윤활작용

해설 윤활유의 주요기능 : 기밀작용(밀봉작용), 방청 작용(부식방지작용), 냉각작용, 마찰 및 마멸방지작용, 응력분산작용, 세척작용 등

05 과급기(Turbo charge)에 대한 설명 중 옳은 것은?

① 흡입밸브에 의해 임펠러가 회전한다.
② 가솔린 기관에만 설치된다.
③ 연료분사량을 증대시킨다.
④ 흡입공기의 밀도를 증가시킨다.

06 커먼레일 디젤기관의 가속페달 포지션 센서에 대한 설명 중 맞지 않는 것은?

① 가속페달 포지션 센서는 운전자의 의지를 전달하는 센서이다.
② 가속페달 포지션 센서2는 센서1을 검사하는 센서이다.
③ 가속페달 포지션 센서3은 연료 온도에 따른 연료량 보정 신호를 한다.
④ 가속페달 포지션 센서1은 연료량과 분사시기를 결정한다.

해설 가속페달 위치센서는 운전자의 의지를 컴퓨터로 전달하는 센서이며, 센서 1에 의해 연료분사량과 분사시기가 결정되며, 센서 2는 센서 1을 감시하는 기능으로 차량의 급출발을 방지하기 위한 것이다.

정답 01.② 02.④ 03.① 04.② 05.④ 06.③

07 건설기계의 전기회로의 보호 장치로 맞는 것은?

① 안전밸브　② 퓨저블 링크
③ 캠버　　　④ 턴 시그널 램프

해설 퓨저블 링크(fusible link)는 전기회로를 보호하는 도체 크기의 작은 전선으로 회로에 삽입되어 있으며, 회로 단락되었을 때 용단되어 전원 및 회로를 보호하는 것으로서, 몇 장의 가는 전선을 특수한 피복물(하이바론 등)로 감싸고 있다.

08 충전된 축전지라도 방치해두면 사용하지 않아도 조금씩 자연 방전하여 용량이 감소하는 현상은?

① 화학방전　② 자기방전
③ 강제방전　④ 급속방전

해설 자기방전이란 충전된 축전지라도 방치해두면 사용하지 않아도 조금씩 자연 방전하여 용량이 감소하는 현상이다.

09 기동전동기의 동력전달 기구를 동력전달 방식으로 구분한 것이 아닌 것은?

① 벤딕스식　② 피니언 섭동식
③ 계자 섭동식　④ 전기자 섭동식

10 건설기계에 사용되는 전기장치 중 플레밍의 오른손법칙이 적용되어 사용되는 부품은?

① 발전기　② 기동전동기
③ 점화코일　④ 릴레이

해설 플레밍의 오른손 법칙 : 오른손 엄지손가락, 인지, 가운데 손가락을 서로 직각이 되게 하고, 인지를 자력선의 방향에, 엄지손가락을 운동의 방향에 일치시키면 가운데 손가락이 유도 기전력의 방향을 표시한다. 발전기의 원리로 사용된다.

11 현장에서 오일의 오염도 판정방법 중 가열한 철판 위에 오일을 떨어뜨리는 방법은 오일의 무엇을 판정하기 위한 방법인가?

① 먼지나 이물질 함유
② 오일의 열화
③ 수분함유
④ 산성도

해설 작동유의 수분함유 여부를 판정하기 위해서는 가열한 철판 위에 오일을 떨어뜨려 본다.

12 유압오일 내에 기포(거품)가 형성되는 이유로 가장 적합한 것은?

① 오일에 이물질 혼입
② 오일점도가 높을 때
③ 오일에 공기혼입
④ 오일의 누설

13 공동(Cavitation)현상이 발생하였을 때의 영향 중 가장 거리가 먼 것은?

① 체적효율이 감소한다.
② 고압부분의 기포가 과포화상태로 된다.
③ 최고압력이 발생하여 급격한 압력파가 일어난다.
④ 유압장치 내부에 국부적인 고압이 발생하여 소음과 진동이 발생된다.

해설 공동현상이 발생하면 최고압력이 발생하여 급격한 압력파가 일어나고, 체적효율이 감소며, 유압장치 내부에 국부적인 고압이 발생하여 소음과 진동이 발생된다.

14 액추에이터의 입구 쪽 관로에 유량제어밸브를 직렬로 설치하여 작동유의 유량을 제어함으로서 액추에이터의 속도를 제어하는 회로는?

① 시스템 회로(system circuit)
② 블리드 오프 회로 (bleed-off circuit)
③ 미터 인 회로(meter-in circuit)
④ 미터 아웃 회로(meter-out circuit)

해설 미터 인(meter in)회로는 유압 액추에이터의 입력 쪽에 유량제어 밸브를 직렬로 연결하여 액추에이터로 유입되는 유량을 제어하여 액추에이터의 속도를 제어한다.

정답 07.② 08.② 09.③ 10.① 11.③ 12.③ 13.② 14.③

15 유압장치에서 가변용량형 유압펌프의 기호는?

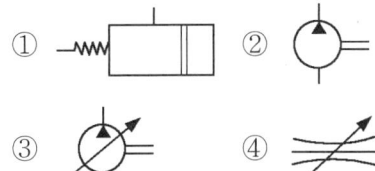

16 유압펌프 중 토출량을 변화시킬 수 있는 것은?

① 가변 토출량형
② 고정 토출량형
③ 회전 토출량형
④ 수평 토출량형

해설 유압펌프의 토출량을 변화시킬 수 있는 것은 가변 토출형이며, 회전수가 같을 때 펌프의 토출량이 변화하는 펌프를 가변용량형 펌프라 한다.

17 압력제어 밸브의 종류가 아닌 것은?

① 교축밸브(throttle valve)
② 릴리프 밸브(relief valve)
③ 시퀀스밸브(sequence valve)
④ 카운터밸런스 밸브(counter balancing valve)

해설 압력제어 밸브의 종류 : 릴리프 밸브, 리듀싱(감압)밸브, 시퀀스(순차) 밸브, 언로드(무부하) 밸브, 카운터밸런스 밸브 등

18 유압유의 유체에너지(압력, 속도)를 기계적인 일로 변환시키는 유압장치는?

① 유압펌프
② 유압 액추에이터
③ 어큐뮬레이터
④ 유압밸브

해설 유압 액추에이터는 압력(유압)에너지를 기계적 에너지(일)로 바꾸는 장치이다.

19 유압모터의 특징 중 거리가 가장 먼 것은?

① 소형으로 강력한 힘을 낼 수 있다.
② 과부하에 대해 안전하다.
③ 정·역회전 변화가 불가능하다.
④ 무단변속이 용이하다.

해설 유압모터는 소형으로 강력한 힘을 낼 수 있고, 과부하에 대해 안전하며, 정·역회전 변화가 가능하다. 또 무단변속이 용이하다.

20 고속도로를 제외한 도로에서 위험을 방지하고 교통의 안전과 원활한 소통을 확보하기 위하여 필요 시 구역 또는 구간을 지정하여 자동차의 속도를 제한할 수 있는 자는?

① 경찰서장
② 국토교통부장관
③ 지방경찰청장
④ 도로교통 공단 이사장

해설 지방경찰청장은 도로에서 위험을 방지하고 교통의 안전과 원활한 소통을 확보하기 위하여 필요하다고 인정하는 때에 구역 또는 구간을 지정하여 자동차의 속도를 제한할 수 있다.

21 유압 실린더의 지지방식이 아닌 것은?

① 유니언형   ② 푸트형
③ 트러니언형   ④ 플랜지형

해설 유압실린더 지지방식 : 푸트형, 플랜지형, 트러니언형, 클레비스형

22 도로 교통법상 폭우·폭설·안개 등으로 가시거리가 100m 이내일 때 최고속도의 감속으로 옳은 것은?

① 20%   ② 50%
③ 60%   ④ 80%

해설 최고속도의 50%를 감속하여 운행하여야 할 경우
❶ 노면이 얼어붙은 때
❷ 폭우·폭설·안개 등으로 가시거리가 100미터 이내일 때
❸ 눈이 20mm 이상 쌓인 때

정답 15.③ 16.① 17.① 18.② 19.③ 20.③ 21.① 22.②

23 가장 안전한 앞지르기 방법은?

① 좌·우측으로 앞지르기 하면 된다.
② 앞차의 속도와 관계없이 앞지르기를 한다.
③ 반드시 경음기를 울려야 한다.
④ 반대방향의 교통, 전방의 교통 및 후방에 주의를 하고 앞차의 속도에 따라 안전하게 한다.

24 도로교통법에서는 교차로, 터널 안, 다리 위 등을 앞지르기 금지 장소로 규정하고 있다. 그 외 앞지르기 금지 장소를 다음 [보기]에서 모두 고르면?

> 보기
> A. 도로의 구부러진 곳
> B. 비탈길의 고갯마루 부근
> C. 가파른 비탈길의 내리막

① A
② A, B
③ B, C
④ A, B, C

25 편도 4차로 일반도로에서 4차로가 버스 전용차로일 때, 건설기계는 어느 차로로 통행하여야 하는가?

① 2차로
② 3차로
③ 4차로
④ 한가한 차로

26 건설기계관리법령상 자동차손해배상보장법에 따른 자동차보험에 반드시 가입하여야 하는 건설기계가 아닌 것은?

① 타이어식 지게차
② 타이어식 굴착기
③ 타이어식 기중기
④ 덤프트럭

27 4차로 이상 고속도로에서 건설기계의 법정 최고속도는 시속 몇 km인가?

① 50
② 60
③ 80
④ 100

해설 고속도로에서 건설기계의 법정 최고속도는 80km/H, 최저속도는 50km/H 이다.

28 건설기계의 등록번호를 부착 또는 봉인하지 아니하거나 등록번호를 새기지 아니한 자에게 부가하는 법규상의 과태료로 맞는 것은?

① 30만 원 이하의 과태료
② 50만 원 이하의 과태료
③ 100만 원 이하의 과태료
④ 20만 원 이하의 과태료

29 음주상태(혈중 알코올농도 0.05% 이상 0.1% 미만)에서 건설기계를 조종한 자에 대한 면허효력정지 처분기준은?

① 20일
② 30일
③ 40일
④ 60일

해설 술에 취한 상태(혈중 알코올농도 0.05% 이상 0.1% 미만)에서 건설기계를 조종한 경우 면허효력정지 60일 이다.

30 건설기계정비업의 업종구분에 해당하지 않는 것은?

① 종합건설기계정비업
② 부분건설기계정비업
③ 전문건설기계정비업
④ 특수건설기계정비업

해설 건설기계정비업의 구분에는 종합건설기계정비업, 부분건설기계정비업, 전문건설기계정비업 등이 있다.

31 작업장에서 지켜야 할 준수사항이 아닌 것은?

① 불필요한 행동을 삼가 할 것
② 작업장에서는 급히 뛰지 말 것
③ 대기 중인 차량에는 고임목을 고여 둘 것
④ 공구를 전달할 경우 시간절약을 위해 가볍게 던질 것

정답 23.④ 24.④ 25.② 26.① 27.③ 28.③ 29.④ 30.④ 31.④

32 고압 전선로 부근에서 작업 도중 고압선에 의한 감전사고가 발생하였다. 조치사항으로 틀린 것은?

① 감전사고 발생 시에는 감전자 구출, 증상의 관찰 등 필요한 조치를 취한다.
② 사고 자체를 은폐시킨다.
③ 전선로 관리자에게 연락을 취한다.
④ 가능한 한 전원으로부터 환자를 이탈시킨다.

33 폭 4m 이상 8m 미만인 도로에 일반 도시가스 배관을 매설 시 지면과 도시가스 배관 상부와의 최소이격 거리는?

① 0.6m   ② 1.0m
③ 1.2m   ④ 1.5

해설 폭 4m 이상, 8m 미만인 도로에 일반 도시가스 배관을 매설할 때 지면과 도시가스 배관 상부와의 최소이격 거리는 1.0m 이상이다.

34 동력전달 장치를 다루는데 필요한 안전수칙으로 틀린 것은?

① 커플링은 키 나사가 돌출되지 않도록 사용한다.
② 풀리가 회전 중일 때 벨트를 걸지 않도록 한다.
③ 벨트의 장력은 정지 중 일 때 확인하지 않도록 한다.
④ 회전중인 기어에는 손을 대지 않도록 한다.

해설 벨트의 장력은 반드시 회전이 정지 된 상태에서 점검하도록 한다.

35 정 작업 시 안전수칙으로 부적합한 것은?

① 담금질한 재료를 정으로 쳐서는 안 된다.
② 기름을 깨끗이 닦은 후에 사용한다.
③ 머리가 벗겨진 것은 사용하지 않는다.
④ 차광안경을 착용한다.

36 해머작업에 대한 주의사항으로 틀린 것은?

① 작업자가 서로 마주보고 두드린다.
② 작게 시작하여 차차 큰 행정으로 작업하는 것이 좋다.
③ 타격범위에 장애물이 없도록 한다.
④ 녹슨 재료 사용 시 보안경을 사용한다.

37 화재발생으로 부득이 화염이 있는 곳을 통과할 때의 요령으로 틀린 것은?

① 몸을 낮게 엎드려서 통과한다.
② 물수건으로 입을 막고 통과한다.
③ 머리카락, 얼굴, 발, 손 등을 불과 닿지 않게 한다.
④ 뜨거운 김은 입으로 마시면서 통과한다.

38 화재의 분류기준에서 휘발유(액상 또는 기체상의 연료성 화재)로 인해 발생한 화재는?

① A급 화재   ② B급 화재
③ C급 화재   ④ D급 화재

해설 화재의 분류
❶ A급 화재 : 나무, 석탄 등 연소 후 재를 남기는 일반적인 화재
❷ B급 화재 : 휘발유, 벤젠 등 유류화재
❸ C급 화재 : 전기화재
❹ D급 화재 : 금속화재

39 산업재해 원인은 직접원인과 간접원인으로 구분되는데 다음 직접원인 중에서 불안전한 행동에 해당되지 않는 것은?

① 허가 없이 장치를 운전
② 불충분한 경보 시스템
③ 결함 있는 장치를 사용
④ 개인 보호구 미사용

정답   32.②   33.②   34.③   35.④   36.①   37.④   38.②   39.②

40 다음 보기는 재해발생 시 조치요령이다. 조치순서로 가장 적합하게 이루어진 것은?

> 보기
> ① 운전정지
> ② 관련된 또 다른 재해 방지
> ③ 피해자 구조
> ④ 응급처치

① ① → ② → ③ → ④
② ③ → ② → ④ → ①
③ ③ → ④ → ① → ②
④ ① → ③ → ④ → ②

해설 재해가 발생하였을 때 조치순서
운전정지 → 피해자 구조 → 응급처치 → 2차 재해방지

41 튜브 리스 타이어의 장점이 아닌 것은?

① 펑크 수리가 간단하다.
② 못이 박혀도 공기가 잘 새지 않는다.
③ 튜브 조립이 없어 작업성이 향상된다.
④ 타이어 수명이 길다.

해설 튜브 리스 타이어의 장점은 ①, ②, ③항 이외에 튜브가 없어 조금 가볍다.

42 상부 롤러에 대한 설명으로 틀린 것은?

① 더블 플랜지형을 주로 사용한다.
② 트랙이 밑으로 처지는 것을 방지한다.
③ 전부 유동륜과 기동륜 사이에 1~2개가 설치된다.
④ 트랙의 회전을 바르게 유지한다.

해설 상부롤러는 싱글 플랜지형(바깥쪽으로 플랜지가 있는 형식)을 사용한다.

43 굴착기의 3대 주요 구성요소로 가장 적당한 것은?

① 상부회전체, 하부회전체, 중간회전체
② 작업장치, 하부추진체, 중간선회체
③ 작업장치, 상부회전체, 하부추진체
④ 상부조정 장치, 하부회전 장치, 중간동력 장치

44 굴착기의 조종레버 중 굴삭작업과 직접 관계가 없는 것은?

① 버킷 제어 레버
② 붐 제어 레버
③ 암(스틱) 제어 레버
④ 스윙 제어 레버

45 크롤러식 굴착기(유압식)의 센터조인트에 관한 설명으로 적합하지 않은 것은?

① 상부회전체의 회전중심부에 설치되어 있다.
② 상부회전체의 오일을 주행모터에 전달한다.
③ 상부회전체가 롤링작용을 할 수 있도록 설치되어 있다.
④ 상부회전체가 회전하더라도 호스, 파이프 등이 꼬이지 않고 원활히 송유하는 기능을 한다.

해설 센터조인트는 상부회전체의 회전중심부에 설치되어 있으며, 상부회전체의 유압유를 주행모터로 전달한다. 또 상부회전체가 회전하더라도 호스, 파이프 등이 꼬이지 않고 원활히 공급한다.

46 점토, 석탄 등의 굴착작업에는 사용하며, 절입성능이 좋은 버킷 포인트는?

① 로크형 포인트(lock type point)
② 롤러형 포인트(roller type point)
③ 샤프형 포인트(sharp type point)
④ 슈형 포인트(shoe type point)

해설 버킷 포인트(투스)의 종류
❶ 샤프형 포인트 : 점토, 석단 등을 잘나낼 때 사용한다.
❷ 로크형 포인트 : 암석, 자갈 등을 굴착 및 적재작업에 사용한다.

정답 40.④ 41.④ 42.① 43.③ 44.④ 45.③ 46.③

47 무한궤도식 굴착기로 주행 중 회전 반경을 가장 적게 할 수 있는 방법은?

① 한쪽 주행 모터만 구동시킨다.
② 구동하는 주행 모터 이외에 다른 모터의 조향 브레이크를 강하게 작동시킨다.
③ 2개의 주행 모터를 서로 반대 방향으로 동시에 구동시킨다.
④ 트랙의 폭이 좁은 것으로 교체한다.

해설 회전 반경을 적게 하려면 2개의 주행 모터를 서로 반대 방향으로 동시에 구동시킨다. 즉 스핀 회전을 한다.

48 트랙형 굴착기의 주행 장치에 브레이크 장치가 없는 이유로 가장 적당한 것은?

① 주속으로 주행하기 때문이다.
② 트랙과 지면의 마찰이 크기 때문이다.
③ 주행제어 레버를 반대로 작용시키면 정지하기 때문이다.
④ 주행제어 레버를 중립으로 하면 주행 모터의 작동유 공급 쪽과 복귀 쪽 회로가 차단되기 때문이다.

해설 트랙형 굴착기의 주행 장치에 브레이크 장치가 없는 이유는 주행제어 레버를 중립으로 하면 주행 모터의 작동유 공급 쪽과 복귀 쪽 회로가 차단되기 때문이다.

49 덤프트럭에 상차작업 시 가장 중요한 굴착기의 위치는?

① 선회거리를 가장 짧게 한다.
② 암 작동거리를 가장 짧게 한다.
③ 버킷 작동거리를 가장 짧게 한다.
④ 붐 작동거리를 가장 짧게 한다.

해설 덤프트럭에 상차작업을 할 때 굴착기의 선회거리를 가장 짧게 하여야 한다.

50 절토 작업 시 안전준수 사항으로 잘못된 것은?

① 상부에서 붕괴낙하 위험이 있는 장소에서 작업은 금지한다.
② 상·하부 동시작업으로 작업능률을 높인다.
③ 굴착 면이 높은 경우에는 계단식으로 굴착한다.
④ 부석이나 붕괴되기 쉬운 지반은 적절한 보강을 한다.

해설 상·하부 동시작업을 해서는 안 된다.

51 벼랑이나 암석을 굴착작업 할 때 다음 중 안전한 방법은?

① 스프로킷을 앞쪽에 두고 작업한다.
② 중력을 이용한 굴착을 한다.
③ 신호자는 운전자 뒤쪽에서 신호를 한다.
④ 트랙 앞쪽에 트랙보호 장치를 한다.

해설 트랙 앞쪽에 트랙보호 장치를 하고, 스프로킷은 뒤쪽에 두어야 하며, 중력을 이용한 굴착은 해서는 안 되며, 신호자는 운전자가 잘 볼 수 있는 위치에서 신호를 하여야 한다.

52 도심지 주행 및 작업 시 안전사항과 관계없는 것은?

① 안전표지의 설치
② 매설된 파이프 등의 위치확인
③ 관성에 의한 선회확인
④ 장애물의 위치확인

53 굴착기로 작업 시 작동이 불가능하거나 해서는 안 되는 작동은 다음 중 어느 것인가?

① 굴삭하면서 선회한다.
② 붐을 들면서 버킷에 흙을 담는다.
③ 붐을 낮추면서 선회한다.
④ 붐을 낮추면서 굴삭한다.

해설 굴착기로 작업할 때 굴삭하면서 선회를 해서는 안 된다.

정답 47.③ 48.④ 49.① 50.② 51.④ 52.③ 53.①

54 다음 중 굴착기 정차 및 주차방법으로 틀린 것은?

① 평탄한 지면에 정차시키고 침수지역은 피한다.
② 붐, 암 및 버킷은 최대로 오므리고 레버는 중립위치로 한다.
③ 경사지에서는 트랙 밑에 고임목을 고여 안전하게 한다.
④ 연료를 가득 채우고 각 부분을 청소하고 그리스를 급유한다.

해설 붐, 암 및 버킷은 최대로 펴고 레버는 중립위치로 한 다음 버킷을 지면에 내려놓는다.

55 굴착기에 아워미터(시간계)의 설치목적이 아닌 것은?

① 가동시간에 맞추어 예방정비를 한다.
② 가동시간에 맞추어 오일을 교환한다.
③ 각 부위 주유를 정기적으로 하기 위해 설치되어 있다.
④ 하차만료 시간을 체크하기 위하여 설치되어 있다.

56 전부 장치가 부착된 굴착기를 트레일러로 수송할 때 붐이 향하는 방향으로 가장 적합한 것은?

① 앞 방향
② 뒷 방향
③ 좌측 방향
④ 우측 방향

57 다음 중 관공서용 건물 번호판으로 알맞은 것은?

①
②
③
④

해설 2번과 4번은 일반용 건물 번호판이고, 3번은 문화재 및 관광용 건물 번호판, 1번은 관공서용 건물 번호판이다.

58 굴착기를 주차시키고자 할 때의 방법으로 옳지 않은 것은?

① 단단하고 평탄한 지면에 굴착기를 정차시킨다.
② 작업 장치는 굴착기 중심선과 일치시킨다.
③ 유압계통의 압력을 완전히 제거한다.
④ 유압 실린더의 로드(rod)는 노출시켜 놓는다.

해설 굴착기를 주차시킬 때 유압 실린더 로드를 노출시키지 않도록 한다.

59 굴착기 스윙(선회) 동작이 원활하게 안되는 원인으로 틀린 것은?

① 컨트롤 밸브 스풀 불량
② 릴리프 밸브 설정압력 부족
③ 터닝조인트(Turning joint)불량
④ 스윙(선회)모터 내부 손상

해설 터닝조인트는 센터조인트라고도 부르며 무한궤도형 굴착기에서 상부회전체의 회전에는 영향을 주지 않고 주행모터에 작동유를 공급할 수 있는 부품이다.

60 다음 중 효과적인 굴착작업이 아닌 것은?

① 붐과 암의 각도를 80~110° 정도로 선정한다.
② 버킷 투스의 끝이 암(디퍼스틱)보다 안쪽으로 향해야 한다.
③ 버킷은 의도한대로 위치하고 붐과 암을 계속 변화시키면서 굴착한다.
④ 굴착한 후 암(디퍼스틱)을 오므리면서 붐은 상승위치로 변화시켜 하역위치로 스윙한다.

해설 버킷 투스의 끝이 암(디퍼스틱)보다 바깥쪽으로 향해야 한다.

2019년 복원문제
제 4 회 굴착기운전기능사

01 디젤기관에서 일반적으로 흡입공기 압축 시 압축온도는 약 얼마인가?

① 300~350℃
② 500~550℃
③ 1100~1150℃
④ 1500~1600℃

해설 디젤기관 압축행정의 제원
- 압축압력 : 30~35kgf/cm²,
- 압축비 : 15~22 : 1,
- 압축온도 : 500~550℃

02 디젤기관의 피스톤 링 이 마멸되었을 때 발생되는 현상은?

① 엔진오일의 소모가 증대된다.
② 폭발압력의 증가 원인이 된다.
③ 피스톤 평균속도가 상승한다.
④ 압축비가 높아진다.

해설 피스톤 링이 마모되거나 실린더 간극이 커지면 기관오일이 연소실로 올라와 연소하므로 오일의 소모가 증대되며 이때 배기가스 색이 회백색이 된다.

03 기관의 윤활장치에서 엔진오일의 여과방식이 아닌 것은?

① 전류식   ② 샨트식
③ 합류식   ④ 분류식

해설 기관오일의 여과방식 : 분류식, 샨트식, 전류식 등

04 다음 중 수냉식 기관의 정상운전 중 냉각수 온도로 옳은 것은?

① 75~95℃   ② 55~60℃
③ 40~60℃   ④ 20~30℃

해설 기관의 냉각수 온도는 실린더 헤드 물재킷 부분의 온도로 나타내며, 75~95℃정도면 정상이다.

05 공기청정기의 종류 중 특히 먼지가 많은 지역에 적합한 공기청정기는?

① 건식   ② 유조식
③ 복합식   ④ 습식

해설 유조식 공기청정기는 여과효율이 낮으나 보수 관리비용이 싸고 엘리먼트의 파손이 적으며, 영구적으로 사용할 수 있어 먼지가 많은 지역에 적합하다.

06 기관 시동 전에 점검할 사항으로 틀린 것은?

① 엔진오일량
② 엔진주변 오일누유 확인
③ 엔진오일의 압력
④ 냉각수량

07 교류발전기(AC)의 주요부품이 아닌 것은?

① 로터
② 브러시
③ 스테이터 코일
④ 솔레노이드 조정기

정답 01.② 02.① 03.③ 04.① 05.② 06.③ 07.④

08 엔진이 기동된 다음에는 피니언기어가 공회전하여 링 기어에 의해 엔진의 회전력이 기동전동기에 전달되지 않도록 하여 엔진의 회전력이 기동전동기에 전달되지 않도록 하는 장치는?

① 피니언 기어
② 전기자
③ 오버런링 클러치
④ 정류자

해설 오버런링 클러치는 기동전동기의 피니언과 엔진 플라이휠 링 기어가 물렸을 때 양 기어의 물림이 풀리는 것을 방지하고, 엔진이 기동된 다음에는 피니언이 공회전하여 링 기어에 의해 엔진의 회전력이 기동전동기에 전달되지 않도록 하여 엔진의 회전력이 기동전동기에 전달되지 않도록 하는 장치이다.

09 한쪽의 방향지시등만 점멸속도가 빠른 원인으로 옳은 것은?

① 전조등 배선접촉 불량
② 플래셔 유닛 고장
③ 한쪽 램프의 단선
④ 비상등 스위치 고장

10 건설기계에 사용되는 12볼트(V) 80암페어(A) 축전지 2개를 직렬연결하면 전압과 전류는?

① 24볼트(V) 160암페어(A)가 된다.
② 12볼트(V) 160암페어(A)가 된다.
③ 24볼트(V) 80암페어(A)가 된다.
④ 12볼트(V) 80암페어(A)가 된다.

11 유압장치의 계통 내에 슬러지 등이 생겼을 때 이것을 용해하여 깨끗이 하는 작업은?

① 서징　　② 코킹
③ 플러싱　　④ 트램핑

12 유량제어밸브를 실린더와 병렬로 연결하여 실린더의 속도를 제어하는 회로는?

① 블리드 오프 회로
② 블리드 온 회로
③ 미터 인 회로
④ 미터 아웃 회로

13 유압회로 내의 밸브를 갑자기 닫았을 때, 오일의 속도 에너지가 압력 에너지로 변하면서 일시적으로 큰 압력증가가 생기는 현상을 무엇이라 하는가?

① 캐비테이션(cavitation) 현상
② 서지(surge) 현상
③ 채터링(chattering) 현상
④ 에어레이션(aeration) 현상

14 작동유 온도가 과열되었을 때 유압 계통에 미치는 영향으로 틀린 것은?

① 오일의 점도저하에 의해 누유되기 쉽다.
② 유압펌프의 효율이 높아진다.
③ 온도변화에 의해 유압기기가 열 변형되기 쉽다.
④ 오일의 열화를 촉진한다.

15 현장에서 유압유의 열화를 찾아내는 방법으로 가장 적합한 것은?

① 오일을 가열하였을 때 냉각되는 시간 확인
② 오일을 냉각시켰을 때 침전물의 유무확인
③ 자극적인 악취, 색깔의 변화 확인
④ 건조한 여과지에 오일을 넣어 젖는 시간 확인

해설 작동유의 열화를 판정하는 방법
❶ 점도상태로 확인
❷ 색깔의 변화나 수분, 침전물의 유무 확인
❸ 자극적인 악취유무 확인(냄새로 확인)
❹ 흔들었을 때 생기는 거품이 없어지는 양상 확인

정답 08.③　09.③　10.③　11.③　12.①　13.②　14.②　15.③

16 유압장치에서 내구성이 강하고 작동 및 움직임이 있는 곳에 사용하기 적합한 호스는?

① 플렉시블 호스
② 구리 파이프 호스
③ PVC호스
④ 강 파이프 호스

17 유압장치에서 금속가루 또는 불순물을 제거하기 위해 사용되는 부품으로 짝지어진 것은?

① 여과기와 어큐뮬레이터
② 스크레이퍼와 필터
③ 필터와 스트레이너
④ 어큐뮬레이터와 스트레이너

18 유압장치에서 피스톤 로드에 있는 먼지 또는 오염물질 등이 실린더 내로 혼입되는 것을 방지하는 것은?

① 필터(filter)
② 더스트 실(dust seal)
③ 밸브(valve)
④ 실린더 커버(cylinder cover)

해설 더스트 실은 피스톤 로드에 있는 먼지 또는 오염물질 등이 실린더 내로 혼입되는 것을 방지한다.

19 유압장치의 구성요소 중 유압발생장치가 아닌 것은?

① 유압펌프
② 엔진 또는 전기모터
③ 오일탱크
④ 유압실린더

해설 유압장치의 기본 구성요소는 유압구동 장치(엔진 또는 전동기), 유압발생 장치(유압펌프), 유압제어 장치(유압제어 밸브)이다.

20 건설기계 유압장치의 작동유 탱크의 구비조건 중 거리가 가장 먼 것은?

① 배유구(드레인 플러그)와 유면계를 두어야 한다.
② 흡입관과 복귀관 사이에 격판(차폐장치, 격리판)을 두어야 한다.
③ 유면을 흡입라인 아래까지 항상 유지할 수 있어야 한다.
④ 흡입 작동유 여과를 위한 스트레이너를 두어야 한다.

해설 유면은 적정위치 "Full"에 가깝게 유지하여야 한다.

21 특별표지판을 부착하지 않아도 되는 건설기계는?

① 최소회전 반경이 13m인 건설기계
② 길이가 17m인 건설기계
③ 너비가 3m인 건설기계
④ 높이가 3m인 건설기계

해설 특별표지판 부착대상 건설기계
❶ 길이가 16.7m 이상인 경우
❷ 너비가 2.5m 이상인 경우
❸ 최소회전 반경이 12m 이상인 경우
❹ 높이가 4m 이상인 경우
❺ 총중량이 40톤 이상인 경우
❻ 축하중이 10톤 이상인 경우

22 건설기계관리법의 입법 목적에 해당되지 않는 것은?

① 건설기계의 효율적인 관리를 하기 위함
② 건설기계 안전도 확보를 위함
③ 건설기계의 규제 및 통제를 하기 위함
④ 건설공사의 기계화를 촉진함

해설 건설기계 관리법의 목적은 건설기계의 등록·검사·형식승인 및 건설기계사업과 건설기계조종사면허 등에 관한 사항을 정하여 건설기계를 효율적으로 관리하고 건설기계의 안전도를 확보하여 건설공사의 기계화를 촉진함을 목적으로 한다.

정답 16.① 17.③ 18.② 19.④ 20.③ 21.④ 22.③

23 건설기계관리법령상 건설기계 사업의 종류가 아닌 것은?

① 건설기계매매업
② 건설기계대여업
③ 건설기계폐기업
④ 건설기계제작업

해설 건설기계 사업의 종류 : 매매업, 대여업, 폐기업, 정비업

24 건설기계관리법령상 건설기계의 소유자가 건설기계 등록신청을 하고자 할 때 신청할 수 없는 단체장은?

① 산청군수
② 경기도지사
③ 부산광역시장
④ 제주특별자치도지사

25 건설기계관리법에 따라 최고주행속도 15km/h 미만의 타이어식 건설기계가 필히 갖추어야 할 조명장치가 아닌 것은?

① 전조등
② 후부반사기
③ 비상점멸 표시등
④ 제동등

해설 최고속도 15km/h 미만 타이어식 건설기계에 갖추어야 하는 조명장치는 전조등, 후부반사기, 제동등이다.

26 자동차 전용도로의 정의로 가장 적합한 것은?

① 자동차만 다닐 수 있도록 설치된 도로
② 보도와 차도의 구분이 없는 도로
③ 보도와 차도의 구분이 있는 도로
④ 자동차 고속주행의 교통에만 이용되는 도로

해설 자동차 전용도로란 자동차만 다닐 수 있도록 설치된 도로를 말한다.

27 도로 교통법상 서행 또는 일시 정지할 장소로 지정된 곳은?

① 교량 위
② 좌우를 확인할 수 있는 교차로
③ 가파른 비탈길의 내리막
④ 안전지대 우측

해설 서행하여야 할 장소
❶ 교통정리를 하고 있지 아니하는 교차로
❷ 도로가 구부러진 부근
❸ 비탈길의 고갯마루 부근
❹ 가파른 비탈길의 내리막
❺ 지방경찰청장이 안전표지로 지정한 곳

28 다음 교통안전 표지에 대한 설명으로 맞는 것은?

① 최고중량 제한표시
② 차간거리 최저 30m 제한표지
③ 최고시속 30킬로미터 속도제한 표시
④ 최저시속 30킬로미터 속도제한 표시

29 도시가스사업법에서 저압이라 함은 압축가스일 경우 몇 MPa 미만의 압축을 말하는가?

① 0.1
② 1
③ 03
④ 0.01

해설 도시가스의 압력
❶ 저압 : 0.1MPa미만
❷ 중압 : 0.1Mpa이상 1Mpa미만
❸ 고압 : 1MPa이상

30 신호등에 녹색 등화 시 차마의 통행방법으로 틀린 것은?

① 차마는 다른 교통에 방해되지 않을 때에 천천히 우회전할 수 있다.
② 차마는 직진할 수 있다.
③ 차마는 비보호 좌회전 표시가 있는 곳에서는 언제든지 좌회전을 할 수 있다.
④ 차마는 좌회전을 하여서는 아니된다.

해설 비보호 좌회전 표시지역에서는 녹색 등화에서만 좌회전을 할 수 있다.

31 교통안전시설이 표시하고 있는 신호와 경찰공무원의 수신호가 다른 경우 통행방법으로 옳은 것은?

① 신호기 신호를 우선적으로 따른다.
② 수신호는 보조신호이므로 따르지 않아도 좋다.
③ 경찰공무원의 수신호에 따른다.
④ 자기가 판단하여 위험이 없다고 생각되면 아무 신호에 따라도 좋다.

32 다음 중 안전·보건표지의 구분에 해당하지 않는 것은?

① 금지표지
② 성능표지
③ 지시표지
④ 안내표지

해설 안전표지의 종류에는 금지표지, 경고표지, 지시표지, 안내표지가 있다.

33 하인리히의 사고예방원리 5단계를 순서대로 나열한 것은?

① 조직, 사실의 발견, 평가분석, 시정책의 선정, 시정책의 적용
② 시정책의 적용, 조직, 사실의 발견, 평가분석, 시정책의 선정
③ 사실의 발견, 평가분석, 시정책의 선정, 시정책의 적용, 조직
④ 시정책의 선정, 시정책의 적용, 조직, 사실의 발견, 평가분석

34 현재 한전에서 운용하고 있는 송전선로 종류가 아닌 것은?

① 345 KV 선로
② 765 KV 선로
③ 154 KV 선로
④ 22.9 KV 선로

35 안전제일에서 가장 먼저 선행되어야 하는 이념으로 맞는 것은?

① 재산보호
② 생산성 향상
③ 신뢰성 향상
④ 인명보호

36 안전사고와 부상의 종류에서 재해의 분류상 중상해는?

① 부상으로 1주 이상의 노동손실을 가져온 상해정도
② 부상으로 2주 이상의 노동손실을 가져온 상해정도
③ 부상으로 3주 이상의 노동손실을 가져온 상해정도
④ 부상으로 4주 이상의 노동손실을 가져온 상해정도

37 동력공구 사용 시 주의사항으로 틀린 것은?

① 보호구는 안 해도 무방하다.
② 에어 그라인더는 회전수에 유의한다.
③ 규정 공기압력을 유지한다.
④ 압축공기 중의 수분을 제거하여 준다.

정답 30.③ 31.③ 32.② 33.① 34.④ 35.④ 36.② 37.①

38 기중작업 시 무거운 하중을 들기 전에 반드시 점검해야 할 사항으로 가장 거리가 먼 것은?

① 클러치　　② 와이어로프
③ 브레이크　　④ 붐의 강도

39 B급 화재에 대한 설명으로 옳은 것은?

① 목재, 섬유류 등의 화재로서 일반적으로 냉각소화를 한다.
② 유류 등의 화재로서 일반적으로 질식효과(공기차단)로 소화한다.
③ 전기기기의 화재로서 일반적으로 전기절연성을 갖는 소화제로 소화한다.
④ 금속나트륨 등의 화재로서 일반적으로 건조사를 이용한 질식효과로 소화한다.

해설 B급 화재는 휘발유, 벤젠 등의 유류화재이며, 질식효과(공기차단)로 소화한다.

40 작업장에서 지킬 안전사항 중 틀린 것은?

① 안전모는 반드시 착용한다.
② 고압전기, 유해가스 등에 적색 표지판을 부착한다.
③ 해머작업을 할 때는 장갑을 착용한다.
④ 기계의 주유 시는 동력을 차단한다.

41 무한궤도식 굴착기와 타이어식 굴착기의 운전특성에 대한 설명한 것으로 틀린 것은?

① 무한궤도식은 습지, 사지에서의 작업이 유리하다.
② 타이어식은 변속 및 주행속도가 빠르다.
③ 무한궤도식은 기복이 심한 곳에서 작업이 불리하다.
④ 타이어식은 장거리 이동이 빠르고, 기동성이 양호하다.

해설 ❶ 타이어형은 장거리 이동이 쉽고, 기동성이 양호하며, 변속 및 주행속도가 빠르다.
❷ 무한궤도형은 접지압력이 낮아 습지, 사지, 기복이 심한 곳에서의 작업이 유리하다.

42 무한궤도식 굴착기에서 트랙이 자주 벗겨지는 원인으로 가장 거리가 먼 것은?

① 유격(긴도)이 규정보다 클 때
② 트랙의 상·하부 롤러가 마모되었을 때
③ 최종 구동기어가 마모되었을 때
④ 트랙의 중심 정렬이 맞지 않았을 때

해설 트랙이 벗겨지는 원인
❶ 트랙이 너무 이완되었을 때(트랙의 유격이 크다.)
❷ 트랙의 정렬이 불량할 때
❸ 고속주행 중 급선회를 하였을 때
❹ 프런트 아이들러, 상하부 롤러 및 스프로킷의 마멸이 클 때
❺ 리코일 스프링의 장력이 부족할 때
❻ 경사지에서 작업할 때

43 굴착기 작업 장치에서 굳은 땅, 언 땅, 콘크리트 및 아스팔트 파괴 또는 나무뿌리 뽑기, 발파한 암석 파기 등에 가장 적합한 것은?

① 폴립 버킷　　② 크렘셀
③ 쇼벨　　④ 리퍼

44 굴착기의 상부회전체는 몇 도까지 회전이 가능한가?

① 90°　　② 180°
③ 270°　　④ 360°

45 굴삭작업 시 작업능력이 떨어지는 원인으로 맞는 것은?

① 트랙 슈에 주유가 안 됨
② 아워미터 고장
③ 조향핸들 유격과다
④ 릴리프 밸브 조정불량

정답 38.④　39.②　40.③　41.③　42.③　43.④　44.④　45.④

46 무한궤도식 굴착기의 유압식 하부추진체 동력전달 순서로 맞는 것은?

① 기관 → 컨트롤밸브 → 센터조인트 → 유압펌프 → 주행 모터 → 트랙
② 기관 → 컨트롤밸브 → 센터조인트 → 주행 모터 → 유압펌프 → 트랙
③ 기관 → 센터조인트 → 유압펌프 → 컨트롤밸브 → 주행 모터 → 트랙
④ 기관 → 유압펌프 → 컨트롤밸브 → 센터조인트 → 주행 모터 → 트랙

47 무한궤도식 굴착기의 환향은 무엇에 의하여 작동되는가?

① 주행펌프 ② 스티어링 휠
③ 스로틀 레버 ④ 주행 모터

48 굴착기의 양쪽 주행레버를 조작하여 급회전 하는 것을 무슨 회전이라고 하는가?

① 급회전 ② 스핀 회전
③ 피벗 회전 ④ 원웨이 회전

해설 굴착기의 회전방법
❶ 피벗 턴(pivot turn, 완 조향) : 좌·우측의 한쪽 주행레버만 밀거나, 당기면 한쪽 트랙만 전·후진시켜 조향을 하는 방법이다.
❷ 스핀 턴(spin turn, 급 조향) : 좌·우측 주행레버를 동시에 한쪽 레버를 앞으로 밀고, 한쪽 레버는 당기면 차체중심을 기점으로 급회전이 이루어진다.

49 타이어식 건설기계에서 전·후 주행이 되지 않을 때 점검하여야 할 곳으로 틀린 것은?

① 타이로드 엔드를 점검한다.
② 변속장치를 점검한다.
③ 유니버설 조인트를 점검한다.
④ 주차 브레이크 잠김 여부를 점검한다.

50 굴착기 운전 시 작업안전 사항으로 적합하지 않은 것은?

① 스윙하면서 버킷으로 암석을 부딪쳐 파쇄 하는 작업을 하지 않는다.
② 안전한 작업 반경을 초과해서 하중을 이동시킨다.
③ 굴삭하면서 주행하지 않는다.
④ 작업을 중지할 때는 파낸 모서리로부터 장비를 이동시킨다.

해설 굴착기로 작업할 때 작업 반경을 초과해서 하중을 이동시켜서는 안 된다.

51 굴착을 깊게 하여야 하는 작업 시 안전준수 사항으로 가장 거리가 먼 것은?

① 여러 단계로 나누지 않고, 한 번에 굴착한다.
② 작업은 가능한 숙련자가 하고, 작업안전 책임자가 있어야 한다.
③ 작업장소의 조명 및 위험요소의 유무 등에 대하여 점검하여야 한다.
④ 산소결핍의 위험이 있는 경우는 안전담당자에게 산소농도 측정 및 기록을 하게 한다.

해설 굴착을 깊게 할 경우에는 여러 단계로 나누어 굴착한다.

52 굴착기 작업 중 운전자가 하차 시 주의사항으로 틀린 것은?

① 엔진 정지 후 가속레버를 최대로 당겨 놓는다.
② 타이어식인 경우 경사지에서 정차 시 고임목을 설치한다.
③ 버킷을 땅에 완전히 내린다.
④ 엔진을 정지시킨다.

해설 엔진 정지 후 가속레버는 저속으로 내려놓는다.

정답 46.④ 47.④ 48.② 49.① 50.② 51.① 52.①

53 굴착기를 트레일러에 상차하는 방법에 대한 것으로 가장 적합하지 않는 것은?

① 가급적 경사대를 사용한다.
② 트레일러로 운반 시 작업 장치를 반드시 앞쪽으로 한다.
③ 경사대는 10~15° 정도 경사시키는 것이 좋다.
④ 붐을 이용하여 버킷으로 차체를 들어 올려 탑재하는 방법도 이용되지만 전복의 위험이 있어 특히 주의를 요하는 방법이다.

해설 트레일러로 굴착기를 운반할 때 작업 장치를 반드시 뒤쪽으로 한다.

54 굴착기 버킷용량 표시로 옳은 것은?

① in^2 ② yd^2
③ m^2 ④ m^3

55 휠식 굴착기에서 아워 미터의 역할은?

① 엔진 가동시간을 나타낸다.
② 주행거리를 나타낸다.
③ 오일량을 나타낸다.
④ 작동유량을 나타낸다.

해설 아워 미터(시간계)의 설치목적은 가동시간에 맞추어 예방정비 및 각종 오일교환과 각 부위 주유를 정기적으로 하기 위함이다.

56 굴착기의 붐의 작동이 느린 이유가 아닌 것은?

① 기름에 이물질 혼입
② 기름의 압력 저하
③ 기름의 압력 과다
④ 기름의 압력 부족

57 굴착기의 밸런스 웨이트(balance weight)에 대한 설명으로 가장 적합한 것은?

① 작업을 할 때 장비의 뒷부분이 들리는 것을 방지한다.
② 굴삭량에 따라 중량물을 들 수 있도록 운전자가 조절하는 장치이다.
③ 접지 압을 높여주는 장치이다.
④ 접지면적을 높여주는 장치이다.

해설 굴착기의 밸런스 웨이트(balance weight)는 작업을 할 때 장비의 뒷부분이 들리는 것을 방지한다.

58 굴착기로 작업할 때 주의사항으로 틀린 것은?

① 땅을 깊이 팔 때는 붐의 호스나 버킷실린더의 호스가 지면에 닿지 않도록 한다.
② 암석, 토사 등을 평탄하게 고를 때는 선회관성을 이용하면 능률적이다.
③ 암 레버의 조작 시 잠깐 멈췄다가 움직이는 것은 펌프의 토출량이 부족하기 때문이다.
④ 작업 시는 실린더의 행정 끝에서 약간 여유를 남기도록 운전한다.

해설 암석, 토사 등을 평탄하게 고를 때는 선회관성을 이용하면 스윙모터에 과부하가 걸리기 쉽다.

59 크롤러식 굴착기에서 상부회전체의 회전에는 영향을 주지 않고 주행모터에 작동유를 공급할 수 있는 부품은?

① 컨트롤 밸브
② 센터조인트
③ 사축형 유압모터
④ 언로더 밸브

정답 53.② 54.④ 55.① 56.③ 57.① 58.② 59.②

60 다음 3방향 도로명 예고표지에 대한 설명으로 맞는 것은?

① 좌회전하면 300m 전방에 시청이 나온다.
② 직진하면 300m 전방에 관평로가 나온다.
③ 우회전하면 300m 전방에 평촌역이 나온다.
④ 관평로는 북에서 남으로 도로 구간이 설정되어 있다.

해설 도로 구간은 서쪽 방향은 시청, 동쪽 방향은 평촌역, 북쪽 방향은 만안구청, 300은 직진하면 300m 전방에 관평로가 나온다는 의미이다. 도로의 시작 지점에서 끝 지점으로 갈수록 건물 번호가 커진다.

정답 60.②

2022년 복원문제
제 1 회 굴착기운전기능사

01 수공구 사용 시 안전수칙으로 바르지 못한 것은?

① 톱 작업은 밀 때 절삭되게 작업한다.
② 줄 작업으로 생긴 쇳가루는 브러시로 털어낸다.
③ 해머작업은 미끄러짐을 방지하기 위해서 반드시 면장갑을 끼고 작업한다.
④ 조정 렌치는 고정 조에 힘을 받게 하여 사용한다.

해설 면장갑을 끼고 해머 작업을 하면 손에서 미끄러져 위험을 초래할 수 있다.

02 건설기계 소유자는 건설기계를 도난당한 날로부터 얼마 이내에 등록 말소를 신청해야 하는가?

① 30일 이내　　② 2개월 이내
③ 3개월 이내　　④ 6개월 이내

해설 건설기계 소유자는 건설기계를 도난당한 날로부터 2개월 이내에 등록 말소를 신청하여야 한다.

03 교류 발전기에서 교류를 직류로 바꾸어주는 것은?

① 계자　　② 슬립링
③ 브러시　　④ 다이오드

해설 교류 발전기의 구조
① **스테이터** : 고정 부분으로 스테이터 코어 및 스테이터 코일로 구성되어 3상 교류가 유기된다.
② **로터** : 로터 코어, 로터 코일 및 슬립링으로 구성되어 있으며, 회전하여 자속을 형성한다.
③ **슬립 링** : 브러시와 접촉되어 축전지의 여자 전류를 로터 코일에 공급한다.
④ **브러시** : 로터 코일에 축전지 전류를 공급하는 역할을 한다.
⑤ **실리콘 다이오드** : 스테이터 코일에 유기된 교류를 직류로 변환시키는 정류 작용과 역류를 방지한다.

04 기관의 크랭크축 베어링의 구비조건으로 틀린 것은?

① 마찰계수가 클 것
② 내피로성이 클 것
③ 매입성이 있을 것
④ 추종 유동성이 있을 것

해설 베어링의 구비조건
① 하중 부담 능력이 있을 것(폭발 압력).
② 내피로성일 것(반복 하중).
③ 이물질을 베어링 자체에 흡수하는 매입성일 것.
④ 축의 얼라인먼트에 변화될 수 있는 금속적인 추종 유동성일 것.
⑤ 산화에 대하여 저항할 수 있는 내식성일 것.
⑥ 열전도성이 우수하고 셀에 융착성이 좋을 것.
⑦ 고온에서 강도가 저하되지 않는 내마멸성이어야 한다.

05 전압(Voltage)에 대한 설명으로 적당한 것은?

① 자유전자가 도선을 통하여 흐르는 것을 말한다.
② 전기적인 높이 즉, 전기적인 압력을 말한다.
③ 물질에 전류가 흐를 수 있는 정도를 나타낸다.
④ 도체의 저항에 의해 발생되는 열을 나타낸다.

정답 01.③　02.②　03.④　04.①　05.②

해설 **전류, 전압, 저항**
① 전류 : 도선을 통하여 자유전자가 이동하는 것을 전류라 한다.
② 전압 : 전기적인 높이 즉, 전기적인 압력을 전압이라 한다.
③ 저항 : 물질에 전류가 흐를 수 있는 정도를 나타낸다.

06 축전지의 구비조건으로 가장 거리가 먼 것은?

① 축전지의 용량이 클 것
② 전기적 절연이 완전할 것
③ 가급적 크고 다루기 쉬울 것
④ 전해액의 누설방지가 완전할 것

해설 **축전지의 구비조건**
① 축전지의 용량이 클 것.
② 축전지의 충전, 검사에 편리한 구조일 것.
③ 소형이고 운반이 편리할 것.
④ 전해액의 누설 방지가 완전할 것.
⑤ 축전지는 가벼울 것.
⑥ 전기적 절연이 완전할 것.
⑦ 진동에 견딜 수 있을 것.

07 기관의 오일펌프 유압이 낮아지는 원인이 아닌 것은?

① 윤활유 점도가 너무 높을 때
② 베어링의 오일 간극이 클 때
③ 윤활유의 양이 부족할 때
④ 오일 스트레이너가 막혔을 때

해설 **유압이 낮아지는 원인**
① 윤활유의 점도가 낮을 경우
② 베어링의 오일 간극이 클 경우
③ 유압 조절 밸브 스프링의 장력이 작을 경우
④ 오일 스트레이너가 막혔을 경우
⑤ 오일펌프 설치 볼트의 조임이 불량할 경우
⑥ 오일펌프의 마멸이 과대할 경우
⑦ 오일 통로의 파손 및 오일의 누출될 경우
⑧ 윤활유의 양이 부족할 경우

08 디젤기관의 노킹 발생 원인과 가장 거리가 먼 것은?

① 착화기간 중 분사량이 많다.
② 노즐의 분무 상태가 불량하다.
③ 세탄가가 높은 연료를 사용하였다.
④ 기관이 과도하게 냉각되어 있다.

해설 **디젤기관의 노크 발생원인**
① 연료의 세탄가가 낮다.
② 연료의 분사 압력이 낮다.
③ 연소실의 온도가 낮다.
④ 착화지연 시간이 길다.
⑤ 분사노즐의 분무상태가 불량하다.
⑥ 기관이 과도하게 냉각 되었다.
⑦ 착화 지연기간 중 연료 분사량이 많다.
⑧ 연소실에 누적된 연료가 많아 일시에 연소할 때

09 먼지가 많은 장소에서 착용하여야 하는 마스크는?

① 방독 마스크   ② 산소 마스크
③ 방진 마스크   ④ 일반 마스크

10 특별 표지판을 부착하지 않아도 되는 건설기계는?

① 최소 회전반경이 13m인 건설기계
② 길이가 17m인 건설기계
③ 너비가 3m인 건설기계
④ 높이가 3m인 건설기계

해설 **특별표지판 부착대상 건설기계**
① 길이가 16.7m를 초과하는 건설기계
② 너비가 2.5m를 초과하는 건설기계
③ 높이가 4.0m를 초과하는 건설기계
④ 최소 회전반경이 12m를 초과하는 건설기계
⑤ 총중량이 40톤을 초과하는 건설기계
⑥ 총중량 상태에서 축하중이 10톤을 초과하는 건설기계
⑦ 대형 건설기계에는 기준에 적합한 특별 표지판을 부착하여야 한다.

정답 06.③ 07.① 08.③ 09.③ 10.④

11 유압장치에서 피스톤 로드에 있는 먼지 또는 오염 물질 등이 실린더 내로 혼입되는 것을 방지하는 것은?

① 필터(filter)
② 더스트 실(dust seal)
③ 밸브(valve)
④ 실린더 커버(cylinder cover)

해설 더스트 실은 피스톤 로드에 있는 먼지 또는 오염물질 등이 실린더 내로 혼입되는 것을 방지한다.

12 축압기(Accumulator)의 사용 목적으로 아닌 것은?

① 압력 보상
② 유체의 맥동 감쇄
③ 유압회로 내 압력제어
④ 보조 동력원으로 사용

해설 축압기(Accumulator)의 용도
① 유압 에너지를 저장(축척)한다.
② 유압 펌프의 맥동을 제거(감쇠)해 준다.
③ 충격 압력을 흡수한다.
④ 압력을 보상해 준다.
⑤ 유압 회로를 보호한다.
⑥ 보조 동력원으로 사용한다.

13 다음의 유압기호가 나타내는 것은?

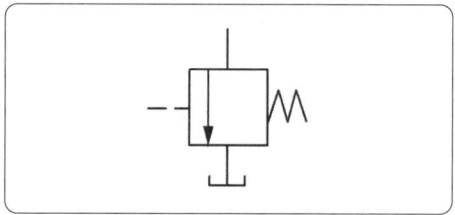

① 무부하 밸브
② 감압 밸브
③ 릴리프 밸브
④ 순차 밸브

14 차량이 남쪽에서부터 북쪽 방향으로 진행 중일 때 다음 표지판에서 잘못 해석한 것은?

① 연신내역 방향으로 가려는 경우 차량을 직진한다.
② 차량을 우회전하는 경우 '새문안길'로 진입할 수 있다.
③ 차량을 우회전하는 경우 '새문안길' 도로 구간의 진입지점에 진입할 수 있다.
④ 차량을 좌회전하는 경우 '충정로' 도로구간의 시작지점에 진입할 수 있다.

15 건설기계 조종사의 적성검사 기준으로 가장 거리가 먼 것은?

① 언어 분별력이 80% 이상일 것
② 시각은 150도 이상일 것
③ 4데시벨(보청기를 사용하는 사람은 30데시벨)의 소리를 들을 수 있을 것
④ 두 눈을 동시에 뜨고 잰 시력이 0.7 이상, 각 눈의 시력이 각각 0.3 이상일 것

해설 건설기계 적성검사 기준
① 두 눈을 동시에 뜨고 잰 시력(교정시력을 포함한다.)이 0.7 이상이고 두 눈의 시력이 각각 0.30이상일 것
② 55데시벨(보청기를 사용하는 사람은 40데시벨의 소리를 들을 수 있을 것.
③ 언어 분별력이 80퍼센트 이상일 것
④ 시각은 150도 이상일 것

16 굴착공사를 위하여 가스배관과 근접하여 H 기둥을 설치하고자 할 때 가장 근접하여 설치할 수 있는 최소 수평거리는?

① 10cm　② 30cm
③ 5cm　④ 20cm

해설　도시가스 배관과 수평거리 30cm 이내에서는 파일박기를 해서는 안 된다.

17 타이어에 주름이 있는 이유와 관련이 없는 것은?

① 타이어 내부의 열을 발산한다.
② 조향성, 안정성을 준다.
③ 타이어의 배수효과를 부여한다.
④ 노면과 간헐적으로 접촉되므로 마모, 슬립과 관련이 없다.

해설　타이어에 주름(트레드 패턴)의 필요성
① 타이어의 배수효과를 위하여 필요하다.
② 타이어 내부의 열을 발산한다.
③ 제동력, 견인력, 구동력이 증가된다.
④ 조향성 및 안정성이 향상된다.

18 도로에서 굴착 작업 시 케이블 표지 시트가 발견되면 어떻게 조치하여야 하는가?

① 케이블 표지 시트를 걷어내고 계속 굴착한다.
② 굴착 작업을 중지하고 해당 시설 관련 기관에 연락한다.
③ 표지시트를 원상태로 다시 덮고 인근 부위를 굴착한다.
④ 표지시트를 제거하고 보호판이나 케이블이 확인될 때까지 굴착한다.

19 크롤러형 굴착기가 진흙에 빠져서 자력으로는 탈출이 거의 불가능하게 된 상태의 경우 견인하는 방법으로 가장 적당한 것은?

① 버킷으로 지면을 걸고 나온다.
② 하부기구 본체에 와이어 로프를 걸어 견인 장비로 당길 때 굴착기의 주행레버를 견인 방향으로 조종한다.
③ 견인과 피견인 굴착기 버킷을 서로 걸고 견인한다.
④ 작업장치로 잭업시킨 후 후진으로 밀면서 나온다.

20 타이어식 굴착기의 특징에 대한 설명으로 가리가 먼 것은?

① 접지압이 낮아 습지 작업에 유리하다.
② 자동차와 같이 고무 타이어로 된 형식이다.
③ 장거리 이동이 가능하고 기동성이 좋다.
④ 자력으로 이동이 가능하다.

해설　무한궤도식 굴착기는 접지압이 낮아 습지 및 사지 작업에 유리하다.

21 교차로 통과 시 중간에 끼면 어떻게 하여야 하는가?

① 교차로에서 우회전으로 전환하여야 한다.
② 신속히 교차로 밖으로 진행한다.
③ 그 자리에 정지하여야 한다.
④ 일시 정지하여 녹색신호를 기다린다.

해설　교차로에 차마의 일부라도 진입한 경우에는 신속히 교차로 밖으로 진행하여야 한다.

22 편도 2차로일 때 건설기계는 어디로 가야하나?

① 1차로　② 주행 불가
③ 갓길　④ 2차로

23 화재의 분류에서 금속 화재의 등급은?

① B급 화재　② C급 화재
③ D급 화재　④ A급 화재

해설　화재의 분류

정답　16.②　17.④　18.②　19.②　20.①　21.②　22.④　23.③

① A급 화재 : 나무, 석탄 등 연소 후 재를 남기는 일반적인 화재
② B급 화재 : 휘발유, 벤젠 등 유류화재
③ C급 화재 : 전기 화재
④ D급 화재 : 금속 화재

24 타이어식 굴착기의 운전 특성에 대한 설명으로 가장 거리가 먼 것은?

① 산악 지대의 작업이 유리하다.
② 이동을 할 경우 자체 동력에 의해 도로 주행이 가능하다.
③ 암석, 암반 작업을 할 경우 타이어가 손상될 수 있다.
④ 기동력은 좋으나 견인력은 약하다.

해설 타이어식 굴착기의 특징
① 기동력이 좋다.
② 주행 저항이 적다.
③ 이동할 경우 자체 동력으로 이동한다.
④ 도심지 등 근거리 작업에 효과적이다.
⑤ 평탄하지 않은 작업장소나 진흙땅 작업이 어렵다.
⑥ 암석, 암반지대에서 작업 시 타이어가 손상될 수 있다.
⑦ 견인력이 약하다.

25 건설기계 조종 중 고의로 사망 사고의 인명 피해를 입힌 때 면허의 처분 기준은?

① 면허효력 정지 15일
② 면허효력 정지 30일
③ 면허효력 정지 5일
④ 면허 취소

해설 면허 취소 사유
① 거짓이나 그 밖의 부정한 방법으로 건설기계 조종사 면허를 받은 경우
② 건설기계 조종사 면허의 효력정지 기간 중 건설기계를 조종한 경우
③ 건설기계 조종 상의 위험과 장해를 일으킬 수 있는 정신질환자 또는 뇌전증환자로서 국토교통부령으로 정하는 사람
④ 앞을 보지 못하는 사람, 듣지 못하는 사람, 그 밖에 국토교통부령으로 정하는 장애인
⑤ 건설기계 조종 상의 위험과 장해를 일으킬 수 있는 마약·대마·향정신성의약품 또는 알코올 중독자로서 국토교통부령으로 정하는 사람
⑥ 건설기계의 조종 중 고의 또는 과실로 중대한 사고를 일으킨 경우
⑦ 고의로 인명피해(사망·중상·경상 등을 말한다)를 입힌 경우
⑧ 정기적성검사를 받지 아니하거나 불합격한 경우
⑨ 약물(마약, 대마, 향정신성 의약품 및 환각물질을 말한다)을 투여한 상태에서 건설기계를 조종한 경우
⑩ 건설기계 조종사 면허증을 다른 사람에게 빌려 준 경우
⑪ 술에 취한 상태에서 건설기계를 조종하다가 사고로 사람을 죽게 하거나 다치게 한 경우
⑫ 술에 만취한 상태(혈중알코올농도 0.1% 이상)에서 건설기계를 조종한 경우
⑬ 2회 이상 술에 취한 상태에서 건설기계를 조종하여 면허 효력 정지를 받은 사실이 있는 사람이 다시 술에 취한 상태에서 건설기계를 조종한 경우

26 유압 작동유의 점도가 지나치게 낮을 때 나타날 수 있는 현상으로 알맞은 것은?

① 유압 실린더의 속도가 늦어진다.
② 압력이 상승한다.
③ 출력이 증가한다.
④ 유동저항이 증가한다.

해설 유압유의 점도가 너무 낮을 경우의 영향
① 유압 펌프의 효율이 저하된다.
② 실린더 및 컨트롤 밸브에서 누출 현상이 발생한다.
③ 계통(회로)내의 압력이 저하된다.
④ 유압 실린더의 속도가 늦어진다.

27 굴착 작업할 때 도시가스 배관의 위치 표시는 무슨 색으로 표시하는가?

① 노란색   ② 청색
③ 녹색   ④ 흰색

해설 도시가스 사업자와 굴착 공사자는 굴착공사로 인하여 도시가스 배관이 손상되지 않도록 다음 기준에 따라 도시가스 배관의 위치표시를 실시하여야 한다.
① 굴착 공사자는 굴착공사 예정지역의 위치를 흰색 페인트로 표시하며, 페인트로 표시하는 것이 곤란한 경우에는 굴착 공사자와 도시가스 사업자가 굴착공사 예정지역임을 인지할 수 있는 적절한 방법으로 표시할 것.
② 도시가스 사업자는 굴착공사로 인하여 위해를 받을 우려가 있는 매설배관의 위치를 매설배관 바로

정답 24.① 25.④ 26.① 27.④

위의 지면에 페인트로 표시하며, 페인트로 표시하는 것이 곤란한 경우에는 표시 말뚝·표시 깃발·표시판 등을 사용하여 적절한 방법으로 표시할 것.
③ 공사 진행 등으로 도시가스 배관 표시물이 훼손될 경우에도 지속적으로 표시할 것.

28 작업 중 기계장치에서 이상한 소리가 날 경우 작업자가 해야 할 조치로 가장 적합한 것은?

① 장비를 멈추고 열을 식힌 후 작업한다.
② 즉시 기계의 작동을 멈추고 점검한다.
③ 진행 중인 작업을 마무리 후 작업 종료하여 조치한다.
④ 속도를 줄이고 작업한다.

해설 작업 중 기계장치에서 이상한 소리가 날 경우 즉시 기계의 작동을 멈추고 점검하여야 한다.

29 건설기계를 이동하지 않고 검사하는 경우의 건설기계가 아닌 것은?

① 너비가 2.5미터를 초과는 경우
② 도서지역에 있는 경우
③ 건설기계 중량이 20톤인 경우
④ 최고속도가 시간당 25킬로미터인 경우

해설 건설기계가 위치한 장소에서 검사하여야 하는 건설기계
① 도서지역에 있는 경우
② 자체중량이 40톤을 초과하거나 축중이 10톤을 초과하는 경우
③ 너비가 2.5m를 초과하는 경우
④ 최고속도가 시간당 35km 미만인 경우

30 시야가 100m일 때 속도는 최고 속도의 몇 %로 줄인 속도로 운행하여야 하는가?

① 100분의 50을 줄인 속도
② 100분의 70을 줄인 속도
③ 100분의 30을 줄인 속도
④ 100분의 20을 줄인 속도

해설 최고속도의 100분의 50을 줄인 속도로 운행하여야 하는 경우
① 폭우·폭설·안개 등으로 가시거리가 100m 이내인 경우
② 노면이 얼어붙은 경우
③ 눈이 20mm 이상 쌓인 경우

31 굴착기로 나무를 옮길 때 사용하는 선택장치의 기구 이름은?

① 브레이커
② 크러셔
③ 유압 셔블
④ 그래플

해설 굴착기의 주 작업 장치는 장비의 본체와 붐, 암, 버킷을 말하며, 굴착기의 선택장치는 굴착기의 암(arm)과 버킷에 작업 용도에 따라 옵션(option)으로 부착하여 사용하는 장치를 말한다.
① **브레이커**(breaker) : 치즐의 머리부에 유압식 왕복 해머로 연속적으로 타격을 가해 암석, 콘크리트 등을 파쇄하는 장치로 유압식 해머라 부르기도 한다. 도로 공사, 빌딩 해체, 도로 파쇄, 터널 공사, 슬래그 파쇄, 쇄석 및 채석장의 돌 쪼개기 공사 등의 쇄석 및 해체 공사에 주로 적용한다.
② **크러셔**(crusher) : 2개의 집게로 작업 대상물을 집고, 집게를 조여서 물체를 부수는 장치이다. 암반이나 콘크리트 파쇄 작업과 철근 절단 작업에 사용한다.
③ **유압 셔블**(Hydraulic shovel) : 유압 셔블은 장비의 위치보다 높은 곳을 굴착하는데 알맞은 것으로 토사 및 암석을 트럭에 적재하기 쉽게 디퍼(버킷) 덮개를 개폐하도록 제작된 장비이다.
④ **그래플**(grapple) 또는 그랩(grap) : 유압 실린더를 이용해서 2~5개의 집게를 움직여 돌, 나무 등의 작업물질을 집는 장치이다.

32 유압 모터의 장점이 될 수 없는 것은?

① 변속·역전의 제어도 용이하다.
② 소형·경량으로서 큰 출력을 낼 수 있다.
③ 공기나 먼지 등이 침투하여도 성능에는 영향이 없다.
④ 속도나 방향의 제어가 용이하다.

해설 유압 모터의 장점
① 넓은 범위의 무단변속이 용이하다.
② 소형경량으로서 큰 출력을 낼 수 있다.
③ 구조가 간단하며, 과부하에 대해 안전하다.
④ 정역회전 변화가 가능하다.
⑤ 자동 원격조작이 가능하고 작동이 신속정확하다.
⑥ 전동 모터에 비하여 급속정지가 쉽다.

정답 28.② 29.③ 30.① 31.④ 32.③

⑦ 속도나 방향의 제어가 용이하다.
⑧ 회전체의 관성이 작아 응답성이 빠르다.

33 유체의 관로에 공기가 침입할 때 일어나는 현상이 아닌 것은?

① 공동 현상　② 숨 돌리기 현상
③ 열화 현상　④ 기화 현상

해설 작동유에 공기가 유입되었을 때 발생되는 현상
① 실린더의 숨 돌리기 현상
② 작동유의 열화 촉진
③ 공동 현상(cavitation)

34 건설기계 관리법령상 건설기계에 대하여 실시하는 검사가 아닌 것은?

① 신규 등록 검사　② 수시 검사
③ 예비 검사　④ 정기 검사

해설 건설기계 검사의 종류
① 신규 등록 검사 : 건설기계를 신규로 등록할 때 실시하는 검사
② 정기 검사 : 검사유효기간이 끝난 후에 계속하여 운행하려는 경우에 실시하는 검사와 운행차의 정기검사
③ 구조 변경 검사 : 건설기계의 주요 구조를 변경하거나 개조한 경우 실시하는 검사
④ 수시 검사 : 성능이 불량하거나 사고가 자주 발생하는 건설기계의 안전성 등을 점검하기 위하여 수시로 실시하는 검사와 건설기계 소유자의 신청을 받아 실시하는 검사

35 유압 모터의 특징 중 거리가 가장 먼 것은?

① 작동유가 인화되기 어렵다.
② 무단변속이 가능하다.
③ 작동유의 점도변화에 의하여 유압모터의 사용에 제약이 있다.
④ 속도나 방향의 제어가 용이하다.

해설 유압 모터는 무단변속이 가능하고, 속도나 방향의 제어가 용이한 장점이 있으나 작동유의 점도변화에 의하여 유압 모터의 사용에 제약이 따르고, 작동유가 인화되기 쉬운 단점이 있다.

36 디젤기관의 윤활유 압력이 낮은 원인이 아닌 것은?

① 윤활유의 양이 부족할 때
② 윤활유 점도가 너무 높을 때
③ 베어링의 오일 간극이 클 때
④ 오일펌프의 마모가 심할 때

해설 윤활유 압력이 낮은 원인
① 오일의 점도지수가 낮은 경우
② 베어링의 오일 간극의 과대한 경우
③ 유압 조절 밸브(릴리프밸브)가 열린 상태로 고착된 경우
④ 오일펌프의 마모가 심한 경우
⑤ 윤활유의 양이 부족한 경우

37 유압 에너지의 저장, 충격 흡수 등에 이용되는 것은?

① 오일탱크　② 스트레이너
③ 펌프　④ 축압기

해설 어큐뮬레이터의 용도
① 유압 에너지 저장
② 유압 펌프의 맥동을 제거해 준다.
③ 충격 압력을 흡수한다.
④ 압력을 보상해 준다.
⑤ 기액(기체 액체)형 어큐뮬레이터에 사용되는 가스는 질소이다.
⑥ 종류 : 피스톤형, 다이어프램형, 블래더형

38 산업안전보건법령상 안전·보건표지의 종류 중 다음 그림에 해당하는 것은?

① 산화성 물질 경고
② 인화성 물질 경고
③ 급성 독성 물질 경고
④ 낙하물 경고

정답 33.④ 34.③ 35.① 36.② 37.④ 38.④

39 붐과 암에 회전 장치를 설치하고 굴착기의 이동 없이도 암이 360°회전할 수 있어 편리하게 굴착 및 상차 작업을 할 수 있 붐은?

① 투피스 붐
② 백호 스틱 붐
③ 로터리(회전형) 붐
④ 원피스 붐

해설 붐의 종류
① **원피스 붐**(one piece boom) : 백호(back hoe)버킷을 부착하여 175° 정도의 굴착 작업에 알맞으며, 훅(hook)을 설치할 수 있다.
② **투피스 붐**(two piece boom) : 굴착 깊이가 깊으며, 토사의 이동, 적재, 클램셀 작업 등에 적합하며, 좁은 장소에서의 작업에 용이하다.
③ **백호 스틱 붐**(back hoe sticks boom) : 암의 길이가 길어서 깊은 장소의 굴착이 가능하며, 도랑 파기 작업에 적합하다.
④ **로터리(회전형) 붐** : 붐과 암에 회전 장치를 설치하고 굴착기의 이동 없이도 암이 360°회전할 수 있어 편리하게 굴착 및 상차 작업을 할 수 있다. 제철 공장, 터널 내부 공사 등에서 주로 사용된다.

40 작업장에서 공동 작업으로 물건을 들어 이동할 때 잘못된 것은?

① 불안전한 물건은 드는 방법에 주의할 것
② 힘의 균형을 유지하여 이동 할 것
③ 이동 동선을 미리 협의하여 작업을 시작할 것
④ 무게로 인한 위험성 때문에 가급적 빨리 이동하여 작업을 종료할 것

41 드릴 작업 시 유의 사항으로 잘못된 것은?

① 균열이 있는 드릴은 사용을 금한다.
② 작업 중 칩 제거를 금지한다.
③ 작업 중 보안경 착용을 금한다.
④ 작업 중 면장갑 착용을 금한다.

해설 드릴 작업 시 칩이 발생되므로 보안경을 착용하고 작업을 수행하여야 한다.

42 무한궤도식 굴착기가 주행 중 트랙이 벗어지는 원인이 아닌 것은?

① 전부 유동륜과 스프로킷의 중심이 맞지 않았을 경우
② 전부 유동륜과 스프로킷의 마모
③ 고속 주행 중 급선회하거나 경사가 큰 굴착지에서 작업할 경우
④ 리코일 스프링의 장력이 적당할 때

해설 트랙이 벗겨지는 원인
① 트랙의 유격(긴도)이 너무 클 때
② 트랙의 정열이 불량할 때(프런트 아이들러와 스프로킷의 중심이 일치하지 않았을 때)
③ 고속 주행 중 급선회를 하였을 때
④ 프런트 아이들러, 상·하부 롤러 및 스프로킷의 마멸이 클 때
⑤ 리코일 스프링의 장력이 부족할 때
⑥ 경사가 큰 굴착지에서 작업 할 때

43 유압 액추에이터의 기능에 대한 설명으로 맞는 것은?

① 유압의 방향을 바꾸는 장치이다.
② 유압을 일로 바꾸는 장치이다.
③ 유압의 빠르기를 조정하는 장치이다.
④ 유압의 오염을 방지하는 장치이다.

해설 유압 액추에이터는 압력(유압) 에너지를 기계적 에너지(일)로 바꾸는 장치이다.

44 과급기에 대해 설명한 것 중 틀린 것은?

① 과급기를 설치하면 엔진 중량과 출력이 감소된다.
② 흡입 공기에 압력을 가해 기관에 공기를 공급한다.
③ 체적 효율을 높이기 위해 인터 쿨러를 사용한다.
④ 배기 터빈 과급기는 주로 원심식이 가장 많이 사용된다.

해설 과급기를 설치한 엔진은 중량이 증가되며, 충진 효율이 향상되기 때문에 엔진의 출력 및 회전력이 증대된다.

45 다음 중 굴착기 작업장치의 종류가 아닌 것은?

① 그래플 ② 점화장치
③ 셔블 ④ 버킷

해설 ① 그래플 : 유압 실린더를 이용해서 2~5개의 집게를 움직여 돌, 나무 등의 작업물질을 집는 장치이다.
② 셔블 : 셔블은 장비의 위치보다 높은 곳을 굴착하는데 알맞은 것으로 토사 및 암석을 트럭에 적재하기 쉽게 디퍼(버킷) 덮개를 개폐하도록 제작된 장비이다.
③ 버킷 : 직접 작업을 하는 부분으로 고장력의 강철판으로 제작되어 있으며, 버킷의 용량은 1회 담을 수 있는 용량을 m³(루베)로 표시한다. 버킷의 굴착력을 높이기 위해 투스를 부착한다.

46 다음 중 일반적인 재해 조사 방법으로 적절하지 않은 것은?

① 현장 조사는 사고 현장 정리 후에 실시한다.
② 사고 현장은 사진 등으로 촬영하여 보관하고 기록한다.
③ 현장의 물리적 흔적을 수집한다.
④ 목격자, 현장 책임자 등 많은 사람들에게 사고 시의 상황을 듣는다.

해설 재해 조사 방법
① 재해 발생 직후에 실시한다.
② 재해 현장의 물리적 흔적을 수집한다.
③ 재해 현장을 사진 등으로 촬영하여 보관하고 기록한다.
④ 목격자, 현장 책임자 등 많은 사람에게 사고시의 상황을 의뢰한다.
⑤ 재해 피해자로부터 재해 직전의 상황을 듣는다.
⑥ 판단하기 어려운 특수재해나 중대재해는 전문가에게 조사를 의뢰한다.

47 엔진 오일에 대한 설명으로 가장 거리가 먼 것은?

① 오일 교환 시기를 맞춘다.
② 엔진 오일이 검정색에 가깝다면 심한 오염의 여지가 있다.
③ 점도와 관련하여 계절에 관계없이 아무 오일을 사용한다.
④ 오일 필터가 막히면 오일 압력 경고등이 켜질 수 있다.

해설 엔진 오일은 여름철에는 점도가 높은 것을 사용하고 겨울철에는 여름철보다 점도가 낮은 것을 사용한다.

48 디젤기관 연료라인에 공기빼기를 하여야 하는 경우가 아닌 것은?

① 연료 탱크 내의 연료가 결핍되어 보충한 경우
② 예열 플러그를 교환한 경우
③ 연료 필터의 교환, 분사 펌프를 탈 부착한 경우
④ 연료 호스나 파이프 등을 교환한 경우

해설 공기빼기 작업을 하여야 하는 경우
① 연료 탱크 내의 연료가 결핍되어 보충한 경우
② 연료 호스나 파이프 등을 교환한 경우
③ 연료 필터의 교환
④ 분사 펌프를 탈·부착한 경우

49 순차 작동 밸브라고도 하며, 각 유압 실린더를 일정한 순서로 순차 작동시키고자 할 때 사용하는 것은?

① 릴리프 밸브 ② 감압밸브
③ 시퀀스 밸브 ④ 언로드 밸브

해설 시퀀스 밸브는 두 개 이상의 분기회로에서 유압 실린더나 모터의 작동순서를 결정한다.

50 다음 수공구 사용 시의 주의사항 중 틀린 것은?

① 스크루 드라이버 사용할 때 공작물을 손으로 잡지 말 것
② 드라이버는 홈보다 약간 큰 것을 사용한다.
③ 작업 중 드라이버가 빠지지 않도록 한다.
④ 전기 작업 시에는 절연된 드라이버를 사용한다.

해설 스크루 드라이버는 홈에 맞는 것을 사용하여야 한다.

정답 45.② 46.① 47.③ 48.② 49.③ 50.②

51 회로 내 유체의 흐름 방향을 제어하는데 사용되는 밸브는?

① 감압 밸브
② 유압 액추에이터
③ 체크 밸브
④ 스로틀 밸브

해설 방향제어 밸브의 종류에는 스풀 밸브, 체크 밸브, 디셀러레이션 밸브, 셔틀 밸브 등이 있다.

52 유압식 브레이크에서 베이퍼 록의 원인과 관계없는 것은?

① 긴 내리막길에서 브레이크를 지나치게 사용하면 발생할 수 있다.
② 베이퍼 록 현상이 있을 경우 엔진 브레이크를 사용하는 것이 좋다.
③ 브레이크 작동이 원활하도록 도와주는 현상이다.
④ 오일에 수분이 포함되어 있으면 발생 원인이 될 수 있다.

해설 베이퍼 록이 발생하는 원인
① 지나친 브레이크 조작
② 드럼의 과열 및 잔압의 저하
③ 긴 내리막길에서 과도한 브레이크 사용
④ 라이닝과 드럼의 간극 과소
⑤ 오일의 변질에 의한 비점 저하
⑥ 불량한 오일 사용
⑦ 드럼과 라이닝의 끌림에 의한 가열

53 유압 모터를 이용한 스크루로 구멍을 뚫고 전신주 등을 박는 작업에 사용되는 굴착기의 작업 장치는?

① 그래플
② 브레이커
③ 오거
④ 리퍼

해설 굴착기의 작업장치
① **그래플(그랩)** : 유압 실린더를 이용하여 2~5개의 집게를 움직여 작업물질을 집는 작업 장치이다.
② **브레이커** : 브레이커는 정(치즐)의 머리 부분에 유압 방식의 왕복 해머로 연속적으로 타격을 가해 암석, 콘크리트 등을 파쇄 하는 작업 장치이다.
③ **리퍼** : 리퍼는 굳은 땅, 언 땅, 콘크리트 및 아스팔트 파괴 또는 나무뿌리 뽑기, 발파한 암석 파기 등에 사용된다.

54 타이어식 건설장비에서 조향바퀴의 얼라인먼트 요소와 관련 없는 것은?

① 부스터
② 캐스터
③ 토인
④ 캠버

해설 얼라인먼트의 요소는 캠버, 캐스터, 토인, 킹핀 경사각이다.

55 유압 탱크의 기능으로 알맞은 것은?

① 계통 내에 적정온도 유지
② 배플에 의한 기포발생 방지 및 소멸
③ 계통 내에 필요한 압력 확보
④ 계통 내에 필요한 압력의 조절

해설 오일탱크의 기능
① 계통 내의 필요한 유량확보
② 격판(배플)에 의한 기포발생 방지 및 제거
③ 스트레이너 설치로 회로 내 불순물 혼입 방지
④ 탱크 외벽의 방열에 의한 적정온도 유지

56 기관 냉각장치에서 비등점을 높이는 기능을 하는 것은?

① 물 펌프
② 라디에이터
③ 냉각관
④ 압력식 캡

해설 냉각장치 내의 비등점(비점)을 높이고, 냉각범위를 넓히기 위하여 압력식 캡을 사용한다.

57 안전장치에 관한 사항 중 틀린 것은?

① 안전장치는 효과가 있도록 사용한다.
② 안전장치의 점검은 작업 전에 실시한다.
③ 안전장치는 반드시 설치하도록 한다.
④ 안전장치는 상황에 따라 일시 제거해도 된다.

해설 안전장치는 반드시 설치하고 작업을 수행하여야 한다.

정답 51.③ 52.③ 53.③ 54.① 55.② 56.④ 57.④

58 건설기계 엔진에 사용되는 시동모터가 회전이 안되거나 회전력이 약한 원인이 아닌 것은?

① 배터리 전압이 낮다
② 브러시가 정류자에 잘 밀착되어 있다.
③ 시동 스위치 접촉 불량이다.
④ 배터리 단자와 터미널의 접촉이 나쁘다.

해설 모터가 회전하지 않거나 회전력이 약한 원인
① 브러시와 정류자의 접촉이 불량하다.
② 시동 스위치의 접촉이 불량하다.
③ 배터리 터미널의 접촉이 불량하다.
④ 배터리 전압이 낮다.
⑤ 계자 코일이 단선되었다.

59 굴착기 등 건설기계 운전자가 전선로 주변에서 작업을 할 때 주의할 사항으로 틀린 것은?

① 전기 사고가 발생된 경우 관련 기관에 연락한 후 조치를 취하게 한다.
② 작업 전 감전 사고가 발생하지 않도록 지시한다.
③ 굴착기는 감전과 관련이 없으므로 굴착 작업자는 위험하지 않다.
④ 감전 및 전기 사고 발생 시 작업을 즉시 중단한다.

60 하부 추진체가 휠로 되어 있는 굴착기가 커브를 돌 때 선회를 원활하게 해주는 장치는?

① 변속기
② 차동장치
③ 최종 구동장치
④ 트랜스퍼 케이스

해설 차동장치는 타이어형 건설기계에서 선회할 때 바깥쪽 바퀴의 회전속도를 안쪽 바퀴보다 빠르게 하여 커브를 돌 때 선회를 원활하게 해주는 작용을 한다.

정답 58.② 59.③ 60.②

2022년 복원문제 제 2회 굴착기운전기능사

01 건설기계 범위에 해당되지 않는 것은?

① 준설선
② 3톤 지게차
③ 항타 및 항발기
④ 자체 중량 1톤 미만의 굴착기

해설 굴착기는 무한궤도 또는 타이어식으로 굴삭장치를 가진 자체 중량 1톤 이상인 것

02 건설기계조종사 면허를 취소하거나 정지시킬 수 있는 사유에 해당하지 않는 것은?

① 면허증을 타인에게 대여한 때
② 조종 중 과실로 중대한 사고를 일으킨 때
③ 면허를 부정한 방법으로 취득하였음이 밝혀졌을 때
④ 여행을 목적으로 1개월 이상 해외로 출국하였을 때

해설 고의로 사고를 내거나 면허증 대여, 과실로 중대한 사고 또는 부정한 방법으로 면허를 받은 경우에는 정지 및 취소 사유에 해당이 되나 여행을 목적으로 1개월 이상 해외로 출국하였을 때는 면허 취소 또는 정지를 시킬 수 없다.

03 건설기계 관리법 상 소형 건설기계에 포함되지 않는 것은?

① 3톤 미만의 굴착기
② 5톤 미만의 불도저
③ 천공기
④ 공기 압축기

해설 소형 건설기계에는 3톤 미만의 굴착기와 지게차, 타워크레인과 5톤 미만의 불도저, 로더, 천공기가 있으며 이외에도 준설선, 쇄석기, 공기 압축기 등이 있다.

04 시·도지사는 건설기계 등록 원부를 건설기계의 등록을 말소한 날부터 몇 년간 보존하여야 하는가?

① 1년 ② 3년
③ 5년 ④ 10년

해설 건설기계의 등록 원부는 건설기계를 말소한 날로부터 10년간 보존하여야 한다.

05 정기검사 유효기간이 1년인 건설기계는?

① 타이어식 기중기
② 모터그레이더
③ 타이어식 로더
④ 1톤 이상의 지게차

해설 천공기, 지게차, 모터그레이더, 타워 크레인, 로더는 2년 1회 정기 검사를 받아야 한다.

06 건설기계 조종사 면허증 발급 신청 시 첨부하는 서류와 가장 거리가 먼 것은?

① 신체검사서
② 국가기술자격 수첩
③ 주민등록표 등본
④ 소형 건설기계 교육 이수증

해설 면허 발급 시 필요한 서류는 소형의 경우 소형 건설기계 교육 이수증, 적성(신체) 검사서, 사진이 필요하며 소형 이외의 건설기계의 경우에는 국가기술자격 수첩과 사진, 적성검사서이다.

정답 01.④ 02.④ 03.③ 04.④ 05.① 06.③

07 교류 발전기의 유도 전류는 어디에서 발생하는가?

① 로터　　　　② 전기자
③ 계자 코일　　④ 스테이터

해설 로터는 전류를 공급하면 자석이 되는 부분이며, 스테이터는 유도 전류가 발생되는 부분이다.

08 전류의 3대 작용이 아닌 것은?

① 발열 작용　　② 자기 작용
③ 원심 작용　　④ 화학 작용

해설 전류의 3대 작용은 발열, 자기, 화학 작용이며 원심 작용을 이용하는 것은 물 펌프이다.

09 냉각수에 엔진 오일이 혼합되는 원인으로 가장 적합한 것은?

① 물 펌프 마모
② 수온 조절기 파손
③ 방열기 코어 파손
④ 헤드 개스킷 파손

해설 냉각수에 오일이 혼합되는 이유는 헤드 개스킷 파손, 헤드 볼트의 이완 및 헤드의 변형, 오일 쿨러의 소손 등이다.

10 기관에서 폭발행정 말기에 배기가스가 실린더 내의 압력에 의해 배기밸브를 통해 배출되는 현상은?

① 블로 바이(blow by)
② 블로 백(blow back)
③ 블로 다운(blow bown)
④ 블로 업(blow up)

해설 블로 바이는 실린더와 피스톤 사이로 가스가 크랭크실로 새는 것을 말하며 블로 백은 밸브 주위로 가스가 새는 것을 말한다.

11 디젤기관의 연료 여과기에 장착되어 있는 오버플로 밸브의 역할이 아닌 것은?

① 연료 계통의 공기를 배출한다.
② 분사 펌프의 압송 압력을 높인다.
③ 연료 압력의 지나친 상승을 방지한다.
④ 연료 공급펌프의 소음 발생을 방지한다.

해설 연료 여과기의 오버플로 밸브의 기능은 연료 압력 상승에 의한 필터의 각부를 압력을 조절하여 보호하고 연료 공급 펌프에서 발생되는 소음을 방지하고 회로 내 공기빼기 작업 시 사용된다.

12 여과기 종류 중 원심력을 이용하여 이물질을 분리시키는 형식은?

① 건식 여과기　　② 오일 여과기
③ 습식 여과기　　④ 원심식 여과기

해설 원심력을 이용하는 여과기는 원심식 여과기이다.

13 기관의 연료장치에서 희박한 혼합비가 미치는 영향으로 옳은 것은?

① 시동이 쉬워진다.
② 저속 및 공전이 원활하다.
③ 연소 속도가 빠르다.
④ 출력(동력)의 감소를 가져온다.

해설 희박한 혼합이란 연료가 적고 공기가 많은 것으로 시동이 어렵고 연소 속도가 느려 시동이 되어도 부조화 현상이 발생되며 동력이 감소된다.

14 기동 전동기에서 마그네틱 스위치는?

① 전자석 스위치이다.
② 전류 조절기이다.
③ 전압 조절기이다.
④ 저항 조절기이다.

해설 마그네틱 스위치는 기동 전동기의 시동을 위한 전자석 스위치로 솔레노이드 스위치를 말한다.

15 윤활장치에 사용되고 있는 오일펌프로 적합하지 않은 것은?

① 기어 펌프　　② 로터리 펌프
③ 베인 펌프　　④ 나사 펌프

해설 오일펌프로는 기어, 로터리, 베인, 플런저 펌프가 있으며 엔진 윤활장치에 사용되고 있는 펌프는 주로 기어, 베인, 로터리 펌프가 사용된다.

16 24V의 동일한 용량의 축전지 2개를 직렬로 접속하면?

① 전류가 증가한다.
② 전압이 높아진다.
③ 저항이 감소한다.
④ 용량이 감소한다.

해설 동일한 축전지 2개를 직렬로 접속하면 전압은 개수의 배가 되고 용량(전류)은 1개일 때와 같다. 병렬로 접속하면 용량이 증가하고 전압은 1개일 때와 같다.

17 유압 모터와 연결된 감속기의 오일 수준을 점검할 때의 유의사항으로 틀린 것은?

① 오일이 정상온도일 때 오일 수준을 점검해야 한다.
② 오일 량은 영하(-)의 온도 상태에서 가득 채워야 한다.
③ 오일 수준을 점검하기 전에 항상 오일 수준 게이지 주변을 깨끗하게 청소한다.
④ 오일 량이 너무 적으면 모터 유닛이 올바르게 작동하지 않거나 손상될 수 있으므로 오일 량은 항상 정량 유지가 필요하다.

해설 오일 량은 온도에 관계없이 항상 정량을 유지하여야 한다.

18 유압장치에서 오일의 역류를 방지하기 위한 밸브는?

① 변환 밸브   ② 압력조절 밸브
③ 체크 밸브   ④ 흡기 밸브

해설 체크 밸브는 오일의 흐름을 한쪽 방향으로만 흐르게 하고 오일의 역류를 방지하며 회로 내 잔압을 유지하는 밸브이다.

19 플런저식 유압펌프의 특징이 아닌 것은?

① 구동축이 회전운동을 한다.
② 플런저가 회전운동을 한다.
③ 가변용량 형과 정용량 형이 있다.
④ 기어펌프에 비해 최고압력이 높다.

해설 플런저 펌프는 고압 대 출력용으로 구동축은 회전운동을 하고 플런저는 직선 왕복운동을 하며 가변용량 형과 정용량 형이 있으며 피스톤 펌프라고도 부른다.

20 압력제어 밸브의 종류가 아닌 것은?

① 교축 밸브(throthle valve)
② 릴리프 밸브(relief valve)
③ 시퀀스 밸브(sequence valve)
④ 카운터 밸런스 밸브(counter balance valve)

해설 압력제어 밸브에는 릴리프, 리듀싱, 시퀀스, 카운터 밸런스, 언로더 밸브로 되어 있으며 교축 밸브는 유량제어 밸브이다.

21 각종 압력을 설명한 것으로 틀린 것은?

① 계기 압력 : 대기압을 기준으로 한 압력
② 절대 압력 : 완전진공을 기준으로 한 압력
③ 대기 압력 : 절대압력과 계기압력을 곱한 압력
④ 진공 압력 : 대기압 이하의 압력, 즉 음(-)의 계기압력

해설 압력을 구분하면 계기 압력, 절대 압력, 진공 압력으로 구분한다.

22 기체-오일식 어큐뮬레이터에 가장 많이 사용되는 가스는?

① 산소   ② 질소
③ 아세틸렌 ④ 이산화탄소

해설 기체-오일식 어큐뮬레이터에 사용되는 가스는 질소가스가 사용된다.

정답 16.② 17.② 18.③ 19.② 20.① 21.③ 22.②

23 가변용량형 유압펌프의 기호 표시는?

해설 보기 ①은 가변용량형 유압펌프, ②는 정용량형 유압펌프, ③은 제어방식의 스프링식, ④는 제어 밸브로 항상 개방되어 있음을 나타낸다.

24 기어식 유압펌프에 폐쇄작용이 생기면 어떤 현상이 생길 수 있는가?

① 기름의 토출
② 기포의 발생
③ 기어 진동의 소멸
④ 출력의 증가

해설 폐쇄작용이란 펌프에서 토출된 오일이 입구로 되돌아 오는 현상으로 토출 량이 감소되고 축 동력의 증가와 케이싱 마모 등의 원인이 되며 기포가 발생된다.

25 유압회로에서 호스의 노화현상이 아닌 것은?

① 호스의 표면에 갈라짐이 발생한 경우
② 코킹 부분에서 오일이 누유 되는 경우
③ 액추에이터의 작동이 원활하지 않을 경우
④ 정상적인 압력 상태에서 호스가 파손될 경우

해설 유압 호스가 노화되면 호스 표면의 갈라짐, 코킹 부분의 오일의 누유, 호스 파손 등이 발생된다.

26 유압유의 주요 기능이 아닌 것은?

① 열을 흡수한다.
② 동력을 전달한다.
③ 필요한 요소 사이를 밀봉한다.
④ 움직이는 기계요소를 마모시킨다.

해설 유압유의 기능은 기계요소의 마찰과 마모를 방지하고 밀봉작용과 냉각작용, 세척 및 방청 작용과 하중을 분산시키고 소음을 완화하는 역할을 한다.

27 보기에서 작업자의 올바른 안전 자세로 모두 짝지어진 것은?

> 보기
> a. 자신의 안전과 타인의 안전을 고려한다.
> b. 작업에 임해서는 아무런 생각 없이 작업한다.
> c. 작업장 환경조성을 위해 노력한다.
> d. 작업안전사항을 준수한다.

① a, b, c
② a, c, d
③ a, b, d
④ a, b, c, d

해설 작업에 임해서는 작업안전사항 준수와 작업장의 환경조성, 그리고 자신과 타인의 안전을 고려하여 항상 안전하게 작업에 임하여야 한다.

28 작업장에서 작업복을 착용하는 주된 이유는?

① 작업 속도를 높이기 위해서
② 작업자의 복장 통일을 위해서
③ 작업장의 질서를 확립시키기 위해서
④ 재해로부터 작업자의 몸을 보호하기 위해서

해설 작업복을 착용하는 이유는 재해로부터 작업자의 몸을 보호하기 위함이다.

29 스패너 사용 시 주의사항으로 잘못된 것은?

① 스패너의 입이 너트 폭과 맞는 것을 사용한다.
② 필요 시 두 개를 이어서 사용할 수 있다.
③ 스패너를 너트에 정확히 장착하여 사용한다.
④ 스패너의 입이 변형된 것은 폐기한다.

해설 모든 공구는 연결대 등으로 이어서 사용하여서는 안 된다.

정답 23.① 24.② 25.③ 26.④ 27.② 28.④ 29.②

30 재해 발생원인 중 직접원인이 아닌 것은?

① 기계배치의 결함
② 교육 훈련 미숙
③ 불량 공구 사용
④ 작업 조명 불량

해설 교육 훈련의 미숙은 재해 발생원인 중 직접원인이 아니고 간접원인에 속한다.

31 안전제일에서 가장 먼저 선행되어야 하는 이념으로 맞는 것은?

① 재산 보호   ② 생산성 향상
③ 신뢰성 향상   ④ 인명 보호

해설 안전제일에서 가장 먼저 선행되어야 하는 것은 근로자의 인명보호이다.

32 동력 공구 사용 시 주의사항으로 틀린 것은?

① 보호구는 사용 안 해도 무방하다.
② 에어 그라인더는 회전수에 유의한다.
③ 규정 공기 압력을 유지한다.
④ 압축공기 중의 수분을 제거하여 준다.

해설 보호구는 근로자의 안전을 위한 것으로 작업에 임할 때에는 보호구를 필히 착용하여야 한다.

33 연삭기에서 연삭 칩의 비산을 막기 위한 안전 방호장치는?

① 안전 덮개
② 광전식 안전 방호장치
③ 급정지 장치
④ 양수 조작식 방호장치

해설 연삭기에서 연삭 칩의 비산을 막아주는 장치는 안전 덮개이다.

34 점검주기에 따른 안전점검의 종류에 해당되지 않는 것은?

① 수시점검   ② 정기점검
③ 특별점검   ④ 구조점검

해설 안전점검의 종류에는 정기점검, 특별점검, 수시점검이 있다.

35 작업장에서 지킬 안전사항 중 틀린 것은?

① 안전모는 반드시 착용한다.
② 고압전기, 유해가스 등에 적색 표지판을 부착한다.
③ 해머 작업을 할 때는 장갑을 착용한다.
④ 기계의 주유 시는 동력을 차단한다.

해설 해머 작업에는 장갑의 착용이 금지된다. 이는 해머 작업 중 손에서 해머가 미끄러져 이탈되지 않도록 하기 위함이다.

36 B급 화재에 대한 설명으로 옳은 것은?

① 목재, 섬유류 등의 화재로서 일반적으로 냉각소화를 한다.
② 유류 등의 화재로서 일반적으로 질식효과(공기 차단)로 소화한다.
③ 전기기기의 화재로서 일반적으로 전기 절연성을 갖는 소화재로 소화한다.
④ 금속 나트륨 등의 화재로서 일반적으로 건조사를 이용한 질식효과로 소화한다.

해설 유류 화재는 유류, 가스 등의 화재로 산소를 차단하는 질식 소화법으로 소화한다.

37 무한궤도식 굴착기의 조향 작용은 무엇으로 행하는 가?

① 유압 모터
② 유압 펌프
③ 조향 클러치
④ 브레이크 페달

해설 무한궤도식의 장비에서 방향전환은 하부 추진체에 설치된 유압 모터에 의해 작동된다.

정답 30.② 31.④ 32.① 33.① 34.④ 35.③ 36.② 37.①

38 무한궤도식 장비에서 프런트 아이들러의 작용에 대한 설명으로 가장 적당한 것은?

① 회전력을 발생하여 트랙에 전달한다.
② 트랙의 진로를 조정하면서 주행방향으로 트랙을 유도한다.
③ 구동력을 트랙으로 전달한다.
④ 파손을 방지하고 원활한 운전을 하게 한다.

해설 아이들러는 트랙이 롤러에 잘 올라타도록 진로를 조정하면서 주행방향으로 트랙을 유도하고 또한 리코일 스프링과 함께 트랙의 전방에서 발생되는 진동과 충격을 흡수한다. 트랙장력 조정 시에는 전후로 움직여 장력이 조정된다.

39 굴착기 스윙(선회) 동작이 원활하게 안 되는 원인으로 틀린 것은?

① 컨트롤 밸브 스풀 불량
② 릴리프 밸브 설정 압력 부족
③ 터닝 조인트(Turning Joint) 불량
④ 스윙(선회)모터 내부 손상

해설 터닝 조인트 : 하부 주행부와 상부 선회부를 연결하여 굴착기의 상·하부 간 유압을 공급하는 배관을 연결하도록 주행부에 고정되는 샤프트와 선회부에 고정되는 허브로 이루어진 선회연결부로 센터 조인트라고도 부르는 유체 이음을 말한다. 터닝 조인트가 불량하면 주행이 안 된다.

40 굴착기 운전 시 작업안전 사항으로 적합하지 않는 것은?

① 스윙하면서 버킷으로 암석을 부딪쳐 파쇄하는 작업을 하지 않는다.
② 안전한 작업 반경을 초과해서 하중을 이동시킨다.
③ 굴삭하면서 주행하지 않는다.
④ 작업을 중지할 때는 파낸 모서리로부터 장비를 이동시킨다.

해설 안전한 작업 반경을 초과하여 하중을 이동시켜서는 안 된다.

41 무한궤도식 주행 장치에서 스프로킷의 이상 마모를 방지하기 위해서 조정하여야 하는 것은?

① 슈의 간격   ② 트랙의 장력
③ 롤러의 간격   ④ 아이들러의 위치

해설 스프로킷의 이상 마모는 대부분 트랙의 느슨함에 의해 발생된다. 따라서 트랙의 장력을 규정대로 조정하여 사용하여야 한다.

42 굴착기 작업 시 작업 안전사항으로 틀린 것은?

① 기중 작업은 가능한 한 피하는 것이 좋다.
② 경사지 작업 시 측면절삭을 행하는 것이 좋다.
③ 타이어식 굴착기로 작업 시 안전을 위하여 아웃트리거를 받치고 작업한다.
④ 한쪽 트랙을 들 때는 암과 붐 사이의 각도는 90~110° 범위로 해서 들어주는 것이 좋다.

해설 굴착기로 경사지에서 작업 할 때에는 경사지의 땅을 평탄하게 고르고 작업을 하며 측면으로 절삭하면 위험하다.

43 트랙장치에서 주행 중에 트랙과 아이들러의 충격을 완화시키기 위해 설치한 것은?

① 스프로킷   ② 리코일 스프링
③ 상부 롤러   ④ 하부 롤러

해설 트랙장치 각 부의 기능
① 스프로킷 : 유압 모터에 설치되어 유압 모터의 회전력을 트랙에 전달
② 리코일 스프링 : 주행 중 또는 작업 중에 전부 유동륜(아이들러)에 가해지는 충격과 진동을 완화시켜 진동과 트랙의 파손을 방지한다.
③ 상부 롤러 : 캐리어 롤러라고도 부르며 트랙의 처짐을 방지 한다.
④ 하부 롤러 : 트랙 롤러라고도 부르며 건설기계의 중량을 지지함과 동시에 트랙에 하중을 균일하게 분포한다.

정답 38.② 39.③ 40.② 41.② 42.② 43.②

44 굴착기의 상부회전체는 몇 도까지 회전이 가능한가?

① 90° ② 180°
③ 270° ④ 360°

해설 기중기, 굴착기 등의 상부 회전체의 회전각도는 360도 회전이 가능하다.

45 무한궤도식 건설기계에서 트랙 장력이 약간 팽팽하게 되었을 때 작업조건이 오히려 효과적일 경우가 아닌 것은?

① 수풀이 있는 땅 ② 진흙땅
③ 바위가 깔린 땅 ④ 모래땅

해설 작업장의 조건과 트랙 장력의 관계
① 트랙 장력 팽팽하게 : 젖은 땅의 작업에 적합하다.
② 트랙 장력 느슨하게 : 돌 뿌리 및 자갈 등이 많은 곳에 적합하다.

46 무한궤도식 건설기계에서 프런트 아이들러와 스프로킷이 일치되게 하기 위해서는 브래킷 옆에 무엇으로 조정하는가?

① 시어핀 ② 쐐기
③ 편심 볼트 ④ 심(shim)

해설 심이란 어떤 틈새가 넓을 때 그 틈새를 좁혀주기 위한 일종의 평 와셔와 같은 것으로 각 기구의 틈새가 넓을 때 넣어 간극을 좁게 하고 한쪽으로 쏠리는 것을 방지한다.

47 하부 롤러, 링크 등 트랙 부품이 조기 마모되는 원인으로 가장 적절한 것은?

① 겨울철에 작업을 하였을 때
② 트랙 장력이 너무 팽팽했을 때
③ 일반 객토에서 작업을 했을 때
④ 트랙 장력 실린더에서 그리스가 누유 될 때

해설 롤러 등 트랙 부품이 마모되는 원인은 트랙 장력이 팽팽한 상태에서 무리하게 작업을 하였을 때이다.

48 무한궤도식 굴착기의 상부 회전체가 하부 주행체에 대한 역 위치에 있을 때 좌측 주행 레버를 당기면 차체가 어떻게 회전 되는가?

① 좌향 스핀 회전
② 우향 스핀 회전
③ 좌향 피벗 회전
④ 우향 피벗 회전

해설 ① 피벗 턴(완회전) : 주행 레버의 좌·우측 중에서 한쪽 주행 레버만 밀거나 당겨서 한쪽 트랙만 전·후진시켜 회전하는 방법
② 스핀 턴(급회전) : 주행 레버 2개를 동시에 반대 방향으로 작동시켜 양쪽 트랙을 전·후진시켜 회전을 하는 방법
③ 상부 회전체가 하부 추진체의 역 위치에 있으므로 우향 피벗 회전이 이루어진다.

49 무한궤도식 건설기계에서 주행 구동체인 장력 조정방법은?

① 구동 스프로킷을 전·후진시켜 조정한다.
② 아이들러를 전·후진시켜 조정한다.
③ 슬라이드 슈의 위치를 변화시켜 조정한다.
④ 드래그 링크를 후진시켜 조정한다.

해설 트랙의 장력 조정방법
① 나사식 : 트랙을 평탄한 장소에 위치시키고 조정스크루를 회전시켜 아이들러를 전·후진시켜 조정한다.
② 유압식 : 그리스 실린더에 그리스를 주입하여 아이들러를 전·후진시켜 조정한다.

50 굴착기 작업 장치에서 굳은 땅, 언 땅, 콘크리트 및 아스팔트 파괴 또는 나무뿌리 뽑기, 발파한 암석 파기 등에 적합한 것은?

① 풀립 버킷 ② 크램셀
③ 쇼벨 ④ 리퍼

해설 리퍼는 우리말로 곡괭이라는 것으로 작업 장치에서 언 땅이나 굳은 땅, 암석 제거 등에 사용하는 작업 장치이다.

정답 44.④ 45.③ 46.④ 47.② 48.③ 49.② 50.④

51 무한궤도식 굴착기에서 하부 주행체 동력전달 순서로 맞는 것은?

① 유압 펌프 → 제어 밸브 → 센터 조인트 → 주행 모터
② 유압 펌프 → 제어 밸브 → 주행 모터 → 자재 이음
③ 유압 펌프 → 센터 조인트 → 제어 밸브 → 주행 모터
④ 유압 펌프 → 센터 조인트 → 주행 모터 → 자재 이음

해설 굴착기 주행 시 동력 전달 순서
① **타이어식** : 엔진 - 클러치 - 변속기 - 상부 베벨 기어 - 센터 유니버설 조인트 - 하부 베벨 기어 - 하부 유니버설 조인트 - 종 감속기어 및 차동 기어 - 액슬축 - 휠
② **무한궤도식** : 엔진 - 유압 펌프 - 컨트롤 밸브 - 센터 조인트 - 주행 모터 - 감속 기어 - 스프로킷 - 트랙

52 타이어식 굴착기의 브레이크 파이프 내에 베이퍼 록이 생기는 원인이다. 관계없는 것은?

① 드럼의 과열
② 지나친 브레이크 조작
③ 잔압 저하
④ 라이닝과 드럼과의 간극 과다

해설 브레이크 계통의 베이퍼 록 원인
① 긴 내리막길에서 과도한 브레이크 사용
② 드럼과 라이닝의 끌림에 의한 과열
③ 브레이크슈 리턴 스프링의 쇠손에 의한 라이닝의 끌림
④ 브레이크 오일의 변질에 의한 비등점 저하
⑤ 잔압 저하

53 기중기로 항타(pile driver) 작업을 할 때 지켜야 할 안전수칙이 아닌 것은?

① 붐의 각을 작게 한다.
② 작업 시 붐을 상승시키지 않는다.
③ 항타할 때 반드시 우드 캡을 씌운다.
④ 호이스트 케이블의 고정 상태를 점검한다.

해설 항타 작업을 할 때에는 붐의 각을 크게 하여야 한다.

54 트랙 프레임 위에 한쪽만 지지하거나 양쪽을 지지하는 브래킷에 1~2개가 설치되어 트랙 아이들러와 스프로킷 사이에서 트랙이 처지는 것을 방지하는 동시에 트랙의 회전 위치를 정확하게 유지하는 역할을 하는 것은?

① 브레이스
② 아우터 스프링
③ 스프로킷
④ 캐리어 롤러

해설 캐리어 롤러 : 상부 롤러라고도 부르며 트랙 프레임 위에 1~2개가 설치되어 트랙의 처짐을 방지한다.

55 굴착기의 밸런스 웨이트(balance weight)에 대한 설명으로 가장 적합한 것은?

① 작업할 때 장비의 뒷부분이 들리는 것을 방지한다.
② 굴삭 량에 따라 중량물을 들 수 있도록 운전자가 조절하는 장치이다.
③ 접지 압을 높여주는 장치이다.
④ 접지 면적을 높여주는 장치이다.

해설 장비에 설치된 밸런스 웨이트는 장비가 작업할 때 중량물에 의해 장비의 뒷부분이 들리는 것을 잡아주는 것으로 중량물과 장비의 밸런스를 잡아준다.

56 도로 교통법상에서 차마가 도로의 중앙이나 좌측 부분을 통행할 수 있도록 허용한 것은 도로 우측 부분의 폭이 얼마 이하일 때인가?

① 2미터
② 3미터
③ 5미터
④ 6미터

해설 도로 교통법상 도로의 우측 부분의 폭이 6m이하에서는 도로의 중앙이나 좌측 부분을 통행할 수 있다.

정답 51.① 52.④ 53.① 54.④ 55.① 56.④

57 굴착기에 오르고 내릴 때 주의해야 할 사항으로 틀린 것은?

① 이동 중인 장비에 뛰어 오르거나 내리지 않는다.
② 오르고 내릴 때는 항상 장비를 마주보고 양손을 이용한다.
③ 오르고 내리기 전에 계단과 난간 손잡이 등을 깨끗이 닦는다.
④ 오르고 내릴 때는 운전실 내의 각종 조종 장치를 손잡이로 이용한다.

해설 오르고 내릴 때에는 안전하게 계단과 난간 손잡이 등을 이용하여 오르고 내린다.

58 신호등이 없는 철길 건널목 통과 방법 중 옳은 것은?

① 차단기가 올라가 있으면 그대로 통과해도 된다.
② 반드시 일시정지를 한 후 안전을 확인하고 통과한다.
③ 신호등이 진행 신호일 경우에도 반드시 일시정지를 하여야 한다.
④ 일시정지를 하지 않아도 좌우를 살피면서 서행으로 통과하면 된다.

해설 신호등이 없는 철길 건널목을 통과할 때에는 철길 건널목 직전에 반드시 일시정지를 한 후 좌우를 살펴 안전을 확인하고 서행으로 통과하여야 한다.

59 교통사고가 발생하였을 때 운전자가 가장 먼저 취해야 할 조치로 적절한 것은?

① 즉시 보험회사에 신고한다.
② 모범운전자에게 신고한다.
③ 즉시 피해자 가족에게 알린다.
④ 즉시 사상자를 구호하고 경찰에 연락한다.

해설 교통사고 발생 시 즉시 정지하여 사상자를 구호하고 경찰에 신고하며 2차 사고 방지를 위한 조치를 취하여야 한다.

60 다음 교통안전표지에 대한 설명으로 맞는 것은?

① 최고 중량 제한표지
② 차간 거리 최저 30m 제한표지
③ 최고 시속 30km 속도 제한표지
④ 최저 시속 30km 속도 제한표지

해설 그림의 안전표지는 최저 속도 제한표지이다.

정답 57.④ 58.② 59.④ 60.④

2023년 복원문제
제1회 굴착기운전기능사

01 특별표지판을 부착하지 않아도 되는 건설기계는?

① 최소 회전반경이 13m인 건설기계
② 길이가 17m인 건설기계
③ 너비가 3m인 건설기계
④ 높이가 3m인 건설기계

해설 특별표지 부착대상 건설기계
① 길이가 16.7m 이상인 건설기계
② 너비가 2.5m 이상인 건설기계
③ 높이가 3.8m 이상인 건설기계
④ 최소 회전 반경(반지름)이 12m 이상인 건설기계
⑤ 총 중량이 40ton 이상인 건설기계
⑥ 축 하중이 10ton 이상인 건설기계

02 건설기계정비업 등록을 하지 아니한 자가 할 수 있는 정비 범위가 아닌 것은?

① 오일의 보충
② 창유리의 교환
③ 제동장치 수리
④ 트랙의 장력 조정

해설 제동장치의 정비는 건설기계정비업을 등록한 정비 업소에서 정비를 받아야 한다.

03 건설기계 등록 신청에 대한 기준으로 맞는 것은?(단, 전시, 사변 등 국가비상사태하의 경우 제외)

① 시·군·구청장에게 취득한 날로부터 10일 이내 등록신청을 한다.
② 시·도지사에게 취득한 날로부터 15일 이내 등록신청을 한다.
③ 시·군·구청장에게 취득한 날로부터 1개월 이내 등록신청을 한다.
④ 시·도지사에게 취득한 날로부터 2개월 이내 등록신청을 한다.

해설 건설기계의 등록 신청은 건설기계를 취득한 날로부터 2개월 이내에 시·도지사에게 등록을 신청하여야 한다.

04 건설기계 운전 중량 산정 시 조종사 1명의 체중으로 맞는 것은?

① 50kg   ② 55kg
③ 60kg   ④ 65kg

해설 건설기계 관리법에 1인의 체중은 65kg으로 되어 있다.

05 건설기계 소유자는 건설기계를 도난당한 날로부터 얼마 이내에 등록 말소를 신청해야 하는가?

① 30일 이내   ② 2개월 이내
③ 3개월 이내   ④ 6개월 이내

해설 건설기계의 도난의 경우에는 도난당한 날로부터 2개월이 지난 후에 등록을 말소할 수 있다. 따라서 경찰관서에 신고하여 도난 사실 확인서를 첨부하여야 한다.

06 1종 대형 자동차 면허로 조종할 수 없는 건설기계는?

① 콘크리트 펌프
② 노상 안정기
③ 아스팔트 살포기
④ 타이어식 기중기

해설 트럭식의 건설기계는 1종 대형 면허로 운전할 수 있으나 타이어식 기중기는 기중기 면허로 운전할 수 있다.

정답 01.④ 02.③ 03.④ 04.④ 05.② 06.④

07 음주 상태(혈중 알코올 농도 0.03%이상 0.08% 미만)에서 건설기계를 조종한 자에 대한 면허 효력정지 기간은?

① 20일　　② 30일
③ 40일　　④ 60일

해설 음주 상태 즉, 혈중 알코올 농도 0.03%이상 0.08% 미만의 상태에서 운전하면 60일의 면허 효력정지 처분을 받는다.

08 건설기계조종사의 국적 변경이 있는 경우에는 그 사실이 발생한 날로부터 며칠 이내에 신고하여야 하는가?

① 2주 이내　　② 10일 이내
③ 20일 이내　　④ 30일 이내

해설 건설기계조종사의 국적 변경이 있는 경우에는 그 사실이 발생한 날로부터 30일 이내에 시·도지사에게 신고하여야 한다.

09 건설기계의 수시검사 대상이 아닌 것은?

① 소유자가 수시검사를 신청한 건설기계
② 사고가 자주 발생하는 건설기계
③ 성능이 불량한 건설기계
④ 구조를 변경한 건설기계

해설 구조를 변경한 건설기계는 구조변경 검사를 받아야 하며 수시검사는 관할 시·도지사가 성능이 불량하거나 사고가 빈발하거나 소유자가 수시검사를 신청한 경우에만 받을 수 있다.

10 건설기계를 주택가 주변에 세워 두어 교통소통을 방해하거나 소음 등으로 주민의 생활환경을 침해한 자에 대한 벌칙은?

① 200만 원 이하의 벌금
② 100만 원 이하의 벌금
③ 100만 원 이하의 과태료
④ 50만 원 이하의 과태료

해설 주택가 주변에 세워 두어 교통소통을 방해하거나 소음 등으로 주민 생활환경을 침해한 자는 50만 원 이하의 과태료가 부과된다.

11 디젤기관에 사용되는 연료의 구비조건으로 옳은 것은?

① 점도가 높고 약간의 수분이 섞여 있을 것
② 황의 함유량이 클 것
③ 착화점이 높을 것
④ 발열량이 클 것

해설 디젤 연료의 구비조건
① 고형 미립이나 유해성분이 적을 것
② 발열량이 클 것
③ 적당한 점도가 있을 것
④ 불순물이 섞이지 않을 것
⑤ 인화점이 높고 발화점이 낮을 것
⑥ 내폭성이 클 것
⑦ 내한성이 클 것
⑧ 연소 후 카본 생성이 적을 것
⑨ 온도 변화에 따른 점도의 변화가 적을 것

12 기관에서 연료펌프로부터 보내진 고압의 연료를 미세한 안개모양으로 연소실에 분사하는 부품은?

① 분사 노즐　　② 커먼 레일
③ 분사 펌프　　④ 공급 펌프

해설 고압의 연료를 연소실에 분사하는 것은 분사노즐이다.

13 기관 과열의 원인이 아닌 것은?

① 히터 스위치의 고장
② 수온 조절기의 고장
③ 헐거워진 냉각 팬 벨트
④ 물 통로 내의 물 때(scale)

해설 히터 스위치는 히터를 작동시키는 스위치를 말하는 것으로 기관의 과열과는 무관하다.

14 기관의 윤활장치에서 엔진 오일의 여과 방식이 아닌 것은?

① 전류식　　② 샨트식
③ 합류식　　④ 분류식

해설 기관 윤활장치의 여과방식에는 전류식, 분류식, 샨트식이 있으며 현재에는 전류식이 사용된다.

정답　07.④　08.④　09.④　10.④　11.④　12.①　13.①　14.③

15 습식 공기청정기에 대한 설명이 아닌 것은?

① 청정 효율은 공기량이 증가할수록 높아지며 회전속도가 빠르면 효율이 좋아진다.
② 흡입 공기는 오일로 적셔진 여과망을 통과시켜 여과시킨다.
③ 공기청정기 케이스 밑에는 일정한 양의 오일이 들어 있다.
④ 공기청정기는 일정기간 사용 후 무조건 신품으로 교환해야 한다.

해설 공기청정기는 일정기간 사용 후 오일의 교환과 여과망을 세척해 주어야 한다.

16 기동 전동기에서 전기자 철심을 여러 층으로 겹쳐서 만드는 이유는?

① 자력선 감소
② 소형 경량화
③ 맴돌이 전류 감소
④ 온도 상승 촉진

해설 전기자 철심을 여러 층으로 겹쳐서 만드는 이유는 자력선이 통과할 때 맴돌이 전류의 발생을 감소시키기 위한 것이다.

17 납산 축전지에서 격리판의 역할은?

① 전해액의 증발을 방지한다.
② 과산화납으로 변화되는 것을 방지한다.
③ 전해액의 화학작용을 방지한다.
④ 음극판과 양극판의 절연성을 높인다.

해설 양극판과 음극판 사이에 끼워 있으며, 양극판과 음극판이 접지되어 단락되는 것을 방지한다.

18 전조등의 형식 중 내부에 불활성 가스가 들어 있으며 광도의 변화가 적은 것은?

① 로우 빔 식
② 하이 빔 식
③ 실드 빔 식
④ 세미 실드 빔 식

해설 실드 빔 식 전조등
① 실드 빔 식은 반사경에 필라멘트를 붙이고 여기에 렌즈를 녹여 붙인 후 내부에 불활성 가스를 넣어 그 자체가 1개의 전구가 되도록 한 것

② 특징
㉮ 대기 조건에 따라 반사경이 흐려지지 않는다.
㉯ 사용에 따르는 광도의 변화가 적다.
㉰ 필라멘트가 끊어지면 렌즈나 반사경에 이상이 없어도 전조등 전체를 교환하여야 한다.

19 기관에 사용되는 일체식 실린더의 특징이 아닌 것은?

① 냉각수 누출 우려가 적다.
② 라이너 형식보다 내마모성이 높다.
③ 부품수가 적고 중량이 가볍다.
④ 강성 및 강도가 크다.

해설 라이너 형식에 비해 내마모성은 낮다. 그 이유는 라이너식은 별도의 금속으로 제작 또는 도금을 하여 내마모성을 향상시키며 일체식은 도금이 어렵기 때문이다.

20 직류 발전기 구성품이 아닌 것은?

① 로터 코일과 실리콘 다이오드
② 전기자 코일과 정류자
③ 계철과 계자철심
④ 계자 코일과 브러시

해설 로터 코일과 실리콘 다이오드는 교류 발전기의 구성품에 해당된다.

21 유압장치의 장점이 아닌 것은?

① 속도 제어가 용이하다.
② 힘의 연속적 제어가 용이하다.
③ 온도의 영향을 많이 받는다.
④ 윤활성, 내마멸성, 방청성이 좋다.

해설 유압장치의 특징
① 제어가 매우 쉽고 정확하다.
② 힘의 무단 제어가 가능하다.
③ 에너지의 저장이 가능하다.
④ 적은 동력으로 큰 힘을 얻을 수 있다.
⑤ 동력의 분배와 집중이 용이하다.
⑥ 동력의 전달이 원활하다.
⑦ 왕복 운동 또는 회전 운동을 할 수 있다.
⑧ 과부하의 방지가 용이하다.
⑨ 운동 방향을 쉽게 변경할 수 있다.

정답 15.④ 16.③ 17.④ 18.③ 19.② 20.① 21.③

22 유압 모터의 회전속도가 규정 속도보다 느릴 경우 그 원인이 아닌 것은?

① 유압 펌프의 오일 토출량 과다
② 각 작동부의 마모 또는 파손
③ 유압유의 유입량 부족
④ 오일의 내부 누설

해설 액추에이터의 작동 속도는 유량에 의해 달라진다. 따라서 유압펌프에서 토출되는 오일량이 많으면 작동 속도는 빨라진다.

23 유압회로에서 오일을 한쪽 방향으로만 흐르도록 하는 밸브는?

① 릴리프 밸브(relief valve)
② 파이롯 밸브(pilot valve)
③ 체크 밸브(check valve)
④ 오리피스 밸브(orifice valve)

해설 체크 밸브는 방향제어 밸브로 오일의 흐름을 한쪽 방향으로만 흐르도록 하고 역류를 방지하며 회로 내 잔압을 유지하는 역할을 한다.

24 건설기계작업 중 유압회로 내의 유압이 상승되지 않을 때의 점검사항으로 적합하지 않은 것은?

① 오일 탱크의 오일량 점검
② 오일이 누출되는지 점검
③ 펌프로부터 유압이 발생되는지 점검
④ 자기탐상법에 의한 작업장치의 균열 점검

해설 자기 탐상법은 균열을 점검하는 비파괴 검사법으로 물질을 자석화하여 점검하는 것이다. 유압 작업장치의 경우에는 오일의 누유로 균열 부위를 찾기가 쉽기 때문에 자기탐상법을 적용하지는 안 는다.

25 축압기(Accumulator)의 사용 목적으로 아닌 것은?

① 압력 보상
② 유체의 맥동 감쇄
③ 유압회로 내 압력제어
④ 보조 동력원으로 사용

해설 축압기는 어큐뮬레이터로 유체의 진동, 맥동, 충격 등을 흡수·완화하고 압력을 저장과 보상, 보조 동력원으로 사용된다. 유압 회로 내의 압력 제어는 제어 밸브에 의해 이루어진다.

26 유압유(작동유)의 온도 상승 원인에 해당하지 않는 것은?

① 작동유의 점도가 너무 높을 때
② 유압 모터 내에서 내부 마찰이 발생될 때
③ 유압회로 내의 작동 압력이 너무 낮을 때
④ 유압회로 내에서 공동현상이 발생될 때

해설 유압회로 내의 작동 압력이 너무 낮으면 그만큼 힘이 적게 사용되는 것으로 유압유는 온도가 상승되지 않는다.

27 유압회로 내의 압력이 설정 압력에 도달하면 펌프에서 토출된 오일을 전부 탱크로 회송시켜 펌프를 무부하 운전 시키는데 사용하는 밸브는?

① 체크 밸브(check valve)
② 시퀀스 밸브(squence valve)
③ 언로더 밸브(unloader valve)
④ 카운터 밸런스 밸브(counter balance valve)

해설 체크 밸브는 오일을 한쪽 방향으로만 흐르게 하는 밸브이며 시퀀스 밸브는 압력에 따라 액추에이터의 작동 순서를 결정하는 밸브이다. 카운터 밸런스 밸브는 중량물을 들어 올렸을 때 중량물 무게에 의한 자유낙하를 방지하는 밸브이다.

28 유압펌프의 종류에 포함되지 않는 것은?

① 기어 펌프
② 진공 펌프
③ 베인 펌프
④ 플런저 펌프

해설 유압펌프의 종류에는 기어, 베인, 로터리, 플런저 펌프가 있으며 장비에는 주로 플런저 펌프가 사용된다.

정답 22.① 23.③ 24.④ 25.③ 26.③ 27.③ 28.②

29 작동유에 수분이 혼입되었을 때 나타나는 현상이 아닌 것은?

① 윤활 능력 저하
② 작동유의 열화촉진
③ 유압기기의 마모 촉진
④ 오일 탱크의 오버 플로

해설 작동유에 수분이 혼입되면 오일의 변질로 인한 각 부품의 마모를 촉진하고 유막의 파괴로 윤활작용의 불량과 능력 저하, 작동유의 열화를 촉진하게 된다.

30 유체 압력에 영향을 주는 요소로 가장 관계가 적은 것은?

① 유체의 점도
② 관로의 직경
③ 유체의 흐름양
④ 작동유 탱크의 용량

해설 작동유 탱크는 장비에 필요한 유량을 저장하고 냉각하는 통으로 유체의 압력에는 영향을 미치지 않는다.

31 정비 작업 시 안전에 위배되는 것은?

① 깨끗하고 먼지가 없는 작업 환경을 조성한다.
② 회전 부분에 옷이나 손이 닿지 않도록 한다.
③ 연료를 채운 상태에서 연료통을 용접한다.
④ 가연성 물질을 취급 시 소화기를 준비한다.

해설 연료 탱크의 용접은 연료통을 완전히 비우고 연료의 증발가스를 완전히 제거한 다음 용접을 하여야 한다.

32 망치(hammer) 작업 시 옳은 것은?

① 망치 자루의 가운데 부분을 잡아 놓치지 않도록 한다.
② 손은 다치지 않게 장갑을 착용한다.
③ 타격할 때 처음과 마지막에 힘을 많이 가하지 말 것
④ 열처리 된 재료는 반드시 해머로 작업 할 것

해설 망치 작업 시에는 장갑의 착용이 금지되며 자루의 끝부분을 잘 잡고 미끄러져 빠지지 않도록 하며 타격의 시작과 끝 부분에는 힘을 빼 가볍게 타격하며 열처리 된 재료에는 해머 작업을 삼간다.

33 유류 화재 시 소화용으로 가장 거리가 먼 것은?

① 물
② 소화기
③ 모래
④ 흙

해설 유류 화재 시 소화용으로 부적당한 것은 물이며 물은 유류를 물 위로 띄워 오히려 화재를 더욱 번지게 한다.

34 다음 중 현장에서 작업자가 작업 안전상 꼭 알아두어야 할 사항은?

① 장비의 가격
② 종업원의 작업 환경
③ 종업원의 기술 정도
④ 안전 규칙 및 수칙

해설 작업자 또는 근로자가 작업 현장에서 꼭 알아두어야 하고 지켜야 하는 것은 안전 규칙과 수칙이다.

35 안전작업 사항으로 잘못된 것은?

① 전기장치는 접지를 하고 이동식 전기기구는 방호장치를 설치한다.
② 엔진에서 배출되는 일산화탄소에 대비한 통풍장치를 설치한다.
③ 담뱃불은 발화력이 약하므로 제한 장소 없이 흡연해도 무방하다.
④ 주요 장비 등은 조작자를 지정하여 아무나 조작하지 않는다.

해설 흡연은 지정된 장소에서 하여야 한다.

정답 29.④ 30.④ 31.③ 32.③ 33.① 34.④ 35.③

36 작업장에서 공동 작업으로 물건을 들어 이동할 때 잘못된 것은?

① 힘의 균형을 유지하여 이동할 것
② 불안전한 물건은 드는 방법에 주의할 것
③ 보조를 맞추어 들도록 할 것
④ 운반 도중 상대방에게 무리하게 힘을 가할 것

해설 운반 도중 상대방에게 무리하게 힘을 가하면 상대방이 넘어지거나 물건을 떨어트려 사고를 유발한다.

37 먼지가 많은 장소에서 착용하여야 하는 마스크는?

① 방독 마스크　② 산소 마스크
③ 방진 마스크　④ 일반 마스크

해설 먼지가 많은 작업장의 근로자는 방진 마스크를 착용하고 작업을 하여야 한다.

38 전장품을 안전하게 보호하는 퓨즈의 사용법으로 틀린 것은?

① 퓨즈가 없으면 임시로 철사를 감아서 사용한다.
② 회로에 맞는 전류 용량의 퓨즈를 사용한다.
③ 오래되어 산화된 퓨즈는 미리 교환한다.
④ 과열되어 끊어진 퓨즈는 과열된 원인을 먼저 수리한다.

해설 퓨즈가 없으면 작업을 중지하고 구입하여 규정의 용량으로 교환하여야 한다.

39 산업체에서 안전을 지킴으로 얻을 수 있는 이점과 가장 거리가 먼 것은?

① 직장의 신뢰도를 높여준다.
② 직장 상·하 동료 간 인간관계 개선 효과도 기대된다.
③ 기업의 투자 경비가 늘어난다.
④ 사내 안전수칙이 준수되어 질서 유지가 실현된다.

해설 안전에 사내 안전수칙을 준수하여 질서를 유지하여 줌으로 기업의 투자 경비는 오히려 줄어든다.

40 아크 용접에서 눈을 보호하기 위한 보안경 선택으로 맞는 것은?

① 도수 안경　② 방진 안경
③ 차광용 안경　④ 실험실용 안경

해설 아크 용접에 사용하여야 하는 보안경은 자외선을 차단할 수 있는 차광용 보안경을 착용하여야 한다.

41 무한궤도식 건설기계 프런트 아이들러에 미치는 충격을 완화시켜주는 완충장치로 틀린 것은?

① 코일 스프링식　② 압축 피스톤식
③ 접지 스프링식　④ 질소 가스식

해설 트랙 전방에서 오는 충격과 진동을 흡수·완화시켜주는 스프링에는 코일 스프링식, 접지 스프링식, 질소 가스식이 있다.

42 무한궤도식 건설기계에서 트랙이 자주 벗겨지는 원인으로 가장 거리가 먼 것은?

① 유격(긴도)이 규정보다 클 때
② 트랙의 상. 하부 롤러가 마모되었을 때
③ 최종 구동기어가 마모되었을 때
④ 트랙의 중심 정렬이 맞지 않았을 때

해설 최종 구동기어는 트랙식에는 없으며 타이어식에서 종감속기어 장치를 말하며, 장비에서는 바퀴에 설치되어 최종으로 감속해주는 파이널 드라이브장치를 말한다.

43 무한궤도식 건설기계에서 트랙 장력을 측정하는 부위로 가장 적합한 곳은?

① 1번 상부 롤러와 2번 상부 롤러 사이
② 스프로킷과 1번 상부 롤러 사이
③ 아이들러와 스프로킷 사이
④ 아이들러와 1번 상부 롤러 사이

해설 무한궤도식 건설기계에서 트랙의 장력 측정은 아이들러(전부 유동륜)와 1번 상부롤러 사이에서 측정한다.

정답 36.④　37.③　38.①　39.③　40.③　41.②　42.③　43.④

44 실린더의 설치 지지방법에 따른 분류에서 굴착기의 붐 실린더를 지지하는 방식은?

① 풋형
② 플런저형
③ 그레비스형
④ 트러니언형

해설 일반적으로 붐 실린더에 가장 많이 사용되는 형식은 그레비스 형이다.

45 건설기계로 작업을 하기 전 서행하면서 점검하는 사항이 아닌 것은?

① 핸들 작동점검
② 브레이크 작동점검
③ 냉각수량 점검
④ 클러치의 작동점검

해설 냉각수량의 점검은 시동 전 점검사항이다.

46 무한궤도식 굴착기와 비교 시 타이어 식 굴착기의 장점으로 가장 적합한 것은?

① 견인력이 크다.
② 기동성이 좋다.
③ 등판능력이 크다.
④ 습지작업에 유리하다.

해설 타이어식 굴착기의 가장 좋은 점은 기동성이다.

47 무한궤도식 굴착기의 주행 방법으로 틀린 것은?

① 연약한 땅은 피해서 주행한다.
② 요철이 심한 곳은 신속히 통과한다.
③ 가능하면 평탄한 길을 택하여 주행한다.
④ 돌 등이 스프로킷에 부딪치거나 올라타지 않도록 한다.

해설 요철이 심한 곳에서는 모든 장비는 서행으로 통과하여야 한다.

48 굴착기 붐의 작동이 느린 이유가 아닌 것은?

① 기름에 이물질 혼입
② 기름의 압력 저하
③ 기름의 압력 과다
④ 기름의 압력 부족

해설 기름의 압력이 과다하면 작동은 빨라진다.

49 무한궤도식 건설기계에서 장력이 너무 팽팽하게 조정되었을 때 보기와 같은 부분에서 마모가 촉진되는 부분(기호)을 모두 나열한 항은?

보기
a. 트랙 핀의 마모
b. 부싱의 마모
c. 스프로킷 마모
d. 블레이드 마모

① a, c
② a, b, d
③ a, b, c
④ a, b, c, d

해설 트랙 장력이 너무 팽팽하면 하부 주행체의 모든 부품이 마모된다.

50 굴착기 기관의 일상점검을 위한 내용으로 틀린 것은?

① 윤활유의 색깔과 점도를 확인한다.
② 기관 가동 상태에서 오일 게이지를 점검한다.
③ 기관에서 윤활유가 누유 되는 곳은 없는지 확인한다.
④ 윤활유 급유 레벨은 오일 게이지의 "F"선까지 되도록 한다.

해설 오일 게이지는 기관의 작동이 중지된 상태에서 점검하는 것이다.

정답 44.③ 45.③ 46.② 47.② 48.③ 49.③ 50.②

51 무한궤도식 건설기계에서 트랙을 쉽게 분리하기 위해 설치된 것은?

① 슈 ② 링크
③ 마스터 핀 ④ 부싱

해설 트랙을 분리하기 위한 핀이 마스터 핀이다.

52 건설기계의 일상점검 정비사항이 아닌 것은?

① 볼트, 너트 등의 이완 및 탈락 상태
② 유압장치, 엔진, 롤러 등의 누유 상태
③ 브레이크 라이닝의 교환 주기 상태
④ 각 계기류, 스위치, 등화장치의 작동 상태

해설 브레이크 라이닝의 교환 주기 상태의 점검은 정비사 점검 사항으로 정기점검 대상이다.

53 굴착기의 유압 탱크에 배플 판을 설치하는 이유는?

① 오일의 온도를 냉각시키기 위해
② 기포를 외부로 유출시키기 위해
③ 오일에 포함한 이물질을 제거하기 위해
④ 기포가 흡입관으로 혼입되는 것을 막기 위해

해설 배플 판의 설치 이유는 오일의 유동성을 제한하고 입구와 출구를 분리시켜 오일에 발생되는 기포 소멸과 기포가 흡입관으로 혼입되는 것을 차단하기 위함이다.

54 굴착기의 기본 작업 사이클 과정으로 맞는 것은?

① 스윙 → 굴착 → 적재 → 스윙 → 굴착 → 붐 상승
② 굴착 → 적재 → 붐 상승 → 스윙 → 굴착 → 스윙
③ 스윙 → 적재 → 굴착 → 적재 → 붐 상승 → 스윙
④ 굴착 → 붐 상승 → 스윙 → 적재 → 스윙 → 굴착

해설 굴착기의 기본 작업 사이클은 굴착 → 붐 상승 → 스윙 → 적재 → 스윙 → 굴착 순으로 이루어진다.

55 굴착기의 작업 장치에 해당되지 않는 것은?

① 백호 ② 브레이커
③ 힌지드 버킷 ④ 파일 드라이브

해설 힌지드 버킷은 지게차의 작업 장치에 속한다.

56 타이어식 굴착기의 운전 시 주의사항으로 적절하지 않은 것은?

① 토양의 조건과 엔진의 회전수를 고려하여 운전한다.
② 새로 구축한 구축물 주변은 연약 지반이므로 주의한다.
③ 버킷의 움직임과 흙의 부하에 따라 대처하여 작업한다.
④ 경사지를 내려갈 때는 클러치를 분리하거나 변속 레버를 중립에 놓는다.

해설 경사지를 내려갈 때는 저속으로 서행하여야 한다. 클러치를 차단하거나 변속 레버를 중립에 놓으면 관성에 의해 장비의 속도는 빠르게 내려가기 때문이다.

57 무한궤도식 장비에서 캐리어 롤러에 대한 내용으로 맞는 것은?

① 트랙을 지지한다.
② 트랙의 장력을 조정한다.
③ 장비의 전체 중량을 지지한다.
④ 캐리어 롤러는 좌·우 10개로 구성되어 있다.

해설 캐리어 롤러는 상부 롤러로 트랙이 처지는 것을 방지하며 트랙을 지지하는 것으로 1~3개 정도가 설치된다.

정답 51.③ 52.③ 53.④ 54.④ 55.③ 56.④ 57.①

58 작업 장치로 토사 굴토 작업이 가능한 건설기계는?

① 로더와 기중기
② 불도저와 굴착기
③ 천공기와 굴착기
④ 지게차와 모터그레이더

해설 토사, 굴토 작업이 가능한 장비는 불도저와 굴착기이다.

59 타이어식 굴착기의 구성품 중에서 습지, 사지 등을 주행할 때 타이어가 미끄러지는 것을 방지하기 위한 장치는 무엇인가?

① 차동제한 장치
② 유성기어 장치
③ 브레이크 장치
④ 종 감속기어 장치

해설 차동기어 장치는 커브 길에서 선회할 때에 안쪽 바퀴와 바깥쪽 바퀴의 회전 속도에 차이를 두어 타이어가 미끄러지지 않고 회전을 할 수 있도록 하는 장치로 저항이 적은 바퀴를 저항이 적은 만큼 많이 회전되게 한다. 따라서 저항이 적은 습지, 사지 등에 한쪽 바퀴가 빠지면 저항이 적은 바퀴만 회전하기 때문에 장비의 주행이 이루어지지 않는다. 이 작용이 일어나지 않도록 고정시키는 장치가 차동제한 장치이다.

60 굴착기 동력전달 계통에서 최종적으로 구동력을 증가시키는 것은?

① 트랙 모터
② 종 감속기어
③ 스프로킷
④ 변속기

해설 타이어식 굴착기의 동력전달장치에서 종 감속기어는 동력을 직각 또는 직각에 가까운 각도로 전환하고 최종적으로 감속을 하여 구동력을 증가시키는 장치이다.

정답 58.② 59.① 60.②

2023년 복원문제
제 2 회 굴착기운전기능사

01 건설기계 관리법상 건설기계를 검사 유효기간이 끝난 후에 계속 사용하고자 할 때는 어느 검사를 받아야 하는가?

① 신규등록 검사 ② 계속 검사
③ 수시 검사   ④ 정기 검사

해설 검사의 종류
① 신규 등록 검사: 건설기계를 신규로 등록할 때 실시하는 검사
② 정기 검사: 건설공사용 건설기계로서 3년의 범위 내에서 국토해양부령이 정하는 검사유효기간의 만료 후에 계속하여 운행하고자 할 때 실시하는 검사 및 「대기환경보전법」 제62조 및 「소음·진동규제법」 제37조의 규정에 의한 운행 차의 정기검사
③ 구조변경검사: 제17조의 규정에 의하여 건설기계의 주요구조를 변경 또는 개조한 때 실시하는 검사
④ 수시검사: 성능이 불량하거나 사고가 빈발하는 건설기계의 안전성 등을 점검하기 위하여 수시로 실시하는 검사와 건설기계소유자의 신청에 의하여 실시하는 검사

02 도로 교통법상 규정한 운전면허를 받아 조종할 수 있는 건설기계가 아닌 것은?

① 타워 크레인   ② 덤프트럭
③ 콘크리트펌프 ④ 콘크리트믹서트럭

해설 타워 크레인은 타워 크레인 면허로 조정할 수 있다.

03 건설기계 관리법상 건설기계 정비명령을 이행하지 아니한 자의 벌금은?

① 5만 원 이하   ② 10만 원 이하
③ 50만 원 이하 ④ 100만 원 이하

해설 건설기계 정비명령을 이행하지 아니한 자의 벌금은 100만 원 이하이다.

04 보기의 ( )안에 알맞은 것은?

> **보기**
> 건설기계 소유자가 부득이한 사유로 검사신청 기간 내에 검사를 받을 수 없는 경우에는 검사연기사유 증명서류를 시·도지사에게 제출하여야 한다. 검사 연기를 허가 받으면 검사유효기간은 ( )개월 이내로 연장된다.

① 1   ② 2
③ 3   ④ 6

해설 검사 연기 신청 시 연장기간은 6개월 이내이다.

05 기관 윤활유의 구비조건이 아닌 것은?

① 점도가 적당할 것
② 청정력이 클 것
③ 비중이 적당할 것
④ 응고점이 높을 것

해설 윤활유가 갖추어야 할 조건
① 점도지수가 크고 점도가 적당하여야 한다.
② 청정력이 커야 한다.
③ 열과 산에 대하여 안정성이 있어야 한다.
④ 카본 생성이 적어야 한다.
⑤ 기포 발생에 대한 저항력이 있어야 한다.
⑥ 응고점이 낮아야 한다.
⑦ 비중이 적당하여야 한다.
⑧ 인화점 및 발화점이 높아야 한다.
⑨ 강인한 유막을 형성할 수 있어야 한다.

정답 01.④ 02.① 03.④ 04.④ 05.④

06 건설기계 등록사항의 변경 신고 대상이 아닌 것은?

① 소유자 변경
② 소유자의 주소지 변경
③ 건설기계 소재지 변동
④ 건설기계의 사용본거지 변경

해설 건설기계의 소유자는 건설기계 등록사항에 변경이 있는 때에는 그 변경이 있는 날부터 30일(상속의 경우에는 상속개시일부터 6개월)이내에 건설기계 등록사항 변경신고서(전자문서로 된 신고서를 포함한다)에 변경내용을 증명하는 서류, 건설기계등록증, 건설기계 검사증(전자문서를 포함한다) 첨부하여 등록을 한 시·도지사에게 제출해야 한다.

07 건설기계 관리법상 건설기계 운전자의 과실로 경상 6명의 인명 피해를 입혔을 때 처분 기준은?

① 면허효력정지 10일
② 면허효력정지 20일
③ 면허효력정지 30일
④ 면허효력정지 60일

해설 운전자 과실로 인명피해를 입힌 경우의 처분은 경상 1인에 5일의 면허효력정지 처분을 받으므로 경상 6명의 경우에는 면허효력정지 30일의 처분을 받게 된다.

08 기관의 피스톤이 고착되는 원인으로 틀린 것은?

① 냉각수량이 부족할 때
② 기관 오일이 부족하였을 때
③ 기관이 과열되었을 때
④ 압축압력이 정상일 때

해설 피스톤이 고착되는 원인에는 피스톤 간극이 적거나 기관 오일이 부족할 때, 엔진이 과열 되었을 때, 냉각수 부족 등이 그 원인에 속한다.

09 냉각장치에 사용되는 라디에이터의 구성 품이 아닌 것은?

① 냉각수 주입구
② 냉각 핀
③ 코어
④ 물 재킷

해설 물 재킷은 실린더 블록이나 실린더 헤드에 설치된 물 통로를 말한다.

10 기관의 운전 상태를 감시하고 고장진단을 할 수 있는 기능은?

① 윤활 기능
② 제동 기능
③ 조향 기능
④ 자기진단 기능

해설 전자제어 기능이 탑재된 장비에는 장비의 각 장치별 작동 상태 및 고장 등을 진단할 수 있는 기능을 가진 자기진단 기능을 가지고 있다.

11 납축전지 터미널에 녹이 발생하였을 때의 조치 방법으로 가장 적합한 것은?

① 물걸레로 닦아내고 더 조인다.
② 녹을 닦은 후 고정시키고 소량의 그리스를 상부에 도포한다.
③ (+)와 (−) 터미널을 서로 교환한다.
④ 녹슬지 않게 엔진 오일을 도포하고 확실히 더 조인다.

해설 축전지 터미널에 녹이 발생되었을 때에는 녹을 완전히 제거한 다음 잘 고정시키고 상부에 소량의 그리스를 발라 터미널과 공기가 접촉되지 않도록 한다.

12 직류 직권전동기에 대한 설명 중 틀린 것은?

① 기동 회전력이 분권전동기에 비해 크다.
② 부하에 따른 회전속도의 변화가 크다.
③ 부하를 크게 하면 회전속도가 낮아진다.
④ 부하에 관계없이 회전속도가 일정하다.

해설 **직권전동기** : 전기자 코일과 계자 코일이 직렬로 결선된 전동기로 다음과 같은 특징이 있다.
① 기동 회전력이 크다.
② 부하를 크게 하면 회전속도가 낮아지고 흐르는 전류는 커진다.
③ 회전 속도의 변화가 크다.
④ 현재 사용되고 있는 기동 전동기는 직권식 전동기이다.

정답 06.③ 07.③ 08.④ 09.④ 10.④ 11.② 12.④

13 소음기나 배기관 내부에 많은 양의 카본이 부착되면 배압은 어떻게 되는가?

① 낮아진다.
② 저속에는 높아졌다가 고속에는 낮아진다.
③ 높아진다.
④ 영향을 미치지 않는다.

해설 소음기나 배기관에 카본이 많이 부착되면 배기가스가 배출될 때 통기저항의 증가로 배압은 높아지게 된다.

14 보기에 나타낸 것은 기관에서 어느 구성품을 형태에 따라 구분한 것인가?

> 보기
> 직접분사식, 예연소실식,
> 와류실식, 공기실식

① 연료분사장치   ② 연소실
③ 점화장치   ④ 동력전달장치

해설 보기의 구성품은 디젤기관의 연소실을 분류한 것이다.

15 충전장치에서 발전기는 어떤 축과 연동되어 구동되는가?

① 크랭크축   ② 캠축
③ 추진축   ④ 변속기 입력축

해설 충전장치의 발전기는 엔진의 크랭크축으로부터 동력을 받아 벨트로 구동된다.

16 디젤기관에서 인젝터 간 연료 분사량이 일정하지 않을 때 나타나는 현상은?

① 연료 분사량에 관계없이 기관은 순조로운 회전을 한다.
② 연료 소비에는 관계가 있으나 기관 회전에는 영향을 미치지 않는다.
③ 연소 폭발음의 차이가 있으며 기관은 부조를 하게 된다.
④ 출력은 향상되나 기관은 부조를 하게 된다.

해설 인젝터 간 연료 분사량의 차이가 있으면 연소 폭발음과 폭발력의 차이가 있으며 엔진의 회전이 고르지 못하게 된다.

17 유압펌프에서 발생된 유체에너지를 이용하여 직선 운동이나 회전 운동을 하는 유압기기는?

① 오일 쿨러   ② 제어밸브
③ 액추에이터   ④ 어큐뮬레이터

해설 유체(유압)에너지를 기계적 에너지로 바꾸어주는 기구를 액추에이터라 하며 직선 운동을 하는 유압실린더와 회전 운동을 하는 유압모터가 여기에 속한다.

18 유압장치에서 방향제어 밸브에 해당하는 것은?

① 셔틀 밸브   ② 릴리프 밸브
③ 시퀀스 밸브   ④ 언로더 밸브

해설 셔틀 밸브 : 방향제어 밸브로 1개의 출구와 2개 이상의 입구가 있으며 출구가 최고 압력 측의 입구를 선택하는 기능이 있는 밸브이다.

19 압력제어 밸브의 종류가 아닌 것은?

① 언로더 밸브   ② 스로틀 밸브
③ 시퀀스 밸브   ④ 릴리프 밸브

해설 압력제어 밸브 종류에는 릴리프(안전) 밸브, 리듀싱(감압) 밸브, 시퀀스(순차) 밸브, 언로더(무부하) 밸브, 카운터 밸런스 밸브가 있다. 스로틀 밸브는 유량제어 밸브에 속한다.

20 유압유의 점검사항과 관계없는 것은?

① 점도   ② 마멸성
③ 소포성   ④ 윤활성

해설 유압유 점검사항으로는 점도, 윤활유의 색, 악취 여부(냄새), 기포(소포)성, 윤활성 등을 점검하여야 한다.

정답 13.③ 14.② 15.① 16.③ 17.③ 18.① 19.② 20.②

21 그림의 유압 기호는 무엇을 표시하는가?

① 유압실린더 ② 어큐뮬레이터
③ 오일 탱크 ④ 유압실린더 로드

해설 그림의 유압기호는 어큐뮬레이터이다.

22 그림과 같이 2개의 기어와 케이싱으로 구성되어 오일을 토출하는 펌프는?

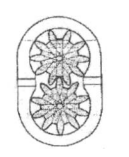

① 내접기어 펌프
② 외접기어 펌프
③ 스크루 기어 펌프
④ 트로코이드 기어 펌프

해설 그림의 기어펌프는 외접기어 펌프를 나타낸 것이다.

23 작업 중에 유압펌프로부터 토출 유량이 필요하지 않게 되었을 때 토출유를 탱크에 저압으로 귀환시키는 회로는?

① 시퀀스 회로
② 어큐뮬레이터 회로
③ 블리드 오프 회로
④ 언로더 회로

해설 언로더 밸브 : 유압 회로 내의 압력이 규정 압력에 도달하면 펌프에서 송출되는 모든 유량을 탱크로 리턴시켜 유압 펌프를 무부하운전이 되도록 하는 역할을 한다.

24 유압 모터를 선택할 때의 고려사항과 가장 거리가 먼 것은?

① 동력 ② 부하
③ 효율 ④ 점도

해설 점도 : 오일의 이동저항을 나타내는 것으로 유압유 등의 오일 선택 시에 고려사항이다.

25 유압유에 요구되는 성질이 아닌 것은?

① 산화 안정성이 있을 것
② 윤활성과 방청성이 있을 것
③ 보관 중에 성분의 분리가 있을 것
④ 넓은 온도 범위에서 점도 변화가 적을 것

해설 보관 중에 오일의 성분이 분리되거나 변해서는 안 된다.

26 유압유에 포함된 불순물을 제거하기 위해 유압펌프 흡입관에 설치하는 것은?

① 부스터 ② 스트레이너
③ 공기청정기 ④ 어큐뮬레이터

해설 스트레이너 : 스트레이너는 유압펌프의 흡입부에 설치되어 탱크의 오일을 펌프로 유도하고 1차 여과작용을 하는 일을 한다.

27 수공구 사용 시 안전수칙으로 바르지 못한 것은?

① 톱 작업은 밀 때 절삭되게 작업한다.
② 줄 작업으로 생긴 쇳가루는 브러시로 털어낸다.
③ 해머작업은 미끄러짐을 방지하기 위해서 반드시 면장갑을 끼고 작업한다.
④ 조정렌치는 조정조가 있는 부분에 힘을 받지 않게 하여 사용한다.

해설 해머작업은 미끄러짐을 방지하기 위해서 장갑을 끼고 작업해서는 안 된다. 즉, 해머작업은 장갑의 착용을 금지한다.

28 화재 발생 시 초기 진화를 위해 소화기를 사용하고자 할 때 다음 보기에서 소화기 사용방법에 따른 순서로 맞는 것은?

> 보기
> a. 안전핀을 뽑는다.
> b. 안전핀 걸림 장치를 제거한다.
> c. 손잡이를 움켜잡아 분사한다.
> d. 노즐을 불이 있는 곳으로 향하게 한다.

① a→b→c→d ② c→a→b→d
③ d→b→c→a ④ b→a→d→c

해설 소화기의 사용은 먼저 안전핀의 걸림 장치를 제거하고 안전핀을 뽑은 다음 노즐을 불이 있는 방향으로 향하게 하고 손잡이를 잡아 소화제를 분사한다.

29 크레인으로 인양 시 물체의 중심을 측정하여 인양하여야 한다. 다음 중 잘못된 것은?

① 형상이 복잡한 물체의 무게 중심을 확인한다.
② 인양 물체를 서서히 올려 지상 약 30cm 지점에서 정지하여 확인한다.
③ 인양 물체의 중심이 높으면 물체가 기울 수 있다.
④ 와이어로프나 매달기용 체인이 벗겨질 우려가 있으면 되도록 높이 인양한다.

해설 와이어로프나 매달기용 체인이 벗겨질 우려가 있으면 되도록 높이를 낮게 유지하여 인양한다.

30 작업 중 기계에 손이 끼어 들어가는 안전사고가 발생했을 경우 우선적으로 해야 할 것은?

① 신고부터 한다.
② 응급처치를 한다.
③ 기계의 전원을 끈다.
④ 신경 쓰지 않고 계속 작업한다.

해설 작업 중 기계에 손이 끼어들어가는 안전사고가 발생했을 경우 가장 우선적으로 해야 하는 것은 기계의 전원을 차단하는 일이다.

31 렌치의 사용이 적합하지 않은 것은?

① 둥근 파이프를 죌 때 파이프 렌치를 사용하였다.
② 렌치는 적당한 힘으로 볼트, 너트를 죄고 풀어야 한다.
③ 오픈 렌치로 파이프 피팅 작업에 사용하였다.
④ 토크 렌치의 용도는 큰 토크를 요할 때만 사용한다.

해설 토크 렌치는 볼트나 너트를 조일 때 사용하는 공구로 볼트나 너트에 가하는 힘을 나타내며 볼트나 너트를 규정대로 조이기 위하여 사용하는 공구이다.

32 감전되거나 전기 화상을 입을 위험이 있는 곳에서 작업 시 작업자가 착용해야 할 것은?

① 구명구   ② 보호구
③ 구명조끼 ④ 비상벨

해설 감전되거나 전기 화상을 입을 위험이 있는 곳에서 작업 시 작업자는 보호구를 반드시 착용하여야 한다.

33 다음 중 안전의 제일 이념에 해당하는 것은?

① 품질 향상
② 재산 보호
③ 인간 존중
④ 생산성 향상

해설 안전의 제일 이념은 인간 생명의 존중이다.

34 안전관리 상 장갑을 끼고 작업할 경우 위험할 수 있는 것은?

① 드릴 작업 ② 줄 작업
③ 용접 작업 ④ 판금 작업

해설 드릴은 급속 회전 장치로 장갑을 끼고 작업해서는 안 되는 작업이다.

정답 28.④ 29.④ 30.③ 31.④ 32.② 33.③ 34.①

35 위험 기계·기구에 설치하는 방호장치가 아닌 것은?

① 하중측정 장치
② 급정지장치
③ 역화방지장치
④ 자동전격방지장치

해설 하중측정 장치는 물체의 하중을 측정하는 것으로 안전 방호장치에 해당되지 않는다.

36 전기 감전 위험이 생기는 경우로 가장 거리가 먼 것은?

① 몸에 땀이 배어 있을 때
② 옷이 비에 젖어 있을 때
③ 앞치마를 하지 않았을 때
④ 발밑에 물이 있을 때

해설 앞치마는 용접 작업에서 인체로 비치게 되는 자외선을 차단하기 위한 것이다.

37 트랙 구성 품을 설명한 것으로 틀린 것은?

① 링크는 핀과 부싱에 의하여 연결되어 상하부 롤러 등이 굴러갈 수 있는 레일을 구성해 주는 부분으로 마멸되었을 때 용접하여 재사용할 수 있다.
② 부싱은 링크의 큰 구멍에 끼워지며 스프로킷 이빨이 부싱을 물고 회전하도록 되어 있으며 마멸되면 용접하여 재사용할 수 있다.
③ 슈는 링크에 4개의 볼트에 의해 고정되며 도저의 전체 하중을 지지하고 견인하면서 회전하고 마멸되면 용접하여 재사용할 수 있다.
④ 핀은 부싱 속을 통과하여 링크의 적은 구멍에 끼워진다. 핀과 부싱을 교환할 때는 유압 프레스로 작업하여 약 100톤 정도의 힘이 필요하다. 그리고 무한궤도의 분리를 쉽게 하기 위하여 마스터 핀을 두고 있다.

해설 부싱은 링크의 작은 구멍에 끼워지며 스프로킷 이빨이 트랙을 물고 회전하도록 되어 있으며 마멸되면 교환하여야 한다.

38 휠 식 굴착기에서 아워 미터의 역할은?

① 엔진 가동시간을 나타낸다.
② 주행거리를 나타낸다.
③ 오일 량을 나타낸다.
④ 작동 유량을 나타낸다.

해설 아워 미터는 시간계로서 장비의 가동시간, 즉 엔진이 작동되는 시간을 나타내며 예방정비 등을 위해 설치되어 있다.

39 트랙식 굴착기의 트랙 전면에서 오는 충격을 완화시키기 위해 설치한 것은?

① 하부 롤러
② 프런트 롤러
③ 상부 롤러
④ 리코일 스프링

해설 각 부품의 기능
① 상부 롤러 : 캐리어 롤러로 트랙의 처짐을 방지한다.
② 프런트 롤러 : 아이들러를 말하는 것으로 트랙을 운동 방향으로 유도하는 역할을 한다.
③ 하부 롤러 : 장비의 중량을 지지한다.
④ 리코일 스프링 : 트랙 전방에서 오는 진동 충격 등을 흡수·완화한다.

40 무한궤도식 건설기계에서 트랙 아이들러(전부 유동륜)의 역할 중 맞는 것은?

① 트랙의 진행 방향을 유도한다.
② 트랙을 구동시킨다.
③ 롤러를 구동시킨다.
④ 제동 작용을 한다.

해설 아이들러는 전부 유동륜 또는 유도륜이라 하며 트랙을 운동방향으로 유도하며 트랙 장력 조정 시 전후로 움직여 조절할 수 있다.

정답 35.① 36.③ 37.② 38.① 39.④ 40.①

41 굴착 깊이가 깊으며, 토사의 이동, 적재, 클램셸 작업 등에 적합하며, 좁은 장소에서 작업이 용이한 붐은?

① 원피스 붐(one piece boom)
② 투피스 붐(two piece boom)
③ 백호스틱 붐(back hoe sticks boom)
④ 회전형 붐

해설 원피스 붐은 가장 많이 사용되고 있는 형식으로 170° 정도의 굴착 작업이 가능하며, 투피스 붐은 굴착 깊이를 깊게 할 수 있으며 다용도로 사용이 가능하다. 회전형(로터리 붐)은 붐과 암 사이에 회전 장치를 설치하여 굴착기의 이동 없이 암을 360° 회전시킬 수 있다.

42 무한궤도식 굴착기에서 스프로킷이 한쪽으로만 마모되는 원인으로 가장 적합한 것은?

① 트랙 장력이 늘어났다.
② 트랙 링크가 마모되었다.
③ 상부 롤러가 과다하게 마모되었다.
④ 스프로킷 및 아이들러가 직선 배열이 아니다.

해설 트랙 부품의 이상 마모 또는 마모의 원인은 트랙 장력이 너무 팽팽하거나 각 부품의 정렬이 불량할 때 주로 발생된다.

43 환향장치가 하는 역할은?

① 제동을 쉽게 하는 장치이다.
② 분사 압력 증대 장치이다.
③ 분사시기를 조정하는 장치이다.
④ 장비의 진행 방향을 바꾸는 장치이다.

해설 환향장치는 장비의 진행 또는 운행 방향을 전환해주는 장치를 말한다.

44 무한궤도식 굴착기의 좌·우 트랙에 각각 한 개씩 설치되어 있으며 센터조인트로부터 유압을 받아 조향기능을 하는 구성품은?

① 주행 모터
② 드래그 링크
③ 조향기어 박스
④ 동력 조향실린더

해설 주행 모터는 센터조인트로부터 유압을 받아서 회전하면서 감속기어, 스프로킷 및 트랙을 회전시켜 주행하도록 하는 일을 한다. 주행 모터는 양쪽 트랙을 회전시키기 위해 한쪽에 1개씩 설치되며 기능은 주행과 조향이다.

45 굴착기 작업에서 암반 작업 시에 가장 효과적인 버킷은?

① V형 버킷   ② 이젝터 버킷
③ 리퍼 버킷   ④ 로더 버킷

해설 암반 작업에 사용되는 버킷은 리퍼 버킷이다.

46 스윙 동작이 안 되는 원인으로 틀린 것은?

① 릴리프 밸브의 설정 로드 릴리프 밸브 설정 압력이 부족하다.
② 오버 로드 릴리프 밸브의 설정 로드 릴리프 밸브 설정 압력이 부족하다.
③ 상하로 움직이는 암의 고장
④ 쿠션 밸브의 불량

해설 스윙은 상부 회전체의 선회를 나타내는 것으로 암의 고장은 선회 동작과는 무관하다.

47 크롤러 식 굴착기의 주행 장치 부품이 아닌 것은?

① 주행 모터   ② 스프로킷
③ 트랙   ④ 스윙 모터

해설 스윙 모터는 상부 회전체의 부품에 해당된다.

48 엑스커베이터의 회전 장치 부품이 아닌 것은?

① 회전 모터
② 링 기어
③ 피니언 기어
④ 레디알 펌프

해설 엑스커베이터의 회전 장치 부품은 회전 모터(레디알 모터), 링 기어, 감속(스윙) 피니언 기어, 볼 레이스 등으로 구성되어 있다.

정답 41.② 42.④ 43.④ 44.① 45.③ 46.③ 47.④ 48.④

49 하부 롤러가 5개 있는 것은 스프로킷 앞쪽에 무슨 롤러가 설치되어 있는가?

① 더블 롤러　　② 싱글 롤러
③ 아이들 롤러　④ 캐리어 롤러

해설 전부 유도론(아이들러)과 스프로킷(기동륜)가까이 있는 롤러는 싱글 롤러를 사용한다.
① 싱글 롤러 : 트랙의 진로 안내
② 더블 롤러 : 트랙의 이완 방지와 원활한 트랙의 회전을 위하여 설치한다.

50 굴착기 주요 레버류의 조작력은 몇 kg 이하이어야 하는가?

① 20　　② 30
③ 50　　④ 90

해설 굴착기 주요 레버 및 폐달류의 조작력
1. 폐달류
 ㉠ 조작력 : 90kg 이하
 ㉡ 행 정 : 30 cm 이하
2. 레버류
 ㉠ 조작력 : 50kg 이하
 ㉡ 행 정 : 중립 위치에서 전후 30 cm 이하

51 다음 중 트랙이 가장 잘 벗겨지는 이유는?

① 전(앞) 유동륜의 정렬이 불량할 때
② 리코일 스프링이 장력의 약할 때
③ 리코일 스프링의 정렬이 잘되어 있지 않다.
④ 트랙 롤러의 정렬이 잘 되어 있지 않다.

해설 트랙이 잘 벗겨지는 주원인
① 트랙 아이들러와 스프로킷의 중심이 맞지 않을 때
② 트랙 장력이 약할 때
③ 트랙 아이들러와 스프로킷 상부 롤러의 중심이 맞지 않을 때
④ 고속 주행 중 급 회전을 하였을 때
⑤ 아이들러 및 각종 롤러의 마모
⑥ 트랙 정렬 불량
⑦ 측능지대 작업 중 무리함

52 굴착기의 시동 전 일상점검 사항으로 가장 거리가 먼 것은?

① 변속기 기어 마모 상태
② 연료탱크 유량
③ 엔진오일 유량
④ 라디에이터 수량

해설 변속기 기어 마모 상태는 정비사 점검 사항이다.

53 굴착기에 파일 드라이버를 연결하여 할 수 있는 작업은?

① 토사 적재
② 경사면 굴토
③ 지면 천공작업
④ 땅 고르기 작업

해설 파일 드라이버는 지면에 구멍을 뚫는(천공 작업)기계이다.

54 굴착기 규격은 일반적으로 무엇으로 표시되는가?

① 붐의 길이
② 작업가능 상태의 자중
③ 오일 탱크의 용량
④ 버킷의 용량

해설 굴착기의 규격 표시는 작업 가능 상태의 장비 자체 중량으로 표시한다.

55 도로 교통법상 술에 취한 상태의 기준으로 옳은 것은?

① 혈중 알코올 농도 0.01% 이상
② 혈중 알코올 농도 0.02% 이상
③ 혈중 알코올 농도 0.03% 이상
④ 혈중 알코올 농도 0.09% 이상

해설 도로 교통법상 술에 취한 상태의 기준은 혈중 알코올 농도 0.03%이상 이다.

정답　49.②　50.③　51.①　52.①　53.③　54.②　55.③

56 다음 중 크롤러형 굴착기의 부품이 아닌 것은?

① 유압 펌프 　　② 오일 쿨러
③ 자재 이음 　　④ 센터 조인트

해설 자재 이음(유니버설 조인트)은 타이어식 굴착기의 부품이다.

57 무한궤도식 굴착기에서 주행 시 동력 전달 순서가 옳게 된 것은?

① 엔진 – 컨트롤 밸브 – 고압 파이프 – 유압 펌프 – 트랙
② 엔진 – 메인 유압 펌프 – 고압 파이프 – 주행 모터 – 트랙
③ 엔진 – 컨트롤 밸브 – 고압 파이프 – 메인 유압 펌프 – 트랙
④ 엔진 – 메인 유압 펌프 – 컨트롤 밸브 – 고압 파이프 – 주행 모터 – 트랙

해설 굴착기 주행 시 동력 전달 순서
① 타이어식 : 엔진 – 클러치 – 변속기 – 상부 베벨 기어 – 센터 유니버설 조인트 – 하부 베벨 기어 – 하부 유니버설 조인트 – 종 감속기어 및 차동 기어 – 액슬축 – 휠
② 무한궤도식 : 엔진 – 유압 펌프 – 컨트롤 밸브 – 센터 조인트 – 주행 모터 – 감속 기어 – 스프로킷 – 트랙

58 도로 교통법 상 4차로 이상 고속도로에서 건설기계의 최저속도는?

① 30km/h 　　② 40km/h
③ 50km/h 　　④ 60km/h

해설 4차로 이상 고속도로에서 최저속도는 50km/h이다.

59 도로 교통법상 교통안전 시설이나 교통정리 요원의 신호가 서로 다른 경우에 우선시 되어야 하는 지시는?

① 신호등의 신호
② 안전표시의 지시
③ 경찰공무원의 수신호
④ 경비업체 관계자의 수신호

해설 신호 중 가장 우선하는 신호는 경찰공무원의 수신호이다.

60 도로 교통법상 주차금지의 장소로 틀린 것은?

① 터널 안 및 다리 위
② 화재경보기로부터 5미터 이내인 곳
③ 소방용 기계·기구가 설치된 곳으로부터 5미터 이내인 곳
④ 소방용 방화물통이 있는 곳으로부터 5미터 이내인 곳

해설 주차를 금지하는 곳

금지하는 지역	주차를 금지하는 장소
5 미터 이내의 곳	소방용 기계기구가 설치된 곳, 소방용 방화물통, 소화전 또는 소방용 방화 물통의 흡수구나 흡수관을 넣는 구멍, 도로 공사 구역의 양쪽 가장자리
3 미터 이내의 곳	화재경보기
기타	터널 안 및 다리 위, 지방 경찰청장이 도로에서의 위험을 방지하고 교통의 안전과 원활한 소통을 확보하기 위하여 필요하다고 인정하여 지정한 곳

정답　56.③　57.④　58.③　59.③　60.②

2024년 복원문제
제1회 굴착기운전기능사

01 기관에서 흡입효율을 높이는 장치는?
① 기화기 ② 소음기
③ 과급기 ④ 압축기

해설) 과급기(터보차저)는 흡기관과 배기관 사이에 설치되며, 배기가스로 구동된다. 기능은 배기량이 일정한 상태에서 연소실에 강압적으로 많은 공기를 공급하여 흡입효율을 높이고 기관의 출력과 토크를 증대시키기 위한 장치이다.

02 기관의 윤활유를 교환 후 윤활유 압력이 높아졌다면 그 원인으로 가장 적당한 것은?
① 오일의 점도가 낮은 것으로 교환하였다.
② 오일 점도가 높은 것으로 교환하였다.
③ 엔진오일 교환 시 연료가 흡입되었다.
④ 오일회로 내 누설이 발생하였다.

해설) 오일 점도가 높은 것을 사용하면 유동 저항이 증가되어 윤활유의 압력이 높아진다.

03 연료 압력 센서(RPS, Rail Pressure Sensor)에 관한 설명으로 맞지 않는 것은?
① 이 센서가 고장이 나면 기관의 시동이 꺼진다.
② 반도체 피에조 소자 방식이다.
③ RPS의 신호를 받아 연료 분사량 조정 신호로 사용한다.
④ RPS의 신호를 받아 분사시기 조정 신호로 사용한다.

해설) 연료 압력 센서(RPS)가 고장이 나면 림프 홈 모드(페일 세이프)로 진입하여 연료의 압력을 400bar로 고정시키기 때문에 기관은 작동된다.

04 디젤 기관의 냉간 시 시동을 돕기 위해 설치된 부품으로 맞는 것은?
① 히트레인지(예열플러그)
② 발전기
③ 디퓨저
④ 과급 장치

해설) 디젤 기관의 냉간 시 시동을 돕기 위한 시동 보조 장치는 예열 장치, 흡기 가열 장치(흡기 히터와 히트레인지), 실린더 감압 장치, 연소 촉진제 공급 장치 등이 있다.

05 동절기에 기관이 동파되는 원인으로 맞는 것은?
① 기관 내부 냉각수가 얼어서
② 시동 전동기가 얼어서
③ 엔진 오일이 얼어서
④ 발전 장치가 얼어서

해설) 동절기에 기관이 동파되는 원인은 기관 내부의 냉각수가 얼면 체적이 늘어나기 때문에 동파가 된다. 기관의 동파를 방지하기 위해 부동액을 혼합하여 사용한다.

06 기관의 연소 시 발생하는 질소산화물(NOx)의 발생 원인과 가장 밀접한 관계가 있는 것은?
① 높은 연소 온도
② 흡입 공기 부족
③ 소염 경계층
④ 가속 불량

해설) 대기 중의 질소 분자는 매우 높은 연소 온도와 압력이 갖춰진 기관의 연소실에서 분해가 되며, 분해된 원자는 산소와 혼합하여 질소산화물(NOx)이 발생된다.

정답 01.③ 02.② 03.① 04.① 05.① 06.①

07 교류 발전기에 사용되는 반도체인 다이오드를 냉각하기 위한 것은?

① 엔드 프레임에 설치된 오일장치
② 히트 싱크
③ 냉각 튜브
④ 유체 클러치

해설 히트 싱크는 다이오드를 설치하는 철판이며, 다이오드가 정류 작용을 할 때 발생하는 열을 냉각시켜 주는 작용을 한다.

08 시동 전동기가 회전하지 않는 원인으로 틀린 것은?

① 배선과 스위치가 손상되었다.
② 시동 전동기의 피니언 기어가 손상 되었다.
③ 배터리의 용량이 작다.
④ 시동 전동기가 소손되었다.

해설 시동 전동기가 회전이 안 되는 원인
① 시동 스위치의 손상 및 접촉이 불량하다.
② 배터리가 과다 방전되었다.
③ 배터리 단자와 케이블의 접촉이 불량하거나 단선되었다.
④ 시동 전동기의 브러시 스프링 장력이 약해 정류자에 밀착이 불량하다.
⑤ 시동 전동기의 전기자 코일 또는 계자코일이 단락되었다.

09 건설기계에 사용되는 12V 납산 축전지의 구성은?

① 셀(cell) 3개를 병렬로 접속
② 셀(cell) 3개를 직렬로 접속
③ 셀(cell) 6개를 병렬로 접속
④ 셀(cell) 6개를 직렬로 접속

해설 12V의 납산 축전지는 2.1V의 셀(cell) 6개가 직렬로 접속되어 있다.

10 도체 내의 전류의 흐름을 방해하는 성질은?

① 전류
② 전하
③ 전압
④ 저항

해설 전류가 물질(도체) 속을 흐를 때 그 흐름을 방해하는 것을 저항이라 한다.

11 유압 도면 기호에서 압력 스위치를 나타내는 것은?

①   ②

③ ─⋈─ ④ --⟋⟍

해설 ① 어큐뮬레이터 기호, ② 압력계의 기호, ③ 첵 또는 콕의 기호이다.

12 압력 제어 밸브 중 상시 닫혀 있다가 일정 조건이 되면 열려서 작동하는 밸브가 아닌 것은?

① 시퀀스 밸브 ② 릴리프 밸브
③ 언로더 밸브 ④ 리듀싱 밸브

해설 리듀싱(감압) 밸브는 회로 일부의 압력을 릴리프 밸브의 설정 압력(메인 유압) 이하로 하고 싶을 때 사용하며 입구(1차 쪽)의 주 회로에서 출구(2차 쪽)의 감압회로로 유압유가 흐른다. 상시 개방 상태로 되어 있다가 출구(2차 쪽)의 압력이 감압 밸브의 설정 압력보다 높아지면 밸브가 작용하여 유로를 닫는다.

13 순차 작동 밸브라고도 하며, 각 유압 실린더를 일정한 순서로 순차 작동시키고자 할 때 사용하는 것은?

① 리듀싱 밸브 ② 언로더 밸브
③ 시퀀스 밸브 ④ 릴리프 밸브

해설 시퀀스 밸브는 2개 이상의 분기 회로에서 유압 실린더나 모터의 작동 순서를 결정한다.

14 유압 모터 종류에 속하는 것은?

① 보올 모터 ② 디젤 모터
③ 플런저 모터 ④ 터빈 모터

해설 유압 모터의 종류에는 기어 모터, 베인 모터, 플런저 모터 등이 있다.

정답 07.② 08.② 09.④ 10.④ 11.④ 12.④ 13.③ 14.③

15 유압유가 넓은 온도 범위에서 사용되기 위한 조건으로 가장 알맞은 것은?

① 산화 작용이 양호해야 한다.
② 발포성이 높아야 한다.
③ 소포성이 낮아야 한다.
④ 점도지수가 높아야 한다.

해설 점도지수가 높다는 것은 온도 변화에 대한 점도 변화가 적다는 것을 나타내며, 작동유가 넓은 온도 범위에서 사용되기 위해서는 점도지수가 높아야 한다.

16 굴착기 유압장치의 유압유가 갖추어야 할 특성으로 틀린 것은?

① 내열성이 작고, 거품이 많을 것
② 화학적 안전성 및 윤활성이 클 것
③ 고압 고속 운전 계통에서 마찰 방지성이 높을 것
④ 확실한 동력전달을 위하여 비압축성 일 것

해설 작동유가 갖추어야 할 조건
① 비압축성이고, 밀도, 열팽창계수가 작을 것
② 체적 탄성계수 및 점도지수가 클 것
③ 인화점 및 발화점이 높고, 내열성이 클 것
④ 화학적 안정성(산화 안정성) 및 윤활성이 클 것
⑤ 방청 및 방식성이 좋을 것
⑥ 적절한 유동성과 점성을 갖고 있을 것
⑦ 온도에 의한 점도변화가 적을 것
⑧ 소포성(기포 분리성)이 클 것(거품이 적을 것)
⑨ 고압·고속 운전계통에서 마멸방지성이 높을 것

17 유압회로 내에 기포가 발생할 때 일어날 수 있는 현상으로 틀린 것은?

① 유압유의 누설저하
② 소음증가
③ 공동현상 발생
④ 액추에이터의 작동불량

해설 유압회로 내에 기포가 생기면 공동현상 발생, 오일 탱크의 오버플로, 소음 증가, 액추에이터의 작동불량 등이 발생한다.

18 어큐뮬레이터(축압기)의 사용 용도에 해당하지 않는 것은?

① 오일누설 억제
② 회로 내의 압력 보상
③ 충격 압력의 흡수
④ 유압 펌프의 맥동 감소

해설 어큐뮬레이터(축압기)의 용도는 압력 보상, 체적 변화 보상, 유압 에너지 축적, 유압회로 보호, 맥동 감쇄, 충격 압력 흡수, 일정 압력 유지, 보조 동력원으로 사용 등이다.

19 굴착기의 상부 선회체 작동유를 하부 주행체로 전달하는 역할을 하고 상부 선회체가 선회 중에 배관이 꼬이지 않게 하는 것은?

① 주행 모터   ② 선회 감속장치
③ 센터 조인트 ④ 선회 모터

해설 센터 조인트는 굴착기의 상부 선회체 작동유를 하부 주행체로 전달하는 역할을 하고 상부 선회체가 선회 중에 배관이 꼬이지 않도록 하는 역할을 한다.

20 기어식 유압 펌프에 대한 설명으로 맞는 것은?

① 가변 용량형 펌프이다.
② 날개로 펌핑 작용을 한다.
③ 효율이 좋은 특징을 가진 펌프이다.
④ 정용량형 펌프이다.

해설 기어 펌프는 회전속도에 따라 흐름 용량이 변화하는 정용량형 펌프이며, 제작이 용이하나 다른 펌프에 비해 소음이 큰 단점이 있다.

21 굴착기에 연결할 수 없는 작업 장치는 무엇인가?

① 드래그라인   ② 파일 드라이브
③ 어스 오거   ④ 셔블

해설 굴착기에 연결할 수 있는 작업 장치
① 파일 드라이브 : 기둥 박기 작업에 사용하는 작업 장치이다.
② 어스 오거 : 유압 모터를 이용한 스크루로 구멍을

정답 15.④ 16.① 17.① 18.① 19.③ 20.④ 21.①

뚫고 전신주 등을 박는 작업에 사용되는 굴착기 작업 장치이다.
③ 셔블 : 굴착기가 있는 장소보다 높은 곳의 굴착에 적합하다.
※ 드래그라인은 긁어 파기 작업을 할 때 사용하는 기중기의 작업 장치이다.

22 유압 모터를 이용한 스크루로 구멍을 뚫고 전신주 등을 박는 작업에 사용되는 굴삭기 작업 장치는?

① 그래플　② 브레이커
③ 오거　　④ 리퍼

해설 굴착기의 작업 장치
① 그래플(그랩) : 유압 실린더를 이용하여 2~5개의 집게를 움직여 작업물질을 집는 작업 장치이다.
② 브레이커 : 브레이커는 정(치즐)의 머리 부분에 유압 방식의 왕복 해머로 연속적으로 타격을 가해 암석, 콘크리트 등을 파쇄 하는 작업 장치이다.
③ 리퍼 : 리퍼는 굳은 땅, 언 땅, 콘크리트 및 아스팔트 파괴 또는 나무뿌리 뽑기, 발파한 암석 파기 등에 사용된다.

23 타이어식 굴착기에서 유압식 동력전달장치 중 변속기를 직접 구동시키는 것은?

① 선회 모터　② 주행 모터
③ 토크 컨버터　④ 기관

해설 타이어식 굴착기가 주행할 때 주행 모터의 회전력이 입력축을 통해 전달되면 변속기 내의 유성기어 → 유성기어 캐리어 → 출력축을 통해 차축으로 전달된다.

24 타이어식 굴착기에서 조향기어 백래시가 클 경우 발생될 수 있는 현상으로 가장 적절한 것은?

① 핸들이 한쪽으로 쏠린다.
② 조향 각도가 커진다.
③ 핸들의 유격이 커진다.
④ 조향 핸들의 축 방향 유격이 커진다.

해설 백래시는 기어와 기어 사이의 간극으로 조향 기어 백래시가 크면(기어가 마모되면) 조향 핸들의 유격이 커진다.

25 타이어식 굴착기에서 유압식 제동장치의 구성품이 아닌 것은?

① 휠 실린더
② 에어 컴프레서
③ 마스터 실린더
④ 오일 리저브 탱크

해설 유압식 제동장치는 마스터 실린더, 하이드로 백, 오일 리저브 탱크, 휠 실린더, 브레이크 슈 등으로 구성되어 있다.

26 타이어식 굴착기 주행 중 발생할 수도 있는 히트 세퍼레이션 현상에 대한 설명으로 맞는 것은?

① 물에 젖은 노면을 고속으로 달리면 타이어와 노면사이에 수막이 생기는 현상
② 고속으로 주행 중 타이어가 터져버리는 현상
③ 고속 주행 시 차체가 좌·우로 밀리는 현상
④ 고속 주행할 때 타이어 공기압이 낮아져 타이어가 찌그러지는 현상

해설 히트 세퍼레이션(heat separation)이란 고속으로 주행할 때 열에 의해 타이어의 고무나 코드가 용해 및 분리되어 터지는 현상이다.

27 굴착기에서 작업 장치의 동력전달 순서로 맞는 것은?

① 엔진→제어 밸브→유압 펌프→실린더
② 유압 펌프→엔진→제어 밸브→실린더
③ 유압 펌프→엔진→실린더→제어 밸브
④ 엔진→유압 펌프→제어 밸브→실린더

해설 굴삭기 작업장치의 동력전달 순서는 엔진 → 유압 펌프 → 제어 밸브 → 유압 실린더 및 유압 모터이다.

정답　22.③　23.②　24.③　25.②　26.②　27.④

28 트랙 링크의 수가 38조(set) 라면 트랙 핀의 부싱은 몇 조인가?

① 19조(set)　　② 80조(set)
③ 76조(set)　　④ 38조(set)

해설 트랙 링크의 수가 38조라면 트랙 핀의 부싱은 38조이다.

29 무한궤도식 굴착기의 장점으로 가장 거리가 먼 것은?

① 접지 압력이 낮다.
② 노면 상태가 좋지 않은 장소에서 작업이 용이하다.
③ 운송수단 없이 장거리 이동이 가능하다.
④ 습지 및 사지에서 작업이 가능하다.

해설 무한궤도식 굴착기를 장거리 이동할 경우에는 트레일러로 운반하여야 한다.

30 무한궤도식 건설기계에서 프런트 아이들러의 작용에 대한 설명으로 가장 적당한 것은?

① 회전력을 발생하여 트랙에 전달한다.
② 파손을 방지하고 원활한 운전을 하게 한다.
③ 구동력을 트랙으로 전달한다.
④ 트랙의 진로를 유도하면서 주행방향으로 트랙을 안내한다.

해설 프런트 아이들러(front idler, 전부 유동륜)는 트랙의 장력을 조정하면서 트랙의 진행방향을 유도한다.

31 다음 중 굴착기 작업 장치의 종류가 아닌 것은?

① 파워 셔블　　② 백호 버킷
③ 우드 그래플　　④ 파이널 드라이브

해설 파이널 드라이브 기어(종감속 기어)는 엔진의 동력을 바퀴까지 전달할 때 마지막으로 감속하여 전달하는 동력전달 장치이다.

32 굴착기의 작업 용도로 가장 적합한 것은?

① 도로 포장 공사에서 지면의 평탄, 다짐 작업에 사용
② 터널 공사에서 발파를 위한 천공 작업에 사용
③ 화물의 기중, 적재 및 적차 작업에 사용
④ 토목 공사에서 터파기, 쌓기, 깎기, 되메우기 작업에 사용

해설 굴착기는 토사 굴토 작업, 굴착 작업, 도랑 파기 작업, 쌓기, 깎기, 되메우기, 토사 상차 작업에 사용되며, 최근에는 암석, 콘크리트, 아스팔트 등의 파괴를 위한 브레이커(breaker)를 부착하기도 한다.

33 굴착기의 주행 형식별 분류에서 접지 면적이 크고 접지 압력이 작아 사지나 습지와 같이 위험한 지역에서 작업이 가능한 형식으로 적당한 것은?

① 트럭 탑재식　　② 무한궤도식
③ 반 정치식　　④ 타이어식

해설 무한궤도식은 접지 면적이 크고 접지 압력이 작아 사지나 습지와 같이 위험한 지역에서 작업이 가능하다.

34 다음 중 굴착기 센터 조인트의 기능으로 가장 알맞은 것은?

① 메인 펌프에서 공급되는 오일을 하부 유압부품에 공급한다.
② 차체의 중앙 고정 축 주위에 움직이는 암이다.
③ 전·후륜의 중앙에 있는 디퍼렌셜 기어에 오일을 공급한다.
④ 트랙을 구동시켜 주행하도록 한다.

해설 센터 조인트는 상부 회전체의 회전 중심부에 설치되어 있으며, 메인 펌프의 유압유를 주행 모터로 전달한다. 또 상부 회전체가 회전하더라도 호스, 파이프 등이 꼬이지 않고 원활히 공급한다.

정답　28.④　29.③　30.④　31.④　32.④　33.②　34.①

35 무한궤도식 굴착기의 트랙 전면에서 오는 충격을 완화시키기 위해 설치하는 것은?

① 리코일 스프링 ② 프런트 롤러
③ 하부 롤러 ④ 상부 롤러

해설 리코일 스프링은 무한궤도식 굴착기의 트랙 전면에서 오는 충격을 완화시키기 위해 설치한다.

36 유압 굴착기의 시동 전에 이뤄져야 하는 외관 점검 사항이 아닌 것은?

① 고압호스 및 파이프 연결부 손상 여부
② 각종 오일의 누유 여부
③ 각종 볼트, 너트의 체결 상태
④ 유압유 탱크의 필터의 오염 상태

해설 시동 전 외관 점검 사항
① 각종 오일 누유 여부를 점검한다.
② 고압 호스의 연결부 손상 여부를 점검한다.
③ 고압 파이프 연결부 손상여부를 점검한다.
④ 각종 볼트, 너트의 체결 상태를 점검한다.
⑤ 각 작동 부분의 그리스 주입 여부를 점검한다.

37 굴착기를 이용하여 수중작업을 하거나 하천을 건널 때의 안전사항으로 맞지 않는 것은?

① 타이어식 굴착기는 액슬 중심점 이상이 물에 잠기지 않도록 주의하면서 도하한다.
② 무한궤도식 굴착기는 주행 모터의 중심선 이상이 물에 잠기지 않도록 주의하면서 도하한다.
③ 타이어식 굴착기는 블레이드를 앞쪽으로 하고 도하한다.
④ 수중 작업 후에는 물에 잠겼던 부위에 새로운 그리스를 주입한다.

해설 무한궤도식 굴착기는 상부 롤러 중심선 이상이 물에 잠기지 않도록 주의하면서 도하한다.

38 굴착기를 트레일러에 상차하는 방법에 대한 설명으로 가장 적합하지 않은 것은?

① 가급적 경사대를 사용한다.
② 지면 상태가 불량할 때는 평탄한 지역으로 이동하여 상차한다.
③ 경사대는 10~15°정도 경사시키는 것이 좋다.
④ 트레일러에 상차 후 작업 장치를 반드시 앞쪽으로 하여 고정한다.

해설 굴삭기를 트레일러로 운반할 때는 상차 후 작업 장치를 반드시 뒤쪽으로 향하도록 하여 고정하여야 한다.

39 무한궤도식 굴착기에서 상부 롤러의 설치 목적은?

① 전부 유동륜을 고정한다.
② 기동륜을 지지한다.
③ 트랙을 지지한다.
④ 리코일 스프링을 지지한다.

해설 상부 롤러(캐리어 롤러)는 트랙 프레임 위에 한쪽만 지지하거나 양쪽을 지지하는 브래킷에 1~2개가 설치되어 프런트 아이들러와 스프로킷 사이에서 트랙이 처지는 것을 방지하는 동시에 트랙의 회전 위치를 정확하게 유지하는 역할을 한다.

40 보호구의 구비조건으로 틀린 것은?

① 작업에 방해가 안 되어야 한다.
② 착용이 간편해야 한다.
③ 유해 위험 요소에 대한 방호 성능이 경미해야 한다.
④ 구조와 끝마무리가 양호해야 한다.

해설 보호구의 구비조건
① 착용이 간단(간편)할 것.
② 착용 후 작업(작업 방해가 안 되어야)하기가 쉬워야 한다.
③ 품질이 양호해야 한다.
④ 구조와 끝마무리가 양호해야 한다.
⑤ 외관 및 디자인이 양호해야 한다.
⑥ 유해, 위험 요소로부터 보호 성능이 충분해야 한다.

정답 35.① 36.④ 37.② 38.④ 39.③ 40.③

41 트랙 장치의 구성품 중 트랙 슈와 슈를 연결하는 부품은?

① 부싱과 캐리어 롤러
② 트랙 링크와 핀
③ 아이들러와 스프로켓
④ 하부 롤러와 상부 롤러

해설 트랙 슈와 슈는 트랙 링크와 핀으로 연결하여 궤도를 형성한다.

42 굴착공사를 하고자 할 때 지하 매설물 설치 여부와 관련하여 안전상 가장 적합한 조치는?

① 굴착공사 시행자는 굴착공사를 착공하기 전에 굴착지점 또는 그 인근의 주요 매설물 설치 여부를 미리 확인하여야 한다.
② 굴착공사 도중 작업에 지장이 있는 고압 케이블은 옆으로 옮기고 계속 작업을 진행한다.
③ 굴착공사 시행자는 굴착공사 시공 중에 굴착지점 또는 그 인근의 주요 매설물 설치 여부를 확인하여야 한다.
④ 굴착작업 중 전기, 가스, 통신 등의 지하 매설물에 손상을 가하였을 시 즉시 매설하여야 한다.

해설 굴착에 의해 매설물이 노출되면 반드시 관계기관 등에게 확인시키고 상호 협의하여 방호 조치를 해야 하며, 노출된 매설물의 이설 및 위치변경, 교체 등은 관계기관과 협의하여 진행해야 한다. 굴착작업 중 전기, 가스, 통신 등의 지하 매설물에 손상을 가하였을 시 즉시 관계기관과 협의하여 방호 조치를 진행해야 한다.

43 감전되거나 전기 화상을 입을 위험이 있는 곳에서 작업 시 작업자가 착용해야 하는 것은?

① 구명조끼 ② 보호구
③ 비상벨   ④ 구명구

해설 감전되거나 전기 화상을 입을 위험이 있는 작업장에서는 보호구를 착용하여야 한다.

44 가연성 가스 저장실에 안전사항으로 옳은 것은?

① 기름걸레를 가스통 사이에 끼워 충격을 적게 한다.
② 조명은 백열등으로 하고 실내에 스위치를 설치한다.
③ 담뱃불을 가지고 출입한다.
④ 휴대용 전등을 사용한다.

해설 가연성 가스 저장실 안전사항
① 가연성 가스 설비는 화기로부터 8m 이격시켜야 한다.
② 산소의 저장 설비는 주위 5m 이내 화기 취급을 금지하여야 한다.
③ 가연성 가스와 산소의 용기는 각각 구분하여 용기 보관 장소에 보관한다.
④ 가스 용기를 이동하여 사용할 때에는 손수레에 단단하게 고정하여야 한다.
⑤ 기중기로 운반할 때에는 보관함에 담아 운반하여야 한다.
⑥ 넘어짐 등으로 인한 충격을 방지하기 위해 운반 중에는 캡을 씌워야 한다.
⑦ 가스 용기를 사용한 후에는 밸브를 닫고 용기 보관실에 보관하여야 한다.
⑧ 가스 용기는 항상 40℃ 이하로 유지하고, 직사광선을 차단하여야 한다.

45 산업 안전보건 표지의 종류에서 지시 표지에 해당하는 것은?

① 차량 통행금지 ② 출입 금지
③ 고온 경고   ④ 안전모 착용

해설 지시 표지에는 보안경 착용, 방독 마스크 착용, 방진 마스크 착용, 보안면 착용, 안전모 착용, 귀마개 착용, 안전화 착용, 안전장갑 착용, 안전복 착용 등이 있다.

46 도시가스사업법에서 저압이라 함은 압축가스일 경우 몇 MPa 미만의 압력을 말하는가?

① 1   ② 0.1
③ 3   ④ 0.01

해설 도시가스의 압력에 의한 분류
① 저압 : 0.1MPa 미만
② 중압 : 0.1Mpa이상 1Mpa 미만
③ 고압 : 1MPa 이상

정답 41.② 42.① 43.② 44.④ 45.④ 46.②

47 특수한 사정으로 인해 매설 깊이를 확보할 수 없는 곳에 가스 배관을 설치하였을 때 노면과 0.3m 이상의 깊이를 유지하여 배관 주위에 설치하여야 하는 것은?

① 수취기
② 도시가스 입상관
③ 가스 배관의 보호 판
④ 가스 차단장치

해설 보호 판은 철판으로 장비에 의한 배관 손상을 방지하기 위하여 설치한 것이며, 두께가 4mm 이상의 철판으로 방식 코팅되어 있고 배관 직상부 30cm 상단에 매설되어 있다.

48 안전적 측면에서 인화점이 낮은 연료의 내용으로 맞는 것은?

① 화재 발생 부분에서 안전하다.
② 화재 발생 위험이 있다.
③ 연소상태의 불량 원인이 된다.
④ 압력저하 요인이 발생한다.

해설 인화점이 낮은 연료는 화재 발생 위험이 있다.

49 차도 아래에 매설되는 전력 케이블(직접 매설식)은 지면에서 최소 몇 m 이상의 깊이로 매설되어야 하는가?

① 2.5m ② 0.9m
③ 1.2m ④ 0.3m

해설 전력 케이블을 직접 매설식으로 매설할 때 매설 깊이는 최저 1.2m 이상이다.

50 소화 작업 시 행동 요령으로 틀린 것은?

① 화재가 일어나면 화재 경보를 한다.
② 카바이드 및 유류에는 물을 뿌린다.
③ 가스 밸브를 잠그고 전기 스위치를 끈다.
④ 전선에 물을 뿌릴 때는 송전 여부를 확인한다.

해설 소화 작업의 기본 요소
① 가연 물질, 산소, 점화원을 제거한다.
② 가스 밸브를 잠그고 전기 스위치를 끈다.
③ 전선에 물을 뿌릴 때는 송전 여부를 확인한다.
④ 화재가 일어나면 화재 경보를 한다.
⑤ 카바이드 및 유류에는 물을 뿌려서는 안 된다.
⑥ 점화원을 발화점 이하의 온도로 낮춘다.

51 건설기계관리법에서 정의한 '건설기계 형식'으로 가장 옳은 것은?

① 형식 및 규격을 말한다.
② 성능 및 용량을 말한다.
③ 구조·규격 및 성능 등에 관하여 일정하게 정한 것을 말한다.
④ 엔진 구조 및 성능을 말한다.

해설 건설기계 형식이란 구조·규격 및 성능 등에 관하여 일정하게 정한 것이다.

52 건설기계 등록 말소 사유에 해당 되지 않는 것은?

① 건설기계를 폐기한 경우
② 건설기계의 차대가 등록 시의 차대와 다른 경우
③ 정비 또는 개조를 목적으로 해체된 경우
④ 건설기계가 멸실된 경우

해설 건설기계 등록말소의 사유
① 거짓이나 그 밖의 부정한 방법으로 등록을 한 경우
② 건설기계가 천재지변 또는 이에 준하는 사고 등으로 사용할 수 없게 되거나 멸실된 경우
③ 건설기계의 차대(車臺)가 등록 시의 차대와 다른 경우
④ 건설기계가 건설기계 안전기준에 적합하지 아니하게 된 경우
⑤ 정기검사 명령, 수시검사 명령 또는 정비 명령에 따르지 아니한 경우
⑥ 건설기계를 수출하는 경우
⑦ 건설기계를 도난당한 경우
⑧ 건설기계를 폐기한 경우
⑨ 건설기계 해체재활용업자에게 폐기를 요청한 경우
⑩ 구조적 제작 결함 등으로 건설기계를 제작자 또는 판매자에게 반품한 경우
⑪ 건설기계를 교육·연구 목적으로 사용하는 경우
⑫ 대통령령으로 정하는 내구연한을 초과한 건설기계. 다만, 정밀진단을 받아 연장된 경우는 그 연장기간을 초과한 건설기계
⑬ 건설기계를 횡령 또는 편취당한 경우

정답 47.③ 48.② 49.③ 50.② 51.③ 52.③

53 건설기계의 출장검사가 허용되는 경우가 아닌 것은?

① 도서지역에 있는 건설기계
② 너비가 2.0미터를 초과하는 건설기계
③ 자체 중량이 40톤을 초과하거나 축중이 10톤을 초과하는 건설기계
④ 최고 속도가 시간당 35킬로미터 미만인 건설기계

해설 건설기계가 위치한 장소에서 검사하여야 하는 건설기계
① 도서지역에 있는 경우
② 자체중량이 40톤을 초과하거나 축중이 10톤을 초과하는 경우
③ 너비가 2.5m를 초과하는 경우
④ 최고속도가 시간당 35km 미만인 경우

54 과실로 중상 1명의 인명피해를 입힌 건설기계를 조종한 자의 처분기준은?

① 면허 효력정지 15일
② 면허 효력정지 30일
③ 면허 취소
④ 면허 효력정지 60일

해설 인명 피해에 따른 면허효력정지 기간
① 사망 1명마다 : 면허효력정지 45일
② 중상 1명마다 : 면허효력정지 15일
③ 경상 1명마다 : 면허효력정지 5일

55 건설기계 조종사의 면허 적성검사 기준으로 틀린 것은?

① 두 눈의 시력이 각각 0.3 이상
② 두 눈을 동시에 뜨고 측정한 시력이 0.7 이상
③ 시각은 150도 이상
④ 청력은 10데시벨의 소리를 들을 수 있을 것

해설 건설기계 조종사의 면허 적성검사 기준
① 두 눈을 동시에 뜨고 잰 시력(교정시력을 포함한다. 이하 이호에서 같다)이 0.7이상이고 두 눈의 시력이 각각 0.3이상일 것
② 55데시벨(보청기를 사용하는 사람은 40데시벨)의 소리를 들을 수 있고, 언어 분별력이 80퍼센트 이상일 것
③ 시각은 150도 이상일 것
④ 건설기계 조종 상의 위험과 장해를 일으킬 수 있는 정신질환자 또는 뇌전증환자로서 국토교통부령으로 정하는 사람
⑤ 앞을 보지 못하는 사람, 듣지 못하는 사람, 그 밖에 국토교통부령으로 정하는 장애인
⑥ 건설기계 조종 상의 위험과 장해를 일으킬 수 있는 마약·대마·향정신성의약품 또는 알코올중독자로서 국토교통부령으로 정하는 사람

56 건설기계를 조종할 때 적용받는 법령에 대한 설명으로 가장 적합한 것은?

① 건설기계관리법 및 자동차관리법의 전체 적용을 받는다.
② 건설기계관리법에 대한 적용만 받는다.
③ 도로교통법에 대한 적용만 받는다.
④ 건설기계관리법 외에 도로상을 운행할 때는 도로교통법 중 일부를 적용받는다.

해설 건설기계를 조종할 때에는 건설기계 관리법 외에 도로상을 운행할 때에는 도로교통법 중 일부를 적용 받는다.

57 혈중알코올농도 0.03% 이상 0.08% 미만의 술에 취한 상태로 운전한 사람의 처벌기준으로 맞는 것은?

① 1년 이하의 징역이나 500만원 이하의 벌금
② 2년 이하의 징역이나 1천만원 이하의 벌금
③ 3년 이하의 징역이나 1천500만원 이하의 벌금
④ 2년 이상 5년 이하의 징역이나 1천만원 이상 2천만원 이하의 벌금

해설 혈중알코올농도가 0.03% 이상 0.08% 미만인 사람은 1년 이하의 징역이나 500만원 이하의 벌금에 처한다.

정답 53.② 54.① 55.④ 56.④ 57.①

58 차량이 남쪽에서부터 북쪽 방향으로 진행 중일 때, 그림의 「2방향 도로명 표지」에 대한 설명으로 틀린 것은?

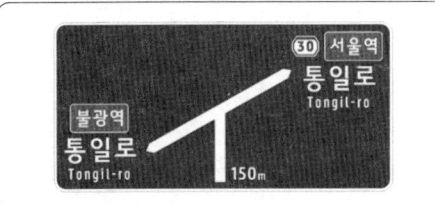

① 차량을 좌회전하는 경우 '통일로'의 건물 번호가 커진다.
② 차량을 좌회전하는 경우 '통일로'로 진입할 수 있다.
③ 차량을 좌회전하는 경우 '통일로'의 건물 번호가 작아진다.
④ 차량을 우회전하는 경우 '통일로'로 진입할 수 있다.

해설 도로 구간의 설정은 서쪽에서 동쪽, 남쪽에서 북쪽 방향으로 설정하며, 건물 번호는 왼쪽은 홀수, 오른쪽은 짝수의 일련번호를 부여하되 도로의 시작점에서 끝 지점까지 좌우 대칭을 유지한다. 도로의 시작 지점에서 끝 지점으로 갈수록 건물 번호가 커진다.

59 다음의 교통안전 표지는 무엇을 의미하는가?

① 차 중량 제한 표지
② 차 높이 제한 표지
③ 차 적재량 제한 표지
④ 차 폭 제한 표지

60 도로교통법령상 정차 및 주차금지 장소에 해당 되는 것은?

① 교차로 가장자리로부터 10m 지점
② 정류장 표시판로부터 12m 지점
③ 건널목 가장자리로부터 15m 지점
④ 도로의 모퉁이로부터 5m 지점

해설 정차 및 주차의 금지장소
① 교차로·횡단보도·건널목이나 보도와 차도가 구분된 도로의 보도
② 교차로의 가장자리나 도로의 모퉁이로부터 5미터 이내인 곳
③ 안전지대가 설치된 도로에서는 그 안전지대의 사방으로부터 각각 10미터 이내인 곳
④ 버스여객자동차의 정류지임을 표시하는 기둥이나 표지판 또는 선이 설치된 곳으로부터 10미터 이내인 곳
⑤ 건널목의 가장자리 또는 횡단보도로부터 10미터 이내인 곳
⑥ 다음 각 목의 곳으로부터 5미터 이내인 곳
　㉮ 소방용수시설 또는 비상소화장치가 설치된 곳
　㉯ 소방시설로서 대통령령으로 정하는 시설이 설치된 곳
⑦ 시·도경찰청장이 인정하여 지정한 곳
⑧ 시장 등이 지정한 어린이 보호구역

정답 58.① 59.① 60.④

2024년 복원문제
제 2 회 굴착기운전기능사

01 커먼레일 디젤기관의 압력제한 밸브에 대한 설명 중 틀린 것은?
① 커먼레일의 압력을 제어한다.
② 커먼레일에 설치되어 있다.
③ 연료압력이 높으면 연료의 일부분이 연료탱크로 되돌아간다.
④ 컴퓨터가 듀티 제어한다.

해설 압력제한 밸브는 커먼레일에 설치되어 커먼레일 내의 연료압력이 규정 값보다 높아지면 열려 연료의 일부를 연료탱크로 복귀시킨다.

02 디젤 기관에서 터보차저를 부착하는 목적으로 맞는 것은?
① 기관의 유효압력을 낮추기 위해서
② 배기소음을 줄이기 위해서
③ 기관의 출력을 증대시키기 위해서
④ 기관의 냉각을 위해서

해설 터보차저는 흡기관과 배기관 사이에 설치되며, 배기가스로 구동된다. 기능은 배기량이 일정한 상태에서 연소실에 강압적으로 많은 공기를 공급하여 흡입효율을 높이고 기관의 출력과 토크를 증대시키기 위한 장치이다.

03 기관의 온도를 측정하기 위해 냉각수의 수온을 측정하는 곳으로 가장 적절한 곳은?
① 엔진 크랭크케이스 내부
② 수온조절기 내부
③ 실린더 헤드 물재킷 부
④ 라디에이터 하부

해설 기관의 온도는 실린더 헤드 물재킷부의 냉각수 온도로 나타내며, 냉각수의 수온을 측정하는 유닛은 실린더 헤드 물재킷부에 장착되어 있다.

04 4행정 사이클 디젤기관의 동력행정에 관한 설명 중 틀린 것은?
① 연료는 분사됨과 동시에 연소를 시작한다.
② 피스톤이 상사점에 도달하기 전 소요의 각도 범위 내에서 분사를 시작한다.
③ 연료분사 시작점은 회전속도에 따라 진각 된다.
④ 디젤기관의 진각에는 연료의 착화 늦음이 고려된다.

해설 연료는 분사된 후 착화지연 기간을 거쳐 착화되기 시작한다.

05 디젤 기관 노즐(nozzle)의 연료분사 3대 요건이 아닌 것은?
① 무화   ② 관통력
③ 착화   ④ 분포

해설 분사 노즐의 연료 분사 3대 요건은 무화, 관통력, 분포 이다.

06 라이너식 실린더에 비교한 일체식 실린더의 특징 중 맞지 않는 것은?
① 강성 및 강도가 크다.
② 냉각수 누출 우려가 적다.
③ 라이너 형식보다 내마모성이 높다.
④ 부품수가 적고 중량이 가볍다.

해설 일체식 실린더는 강성 및 강도가 크고 냉각수 누출 우려가 적으며, 부품수가 적고 중량이 가볍다.

정답 01.④ 02.③ 03.③ 04.① 05.③ 06.③

07 충전 장치에서 교류 발전기의 다이오드가 하는 역할은?

① 전압을 조정하고, 교류를 정류한다.
② 여자 전류를 조정하고, 역류를 방지한다.
③ 전류를 조정하고, 교류를 정류한다.
④ 교류를 정류하고, 역류를 방지한다.

해설 교류 발전기의 다이오드는 스테이터 코일에서 유기되는 교류를 직류로 정류하고, 배터리에서 발전기로 전류가 역류하는 것을 방지하는 역할을 한다.

08 운전 중 운전석 계기판에 그림과 같은 등이 갑자기 점등되었다. 무슨 표시인가?

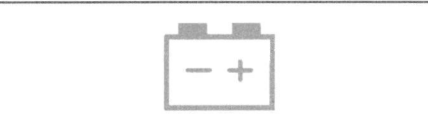

① 엔진 오일 경고등
② 전원 차단 경고등
③ 충전 경고등
④ 전기 계통 작동 표시등

해설 그림의 경고등은 교류 발전기 및 충전 장치에 결함이 있어 배터리에 충전이 이루어지지 않는 경우 점등된다.

09 축전지의 가장 중요한 역할이라고 할 수 있는 것은?

① 시동 장치의 전기적 부하를 담당하기 위하여
② 축전지 점화식에서 주행 중 점화 장치에 전류를 공급하기 위하여
③ 주행 중 냉·난방 장치에 전류를 공급하기 위하여
④ 주행 중 등화 장치에 전류를 공급하기 위하여

해설 축전지의 가장 중요한 역할은 시동 장치의 전기적 부하 담당 즉 시동 전동기를 작동시키기 위함이다.

10 완전 충전된 축전지의 비중은?

① 1.190 ② 1.230
③ 1.280 ④ 1.210

해설 완전 충전된 축전지의 비중은 20℃에서 1.280이다.

11 유압유가 과열되는 원인으로 가장 거리가 먼 것은?

① 유압 유량이 규정보다 많을 때
② 오일 냉각기의 냉각핀이 오손 되었을 때
③ 릴리프 밸브(Relief Valve)가 닫힌 상태로 고장일 때
④ 유압유가 부족할 때

해설 유압유가 과열되는 원인
① 유압유의 점도가 너무 높을 때
② 유압장치 내에서 내부 마찰이 발생될 때
③ 유압회로 내의 작동 압력이 너무 높을 때
④ 유압회로 내에서 캐비테이션이 발생될 때
⑤ 릴리프 밸브(relief valve)가 닫힌 상태로 고장일 때
⑥ 오일 냉각기의 냉각핀이 오손되었을 때
⑦ 유압유가 부족할 때

12 유압유의 온도가 상승할 경우 나타날 수 있는 현상이 아닌 것은?

① 작동유의 열화촉진
② 오일누설 저하
③ 펌프효율 저하
④ 오일점도 저하

해설 유압유의 온도가 상승하면 점도가 낮아져 누설이 증가하며, 오일의 열화를 촉진하고, 유압이 저하되며, 펌프의 효율이 떨어지고, 밸브의 기능이 저하한다.

13 압력제어 밸브의 종류에 해당하지 않는 것은?

① 교축 밸브 ② 시퀀스 밸브
③ 감압 밸브 ④ 무부하 밸브

해설 압력제어 밸브의 종류에는 릴리프 밸브, 리듀싱(감압) 밸브, 시퀀스 밸브, 무부하(언로드) 밸브, 카운터 밸런스 밸브 등이 있다.

정답 07.④ 08.③ 09.① 10.③ 11.① 12.② 13.①

14 유압유에서 잔류 탄소의 함유량은 무엇을 예측하는 척도인가?

① 포화 ② 산화
③ 열화 ④ 발화

해설 유압유에서 잔류 탄소의 변화는 유압유의 열화를 예측하는 척도로 잔류 탄소는 유압유가 회로 내에 부착되어 열화하면서 탄소분의 물질이 발생되는 것이다.

15 회로 내 유체의 흐름 방향을 제어하는데 사용되는 밸브는?

① 감압 밸브 ② 유압 액추에이터
③ 셔틀 밸브 ④ 교축 밸브

해설 방향제어 밸브의 종류에는 스풀 밸브, 체크 밸브, 디셀러레이션 밸브, 셔틀 밸브 등이 있다.

16 방향 전환 밸브의 동작 방식에서 단동 솔레노이드 기호는?

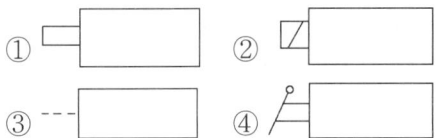

17 유압 탱크의 주요 구성 요소가 아닌 것은?

① 분리판 ② 유압계
③ 유면계 ④ 주유구

해설 유압 탱크는 스트레이너, 드레인 플러그, 배플 플레이트(분리판), 주유구, 주유구 캡, 유면계로 구성되어 있다.

18 일반적인 유압 실린더의 종류에 해당하지 않는 것은?

① 다단 실린더
② 단동 실린더
③ 레이디얼 실린더
④ 복동 실린더

해설 유압 실린더의 종류에는 단동 실린더, 복동 실린더, 다단 실린더, 램형 실린더 등이 있다.

19 크롤러 굴착기가 경사면에서 주행 모터에 공급되는 유량과 관계없이 자중에 의해 빠르게 내려가는 것을 방지해 주는 밸브는?

① 포트 릴리프 밸브
② 카운터 밸런스 밸브
③ 브레이크 밸브
④ 피스톤 모터의 피스톤

해설 크롤러 굴착기가 경사면에서 주행 모터에 공급되는 유량과 관계없이 자중에 의해 빠르게 내려가는 것을 방지하는 밸브는 카운터 밸런스 밸브이다.

20 다음 유압 펌프에서 토출 압력이 가장 높은 것은?

① 베인 펌프
② 레이디얼 플런저 펌프
③ 기어 펌프
④ 엑시얼 플런저 펌프

해설 유압 펌프의 토출 압력
① 기어 펌프 : 10~250kg/cm²
② 베인 펌프 : 35~140kg/cm²
③ 레이디얼 플런저 펌프 : 140~250kg/cm²
④ 엑시얼 플런저 펌프 : 210~400kg/cm²

21 무한궤도식 굴착기의 하부 주행체를 구성하는 요소가 아닌 것은?

① 주행 모터 ② 스프로킷
③ 트랙 ④ 리어 액슬

해설 굴착기 하부 주행체는 트랙, 상부 롤러, 하부 롤러, 프런트 아이들러, 스프로킷, 주행 모터로 구성되어 있다.

22 굴착기 동력전달 계통에서 최종적으로 구동력 증가시키는 것은?

① 트랙 모터 ② 종감속 기어
③ 스프로킷 ④ 변속기

해설 종감속 기어는 동력전달 계통에서 최종적으로 구동력 증가시킨다.

정답 14.③ 15.③ 16.② 17.② 18.③ 19.② 20.④ 21.④ 22.②

23 굴착기의 상부 회전체는 몇 도까지 회전이 가능한가?

① 90° ② 180°
③ 270° ④ 360°

해설 굴착기의 상부 회전체는 360° 회전이 가능하다.

24 무한궤도식 굴착기의 유압식 하부 추진체의 동력전달 순서로 맞는 것은?

① 기관 → 컨트롤 밸브 → 센터 조인트 → 유압 펌프 → 주행 모터 → 트랙
② 기관 → 컨트롤 밸브 → 센터 조인트 → 주행 모터 → 유압 펌프 → 트랙
③ 기관 → 센터 조인트 → 유압 펌프 → 컨트롤 밸브 → 주행 모터 → 트랙
④ 기관 → 유압 펌프 → 컨트롤 밸브 → 센터 조인트 → 주행 모터 → 트랙

해설 무한궤도식 굴착기의 하부 추진체 동력전달 순서는 기관 → 유압 펌프 → 컨트롤 밸브 → 센터 조인트 → 주행 모터 → 트랙이다.

25 무한궤도식 장비에서 프런트 아이들러의 작용에 대한 설명으로 가장 적당한 것은?

① 회전력을 발생하여 트랙에 전달한다.
② 트랙의 진로를 조정하면서 주행방향으로 트랙을 유도한다.
③ 구동력을 트랙으로 전달한다.
④ 파손을 방지하고 원활한 운전을 할 수 있도록 하여 준다.

해설 프런트 아이들러(front idler, 전부 유동륜)는 트랙의 장력을 조정하면서 트랙의 진행방향을 유도한다.

26 트랙장치에서 주행 중에 트랙과 아이들러의 충격을 완화시키기 위해 설치한 것은?

① 스프로킷 ② 리코일 스프링
③ 상부 롤러 ④ 하부 롤러

해설 리코일 스프링은 트랙장치에서 트랙과 아이들러의 충격을 완화시키기 위해 설치한다.

27 무한궤도식 장비에서 캐리어 롤러에 대한 내용으로 맞는 것은?

① 캐리어 롤러는 좌우 10개로 구성되어 있다.
② 트랙의 장력을 조정한다.
③ 장비의 전체 중량을 지지한다.
④ 트랙을 지지한다.

해설 캐리어 롤러(상부 롤러)는 트랙 프레임 위에 한쪽만 지지하거나 양쪽을 지지하는 브래킷에 1~2개가 설치되어 프런트 아이들러와 스프로킷 사이에서 트랙이 처지는 것을 방지하는 동시에 트랙의 회전위치를 정확하게 유지한다.

28 트랙 슈의 종류가 아닌 것은?

① 고무 슈
② 4중 돌기 슈
③ 3중 돌기 슈
④ 반이중 돌기 슈

해설 트랙 슈의 종류에는 단일 돌기 슈, 2중 돌기 슈, 3중 돌기 슈, 반이중 돌기 슈, 습지용 슈, 고무 슈, 암반용 슈, 평활 슈 등이 있다.

29 무한궤도식 건설기계에서 균형 스프링의 형식으로 틀린 것은?

① 플랜지 형 ② 빔 형
③ 스프링 형 ④ 평 형

해설 균형 스프링은 강판을 겹친 판스프링(leaf spring)으로 그 양쪽 끝은 트랙 프레임에 얹혀 있고 그 중앙에 트랙터 앞부분의 중량을 받는다. 형식에는 스프링 형식과 빔 형식, 평형 스프링 형식이 있다.

30 무한궤도식 굴착기의 환향은 무엇에 의하여 작동되는가?

① 주행 펌프 ② 스티어링 휠
③ 스로틀 레버 ④ 주행 모터

해설 무한궤도식 굴착기의 환향(조향)작용은 유압(주행)모터로 한다.

정답 23.④ 24.④ 25.② 26.② 27.④ 28.② 29.① 30.④

31 굴착기의 밸런스 웨이트(balance weight)에 대한 설명으로 가장 적합한 것은?

① 작업을 할 때 장비의 뒷부분이 들리는 것을 방지한다.
② 굴착량에 따라 중량물을 들 수 있도록 운전자가 조절하는 장치이다.
③ 접지 압을 높여주는 장치이다.
④ 접지 면적을 높여주는 장치이다.

해설 굴착기의 밸런스 웨이트는 작업을 할 때 프런트 어태치먼트와 장비의 뒷부분의 평형을 유지하여 뒷부분이 들리는 것을 방지한다.

32 트랙장치의 트랙 유격이 너무 커졌을 때 발생하는 현상으로 가장 적합한 것은?

① 주행속도가 빨라진다.
② 슈판 마모가 급격해진다.
③ 주행속도가 아주 느려진다.
④ 트랙이 벗겨지기 쉽다.

해설 트랙 유격이 커지면 트랙이 벗겨지기 쉽다.

33 무한궤도식 건설기계에서 트랙의 장력 조정(유압식)은 어느 것으로 하는가?

① 상부 롤러의 이동으로
② 하부 롤러의 이동으로
③ 스크로킷의 이동으로
④ 아이들러의 이동으로

해설 트랙의 장력은 아이들러를 이동시켜 조정한다.

34 무한궤도식 굴착기의 트랙 유격을 조정할 때 유의사항으로 잘못된 방법은?

① 브레이크가 있는 장비는 브레이크를 사용한다.
② 트랙을 들고 늘어지는 것을 점검한다.
③ 장비를 평지에 주차시킨다.
④ 2~3회 나누어 조정한다.

해설 브레이크가 있는 장비는 브레이크를 사용해서는 안 된다.

35 굴착기의 작업 장치 중 콘크리트 등을 깰 때 사용되는 것으로 가장 적합한 것은?

① 마그넷　　② 브레이커
③ 파일 드라이버　④ 드롭 해머

해설 브레이커는 아스팔트, 콘크리트, 바위 등을 깰 때 사용하는 작업 장치이다.

36 무한궤도식 건설기계에서 트랙의 장력을 너무 팽팽하게 조정했을 때 미치는 영향으로 틀린 것은?

① 트랙 링크의 마모
② 프런트 아이들러의 마모
③ 트랙의 이탈
④ 구동 스프로킷의 마모

해설 트랙 장력이 너무 팽팽하면 상부 롤러, 하부 롤러, 트랙 링크, 프런트 아이들러, 구동 스프로킷 등 트랙의 부품이 조기 마모되는 원인이 된다.

37 트랙식 굴착기의 한쪽 주행 레버만 조작하여 회전하는 것을 무엇이라 하는가?

① 피벗 회전　　② 급회전
③ 스핀 회전　　④ 원웨이 회전

해설 굴착기의 회전 방법
① 피벗 회전(pivot turn) : 한쪽 주행 레버만 밀거나, 당기면 한쪽 트랙만 전·후진시켜 조향을 하는 방법이다.
② 스핀 회전(spin turn) : 양쪽 주행 레버를 동시에 한쪽 레버를 앞으로 밀고, 한쪽 레버는 당기면 차체중심을 기점으로 급회전이 이루어진다.

38 안전·보건 표지에서 안내 표지의 바탕색은?

① 녹색　　② 흑색
③ 적색　　④ 백색

해설 안내 표지는 녹색 바탕에 백색으로 안내 대상을 지시하는 표지판으로 녹색 바탕은 정방형 또는 장방형이다.

정답　31.①　32.④　33.④　34.①　35.②　36.③　37.①　38.①

39 굴착기 작업 시 작업 안전 사항으로 틀린 것은?

① 기중 작업은 가능한 피하는 것이 좋다.
② 경사지 작업 시 측면 절삭을 행하는 것이 좋다.
③ 타이어형 굴착기로 작업 시 안전을 위하여 아웃트리거를 받치고 작업한다.
④ 한쪽 트랙을 들 때에는 암과 붐 사이의 각도는 90~110° 범위로 해서 들어주는 것이 좋다.

해설 굴착기 작업 시 경사지에서 작업할 때는 측면 절삭을 해서는 안 된다.

40 굴착 작업 시 안전 준수 사항으로 틀린 것은?

① 굴착 면 및 흙막이 상태를 주의하여 작업을 진행하여야 한다.
② 지반의 종류에 따라 정해진 굴착 면의 높이와 기울기로 진행하여야 한다.
③ 굴착 면 및 굴착 심도 기준을 준수하여 작업 중에 붕괴를 예방하여야 한다.
④ 굴착 토사나 자재 등을 경사면 및 토류 벽 전단부 주변에 견고하게 쌓아두고 작업하여야 한다.

해설 굴착 토사나 자재 등을 경사면 및 토류 벽 전단부에 쌓아두고 작업하는 것을 금지한다.

41 일반 도시가스 사업자의 지하 배관 설치 시 도로 폭이 4m이상 8m 미만인 도로에서는 규정상 어느 정도의 깊이에 배관이 설치되어 있는가?

① 1.0m 이상   ② 1.5m 이상
③ 0.6m 이상   ④ 1.2m 이상

해설 도로 폭 4m 이상, 8m 미만인 도로에 일반 도시가스 사업자의 지해 배관을 설치할 때 지면과 도시가스 배관 상부와의 최소 이격거리는 1.0m 이상이며, 도로 폭 8m 이상의 도로에서는 1.2m 이상이다.

42 건설기계의 안전수칙에 대한 설명으로 틀린 것은?

① 운전석을 떠날 때 기관을 정지시켜야 한다.
② 버킷이나 하중을 달아 올린 채로 브레이크를 걸어두어서는 안 된다.
③ 장비를 다른 곳으로 이동할 때에는 반드시 선회 브레이크를 풀어 놓고 장비로부터 내려와야 한다.
④ 무거운 하중은 5~10cm 들어 올려 브레이크나 기계의 안전을 확인한 후 작업에 임하도록 한다.

해설 장비를 다른 곳으로 이동할 때에는 반드시 선회 브레이크를 잠가 놓고 장비로부터 내려와야 한다.

43 굴착작업 중 줄파기 작업에서 줄파기 1일 시공량 결정은 어떻게 하도록 되어 있는가?

① 시공 속도가 가장 빠른 천공 작업에 맞추어 결정한다.
② 공사 시행서에 명기된 일정에 맞추어 결정한다.
③ 시공 속도가 가장 느린 천공 작업에 맞추어 결정한다.
④ 공사 관리 감독기관에 보고 맞추어 결정한다.

해설 줄파기 1일 시공량은 시공 속도가 가장 느린 천공 작업에 맞추어 결정한다.

44 사고의 직접원인으로 가장 적합한 것은?

① 유전적인 요소
② 불안전한 행동 및 상태
③ 사회적 환경요인
④ 성격 결함

해설 재해 발생의 직접적인 원인에는 불안전 행동에 의한 것과 불안전한 상태에 의한 것이 있다.

정답 39.② 40.④ 41.① 42.③ 43.③ 44.②

45 가공 전선로 주변에서 굴착 작업 중 [보기]와 같은 상황 발생 시 조치사항으로 가장 적절한 것은?

> **보기**
> 굴착 작업 중 작업장 상부를 지나는 전선이 버킷 실린더에 의해 단선되었으나 인명과 장비의 피해는 없었다.

① 전주나 전주 위의 변압기에 이상이 없으면 무관하다.
② 발생 즉시 인근 한국전력 사업소에 연락하여 복구하도록 한다.
③ 가정용이므로 작업을 마친 다음 현장 전기공에 의해 복구시킨다.
④ 발생 후 1일 이내에 감독관에게 알린다.

해설 굴착 작업 중 작업장 상부를 지나는 전선이 버킷 실린더에 의해 단선되었으나 인명과 장비의 피해가 없으면 발생 즉시 인근 관계 기관(한국전력 사업소)에 연락하여 복구하도록 하여야 한다.

46 화재 분류에 대한 설명이다. 기호와 설명이 잘 연결된 것은?

① C급 화재 - 유류 화재
② B급 화재 - 전기 화재
③ D급 화재 - 금속 화재
④ E급 화재 - 일반 화재

해설 화재의 종류
① A급 화재 : 연소 후 재를 남기는 일반 화재
② B급 화재 : 유류 화재
③ C급 화재 : 전기 화재
④ D급 화재 : 금속 화재

47 먼지가 많은 장소에서 착용하여야 하는 마스크는?

① 방진 마스크   ② 산소 마스크
③ 일반 마스크   ④ 방독 마스크

해설 먼지가 많은 장소에는 방진 마스크 착용하여야 한다.

48 154kV 지중 송전 케이블이 설치된 장소에서 작업 중이다. 절연체 두께에 관한 설명으로 맞는 것은?

① 절연체 재질과는 무관하다.
② 전압이 높을수록 두껍다.
③ 전압과는 무관하다.
④ 전압이 낮을수록 두껍다.

해설 송전 케이블의 절연체 두께는 전압이 높을수록 두껍다.

49 감전의 위험이 많은 작업 현장에서 보호구로 가장 적절한 것은?

① 로프   ② 보안경
③ 보호 장갑   ④ 구급 용품

해설 보호 장갑
① 방전 고무 절연 장갑 : 활선 작업 시 배선 전로에서 작업자의 안전을 위해 착용한다.
② 보호용 가죽 장갑 : 활선 작업 시 고무 절연 장갑의 손상을 방지하기 위차여 그 위에 함께 착용한다.

50 산소 봄베에서 산소의 누출여부를 확인하는 방법으로 옳은 것은?

① 냄새로 감지   ② 소리로 감지
③ 비눗물 사용   ④ 자외선 사용

해설 산소 봄베의 메인 밸브 및 압력 게이지, 호스 천결부 등에서 산소의 누출여부 점검은 비눗물을 발라 거품이 발생되는 경우는 산소가 누출되는 것이다.

51 다음 중 법에서 정한 시설을 갖춘 검사소에서 검사를 받아야 할 건설기계가 아닌 것은?

① 콘크리트 믹서트럭
② 굴착기
③ 아스팔트 살포기
④ 덤프트럭

해설 검사소에서 검사를 받아야 하는 건설기계는 덤프트럭, 콘크리트 믹서트럭, 트럭적재식 콘크리트펌프, 아스팔트 살포기 등이다.

정답 45.② 46.④ 47.① 48.② 49.③ 50.③ 51.②

52 차량이 남쪽에서부터 북쪽 방향으로 진행 중일 때, 그림의 「3방향 도로명 예고표지」에 대한 설명으로 틀린 것은?

① 차량을 좌회전하는 경우 '중림로', 또는 '만리재로'로 진입할 수 있다.
② 차량을 좌회전하는 경우 '중림로', 또는 만리재로' 도로 구간의 끝 지점과 만날 수 있다.
③ 차량을 직진하는 경우 '서소문공원'방향으로 갈 수 있다.
④ 차량을 '중림로'로 좌회전하면 '충정로역' 방향으로 갈 수 있다.

해설 차량을 좌회전하는 경우 '중림로', 또는 만리재로' 도로 구간의 시작 지점과 만날 수 있다.

53 소형건설기계 교육기관에서 실시하는 3톤 미만 지게차·굴착기에 대한 교육 이수시간은 몇 시간인가?

① 이론 5시간, 실습 5시간
② 이론 6시간, 실습 6시간
③ 이론 7시간, 실습 5시간
④ 이론 5시간, 실습 7시간

해설 3톤 미만 지게차·굴착기에 대한 교육 이수시간은 이론 6시간, 실습 6시간이다.

54 타이어식 굴착기의 정기검사 유효기간으로 옳은 것은?

① 3년 ② 5년
③ 1년 ④ 2년

해설 타이어식 굴착기의 정기검사 유효기간은 1년이다.

55 건설기계 정기검사 연기 사유가 아닌 것은?

① 1월 이상에 걸친 정비를 하고 있을 때
② 건설기계의 사고가 발생했을 때
③ 건설기계를 도난당했을 때
④ 건설기계를 건설 현장에 투입했을 때

해설 정기검사 연기 사유
① 천재지변
② 건설기계의 도난
③ 건설기계의 사고 발생
④ 건설기계의 압류
⑤ 31일 이상에 걸친 정비 또는 그 밖의 부득이 한 사유

56 1종 대형자동차 면허로 조종할 수 없는 건설기계는?

① 아스팔트 살포기
② 노상 안정기
③ 타이어식 기중기
④ 콘크리트 펌프

해설 제1종 대형 운전면허로 조종할 수 있는 건설기계는 덤프트럭, 아스팔트 살포기, 노상 안정기, 콘크리트 믹서트럭, 콘크리트 펌프, 트럭 적재식 천공기 등이다.

57 승차 또는 적재의 방법과 제한에서 운행상의 안전기준을 넘어서 승차 및 적재가 가능한 경우는?

① 관할 시·군수의 허가를 받은 때
② 출발지를 관할하는 경찰서장의 허가를 받은 때
③ 도착지를 관할하는 경찰서장의 허가를 받은 때
④ 동·읍·면장의 허가를 받은 때

해설 출발지를 관할하는 경찰서장의 허가를 받은 경우에는 운행상의 안전기준을 넘어서 승차 및 적재가 가능하다.

정답 52.② 53.② 54.③ 55.④ 56.③ 57.②

58 반드시 건설기계 정비업체에서 정비하여야 하는 것은?

① 오일의 보충
② 창유리의 교환
③ 배터리의 교환
④ 엔진 탈·부착 및 정비

59 다음 중 긴급 자동차로서 가장 거리가 먼 것은?

① 응급 전신·전화 수리공사 자동차
② 학생운송 전용버스
③ 긴급한 경찰업무수행에 사용되는 자동차
④ 위독 환자의 수혈을 위한 혈액 운송 차량

60 자동차가 도로를 주행 중 앞지르기를 할 수 없는 경우는?

① 용무 상 서행하고 있는 제차
② 앞차의 최고 속도가 낮은 차량
③ 화물 적하를 위해 정차 중인 차
④ 경찰관의 지시로 서행하는 재차

해설 앞지르기 금지시기
① 앞차의 좌측에 다른 차가 앞차와 나란히 가고 있는 경우
② 앞차가 다른 차를 앞지르고 있거나 앞지르려고 하는 경우
③ 법에 따른 명령에 따라 정지하거나 서행하고 있는 차
④ 경찰공무원의 지시에 따라 정지하거나 서행하고 있는 차
⑤ 위험을 방지하기 위하여 정지하거나 서행하고 있는 차

정답 58.④ 59.② 60.④

 **네이버 카페[도서출판 골든벨]**

※ 이 책의 내용과 관련된 질문은 **카페[묻고 답하기]** 게시판을 이용해 주시기 바랍니다. 문의는 이 책에 수록된 내용에 한합니다.
전화로 질문에 답할 수 없음을 양해해 주시기 바랍니다.

굴착기운전기능사 필기

초 판 인 쇄 | 2026년 1월 5일
초 판 발 행 | 2026년 1월 10일

지 은 이 | 전국중장비교사협의회
발 행 인 | 김 길 현
발 행 처 | ㈜ 골든벨
등 록 | 제 1987-000018호
I S B N | 979-11-5806-454-9
가 격 | 14,000원

ⓤ 04316 서울특별시 용산구 원효로 245[원효로1가 53-1] 골든벨빌딩 6F
• TEL : 도서 주문 및 발송 02-713-4135 / 회계 경리 02-713-4137
　　　　 기획디자인본부 02-713-7452 / 해외 오퍼 및 광고 02-713-7453
• FAX : 02-718-5510　• http : // www.gbbook.co.kr　• E-mail : 7134135@ naver.com

이 책에서 내용의 일부 또는 도해를 다음과 같은 행위자들이 사전 승인없이 인용할 경우에는
저작권법 제93조 「손해배상청구권」에 적용 받습니다.
　① 단순히 공부할 목적으로 부분 또는 전체를 복제하여 사용하는 학생 또는 복사업자
　② 공공기관 및 사설교육기관(학원, 인정직업학교), 단체 등에서 영리를 목적으로 복제배포하는 대표,
　　 또는 당해 교육자
　③ 디스크 복사 및 기타 정보 재생 시스템을 이용하여 사용하는 자

※ 파본은 구입하신 서점에서 교환해 드립니다.